"十四五"职业教育
河南省规划教材

U0691987

Creo
数字化建模技术

微课版

郭彩萍 孟超 / 主编

黄建娜 孙备 / 副主编

ELECTROMECHANICAL

人民邮电出版社
北京

图书在版编目（CIP）数据

Creo 数字化建模技术 ：微课版 / 郭彩萍，孟超主编.
北京 ：人民邮电出版社，2025. -- （职业教育机电类系
列教材）. -- ISBN 978-7-115-64995-9

Ⅰ. P208

中国国家版本馆 CIP 数据核字第 2024DC3099 号

内 容 提 要

本书依托业界主流的 Creo 6.0 软件，全面解析数字化建模技术的理论精髓与实战运用。全书架构
分明，涵盖 5 个核心模块，即 Creo 数字化建模技术基础、二维草绘、零件建模、装配设计及工程图设
计，共有 34 个紧密结合工程实际的课堂案例。各模块精心挑选并整合典型应用场景，将关键知识点与
技能点无缝嵌入案例之中，旨在实现"工学一体、教学相长"的教学效果，满足灵活教学的需求。

此外，为了契合活页教材的特点，书中增设独立的知识点解析内容，针对课堂案例未能详述的扩
展内容进行补充说明，有利于拓宽读者的视野。

本书可作为应用型本科层次的机械设计制造及自动化、智能制造工程技术、材料成型及控制工程
等专业的教材，也可作为高职高专院校数字化设计与制造技术、机械设计与制造、机械制造及自动化、
工业机器人技术、增材制造技术等专业的教材，还可作为相关行业人员提升技能、深化理解的参考书。

◆ 主　　编　郭彩萍　孟　超
　　副主编　黄建娜　孙　备
　　责任编辑　王丽美
　　责任印制　王　郁　焦志炜

◆ 人民邮电出版社出版发行　　北京市丰台区成寿寺路 11 号
　　邮编　100164　电子邮件　315@ptpress.com.cn
　　网址　https://www.ptpress.com.cn
　　天津千鹤文化传播有限公司印刷

◆ 开本：787×1092　1/16
　　印张：18.25　　　　　　　　　　　2025 年 5 月第 1 版
　　字数：565 千字　　　　　　　　　2025 年 5 月天津第 1 次印刷

定价：69.80 元

读者服务热线：(010)81055256　印装质量热线：(010)81055316
反盗版热线：(010)81055315

前言

当前我国正全力推动数字经济的创新发展，大力推进制造业数字化转型升级；在全球新一轮科技革命与产业深刻转型的大潮中，数字化建模技术在现代设计与制造领域的基石地位已牢固确立。我国数字化建模技术在航空航天、汽车制造、桥梁设计与建造等领域取得了显著发展，在提升产品研发活力、显著缩短开发周期、有效降低制造成本等方面发挥着无可取代的作用。

本书正是在此背景下，立足于培养适应新时代要求的技术人才，依托业界主流的 Creo 6.0 软件，系统阐述了数字化建模技术的理论知识与实践应用。

本书以 Creo 6.0 软件的四大功能模块——二维草绘、零件建模、装配设计和工程图设计为主线，构建一套完整的学习体系。编者秉持"做中学、学中做"的理念，不仅详尽介绍各模块的基本操作方法和关键技术要点，更注重引导读者通过实际案例深入理解和运用这些技术。书中选取大量来自工程实践的真实案例和职业技能大赛试题，让读者能够在解决实际问题的过程中提升自身的建模能力。

本书精心设计课堂案例，配合各模块末尾的巩固与练习，确保读者能够及时巩固所学知识，做到学以致用。同时，本书紧密贴合新的国家标准与行业发展趋势，充分体现"岗课赛证"的深度融合，将职业技能等级证书的要求与技能竞赛的标准融入教学内容，力求达到既满足教学需要又对接岗位需求的目标。

编者凭借深厚的学术功底、丰富的教学实践经验和扎实的 CAD 技术应用能力，自 2001 年以来紧跟行业步伐，将教学内容由早期的 Pro/Engineer（即 Pro/E）逐步过渡至最新的 Creo 系列软件。本书内容紧贴企业实际需求，与时俱进，力求为读者呈现一部理论与实践相结合的教学力作。

本书不仅是省级精品在线开放课程"Pro/E—CAD/CAM 技术"的重要配套教材，也是河南省多门核心课程（如河南省课程思政示范课程"Pro/E 应用"、首批河南省职业教育线下一流核心课程"参数化零件设计"）的指定教学参考书。

为了方便教师教学和学生自学，本书配有微课、教案、课件、习题参考答案等形式多样的辅助教学资源。

鉴于课程强调动手实践的重要性，编者推荐参照 64 学时的教学计划，全程在机房环境下实施"教学做一体化"教学模式，使学生能在实践中充分掌握 Creo 软件的精髓，为今后投身智能制造领域奠定坚实基础。

本书是编者承担教育部、河南省教育厅等有关部门项目的阶段性建设成果，具体如下。

序号	项目类型	项目名称	批准文号
1	国家级创新发展行动计划——骨干专业	专业核心课程"Pro/E 应用"	教职成函〔2019〕10 号
2	国家级高职高专教育教学试点专业	专业核心课程"Pro/E 应用"	教高司〔2001〕195 号
3	省级职业教育高水平专业群	专业群共享课程"Pro/E 应用"	教职成〔2020〕337 号
4	省级示范性骨干专业	专业核心课程"参数化零件设计"	教职成〔2023〕131 号
5	省级专业教学资源库	Pro/E—CAD/CAM 技术	教办职成〔2021〕377 号
6	省级精品在线开放课程	Pro/E—CAD/CAM 技术	教办职成〔2021〕289 号
7	省级课程思政示范课程	Pro/E 应用	教办职成〔2023〕197 号

续表

序号	项目类型	项目名称	批准文号
8	省级线下一流核心课程	参数化零件设计	教办职成〔2023〕400 号
9	省级教师创新团队	重点建设课程 "参数化零件设计"	教职成〔2023〕408 号
10	省级"双师型"名师工作室	校企共建课程 "Pro/E 应用"	教办职成〔2022〕170 号

　　本书由焦作大学郭彩萍、孟超任主编，河南工业职业技术学院黄建娜、焦作大学孙备任副主编。其中，模块 1 由黄建娜编写，模块 2 和模块 5 由孙备编写，模块 3 的 3.1 节～3.5 节由孟超编写，模块 3 的 3.6 节～3.9 节和模块 4 由郭彩萍编写。另外，河南工业和信息化职业学院李文君参与了本书整体规划、内容框架和章节结构制定及编写计划的研究与制订，对稿件进行初步审查并提出修改建议。中原内配集团股份有限公司、风神轮胎股份有限公司、河南九环汽车零部件有限公司、郑州大河智信科技股份公司等为本书编写提供了大量的帮助和支持。在编写本书过程中，编者参考了有关教材、专著等资料，在此一并对作者表示衷心的感谢！

　　鉴于编者水平有限，书中难免存在不妥之处，敬请广大读者批评指正，以便再版时修正。所有意见和建议请发送至：guocaiping@jzu.edu.cn。

编者
2024 年 10 月

目录

模块 4

装配设计 ······················ 177

模块 5

工程图设计 ………………237

模块1
Creo数字化建模技术基础

01

当今科技与工业高速发展，数字化建模技术扮演着重要的角色。它作为连接现实与虚拟世界的桥梁，推动着产品设计、生产制造、运维服务等领域的变革。数字化建模技术依托计算机辅助设计（CAD）软件，将设计师的构思转化为精确的三维数字模型，从而实现对产品全生命周期的管理和优化。这种技术的应用不仅提高了产品设计的效率和准确性，还有助于降低生产成本、缩短产品开发周期，以及提升产品的质量和可靠性。

Creo Parametric（简称 Creo）是 PTC 公司开发的一款功能强大的 CAD 软件。该软件利用先进的数字化建模技术，广泛应用于工业设计和制造领域，涵盖产品概念化、设计、分析和验证等方面。

本书以 Creo Parametric 6.0（简称 Creo 6.0）为例进行讲解，通过系统学习，读者不仅能够掌握 Creo 软件的基础建模技巧，还能深入理解数字化建模所蕴含的设计逻辑与操作流程，从而成为一名具备较强动手能力和创新意识的三维数字化设计师。

导读：本模块重点介绍 Creo 6.0 的应用基础，包括主界面、工作界面、文件基本操作以及视图的基本操作等内容。通过学习这些基础知识，初学者能够熟练掌握 Creo 6.0 的操作环境和基本功能，为进一步学习高级建模、装配设计和工程图设计打下坚实基础。

知识目标
- 了解 Creo 6.0 的设计模块
- 了解 Creo 6.0 的基本术语
- 熟悉 Creo 6.0 的工作界面

技能目标
- 掌握文件的基本操作
- 掌握视图的基本操作
- 掌握鼠标的基本操作

素质目标
- 培养学生的职业素养
- 培养学生的创新探索精神
- 培养学生的信息技术应用能力

1.1 初识 Creo 6.0 软件

在学习 Creo 6.0 软件建模前，了解 Creo 6.0 的主界面和工作界面是非常重要的，它们为用户提供了使用软件所需的基本操作和工具。

1.1.1　Creo 6.0 主界面

双击桌面 Creo 6.0 快捷方式 ，屏幕显示图 1-1-1 所示的启动界面，随后进入 Creo 6.0 主界面。

Creo 6.0 主界面主要包括快速访问工具栏、【主页】选项卡、标题栏、Creo 浏览器、导航区、状态栏等，如图 1-1-2 所示，在该界面可以快速地新建或打开一个文件，随后进入工作界面。

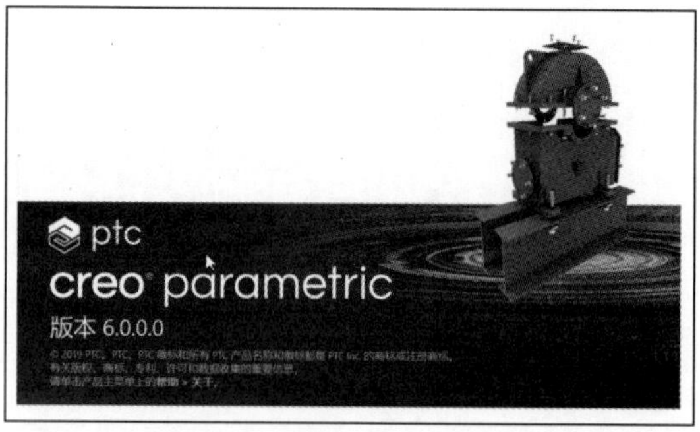

图 1-1-1

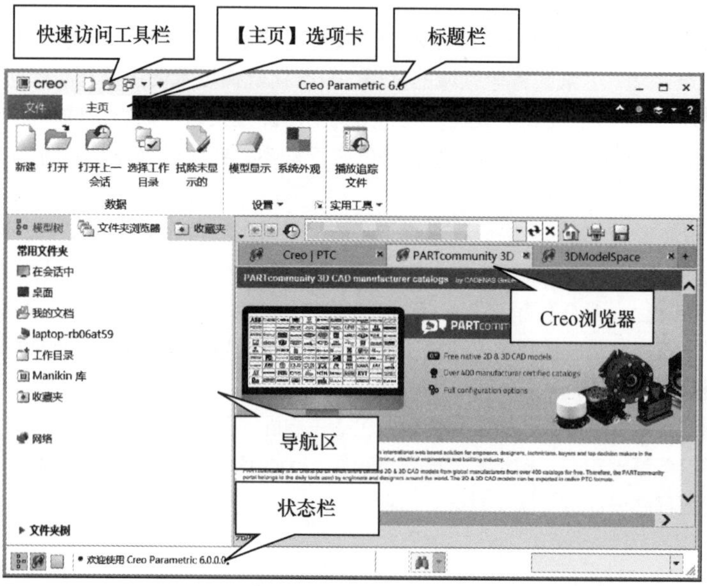

图 1-1-2

1.1.2　Creo 6.0 工作界面

Creo 6.0 主要包括草绘、零件、装配、制造和绘图等设计模块，每个模块的工作界面基本相同，本书以零件模块为例介绍 Creo 6.0 工作界面。Creo 6.0 工作界面主要包括快速访问工具栏、选项卡、标题栏、导航区、视图工具栏、绘图区和状态栏等，如图 1-1-3 所示。

1. 快速访问工具栏

快速访问工具栏位于工作界面的左上角，包括新建、打开、保存、撤销、重做、重新生成、窗口等按钮。用户可以根据自己的需求自定义快速访问工具栏，具体操作步骤如下：单击快速访问工具栏最右侧的下拉按钮 ，在下拉菜单中勾选相应复选框，即可将对应命令添加到快速访问工具栏中。除了系统默认的命令外，如果需要添加更多的命令到快速访问工具栏，用户可以单击下拉菜单中的【更多命令】进行设置，如图 1-1-4 所示。

单击【更多命令】，弹出【Creo Parametric 选项】对话框，在【类别】选项组的列表框中单击需要添加的命令，单击 按钮即可将命令添加到【显示】选项组的列表框中，再单击【确定】按钮，即可完成快速访问工具栏设置，如图 1-1-5 所示。

Creo 6.0 工作界面介绍

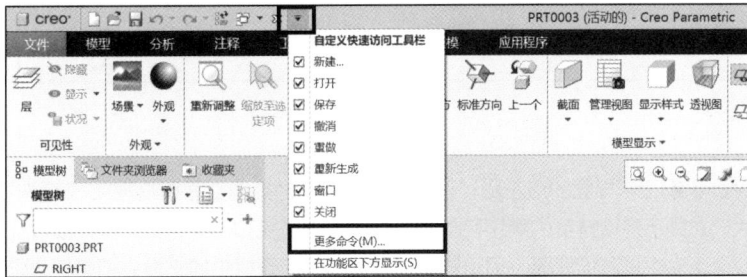

图 1-1-3

图 1-1-4

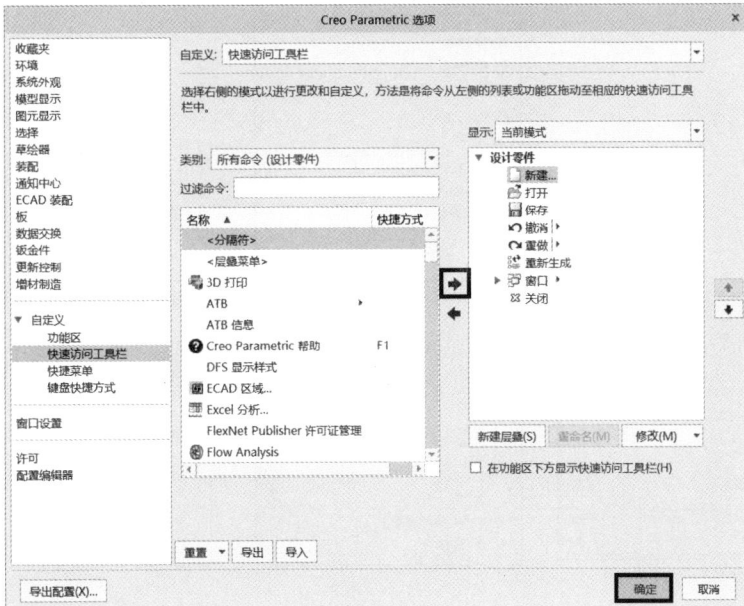

图 1-1-5

2. 选项卡

在零件工作界面中，功能区包含多个选项卡，如文件、模型、分析、注释、工具、视图、柔性建模和应用程序等。每个选项卡都包含不同的选项组，而每个选项组由属性类似的按钮构成。通过单击选项卡标签可以轻松切换选项卡，而单击选项组名称旁边的下拉按钮▼则可以显示或隐藏相关的按钮，以便更好地组织和管理工作界面，提高操作效率，如图 1-1-6 所示。

图 1-1-6

3. 标题栏

标题栏位于快速访问工具栏的右侧，用于显示当前正在编辑的文件名和软件版本信息。当用户同时打开多个零件模块时，当前工作界面会被标记为"（活动的）"，以便用户识别。标题栏的最右侧包括最小化按钮 – 、最大化按钮 ▢ （或向下还原按钮 ▫ ）、关闭按钮 × 、最小化功能区按钮 ▲ 、搜索按钮 ♀ 、PTC Learning Connector 按钮 ◑ 以及 Creo Parametric 帮助按钮 ❓ 等，如图 1-1-7 所示。

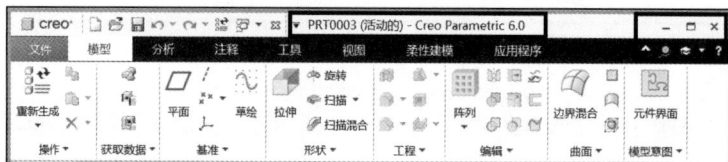

图 1-1-7

4. 导航区

导航区位于 Creo 6.0 工作界面的最左侧，包括模型树、文件夹浏览器和收藏夹 3 个选项卡，如图 1-1-8 所示。模型树以树状形式展示建模特征的顺序和附属关系，便于查找和修改特征，是建模过程中的关键工具；文件夹浏览器类似于 Windows 资源管理器，用于浏览和访问本地计算机中的文件夹和文件，以及网络相关资源；收藏夹用于保存常用的文件和网址，提高工作效率。这些功能形成了一个方便、快捷的文件和工程管理系统。

（a）　　　　　　　　　（b）　　　　　　　　　（c）

图 1-1-8

用户可以自定义导航区的大小和布局。

（1）手动调整大小：用户可以通过拖动导航区边缘或分隔线来手动调整导航区的大小，使其适合个人偏好或工作需求。

（2）自定义布局：用户可以单击【文件】下拉菜单中的【选项】，打开【Creo Parametric 选项】对话框，选择【窗口设置】，根据个人需求选择显示或隐藏导航区的特定选项卡内容，如图 1-1-9 所示。

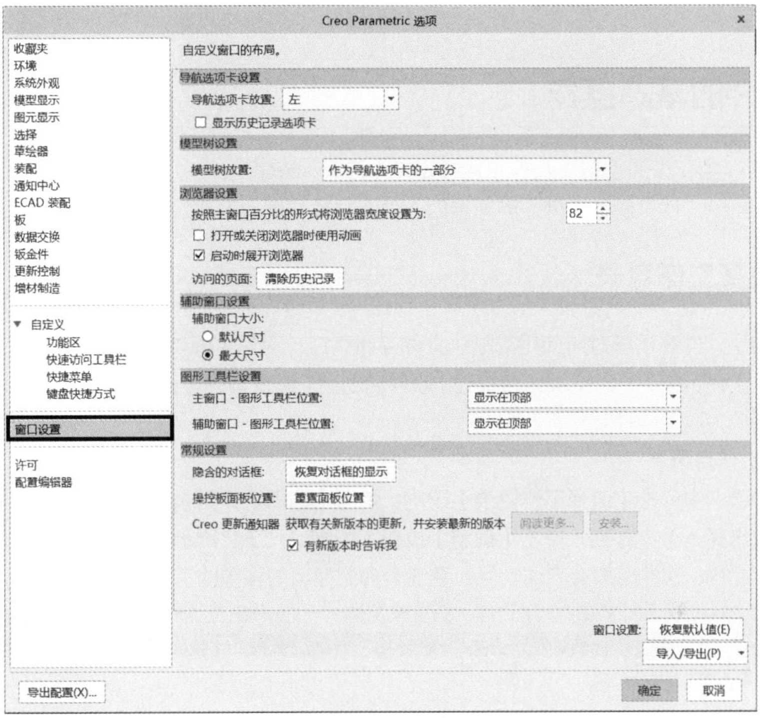

图 1-1-9

5. 视图工具栏

视图工具栏提供了控制图形显示的工具按钮，包括重新调整 、放大 、缩小 、重画 、显示样式 等工具。用户可自定义视图工具栏，方法是右击视图工具栏，在弹出的快捷菜单中勾选要添加的工具按钮对应的复选框，或取消勾选相应的复选框以移除已有的工具按钮，如图 1-1-10 所示。

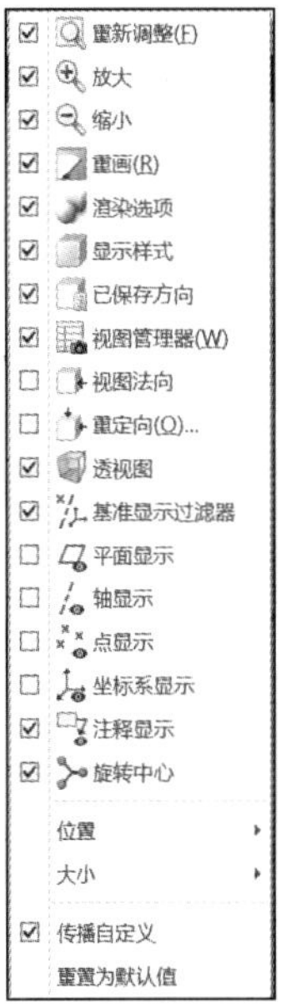

6. 绘图区

绘图区位于 Creo 6.0 工作界面的右侧，是设计工作开展的主要区域之一。用户可以在此进行二维视图、三维视图和装配图等的显示和绘制工作。绘图区也称为工作区或模型区，是进行设计、建模、编辑和查看几何体和图纸的核心可视化窗口。其颜色、背景、光照效果和显示模式等都可按用户需求进行个性化设置，为用户提供清晰、直观的工作环境，从而更高效地进行设计和绘图工作。

7. 状态栏

状态栏位于 Creo 6.0 工作界面的最下方，提供了显示导航器、显示浏览器和显示全屏等按钮以及操作信息提示区。操作信息提示区用于显示警告和错误信息，引导用户按正确步骤操作。此外，状态栏还包括查找工具、选择数量提示和选择过滤器等工具，帮助用户搜索、过滤和选择项目，提升绘图效率，如图 1-1-11 所示。

图 1-1-10

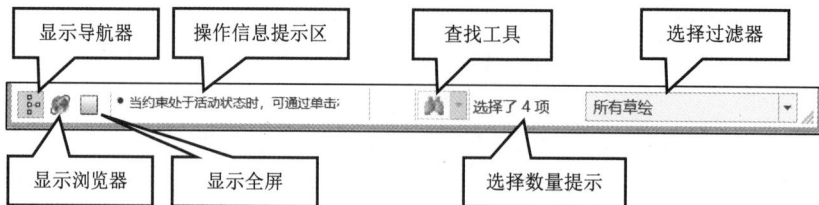

显示导航器　操作信息提示区　查找工具　选择过滤器

显示浏览器　显示全屏　选择数量提示

图 1-1-11

1.2 文件的基本操作

在 Creo 6.0 软件中，文件的基本操作包括设置工作目录、新建文件、打开文件、保存文件、另存文件、拭除文件、删除文件、激活窗口、关闭文件与退出系统等。

1.2.1 设置工作目录

工作目录指的是软件在运行时所使用的默认文件存储路径，通常将同类型或同项目的文件放置在同一个工作目录下，以便操作和管理。软件启动后，建议首先设置工作目录，养成良好的职业素养。设置工作目录主要分为以下两种。

1. 设置当前工作目录

在【主页】选项卡中单击【选择工作目录】按钮，弹出【选择工作目录】对话框，在对应的磁盘文件夹里新建一个文件夹或选择一个文件夹，单击【确定】按钮，如图 1-2-1 所示，完成设置。若使用此方法设置工作目录，则在关闭 Creo 软件后再次启动软件，系统不会保存当前设置的工作目录。

图 1-2-1

2. 设置默认工作目录

在 Windows 桌面右击 Creo 6.0 快捷方式，在弹出的快捷菜单中单击【属性】命令，弹出【Creo Parametric 6.0.0.0 属性】对话框，切换到【快捷方式】选项卡，在【起始位置】文本框中输入工作目录的位置地址，单击【确定】按钮即可，如图 1-2-2 所示。使用此方法设置工作目录后，每次启动 Creo 软件后，系统会将该位置作为默认的工作目录。

图 1-2-2

1.2.2 新建文件

新建文件的类型主要包括布局、草绘、零件、装配、制造、绘图、格式、记事本等。用户可单击快速访问工具栏中的【新建】按钮或【文件】下拉菜单中的【新建】命令，以创建指定类型的文件。在选择子类型时，可以使用默认模板，也可以根据实际情况选择其他类型的模板。为确保文件命名规范，不得使用中文字符、空格及标点符号，可以采用数字、字母和下画线或连字号的组合，例如 Creo_01。

下面以创建一个零件文件为例，具体操作步骤如下。

（1）在快速访问工具栏中单击【新建】按钮□或单击功能区【文件】下拉菜单中的【新建】命令，弹出【新建】对话框，默认状态下新建类型为【零件】，子类型为【实体】，输入文件名"prt0002"，取消勾选【使用默认模板】复选框，单击【确定】按钮，如图 1-2-3 所示。

（2）弹出【新文件选项】对话框，在【模板】选项组中选择公制模板"mmns_part_solid"，单击【确定】按钮，如图 1-2-4 所示。

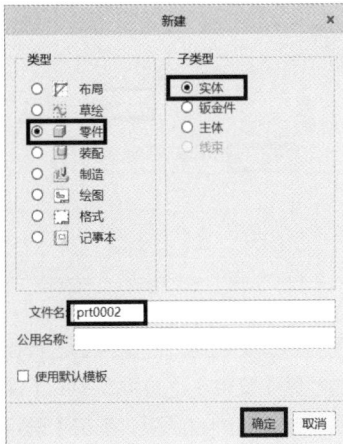

图 1-2-3

图 1-2-4

新零件文件创建完成，进入零件工作界面，如图 1-2-5 所示。

图 1-2-5

1.2.3 打开文件

打开文件是将已保存在磁盘上的文件加载到 Creo 软件中进行查看或编辑。具体操作步骤如下：在快速访问工具栏中单击【打开】按钮，或者单击功能区【文件】下拉菜单中的【打开】命令，弹出【文件打开】对话框。在【文件打开】对话框中，使用文件夹资源管理器导航到所需的文件位置，用户可以通过搜索框快速搜索文件，也可以在【类型】下拉列表中选择文件类型以快速分类。如有需要，用户可以单击【预览】按钮来预览将要打开的文件。选择要打开的文件后，单击【打开】按钮即可进行查看或编辑，如图 1-2-6 所示。

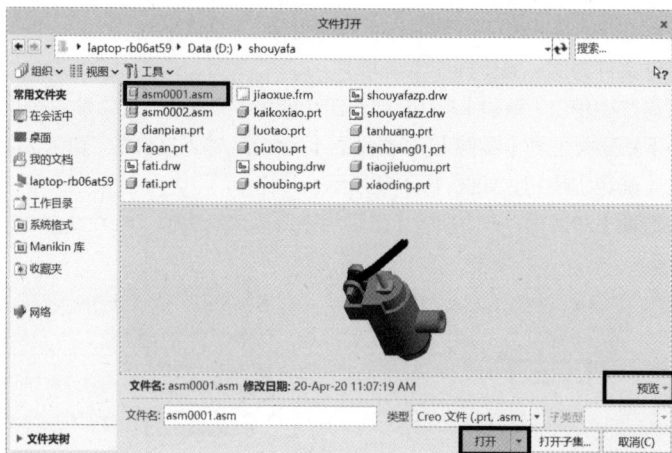

图 1-2-6

1.2.4 保存文件

保存文件是将当前正在编辑的文件保存到磁盘上，通常使用与新建文件相同的文件名进行保存。具体操作步骤如下：单击快速访问工具栏中的【保存】按钮，或单击功能区【文件】下拉菜单中的【保存】命令，第一次保存文件时会弹出【保存对象】对话框，选择保存在工作目录或指定的目录中，单击【确定】按钮保存文件，如图 1-2-7 所示。

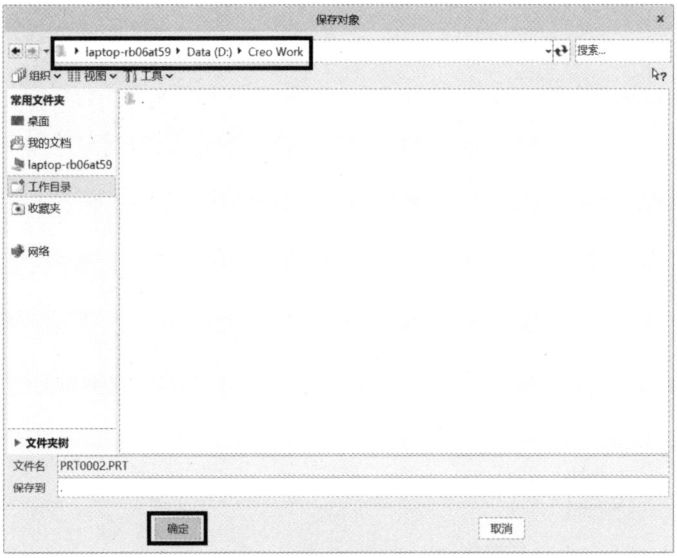

图 1-2-7

当再次单击【保存】按钮🖫时，通常不会打开【保存对象】对话框。默认情况下，每次单击【保存】按钮🖫都会将当前文件另存为一个新文件，而不是覆盖以前的文件。如果文件名已存在，则会自动在文件名的扩展名后添加一个序号，例如 prt0002.prt.1、prt0002.prt.2、prt0002.prt.3，以此类推，如图 1-2-8 所示。这样可以确保每个保存的文件都有唯一的名称，并且不会意外地覆盖之前的版本。

图 1-2-8

1.2.5　另存文件

另存文件命令包括保存副本、保存备份和镜像零件 3 种。

1. 保存副本

保存副本命令用于保存活动窗口模型的副本。保存副本时副本的文件名不能与活动窗口中的文件名相同，要以新的文件名命名，可以设置不同的文件格式，可以保存在相同或不同的文件夹中。具体操作步骤如下：单击功能区【文件】/【另存为】/【保存副本】命令，弹出【保存副本】对话框，在【新文件名】文本框中输入"lingjian"，单击【确定】按钮，如图 1-2-9 所示，完成副本保存。

2. 保存备份

保存备份命令用于以原文件名保存活动窗口模型的备份，可以备份数据到工作目录或指定的文件夹中，如果备份的是装配文件，则所有的从属文件将全部保存到指定的文件夹中，以确保装配文件的完整性。具体操作步骤如下：单击功能区【文件】/【另存为】/【保存备份】命令，弹出【备份】对话框，指定保存的文件夹，单击【确定】按钮，如图 1-2-10 所示。

3. 镜像零件

镜像零件用于为当前活动窗口模型创建镜像新零件。具体操作步骤如下：单击功能区【文件】/【另存为】/【镜像零件】命令，弹出【镜像零件】对话框，可选择【仅几何】（仅对来自源模型的几何创建镜像合并）单选项，也可以选择【具有特征的几何】（对来自源模型的几何和所有特征数据创建镜像合并）单选项，选择【仅几何】时可勾选【相关性控制】选项组中的【几何从属】复选框（当修改源模型时，镜像的合并几何将随之更新）；若勾选【预览】复选框，则可以预览镜像零件，此处暂不勾选；输入文件名及公用名称，单击【确定】按钮，如图 1-2-11 所示，完成镜像零件的创建。

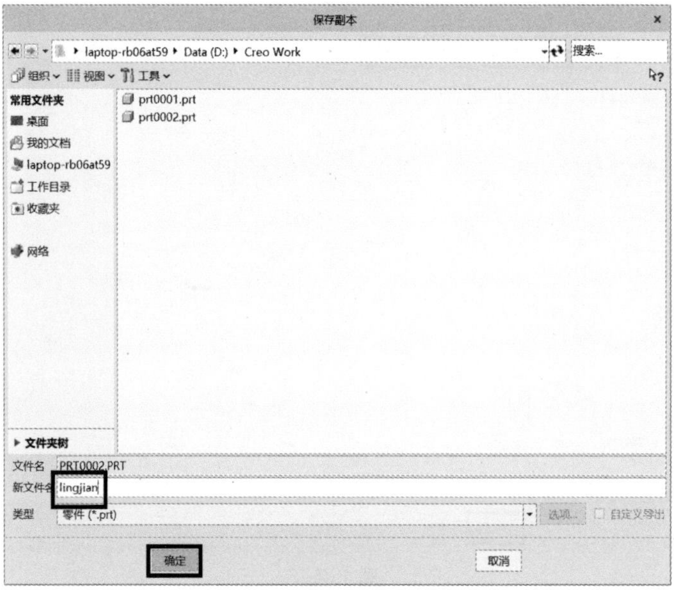

图 1-2-9

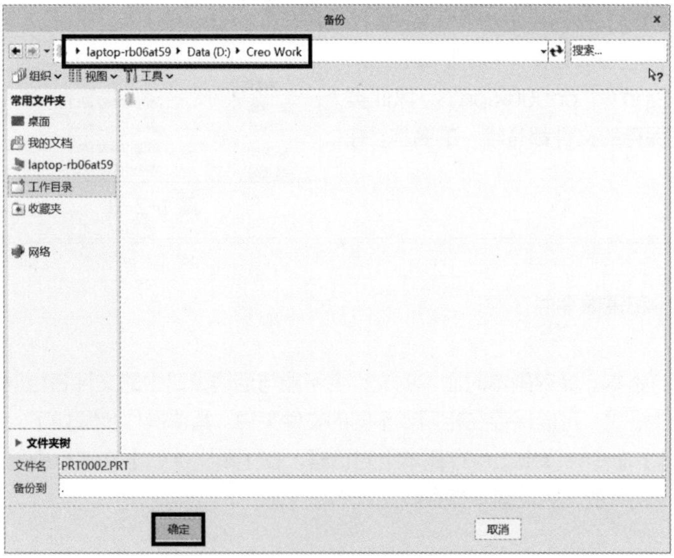

图 1-2-10

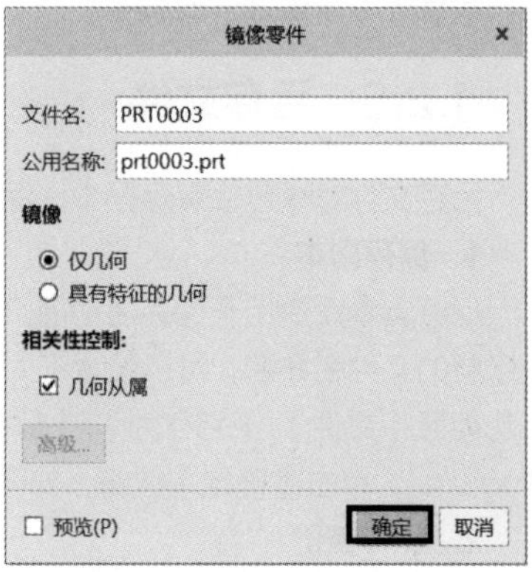

图 1-2-11

1.2.6 拭除文件

拭除文件命令包括"拭除当前"和"拭除未显示的"两种类型。"拭除当前"是指从内存中清除活动窗口的对象，"拭除未显示的"是指从内存中清除不在活动窗口中的所有对象，该操作不会影响保存在磁盘上的文件。这两种拭除操作都是从内存中清除对象，而不是从磁盘上删除文件，这样可以释放内存空间，提高系统的性能和效率，同时保留了文件的保存状态，使用户可以在需要时重新加载并继续编辑。

1. 拭除当前

单击功能区【文件】/【管理会话】/【拭除当前】命令，如图 1-2-12 所示，即可将内存中活动窗口的对象清除。

2. 拭除未显示的

单击功能区【文件】/【管理会话】/【拭除未显示的】命令，弹出【拭除未显示的】对话框，单击【确定】
按钮，如图 1-2-13 所示，即可将内存中不在活动窗口中的所有对象清除。

图 1-2-12

图 1-2-13

1.2.7 删除文件

删除文件和拭除文件是两个完全不同的概念，删除文件是指将文件从磁盘中永久删除，不再占用存储空间，
无法恢复。删除文件通常有两种方式，一种是根据需要删除文件的除最高版本以外的所有旧版本，另一种是删
除文件的所有版本。

1. 删除旧版本

单击功能区【文件】/【管理文件】/【删除旧版本】命令，弹出【删除旧版本】对话框，单击【是】按钮，
如图 1-2-14 所示，即可删除该文件的所有旧版本。

图 1-2-14

2. 删除所有版本

单击功能区【文件】/【管理文件】/【删除所有版本】命令，弹出【删除所有确认】对话框，如图 1-2-15 所示，单击【是】按钮，即可删除该文件的所有版本。

图 1-2-15

1.2.8　激活窗口

当在 Creo 6.0 软件中打开多个文件时，只有一个窗口为活动窗口，即处于激活状态。若要激活其他窗口，可以单击快速访问工具栏中的【窗口】按钮 ，在弹出的列表中勾选要激活的文件名称即可，如图 1-2-16 所示，或者在 Windows 操作系统界面底部任务栏中选择要激活的窗口，如图 1-2-17 所示。

图 1-2-16

图 1-2-17

1.2.9　关闭文件与退出系统

如果要关闭当前文件的活动窗口，可以单击功能区【文件】/【关闭】命令，或者单击快速访问工具栏中的【关闭】按钮 ，如图 1-2-18 所示，或者单击功能区【视图】选项卡【窗口】选项组中的【关闭】按钮，如图 1-2-19 所示。

如果要彻底地退出 Creo 6.0，可以单击功能区【文件】/【退出】命令，或者单击标题栏右侧的【关闭】按钮 ，如图 1-2-20 所示。

图 1-2-18

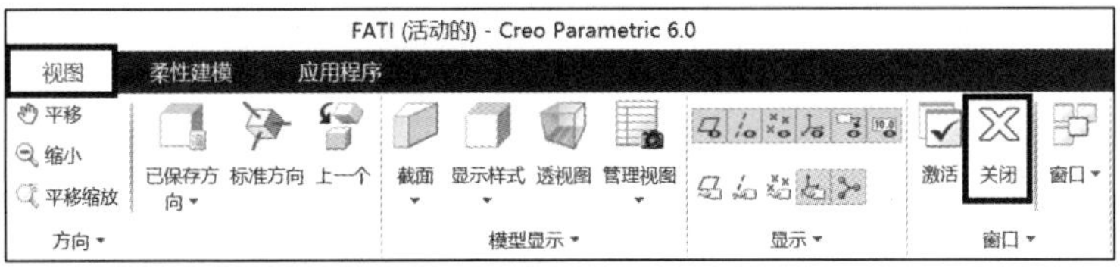

图 1-2-19

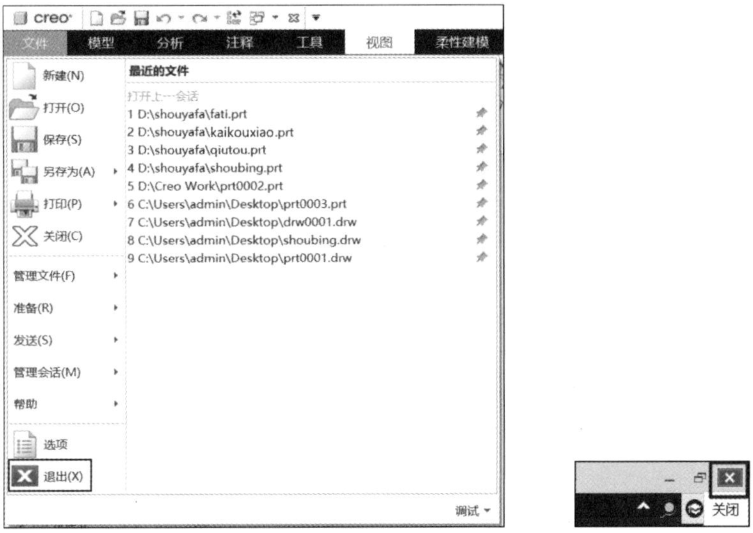

图 1-2-20

1.3 视图的基本操作

在零件工作界面下，功能区【视图】选项卡中包含可见性、外观、方向、模型显示、显示和窗口等选项组。绘图区上方的视图工具栏（见图 1-3-1）包含常用的视图操作工具，用于控制图形的显示。此外，用户还可以使用鼠标进行视图的旋转、缩放和平移等操作。

图 1-3-1

1.3.1 可见性设置

在【可见性】选项组中，单击【层】按钮可以切换层树与模型树的显示状态，单击【隐藏】和【显示】按钮可以将所选定的特征、元件和层进行隐藏和显示，单击【状况】按钮可以保存活动和关联模型的层显示状态，如图 1-3-2 所示。

1.3.2 外观设置

在 Creo 6.0 软件中，【外观】选项组中的【场景】按钮允许用户选择不同的场景设置，以改善模型的视觉效果。通过选择合适的场景，用户可以更好地展示模型的外观和材质，从而提升模型的可视化效果，这有助于更清晰地理解和展示设计概念和产品模型，如图 1-3-3 所示。

图 1-3-2

（a）场景设置前　　　　　　　　　　　　（b）场景设置后

图 1-3-3

1. 场景

用户根据需要可以选择合适的场景，具体操作步骤如下：单击【外观】选项组中的【场景】按钮，弹出下拉菜单，从中选择合适的场景即可，如图 1-3-4 所示。

如果需要编辑场景，单击【场景】下拉菜单中的【编辑场景】命令，弹出【场景编辑器】对话框，如图 1-3-5 所示，双击场景效果库中的场景将其激活，或者单击场景效果库中的场景，然后右击将其激活。激活场景后可以对环境、光源和背景进行设置，从而满足设计要求，完成后单击【关闭】按钮。

2. 外观

在 Creo 6.0 中，用户可以根据特征或部件的材质进行着色，以实现更佳的显示效果。软件内置了许多标准的材质和颜色选项，同时也提供了自定义材质和颜色的功能，允许用户将其添加到外观库中并保存自定义设置。具体操作步骤如下：单击【外观】选项组中的【外观】下拉按钮 ▼ ，弹出下拉菜单，从【我的外观】、【模型】、【库】中选择合适的材

图 1-3-4

质和颜色，如图 1-3-6 所示，弹出【选择】对话框，将画笔移动到要更改外观的模型表面并单击，然后单击【选择】对话框中的【确定】按钮，如图 1-3-7 所示，即可完成外观的更改，如图 1-3-8 所示。

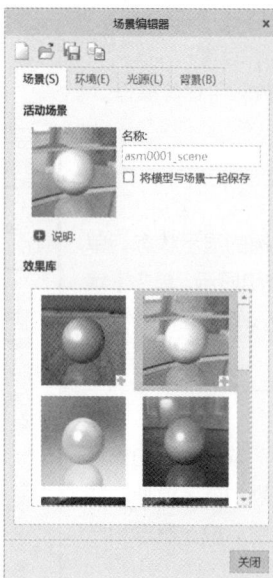

图 1-3-5

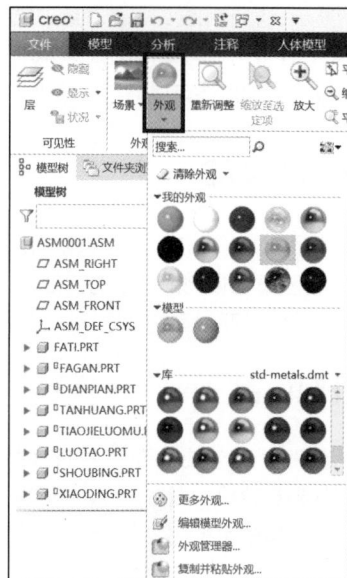

图 1-3-6

图 1-3-7

图 1-3-8

1.3.3　方向调整

在 Creo 6.0 中，用户可以利用方向工具按钮来调整模型的视角、位置和大小等。此外，也可以通过鼠标进行快捷的调整，以便查看模型的细节或整体布局。这些工具和功能使用户能够方便地观察模型的不同视角，从而更好地理解和编辑设计。

1. 使用方向工具

【视图】选项卡中的【方向】选项组主要包含【重新调整】、【缩放至选定项】、【放大】、【平移】、【缩小】、【平移缩放】、【已保存方向】、【标准方向】和【上一个】等按钮，如图 1-3-9 所示。

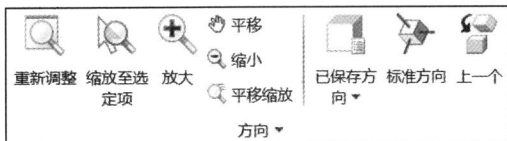

图 1-3-9

- 【重新调整】按钮 ：当模型视图显示过大或过小时，单击【重新调整】按钮，系统会自动调整模型视图大小，使用户能够查看整个模型视图。

- 【缩放至选定项】按钮 ：在视图里面选择一条线、一条边、一个曲面或组件里面的一个零件，单击【缩放至选定项】按钮，整个视图将缩放到选定的边界框。

- 【放大】按钮 ：用于放大指定的区域，查看更多的细节。单击【放大】按钮，在视图中单击两个点，构成一个矩形选择框，视图将显示此框选区域的放大图。

- 【平移】按钮 ：当需要在视图里面平移模型时，单击【平移】按钮，鼠标指针呈现为手形标识，按住鼠标左键，可以在视图里面任意移动模型。

- 【缩小】按钮 ：用于在视图里面缩小图形的显示区域，每单击一次【缩小】按钮，模型所占视图区域将成比例缩小一次。

- 【平移缩放】按钮 ：通过动态定向、按参考定向和首选项 3 种方式自定义模型方向，并保存自定义的模型方向。

- 【已保存方向】按钮 ：可以使用已保存的视图方向为模型指定视图方向，单击【已保存方向】按钮，下拉菜单中包含预定义的常用视图方向，如标准方向、默认方向、BACK、BOTTOM、FRONT、LEFT、RIGHT、TOP 等，单击所需视图方向的名称，模型视图即可转换为该视图方向，并且模型自动缩放，使用户能够查看整个模型视图。

- 【标准方向】按钮 ：单击【标准方向】按钮，可将当前模型视图的方向和缩放比例恢复到系统预定义状态。

- 【上一个】按钮 ：单击【上一个】按钮，可将当前的模型视图恢复到上一个视图方向。

2. 使用鼠标调整

用户可以使用鼠标控制视图的旋转、缩放和平移等，操作方法如下。

（1）旋转：将鼠标指针移动至绘图区中，按住鼠标中键并移动鼠标，可以随意旋转模型。

（2）缩放：方法一，将鼠标指针移动至绘图区中，滚动鼠标滚轮，可以对模型进行缩放；方法二，在按住

Ctrl 键的同时按住鼠标中键并向上、向下移动鼠标，可以对模型进行缩放。

（3）平移：将鼠标指针移动至绘图区中，在按住 Shift 键的同时按住鼠标中键并移动鼠标，可以对模型进行平移。

1.3.4　模型显示

【视图】选项卡中的【模型显示】选项组主要包含【截面】、【管理视图】、【显示样式】、【透视图】等按钮，这些按钮提供了模型显示方面的一些基本功能，使用户能够更好地管理和呈现模型。

1. 截面

通过创建截面，用户可以更直观地查看复杂模型或装配体内部的结构，以确保其完整性和准确性。截面可以帮助检查零件之间是否存在干涉或间隙，以及装配是否正确。此外，截面还可以用于分析内部构件的形状、尺寸和布局，有助于优化设计和解决潜在的问题。具体操作步骤如下：单击【截面】下拉按钮▼，在下拉菜单中选择【平面】、【X 方向】、【Y 方向】、【Z 方向】、【偏移截面】、【区域】等某一种方式创建横截面，例如选择【平面】，如图 1-3-10 所示，进入截面设计面板，根据需要可以选择平面、平面曲面、坐标系或坐标系轴，将鼠标指针置于模型平面上并单击，即可选中截面，按住鼠标左键并拖曳，可以改变截面的位置，也可以通过修改尺寸精确改变截面位置，单击【确定】按钮完成截面的创建，如图 1-3-11 所示。

图 1-3-10

图 1-3-11

2. 管理视图

可以通过【管理视图】选项组中的【视图管理器】设置简化表示、截面、层、定向等，单击【视图管理器】按钮，弹出【视图管理器】对话框，如图 1-3-12 所示。

3. 显示样式

如需更改显示样式，单击【模型显示】选项组中的【显示样式】下拉按钮▼，其下拉菜单中预设了带反射着色、带边着色、着色、消隐、隐藏线、线框等显示样式，从下拉菜单中选择所需的模型显示样式即可，如图 1-3-13 所示。

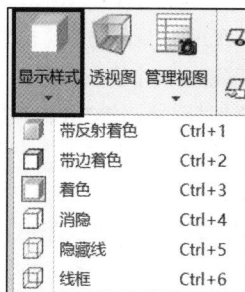

图 1-3-12

图 1-3-13

4．透视图

透视图的功能是在渲染模型、图像或图形时，模拟人眼观察实物时的视觉效果，具有近大远小的透视特性，通过透视图缩放，进入模型内部，观察结构和配合。具体操作步骤如下：单击【方向】选项组中的【已保存方向】下拉按钮 ▼ ，在下拉菜单中单击【重定向】命令 ，如图 1-3-14 所示，弹出【视图】对话框，切换到【透视图】选项卡，调节透视图缩放参数，观察模型内部结构，如图 1-3-15 所示。

图 1-3-14

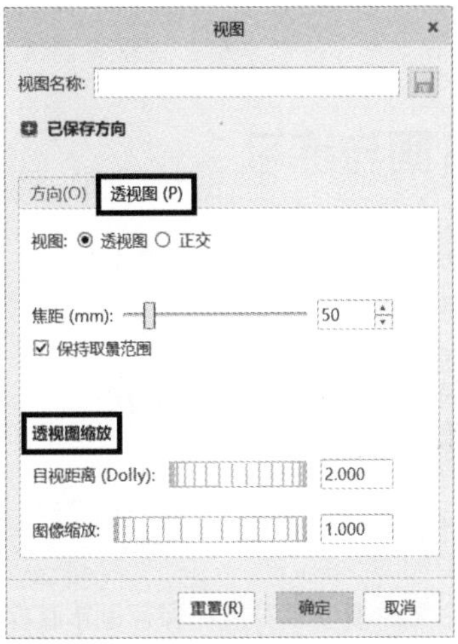

图 1-3-15

1.3.5　基准显示

【显示】选项组主要用来控制平面显示、轴显示、点显示、坐标系显示、注释显示、尺寸背景显示、平面标记显示、轴标记显示、点标记显示、坐标系标记显示、旋转中心等，如图 1-3-16 所示。

- 【平面显示】按钮 ：显示或隐藏基准平面。
- 【轴显示】按钮 ：显示或隐藏基准轴。
- 【点显示】按钮 ：显示或隐藏基准点。
- 【坐标系显示】按钮 ：显示或隐藏坐标系。
- 【注释显示】按钮 ：打开或关闭 3D 注释或注释元素。
- 【尺寸背景显示】按钮 ：显示或隐藏尺寸背景。
- 【平面标记显示】按钮 ：显示或隐藏基准平面标记。

图 1-3-16

- 【轴标记显示】按钮 ：显示或隐藏基准轴标记。
- 【点标记显示】按钮 ：显示或隐藏基准点标记。
- 【坐标系标记显示】按钮 ：显示或隐藏坐标系标记。
- 【旋转中心】按钮 ：显示或隐藏模型的旋转中心，当显示旋转中心时以默认的模型旋转中心旋转，当隐藏旋转中心时以鼠标指针位置为旋转中心。

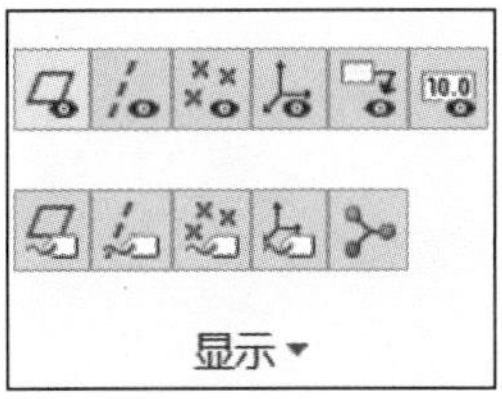

拓展阅读

数字化建模技术为我国机械设计与制造领域内行业的转型升级和高质量发展提供了有力支撑。首先，数字化建模技术为机械设计师提供了全新的设计工具和方法。相较于传统的机械设计方法，数字化建模技术通过运用计算机辅助设计软件，使设计师能够迅速构建产品的三维模型，进行精确的尺寸测量和性能分析。这不仅大大缩短了设计周期，提高了设计效率，还显著降低了设计成本，为企业快速响应市场需求提供了有力保障。其次，数字化建模技术推动了机械制造的智能化和精细化。通过数字化建模技术，企业可以实现对制造过程的精确控制和优化。设计师可以根据数字化模型进行精确的加工和装配，减少人为误差，提高产品质量。同时，数字化建模技术还可以与机器人、数控机床等智能设备相结合，实现自动化生产和柔性制造，进一步提高生产效率和灵活性。

我国数字化建模技术在多个领域取得了显著进展。例如，在航空航天领域，我国利用数字化建模技术成功研制出了多款高性能的飞机和火箭，为国家的航天事业发展做出重要贡献。在汽车制造领域，采用数字化建模技术推出多款具有竞争力的新车型，使得我国汽车制造业能够迅速响应市场需求。

1.4 巩固与练习

1. 练习 Creo 6.0 软件的启动与退出。
2. 思考拭除文件与删除文件的区别。
3. 设置系统环境的颜色。
4. 新建一个零件类型，并进行命名。
5. 思考设置工作目录的作用。
6. 使用鼠标对模型进行旋转、缩放和平移。
7. 思考模型树的作用。
8. 打开一个零件模型，并执行保存副本和保存备份操作。

模块2
二维草绘

02

在 Creo 6.0 软件中，草绘模块起着至关重要的作用，它提供了功能强大的二维设计环境，用于精确绘制各种截面图形，这些图形作为三维建模过程的基础，通过拉伸、旋转、扫描等操作转化为复杂的三维实体或曲面模型。因此，掌握如何高效、精准且灵活地运用草绘工具来创建二维轮廓设计，是构建高质量三维模型不可或缺的关键步骤，贯穿整个产品设计之中。

导读：本模块重点介绍草绘环境及相关设置、草绘工具、草绘编辑、草绘约束、草绘检查工具等内容，通过了解草绘环境和工具，用户可以快速准确地创建二维草绘，然后利用编辑、约束和检查工具来优化和完善草绘，为后续创建三维模型打下基础。

知识目标

- 了解草绘模块的相关术语
- 熟悉草绘工具的使用方法
- 熟悉草绘编辑及约束的使用方法

技能目标

- 掌握草绘工具绘制图元的技巧
- 掌握草绘编辑及约束的技巧
- 能够解决草绘冲突并会使用检查工具

素质目标

- 培养学生的规则意识
- 培养学生精益求精的工匠精神
- 培养学生独立思考与自主解决问题的能力

2.1　Creo 6.0 草绘环境

三维建模前可以创建一个草绘来绘制二维截面图形，在草绘环境中，用户可以设置草绘的相关参数，如单位、精度、显示选项等，以确保创建的二维截面符合设计需求。通过合适的设置，可以提高草绘的绘制效率。

2.1.1　创建草绘

用户可以通过多种方式进入草绘模块，根据实际情况选择合适的方式开始草绘工作，并顺利地由二维草绘过渡到三维建模。

1. 新建草绘模块

在快速访问工具栏或者【主页】选项卡中，单击【新建】按钮□，弹出【新建】对话框，在【类型】选项组中选择【草绘】单选项，在【文件名】文本框中输入草绘的文件名称或采用系统预设的文件名称，单击【确定】按钮，如图 2-1-1 所示，新建一个草绘模块。

进入草绘工作界面，草绘工作界面和零件工作界面类似，主要由快速访问工具栏、标题栏、选项卡（每个选项卡对应的区域称为功能区）、导航区、绘图区和状态栏等几部分组成，如图 2-1-2 所示。

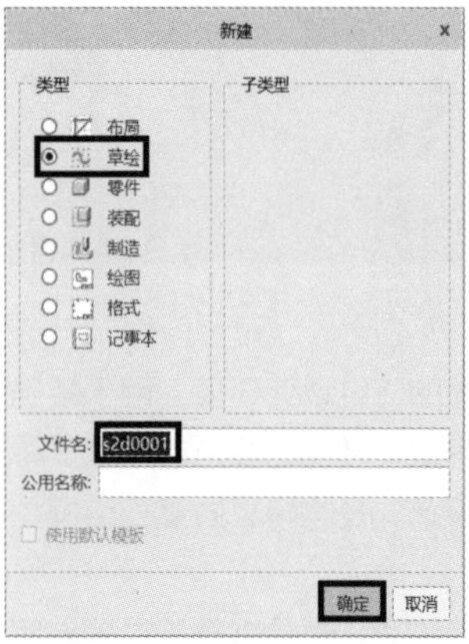

图 2-1-1

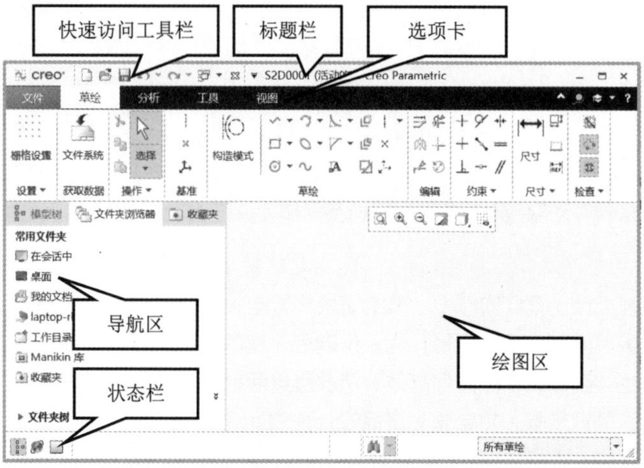

图 2-1-2

2．由零件模块进入草绘模块

由零件模块进入草绘模块是绘制二维截面最常用的方法，草绘绘制截面完成后，会自动跳转到零件工作界面，方便快捷。具体有两种方法。

（1）从【基准】选项组进入草绘模块

在零件工作界面，单击【基准】选项组中的【草绘】按钮，弹出【草绘】对话框，单击草绘平面，系统自动设置草绘方向和参考方向，单击对话框中的【草绘】按钮，如图 2-1-3 所示，进入草绘工作界面。

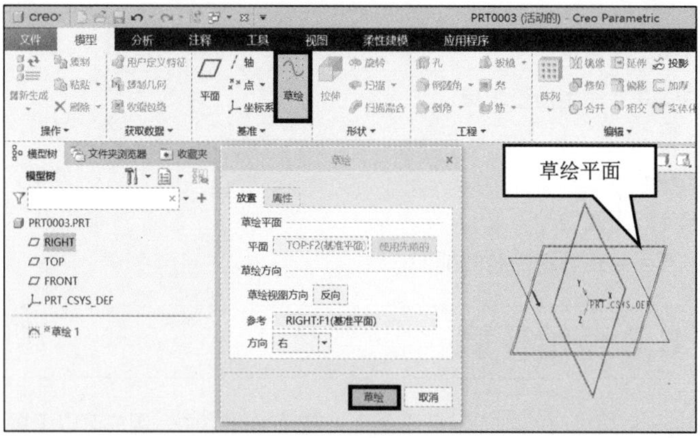

图 2-1-3

（2）从【形状】选项组进入草绘模块

单击【形状】选项组中的【拉伸】、【旋转】、【扫描】、【扫描混合】等任意一个按钮，弹出相关设计面板，单击设计面板中的【基准】按钮，在下拉菜单中单击【草绘】按钮，弹出【草绘】对话框，单击草绘平面，系统自动设置草绘方向和参考方向，单击对话框中的【草绘】按钮，如图 2-1-4 所示，进入草绘工作界面。

或者单击设计面板中的【放置】标签，在弹出的【放置】下拉面板中单击【定义】按钮，弹出【草绘】对话框，单击草绘平面，系统自动设置草绘方向和参考方向，单击对话框中的【草绘】按钮，如图 2-1-5 所示，进入草绘工作界面。

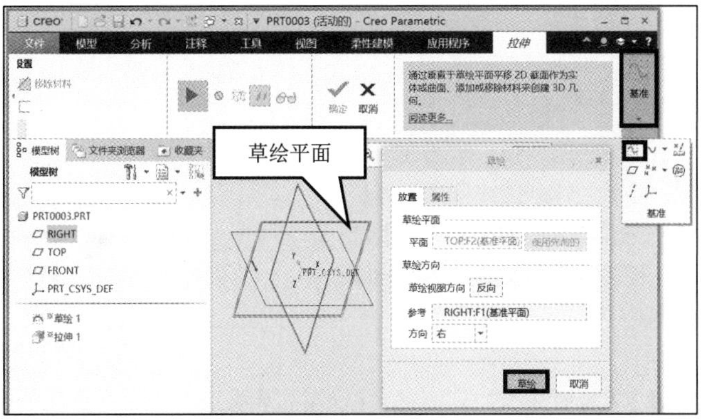

图 2-1-4

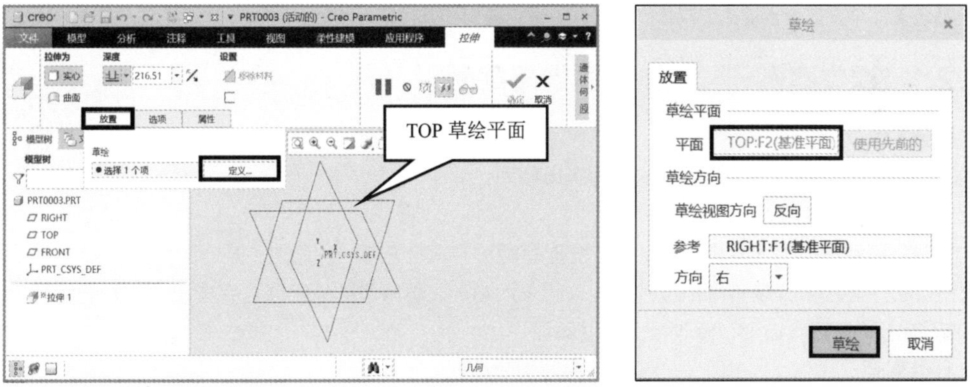

图 2-1-5

2.1.2 草绘环境设置

在绘制二维截面前，用户可以根据设计需要和操作习惯对草绘环境进行设置，如设置对象显示、栅格、样式和约束等。单击【文件】下拉菜单中的【选项】命令，弹出【Creo Parametric 选项】对话框，在左边列表框中选择【草绘器】，根据需要和操作习惯，对对象显示设置、草绘器约束假设、精度和敏感度、拖动截面时的尺寸行为、草绘器栅格等进行参数设置，单击【确定】按钮完成设置，如图 2-1-6 所示。

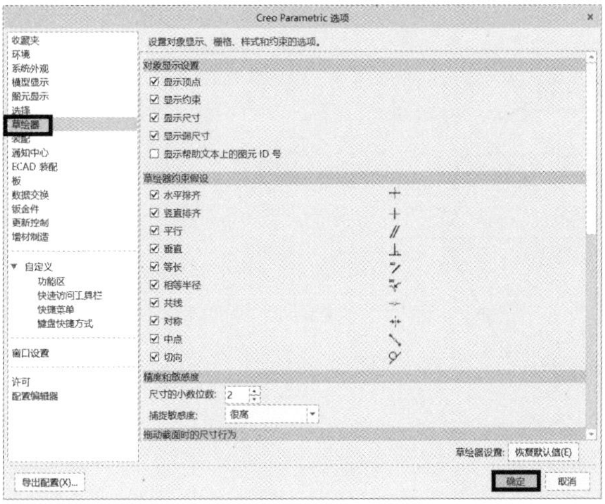

图 2-1-6

2.2 草绘工具

草绘工具主要包括线、矩形、圆、弧、椭圆、样条、圆角、倒角、点、坐标系等，无论多么复杂的二维图形，它们都是由直线、圆、圆弧、样条曲线和文本等基本图元组成的。在草绘工作界面功能区中，【草绘】选项组集合了与草绘基本图元相关的工具按钮，用户能够方便地进行草绘工作，如图2-2-1所示。

图2-2-1

📖 **提示**

在使用草绘工具时，要注意鼠标的操作技巧：单击鼠标左键在屏幕上选择点；单击鼠标中键结束当前操作；草绘时当出现约束时单击鼠标右键可以锁定当前图元的约束，如锁定平行约束∥，再次单击鼠标右键可以取消锁定，如果锁定当前图元的约束，单击鼠标左键完成操作，开始新的图元绘制；长按鼠标右键，弹出草绘工具栏，可进行快速操作。

2.2.1 课堂案例一　绘制六角螺母截面

1. 任务下达

通过草绘模块绘制图2-2-2所示的六角螺母截面。

2. 任务解析

图2-2-2所示图形为正六边形，绘制该图形有两种方案。方案一：通过【圆心和点】、【线】按钮绘制外接圆和6条首尾相连的线段，约束六边形，再修改圆直径即可完成正六边形的绘制；方案二：通过【选项板】绘制正六边形，修改相关尺寸即可。

3. 任务实施

分别基于两种方案绘制六角螺母截面。

（1）方案一：通过【圆心和点】、【线】按钮绘制，具体操作步骤如下。

① 在快速访问工具栏中单击【新建】按钮🗋，弹出【新建】对话框，在【新建】对话框的【类型】选项组中，选择【草绘】单选项，输入文件名为"liubianxing"，单击【确定】按钮，进入草绘工作界面。

② 在【草绘】选项组中单击【中心线】按钮┆，绘制一条水平和一条竖直的中心线，单击选中【构造模式】按钮◌，进入构造模式，单击【圆】下拉菜单中的【圆心和点】按钮⊙，以中心线交点为圆心，绘制一个圆，再次单击【构造模式】按钮◌，退出构造模式，单击【线】按钮✓，以圆为外接圆，绘制6条首尾相连的线构成六边形，绘图过程中自动约束上、下两边呈水平约束，左、右两个顶点与水平中心线重合，如图2-2-3所示，单击鼠标中键结束绘制。

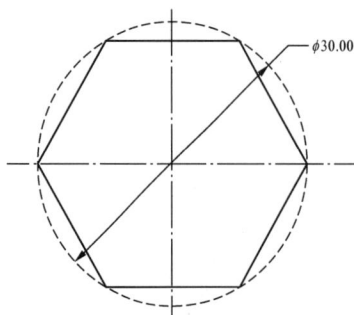

图2-2-2[①]

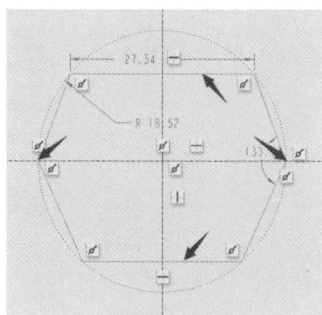

图2-2-3

---

① 本书中尺寸标注正斜体的处理原则为：独立的草图中的尺寸标注按国标要求，软件截图中的尺寸标注保留软件中的原始状态，不再按国标修改。

③ 在【约束】选项组中单击【相等】按钮 ━，约束边长度相等，单击鼠标中键结束，效果如图 2-2-4 所示。

④ 单击【尺寸】选项组中的【尺寸】按钮 ↦，标注外接圆直径为 30mm，单击鼠标中键结束，完成正六边形的绘制，如图 2-2-5 所示。

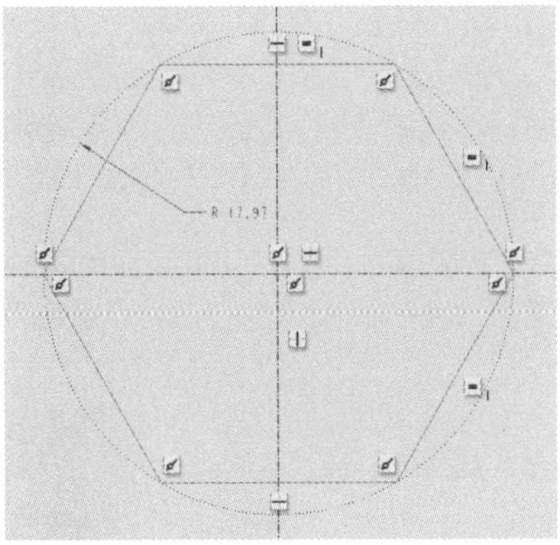

图 2-2-4

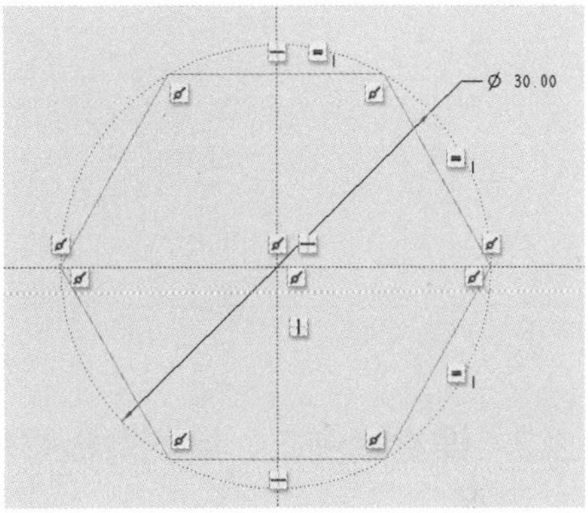

图 2-2-5

⑤ 图形绘制完成，单击【保存】按钮，保存文件。

（2）方案二：通过【选项板】按钮绘制，具体操作步骤如下。

① 在快速访问工具栏中单击【新建】按钮，弹出【新建】对话框，在【新建】对话框的【类型】选项组中，选择【草绘】单选项，输入文件名为"liubianxing"，单击【确定】按钮，进入草绘工作界面。

② 单击【草绘】选项组中的【选项板】按钮 ▨，弹出【草绘器选项板】对话框，在【草绘器选项板】对话框中双击【多边形】选项卡中的【六边形】选项，将鼠标指针移动到绘图区，单击鼠标左键，将"六边形"放置到所选位置，此时弹出【导入截面】设计面板，单击【导入截面】设计面板中的【确定】按钮，完成六边形的导入，如图 2-2-6 所示。

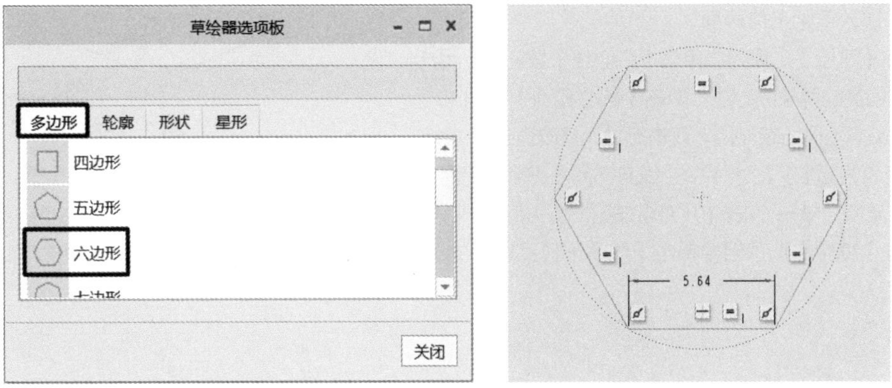

图 2-2-6

③ 单击【尺寸】选项组中的【尺寸】按钮 ↦，标注外接圆直径为 30mm，单击鼠标中键结束，完成正六边形的绘制，如图 2-2-7 所示。

④ 图形绘制完成，单击【保存】按钮 ▤，保存文件。

📖 提示

对于一些简单的规则图形，通过草绘图元工具或选项板均能快速地绘制出所需图形，但是对于一些较为复杂的规则图形，通过草绘图元工具较难绘制，可通过选项板导入所需图形，除了系统预设的截面图形外，用户也可以根据自己的需求添加截面图形，方便后续绘图时导入。

图 2-2-7

2.2.2 课堂案例二 绘制薄板零件截面

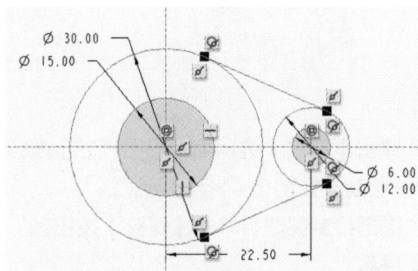

绘制薄板零件
截面

1. 任务下达

通过草绘模块绘制图 2-2-8 所示的薄板零件截面。

2. 任务解析

图 2-2-8 所示图形为轴对称图形，由直线段、圆、圆弧等元素组成，绘制该图形时，可通过【圆】、【直线】、【删除段】等按钮绘制该图形的一半，用【镜像】按钮镜像出另一半图形，也可直接通过【草绘】、【编辑】选项卡中的按钮直接完成绘制。

3. 任务实施

（1）在快速访问工具栏中单击【新建】按钮，弹出【新建】对话框，在【新建】对话框的【类型】选项组中，选择【草绘】单选项，输入文件名为"baoban"，单击【确定】按钮，进入草绘工作界面。

（2）在【草绘】选项组中单击【中心线】按钮，绘制水平和竖直相交的两条中心线，单击【圆心和点】按钮，以两中心线交点为圆心绘制圆，双击尺寸，修改直径为 $\phi15$、$\phi30$，以交点为基准，沿水平中心线方向向右偏离一定距离，单击【圆心和点】按钮绘制两个圆，双击尺寸，修改直径为 $\phi12$、$\phi6$，单击【尺寸】按钮，标注两个圆心的距离为 22.5，并锁定所有尺寸，如图 2-2-9 所示。

图 2-2-8

（3）在【草绘】选项组中单击【线】下拉菜单中的【直线相切】按钮，绘制两条相切线，如图 2-2-10 所示。

图 2-2-9

图 2-2-10

（4）单击【删除段】按钮，删除多余线段和圆弧，如图 2-2-11 所示。

（5）按住 Ctrl 键，选择要镜像的图元，单击【镜像】按钮，单击竖直中心线，完成图元的镜像，如

图 2-2-12 所示。

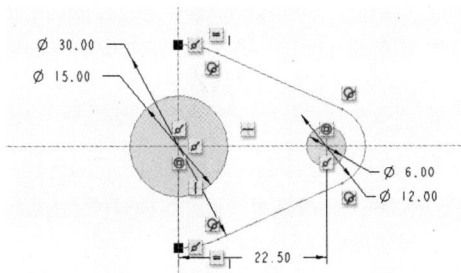

图 2-2-11   图 2-2-12

（6）图形绘制完成，单击【保存】按钮 🖫，保存文件。

📖 **提示**

（1）绘制图形前，要认真分析图形，如果是轴对称图形，可采用【镜像】按钮，达到事半功倍的效果，提高绘图效率。

（2）在绘制图形的过程中，要正确确定图形绘制的起始点，一般选择图形的几何中心点。

2.2.3　知识点解析

1. 绘制线

绘制线类图形分为 2 种，即绘制直线段（线链）和绘制相切直线段，如图 2-2-13 所示。

（a）线链   （b）相切直线段

图 2-2-13

（1）绘制直线段（线链）

在【草绘】选项组中单击【线】下拉菜单中的【线链】按钮 ⌄，在绘图区单击鼠标左键确定直线段的第 1 个点，移动鼠标指针，在指定的位置单击鼠标左键确定直线段的第 2 个点，继续移动鼠标指针并单击鼠标左键确定下一个点，直至线链的最后一个点，单击鼠标中键结束绘制。

（2）绘制相切直线段

在【草绘】选项组中单击【线】下拉菜单中的【直线相切】按钮 ✕，在绘图区将鼠标指针移动至第 1 个相切图元，单击鼠标左键，移动鼠标指针至第 2 个相切图元，单击鼠标左键即可绘制与两个图元相切的直线段，单击鼠标中键结束绘制。

2. 绘制矩形

绘制矩形类图形分为 4 种，即绘制拐角矩形、绘制斜矩形、绘制中心矩形和绘制平行四边形，如图 2-2-14 所示。

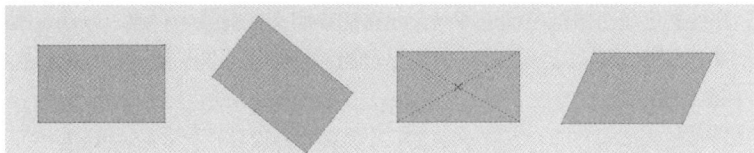

（a）拐角矩形　　　（b）斜矩形　　　（c）中心矩形　　　（d）平行四边形

图 2-2-14

（1）绘制拐角矩形

在【草绘】选项组中单击【矩形】下拉菜单中的【拐角矩形】按钮▢，在绘图区单击鼠标左键确定矩形的一个顶点，然后移动鼠标指针至指定的位置，单击鼠标左键确定矩形对角的另一个顶点，从而绘制拐角矩形，单击鼠标中键结束绘制。

（2）绘制斜矩形

在【草绘】选项组中单击【矩形】下拉菜单中的【斜矩形】按钮◇，在绘图区单击鼠标左键确定矩形的一个顶点，然后移动鼠标指针至指定的位置，单击鼠标左键确定矩形边的另一个顶点，移动鼠标指针至指定位置，再次单击鼠标左键确定斜矩形的另一条边长，从而绘制斜矩形，单击鼠标中键结束绘制。

（3）绘制中心矩形

在【草绘】选项组中单击【矩形】下拉菜单中的【中心矩形】按钮▣，在绘图区单击鼠标左键确定矩形的中心点，然后移动鼠标指针至指定的位置，单击鼠标左键确定矩形的一个顶点，从而绘制一个中心矩形，单击鼠标中键结束绘制。

（4）绘制平行四边形

在【草绘】选项组中单击【矩形】下拉菜单中的【平行四边形】按钮▱，在绘图区单击鼠标左键确定平行四边形的一个顶点，然后移动鼠标指针至指定的位置，单击鼠标左键确定平行四边形边的另一个顶点，移动鼠标指针至指定位置，再次单击鼠标左键确定平行四边形的另一条边长，从而绘制平行四边形，单击鼠标中键结束绘制。

📖 提示

在绘制截面图形时，要灵活运用矩形的绘制类型，比如绘制中心对称图形时，要用中心矩形，这样能够减少尺寸的标注和约束的使用，从而提高工作效率，简化图形。

3. 绘制圆

绘制圆类图形分为 4 种，即通过圆心和点绘制圆、通过同心圆绘制圆、通过 3 点绘制圆、通过 3 相切绘制圆，如图 2-2-15 所示。

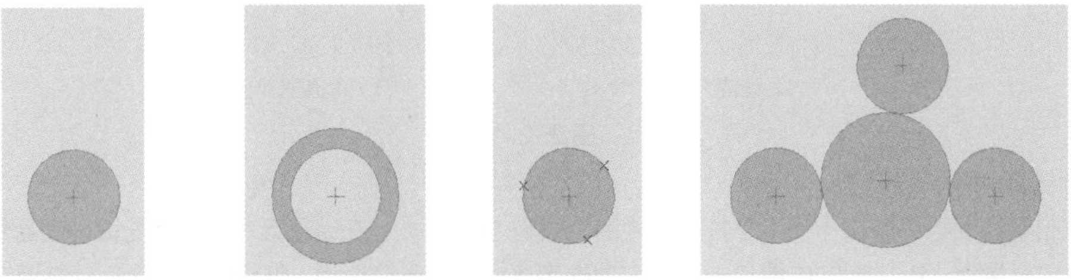

（a）通过圆心和点绘制圆　（b）通过同心圆绘制圆　（c）通过 3 点绘制圆　　（d）通过 3 相切绘制圆

图 2-2-15

（1）通过圆心和点绘制圆

在【草绘】选项组中单击【圆】下拉菜单中的【圆心和点】按钮◎，在绘图区单击鼠标左键确定圆心，然后移动鼠标指针至指定的位置，单击鼠标左键确定圆上的一点，从而绘制一个圆，单击鼠标中键结束绘制。

（2）通过同心圆绘制圆

绘制同心圆是选取一个参照圆或一条圆弧来定义中心点的。在【草绘】选项组中单击【圆】下拉菜单中的【同心圆】按钮◎，在绘图区单击鼠标左键选取一个已有的参照圆或圆弧中心点，以确定圆心，然后移动鼠标指针至指定的位置，单击鼠标左键确定圆上的一点，从而绘制一个同心圆，继续移动鼠标指针连续绘制所需的同心圆，单击鼠标中键结束绘制。

（3）通过 3 点绘制圆

在【草绘】选项组中单击【圆】下拉菜单中的【3 点】按钮◎，在绘图区单击鼠标左键确定圆上的第 1 个点，然后移动鼠标指针至指定的位置，单击鼠标左键确定圆上的第 2 个点，继续移动鼠标指针至指定的位置，单击鼠标左键确定圆上的第 3 个点，从而绘制一个圆，单击鼠标中键结束绘制。

（4）通过 3 相切绘制圆

在【草绘】选项组中单击【圆】下拉菜单中的【3 相切】按钮，在第 1 个图元（圆、圆弧、直线段）上单击鼠标左键确定第 1 个点，然后移动鼠标指针在第 2 个图元（圆、圆弧、直线段）上单击鼠标左键确定第 2 个点，继续移动鼠标指针在第 3 个图元（圆、圆弧、直线段）上单击鼠标左键，从而绘制一个 3 相切的圆，单击鼠标中键结束绘制。

4．绘制圆弧与圆锥弧

绘制圆弧类图形分为 5 种，即通过 3 点/相切端绘制圆弧、通过圆心和端点绘制圆弧、通过 3 相切绘制圆弧、绘制同心圆弧、绘制圆锥弧，如图 2-2-16 所示。

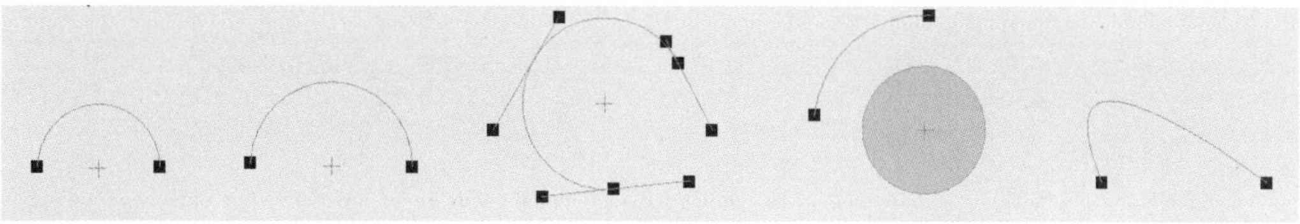

（a）3 点/相切端　（b）圆心和端点　（c）3 相切　（d）同心圆弧　（e）圆锥弧

图 2-2-16

（1）通过 3 点/相切端绘制圆弧

在【草绘】选项组中单击【弧】下拉菜单中的【3 点/相切端】按钮，在绘图区单击鼠标左键确定圆弧上的第 1 个点作为起点，然后移动鼠标指针至指定的位置，单击鼠标左键确定圆弧上的第 2 个点作为终点，继续移动鼠标指针至指定的位置，单击鼠标左键，从而绘制一个圆弧，单击鼠标中键结束绘制。

（2）通过圆心和端点绘制圆弧

在【草绘】选项组中单击【弧】下拉菜单中的【圆心和端点】按钮，在绘图区单击鼠标左键确定圆弧的中心点，然后移动鼠标指针至指定的位置，单击鼠标左键确定圆弧上的第 1 个点作为起点，继续移动鼠标指针至指定的位置，单击鼠标左键确定圆弧上的第 2 个点作为终点，从而绘制一个圆弧，单击鼠标中键结束绘制。

（3）通过 3 相切绘制圆弧

在【草绘】选项组中单击【弧】下拉菜单中的【3 相切】按钮，在第 1 个图元（圆、圆弧、直线段）上单击鼠标左键确定第 1 个点，然后移动鼠标指针在第 2 个图元（圆、圆弧、直线段）上单击鼠标左键确定第 2 个点，继续移动鼠标指针，在第 3 个图元（圆、圆弧、直线段）上单击鼠标左键，从而绘制一个 3 相切的圆弧，单击鼠标中键结束绘制。

（4）绘制同心圆弧

在【草绘】选项组中单击【弧】下拉菜单中的【同心】按钮，在绘图区单击鼠标左键选取一个已有的参照圆或圆弧中心点，以确定圆心，然后移动鼠标指针，可以看到系统产生一个虚线显示的动态同心圆，在指定位置单击鼠标左键，确定圆弧的起点，移动鼠标指针，绕圆心顺时针或逆时针方向旋转，并单击鼠标左键指定圆弧的终点，从而绘制一个同心圆弧，单击鼠标中键结束绘制。

（5）绘制圆锥弧

在【草绘】选项组中单击【弧】下拉菜单中的【圆锥】按钮，在绘图区单击鼠标左键确定圆锥弧的第 1 个端点，移动鼠标指针至指定位置，单击鼠标左键确定圆锥弧的第 2 个端点，继续移动鼠标指针至指定位置，单击鼠标左键，从而绘制一个圆锥弧，单击鼠标中键结束绘制。

5．绘制椭圆

绘制椭圆图形（见图 2-2-17）分为 2 种，即绘制轴端点椭圆、绘制中心和轴椭圆。

（1）绘制轴端点椭圆

在【草绘】选项组中单击【椭圆】下拉菜单中的【轴端点椭圆】按钮，在绘图区单击鼠标左键确定椭圆轴的第 1 个端点，移动鼠标指针至指定位置，单击鼠标左键确定椭圆轴的第 2 个端点，继续移动鼠标指针至指定位置，单击鼠标左键，从而绘制一个椭圆，单击鼠标中键结束绘制。

（2）绘制中心和轴椭圆

在【草绘】选项组中单击【椭圆】下拉菜单中的【中心和轴椭圆】按钮 ◎，在绘图区单击鼠标左键确定椭圆的中心点，移动鼠标指针至指定位置，单击鼠标左键确定椭圆轴的端点，继续移动鼠标指针至指定位置，单击鼠标左键，从而绘制一个椭圆，单击鼠标中键结束绘制。

6. 绘制样条曲线

样条曲线是平滑通过或逼近多个任意点的曲线，如图 2-2-18 所示。

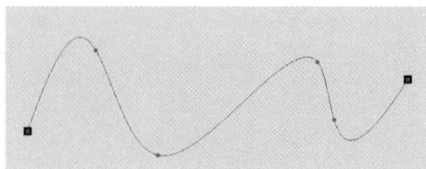

图 2-2-17　　　　　　　　　　　　　　　　图 2-2-18

绘制样条曲线时，在【草绘】选项组中单击【样条】按钮 ∿，在绘图区单击鼠标左键确定曲线的第 1 个端点，移动鼠标指针，依次单击鼠标左键确定曲线上的其他点，单击鼠标中键结束绘制。双击样条曲线，弹出【样条曲线】设计面板，可设置样条曲线的相关参数，单击【确定】按钮，完成设置。

7. 绘制圆角

绘制圆角是指绘制任意两个图元之间的圆弧连接。绘制圆角的命令分为 4 种，即圆形、圆形修剪、椭圆形、椭圆形修剪。使用圆形和椭圆形命令绘制圆角时带有构造线，使用圆形修剪和椭圆形修剪命令绘制圆角时不带构造线，4 种类型圆角的绘制方法相同，在【草绘】选项组中单击【圆角】下拉菜单中的任意一个按钮，在绘图区分别单击两个有效图元（圆角默认的大小与单击图元的位置有关，靠近图元交点的位置圆角半径小，远离图元交点的位置圆角半径大），最后单击鼠标中键结束绘制。圆角绘制示例如图 2-2-19 所示。

8. 绘制倒角

绘制倒角是指绘制任意两个图元之间的直线连接，绘制倒角的命令分为两种，即倒角、倒角修剪。使用倒角命令绘制倒角时带有构造线，使用倒角修剪命令绘制倒角时不带构造线，两种类型倒角的绘制方法相同，在【草绘】选项组中单击【倒角】下拉菜单中的任意一个按钮，在绘图区分别单击两个有效图元（倒角默认的大小和角度与单击图元的位置有关，靠近图元交点的位置倒角小，远离图元交点的位置倒角大），最后单击鼠标中键结束绘制。倒角绘制示例如图 2-2-20 所示。

（a）圆形　　　　　　　（b）圆形修剪　　　　　　　（a）倒角　　　　　　　（b）倒角修剪

图 2-2-19　　　　　　　　　　　　　　　　图 2-2-20

9. 绘制文本

绘制文本可以看成绘制一种特殊的截面，通过文本工具绘制文字或符号截面，创建三维模型时文本必须为封闭图形才可进行拉伸、扫描、旋转等。

　　绘制文本时，在【草绘】选项组中单击【文本】按钮 **A**，在绘图区单击鼠标左键确定文本的第 1 点位置，然后根据文本的高度和方向确定文本的第 2 点位置，系统弹出【文本】对话框，如图 2-2-21 所示，输入文本内容，选择字体，设置字体位置、长宽比、倾斜角、间距等，也可以设置沿现有的曲线放置文本，单击【确定】按钮，完成文本的绘制，如图 2-2-22 所示。

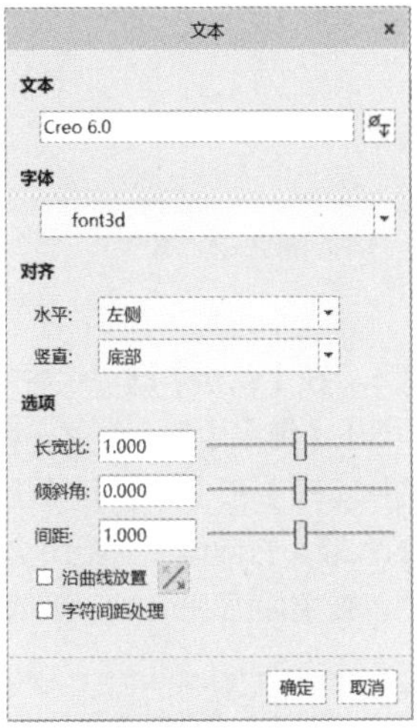

图 2-2-21

图 2-2-22

📖 提示

文本的高度和方向是通过绘制文本第 2 点相对第 1 点的距离和方向来确定的，具体方向如图 2-2-23 所示。

（a）

（b）

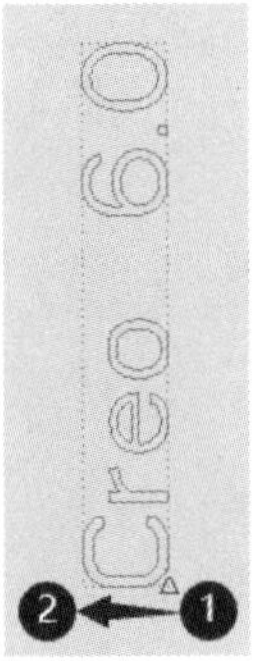

（c）

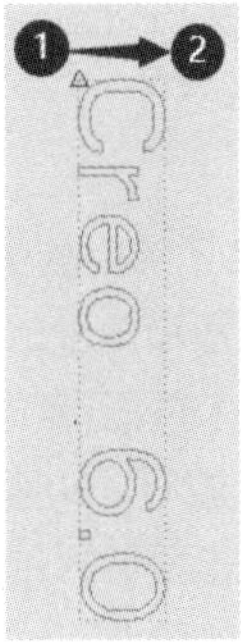

（d）

图 2-2-23

10. 偏移

　　偏移工具用于按照一定的距离和方向偏移现有图元的一条边、链或环。在【草绘】选项组中单击【偏移】按钮，弹出【类型】对话框，根据要偏移的图元的数量，选择【单一】、【链】、【环】任意一种类型，然后单击要偏移的边，根据偏移图元箭头的方向，输入偏移距离。如果偏移方向和箭头方向一致，输入正值；如果偏移方向和箭头方向相反，输入负值，如图 2-2-24 所示，单击【接受值】按钮✔，完成偏移，单击鼠标中键结束命令，结果如图 2-2-25 所示。

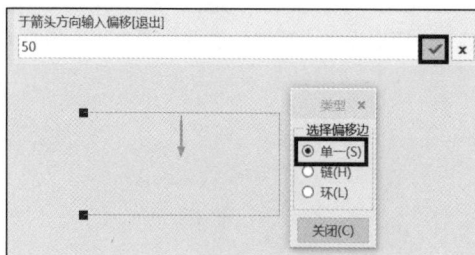 

图 2-2-24   图 2-2-25

11. 加厚

加厚工具用于按照一定的厚度向两侧偏移现有图元的一条边、链或环。在【草绘】选项组中单击【加厚】按钮，弹出【类型】对话框，根据所要偏移的图元的数量，选择【单一】、【链】、【环】任意一种类型，根据是否封闭开放端选择【开放】、【平整】、【圆形】任意一种类型，本例选择【环】和【圆形】，然后单击所要加厚的边，输入厚度 50，单击【接受值】按钮✔，如图 2-2-26 所示，输入箭头方向偏移的距离 25，单击【接受值】按钮✔，如图 2-2-27 所示，完成加厚，单击鼠标中键结束命令，效果如图 2-2-28 所示。

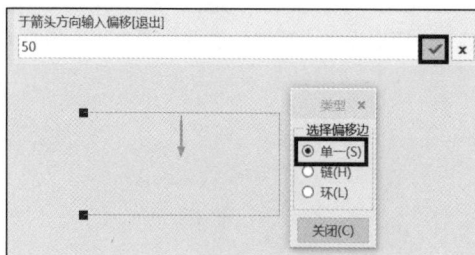

图 2-2-26   图 2-2-27

12. 选项板

【草绘】选项组中预定义了常用的多边形、轮廓、形状和星形等截面类型，并可进行大小、位置和角度的调整，方便用户选用。在【草绘】选项组中单击【选项板】按钮，弹出【草绘器选项板】窗口，如图 2-2-29 所示。单击多边形、轮廓、形状和星形任意一种截面类型，在相应的类型中，可单击要导入的截面图形，按住鼠标左键将所选截面图形拖到绘图区指定的位置，或者双击要导入的截面图形，将鼠标指针移动至绘图区指定的位置，单击鼠标左键即可放置默认大小的截面图形，如图 2-2-30 所示，此时弹出【导入截面】设计面板，如图 2-2-31 所示，可通过截面图形上的标识调整截面的大小、位置和角度，也可以通过设计面板进行设置。

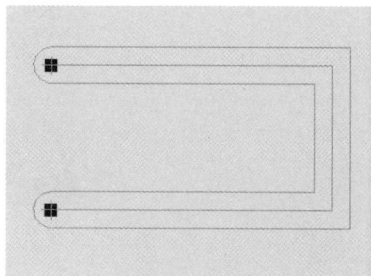

图 2-2-28

除了系统预设的截面图形外，用户也可以根据自己的需求添加截面图形，将扩展名为 .sec 的文件添加到软件安装路径对应的文件夹中，如 D:\PTC\Creo 6.0.0.0\Common Files\text\sketcher_palette\ 路径下的

polygons、profiles、shapes、stars 文件夹中。

图 2-2-29

图 2-2-30

图 2-2-31

13. 构造中心线、点、坐标系

【草绘】选项组中的中心线、点、坐标系均是用于辅助绘制图形的构造图元，即构造图元无法在草绘器以外被参考，而【基准】选项组中的中心线、点、坐标系是几何图元，几何图元可以将特征信息传递到草绘器之外。

14. 构造模式

单击【构造模式】按钮，绘制的直线段、圆、椭圆、样条曲线等将以点线的形式呈现，不具有几何意义，作为绘图时的参考线或辅助线，为绘图提供方便并提高绘图效率。构造线和几何线之间可以相互切换，单击所要切换的图元，在弹出的工具栏中单击【构造】按钮，即可完成切换，如图 2-2-32 所示。

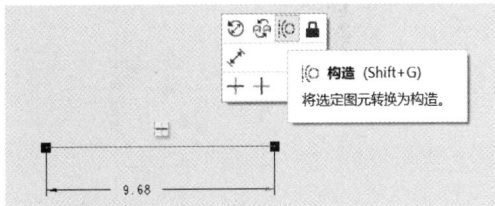

图 2-2-32

2.3 草绘编辑

【草绘编辑】选项组中包括修改、删除段、镜像、拐角、分割、旋转调整大小等工具。

2.3.1 课堂案例一　绘制阀体零件截面

绘制阀体零件
截面

1. 任务下达

通过草绘模块绘制图 2-3-1 所示的阀体零件截面。

2. 任务解析

图 2-3-1 所示图形为中心对称图形，由直线段、圆、圆弧等元素组成，通过【圆心和端点】【线链】【圆心和点】【删除段】等按钮绘制该图形的四分之一，用【镜像】按钮镜像两次图形即可。

3. 任务实施

（1）在快速访问工具栏中单击【新建】按钮，弹出【新建】对话框，在【新建】对话框的【类型】选项

组中，选择【草绘】单选项，输入文件名为"fati"，单击【确定】按钮，进入草绘工作界面。

（2）在【草绘】选项组中单击【中心线】按钮┆，绘制水平和竖直两条相交的中心线，单击【圆心和端点】按钮，以相交点为圆心绘制 3 个四分之一圆，双击尺寸并修改半径为 R15、R30、R36，单击鼠标中键结束绘制，并锁定尺寸，如图 2-3-2 所示。

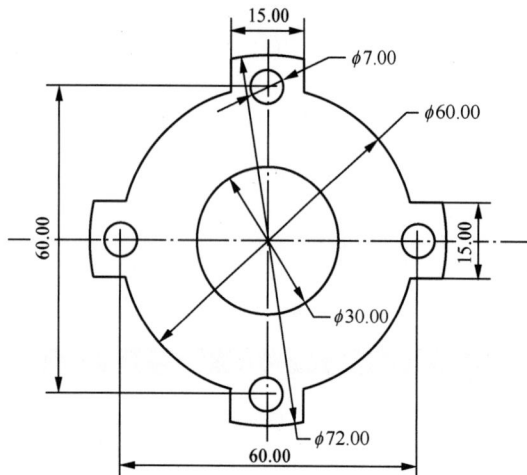

图 2-3-1

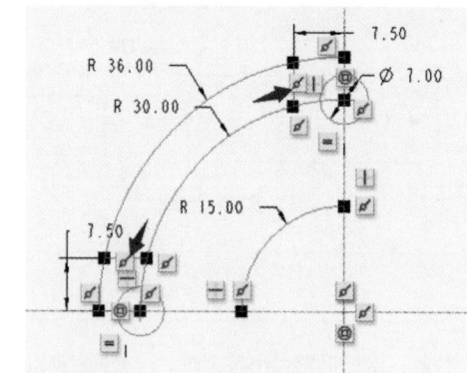

图 2-3-2

（3）单击【线链】按钮，绘制 1 条水平连接和 1 条竖直连接 R30 和 R36 的线段，单击【尺寸】按钮，标注和中心线的距离均为 7.5，单击【圆心和点】按钮，以 R30 四分之一圆与两条中心线的交点为圆心绘制 2 个圆，双击尺寸并修改直径为 φ7，并锁定尺寸，如图 2-3-3 所示。

（4）单击【删除段】按钮，删除多余的线段和圆弧，如图 2-3-4 所示。

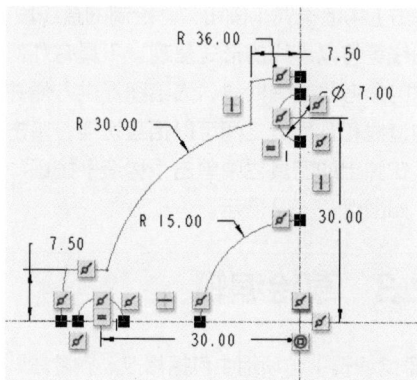

图 2-3-3

图 2-3-4

（5）按住 Ctrl 键，选择要镜像的图元，单击【镜像】按钮，单击竖直中心线，完成图元的镜像，如图 2-3-5 所示。

（6）按住 Ctrl 键，选择要镜像的图元，单击【镜像】按钮，单击水平中心线，完成图元的镜像，如图 2-3-6 所示。

（7）图形绘制完成，单击【保存】按钮，保存文件。

📖 **提示**

图元绘制完成以后，将【突出显示开放端】、【着色封闭环】按钮置于激活状态，可方便检查所绘制图形是否为封闭的图形或有无多余的线段、圆弧等，为三维图形的绘制做好准备。

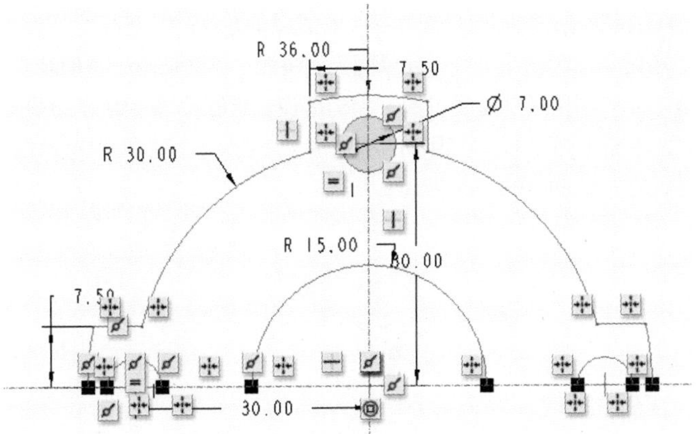

图 2-3-5

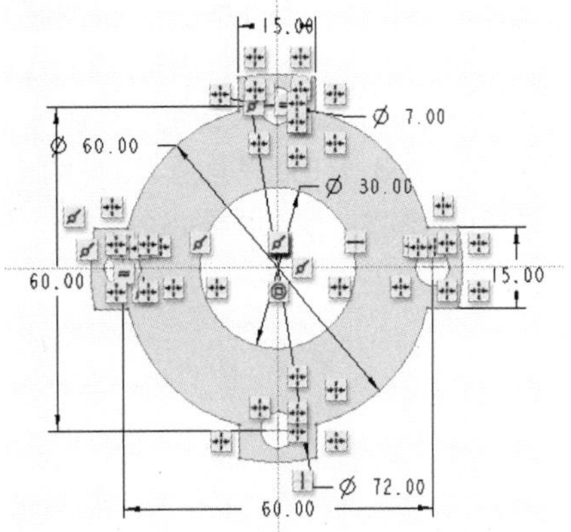

图 2-3-6

2.3.2 课堂案例二 绘制支架零件截面

绘制支架零件截面

1. 任务下达

通过草绘模块绘制图 2-3-7 所示的支架零件截面。

2. 任务解析

图 2-3-7 所示图形为轴对称图形，整体结构呈一定角度，由相切直线段、圆、圆角等元素组成，绘制该图形时，先通过【圆】、【直线】、【加厚】、【圆角】等按钮绘制部分结构，再进行镜像。

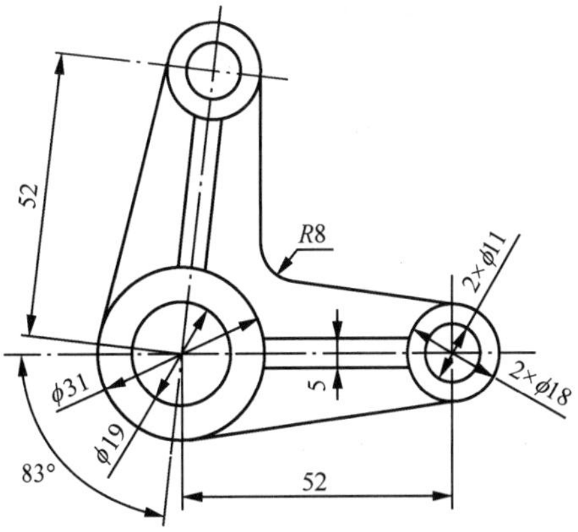

图 2-3-7

3. 任务实施

（1）在快速访问工具栏中单击【新建】按钮，弹出【新建】对话框，在【新建】对话框的【类型】选项组中，选择【草绘】单选项，输入文件名为“zhijia”，单击【确定】按钮，进入草绘工作界面。

（2）在【草绘】选项组中单击【中心线】按钮，绘制水平中心线，再绘制与水平中心线成 83° 的中心线；单击【圆心和点】按钮，以中心线交点为圆心绘制 2 个圆，双击尺寸并修改直径为 ϕ19、ϕ31，以中心线交点为基准，绘制水平方向距离中心点 52 的 2 个圆，双击尺寸并修改直径为 ϕ11 和 ϕ18，并锁定尺寸，如图 2-3-8 所示。

（3）在【草绘】选项组中单击【直线相切】按钮，绘制 2 条相切于直径分别为 ϕ31 和 ϕ18 的圆的切线；单击【线】按钮，绘制 2 条相交于直径分别为 ϕ31 和 ϕ18 的圆的交线，单击【对称】按钮并设置 2 条线相对于中心线对称，单击【尺寸】按钮，标注 2 条线距离为 5，如图 2-3-9 所示。

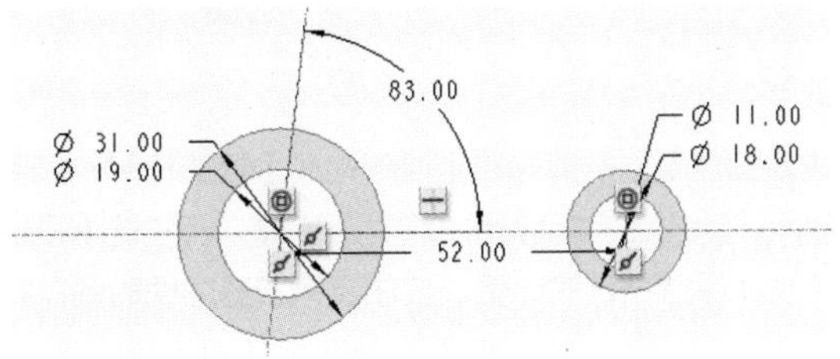

图 2-3-8

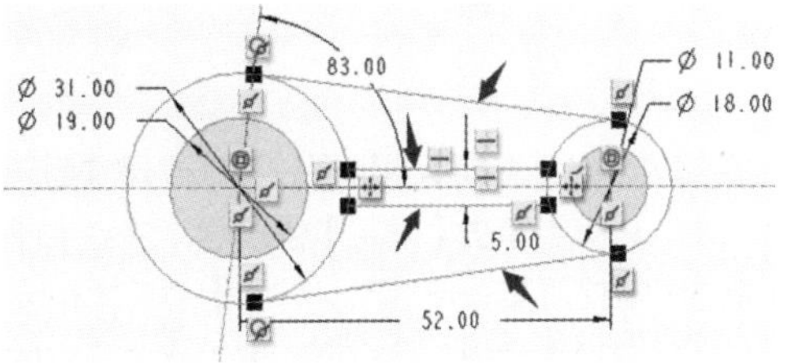

图 2-3-9

（4）单击【中心线】按钮，沿直径为 ϕ31 的圆的圆心绘制 1 条与水平中心线夹角为 41.5° 的中心线，按住 Ctrl 键，选择所要镜像的图元，单击【镜像】按钮，单击中心线，完成图元的镜像，如图 2-3-10 所示。

（5）单击【圆形】按钮，构造 R8 圆角，此时圆角尺寸是随机的，用构造模式绘制 2 条相切于直径分别为 ϕ31 和 ϕ18 的圆的构造切线（倒圆角侧）；单击【约束】选项组中的【重合】按钮，使圆角构造线与 2 条构造线重合，修改圆角半径为 R8，并锁定尺寸，如图 2-3-11 所示。

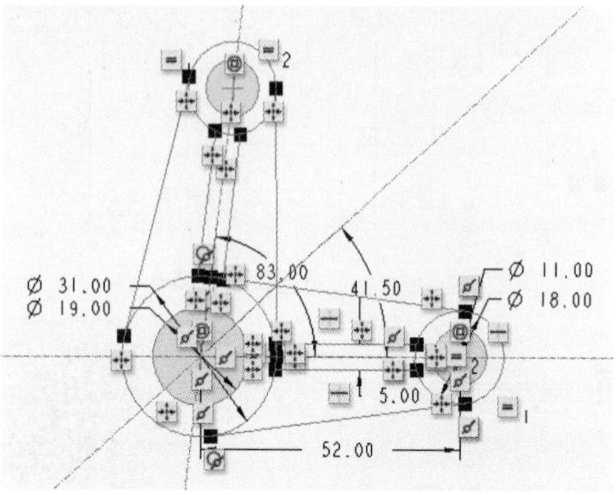

图 2-3-10

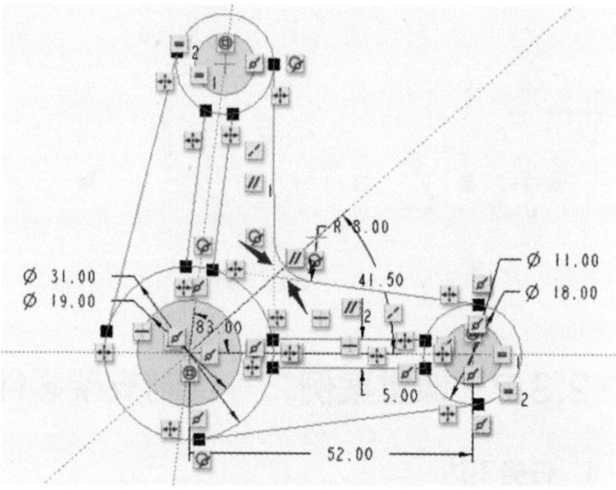

图 2-3-11

（6）图形绘制完成，单击【保存】按钮，保存文件。

2.3.3 知识点解析

1. 修改

修改工具用于修改几何尺寸、样条几何或文本图元。在【编辑】选项组中，单击【修改】按钮，再单击所要修改的几何尺寸、样条几何或文本图元，弹出相应的对话框或设计面板，在其中进行设置即可，如图 2-3-12 所示。也可以在修改尺寸前，框选要修改的几何尺寸、样条几何或文本图元，在【编辑】选项组中，单击【修改】按钮，弹出【修改尺寸】对话框，如图 2-3-13 所示，所有尺寸以 sd0、sd1、sd2 等进行排列（例如图 2-3-13 中 sd33、sd34、sd35 等），在修改尺寸文本框中输入所修改的尺寸，按 Enter 键完成尺寸的修改，逐个修改尺寸即可，也可以将鼠标指针置于文本框右侧的滑动条上，按住鼠标左键左右滑动进行尺寸的修改。

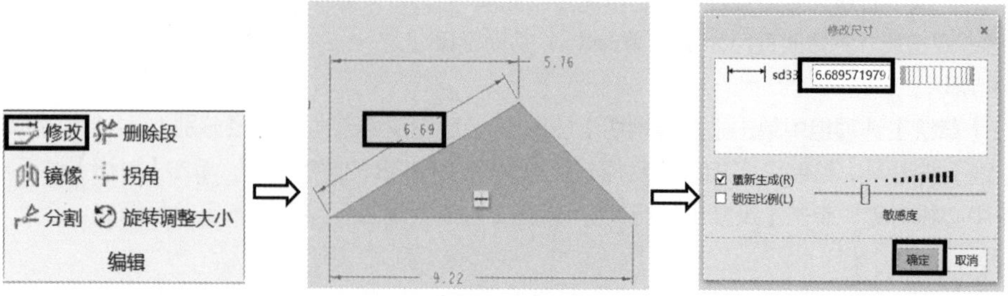

图 2-3-12

当勾选【重新生成】复选框时，修改尺寸后随即生成新的截面，取消勾选【重新生成】复选框时，仅更改尺寸大小，只有当单击【确定】按钮后，才会生成新的截面，用户在实际应用中可灵活掌握。若勾选【锁定比例】复选框，修改某一尺寸时，其余相关尺寸也会自动修改而保持一定的比例。按住鼠标左键的同时向左右拖动尺寸【敏感度】滑块，可以调整滚轮修改尺寸的精度。

对于几何尺寸、样条几何或文本图元的修改，可以移动鼠标指针到要修改的几何尺寸、样条几何或文本图元上，双击尺寸、样条或文本直接进行修改。

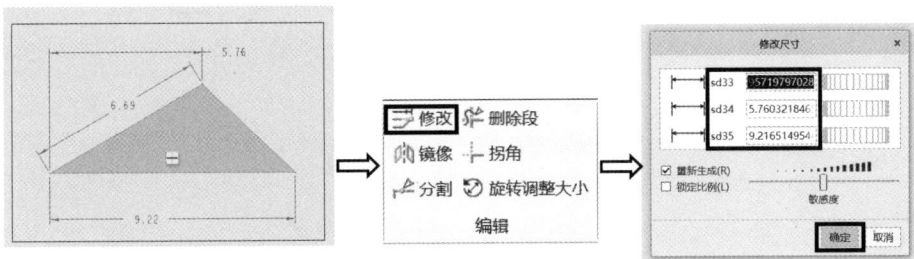

图 2-3-13

2. 删除段

删除段工具用于删除绘图过程中多余的图元，可极大地提高绘图效率。具体操作步骤如下：在【编辑】选项组中，单击【删除段】按钮，再单击所要删除的图元即可将其删除，如图 2-3-14 所示，或按住鼠标左键移动画线并穿过将要删除的图元，松开鼠标左键即可删除，如图 2-3-15 所示。

图 2-3-14   图 2-3-15

3. 镜像

镜像工具用于通过一条中心线镜像已有的图元（包括文本）。需要注意的是，尺寸、中心线和参照图元无法被镜像。因此，在进行镜像操作时，用户需要确保以下几点。

（1）中心线是镜像操作的必要条件。如果没有中心线，用户需要创建一条构造中心线或几何中心线作为镜像的参考。

（2）镜像操作不会影响图元的尺寸。如果需要调整图元尺寸，用户需要在镜像后手动进行调整。

（3）镜像操作不会影响参照图元。如果参照图元是关键部分，用户需要在进行镜像操作前确保其位置和属性。

通过以上注意事项，用户可以更加准确地使用镜像工具进行图元的镜像操作，确保所需的几何形状和位置的正确性。

具体操作步骤如下：在草绘模式下选择一个图元或按住 Ctrl 键选择多个图元，在【编辑】选项组中，单击【镜像】按钮，然后单击中心线，即可完成镜像，如图 2-3-16 所示。

图 2-3-16

4. 拐角

拐角工具用于将图元剪切或延伸到其他图元或几何体，具体操作步骤如下：在【编辑】选项组中，单击【拐角】按钮，选取要修剪的两个图元，此时要注意选取图元的位置，单击处即要保留的部分，交点外的部分将被修剪，如图 2-3-17 所示。

5. 分割

分割工具用于将一个图元分割成两个及以上的新图元，具体操作步骤如下：在【编辑】选项组中，单击【分割】按钮，在要分割处单击即可，为了精确地进行分割，可以在分割处绘制构造线，如图 2-3-18 所示。

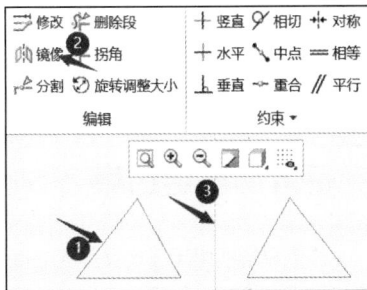

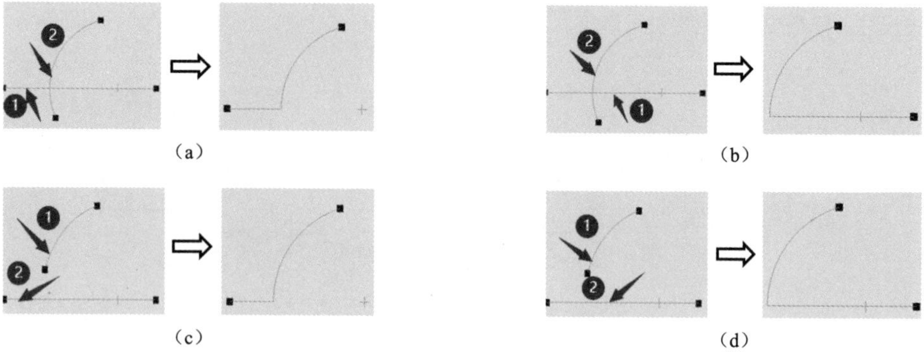

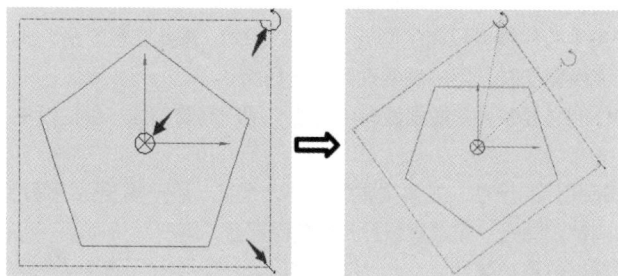

（a） （b）

（c） （d）

图 2-3-17

6. 旋转调整大小

旋转调整大小工具用于移动、缩放与旋转图元来满足设计要求，具体操作步骤如下：在绘图区选择要编辑的图元，在【编辑】选项组中，单击【旋转调整大小】按钮⟳，弹出【旋转调整大小】设计面板，将鼠标指针移动至图元标识（3 个）处，在按住鼠标左键的同时拖动图元，可以实现移动、缩放和旋转图元，也可以在设计面板中输入一定的值控制图元的移动、缩放和旋转，单击【确定】按钮✔完成设置，如图 2-3-19 所示。

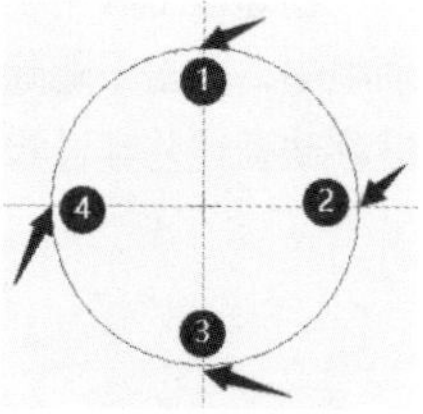

图 2-3-18

| 设置 | | | | | | |

图 2-3-19

2.4 草绘约束

约束是绘图中用于定义图元之间关系的重要工具，包括竖直、水平、垂直、相切、中点、重合、对称、相等、平行等选项。灵活、合理地使用约束可以使绘图更加方便、快捷、准确。约束的应用主要包括约束的显示与关闭、自动捕捉约束、创建约束和删除约束等。

2.4.1 课堂案例一 绘制扳手截面

1. 任务下达

通过草绘模块绘制图 2-4-1 所示的扳手截面。

绘制扳手截面

图 2-4-1

2. 任务解析

图 2-4-1 所示图形由多边形、直线段、圆、圆角等元素组成，绘制该图形时，先通过【选项板】按钮创建正六边形，再通过【圆】、【直线】、【弧】、【圆角】等按钮绘制其他部分。

3. 任务实施

（1）在快速访问工具栏中单击【新建】按钮 📄，弹出【新建】对话框，在【新建】对话框的【类型】选项组中，选择【草绘】单选项，输入文件名为"banshou"，单击【确定】按钮，进入草绘工作界面。

（2）在【草绘】选项组中单击【中心线】按钮 ┆，绘制水平和竖直两条相交的中心线。单击【选项板】按钮 ◪，弹出【草绘器选项板】对话框，双击六边形，将鼠标指针移动到绘图区，单击鼠标左键，在弹出的【导入截面】设计面板的【角度】文本框中输入 30，单击【确定】按钮 ✔，绘制出正六边形。约束正六边形外接圆中心和中心线交点重合，单击【尺寸】按钮 ↦，标注外接圆直径为 φ44。在六边形右侧位置，在水平中心线上绘制 2 个同心圆，双击尺寸并修改直径为 φ28 和 φ15，单击【尺寸】按钮 ↦，标注六边形中心点和圆心的距离为 132，单击任一尺寸，在弹出的尺寸工具栏中单击【切换锁定】按钮 🔒，用同样的方法将所有尺寸锁定，如图 2-4-2 所示。

（3）单击【弧】下拉菜单中的【圆心和端点】按钮 ⌒，分别选择正六边形的 2 个顶点绘制半径为 R22 的圆弧，选择六边形中心作为圆弧圆心绘制半径为 R44 的圆弧，单击【删除段】按钮 ✂，删除多余的圆弧和线段，并锁定尺寸，如图 2-4-3 所示。

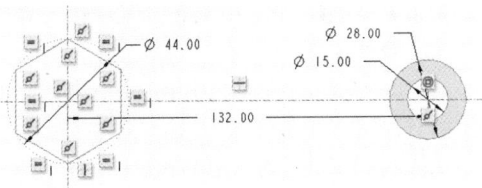

图 2-4-2

（4）单击【线链】按钮 ✓，绘制 2 条相切于直径为 φ28 的圆、相交于半径为 R44 的圆弧的线段，在【约束】选项组中单击【对称】按钮 ⋈，使线段 R44 圆弧的两个交点相对于水平中心线对称，标注两点距离为 44，并锁定尺寸，如图 2-4-4 所示。

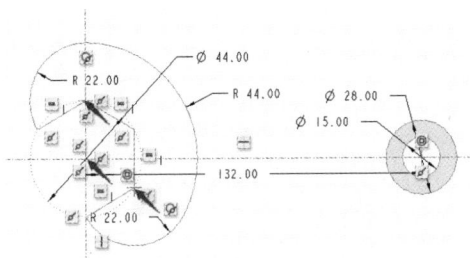

图 2-4-3

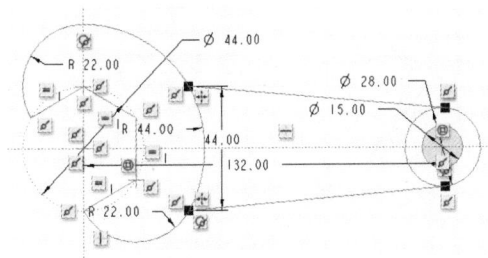

图 2-4-4

（5）单击【圆心和点】按钮 ⊙，绘制半径分别为 R33 和 R22 的圆，在【约束】选项组中单击【相切】按钮 ⊙，使 R33 的圆与 R22 的圆和两相交图元分别相切，如图 2-4-5 所示。

（6）单击【删除段】按钮 ✂，删除多余的圆弧，实现倒圆角，设置多余的连接线为构造线，并锁定尺寸，如图 2-4-6 所示。

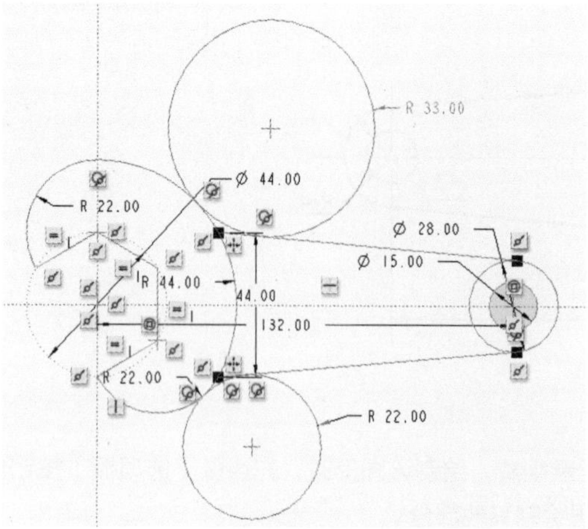

图 2-4-5

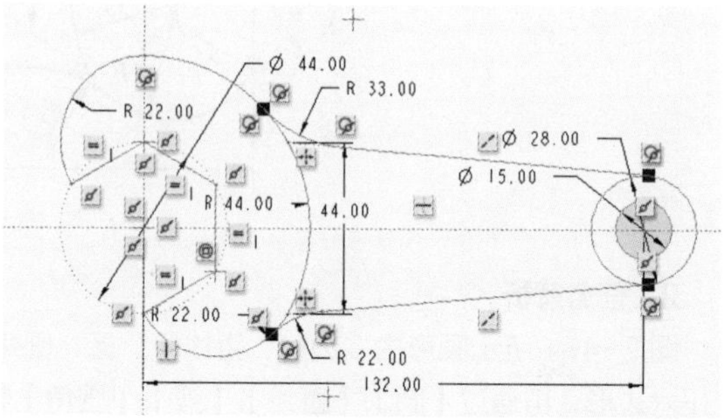

图 2-4-6

（7）图形绘制完成，单击【保存】按钮 💾，保存文件。

2.4.2　课堂案例二　绘制拖钩截面

绘制拖钩截面

1．任务下达

通过草绘模块绘制图 2-4-7 所示的拖钩截面。

2．任务解析

图 2-4-7 所示图形为轴对称图形，由直线段、圆、圆弧等元素组成。绘制该图形时，可通过【圆心和点】、【线链】、【圆角】、【圆心和端点】等按钮逐一精确绘制，再通过【镜像】按钮镜像部分图形。

3．任务实施

（1）在快速访问工具栏中单击【新建】按钮 ，弹出【新建】对话框，在【新建】对话框的【类型】选项组中，选择【草绘】单选项，输入文件名为"tuogou"，单击【确定】按钮，进入草绘工作界面。

（2）在【草绘】选项组中单击【中心线】按钮 ，绘制水平和竖直两条相交的中心线，单击【圆心和点】按钮 ，以中心线交点为圆心绘制 2 个圆，双击尺寸并修改直径分别为 $\phi15$ 和 $\phi30$，单击【线链】按钮 ，绘制直线段，单击【尺寸】按钮 ，标注并修改尺寸，并将尺寸锁定，如图 2-4-8 所示。

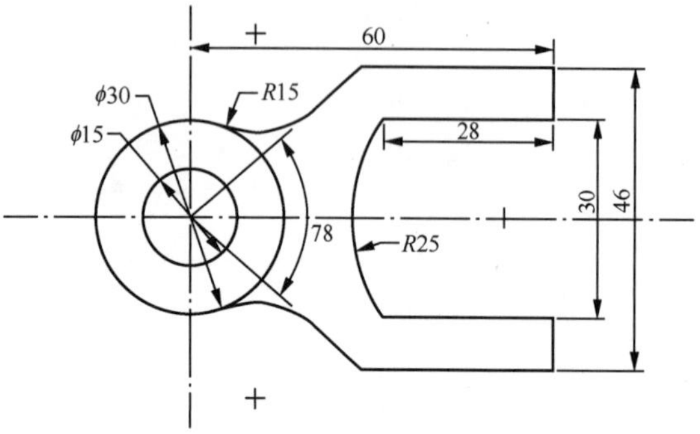

图 2-4-7

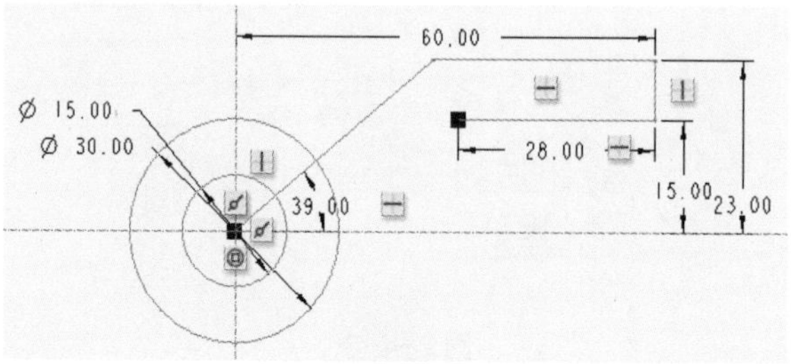

图 2-4-8

（3）单击【圆心和端点】按钮 ，绘制圆心位于水平中心线上的圆弧，双击尺寸并修改半径为 $R25$，单击【圆形】按钮 ，绘制圆角，双击尺寸并修改半径为 $R15$，单击【构造模式】按钮 ，激活构造模式，单

击【线链】按钮 ～，绘制通过圆心的构造线，并与 R15 圆角相切的直线段重合，锁定尺寸，如图 2-4-9 所示。

（4）按住 Ctrl 键，选择要镜像的图元，单击【镜像】按钮 M，单击水平中心线，完成图元的镜像，如图 2-4-10 所示。

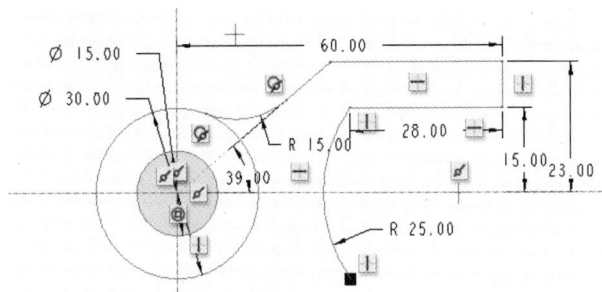

图 2-4-9

图 2-4-10

（5）图形绘制完成，单击【保存】按钮 📷，保存文件。

2.4.3 知识点解析

1. 约束的显示与关闭

用户可以设置约束的显示与关闭，其方法是在草绘工作界面功能区的【文件】下拉菜单中选择【选项】，弹出【Creo Parametric 选项】对话框，选择【草绘器】类别，在【对象显示设置】列表中勾选【显示约束】复选框，设置约束的显示与关闭，如图 2-4-11 所示。也可以在绘图区上方视图工具栏的【草绘显示过滤器】下拉菜单中勾选【约束显示】复选框，设置约束的显示与关闭，如图 2-4-12 所示。

图 2-4-11

2. 自动捕捉约束

在草绘过程中启用自动捕捉约束功能可以显著提升绘图效率。具体操作步骤如下：在草绘工作界面功能区的【文件】下拉菜单中选择【选项】，弹出【Creo Parametric 选项】对话框，在对话框中选择【草绘器】类别，在【草绘器约束假设】列表中勾选相应的约束复选框，以启用自动捕捉约束功能，如图 2-4-13 所示。在绘图时，系统会自动显示相关约束，并将鼠标指针吸附到约束点，使绘图更加方便、快捷、准确。

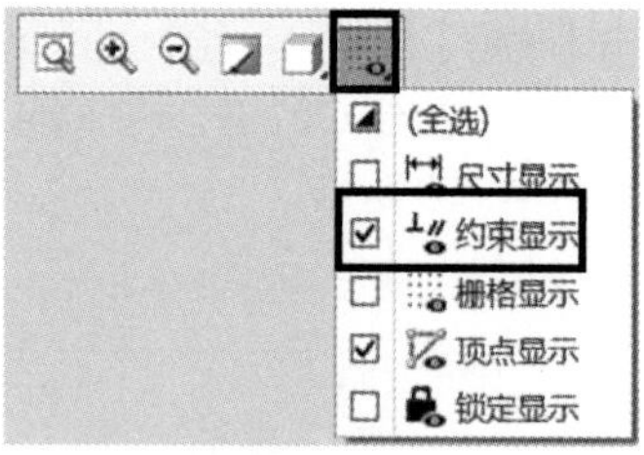

图 2-4-12

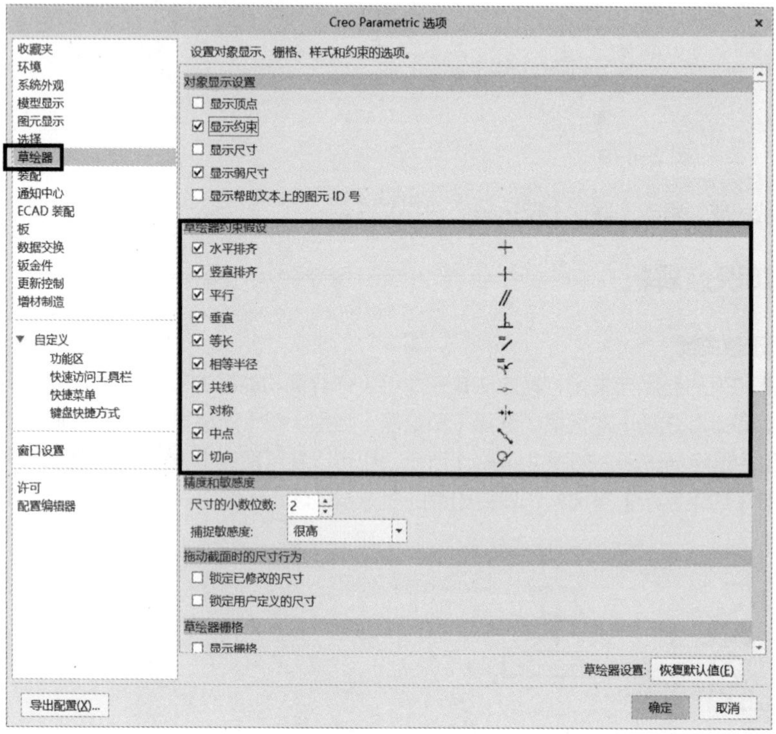

图 2-4-13

3. 创建约束

【约束】选项组中有竖直、水平、垂直、相切、中点、重合、对称、相等、平行等 9 种类型的约束按钮。

（1）竖直约束

单击【竖直】按钮 ╪，创建竖直约束，使线竖直或使两个顶点沿竖直方向对齐。

（2）水平约束

单击【水平】按钮 ╪，创建水平约束，使线水平或使两个顶点沿水平方向对齐。

（3）垂直约束

单击【垂直】按钮 ⊥，创建垂直约束，使两个图元垂直正交。

（4）相切约束

单击【相切】按钮 ✓，创建相切约束，使两个图元相切。

（5）中点约束

单击【中点】按钮 ＼，创建中点约束，使点放置在线或弧的中间处。

（6）重合约束

单击【重合】按钮 ⊸，创建重合约束，在同一位置上放置点，在图元上放置点或创建共线约束。

（7）对称约束

单击【对称】按钮 ╫，创建对称约束，使两个图元的端点关于中心线对称。

（8）相等约束

单击【相等】按钮 ═，创建相等约束，使图元长度、半径、曲率等相等。

（9）平行约束

单击【平行】按钮 //，创建平行约束，使若干个线段平行。

4. 删除约束

当需要删除某个已添加的约束时，选择要删除的约束，按 Delete 键，或者单击功能区【草绘】选项卡中【操作】选项组的下拉按钮，在下拉菜单中单击【删除】按钮即可删除所选约束，同时，系统会自动生成一个尺寸，以保持图形的几何关系。

2.5 尺寸标注

【草绘】选项卡的【尺寸】选项组中包括尺寸、周长、基线和参考等工具，用于控制图形。在绘制二维草绘时，系统自动创建的尺寸为弱尺寸，它们以系统预设的颜色显示，如果弱尺寸无法满足设计要求，用户通过修改尺寸或添加新尺寸为强尺寸，将弱尺寸转变为强尺寸或删除多余的弱尺寸。此外，选取一个尺寸，单击【操作】选项组中的【切换锁定】按钮，或者单击尺寸，在快捷工具栏中选择锁定或解锁，可以将尺寸锁定或解锁，如图 2-5-1 所示，被锁定的尺寸将以另一种颜色显示。非锁定的尺寸在编辑或修改二维草绘时有可能被系统自动删除或修改，锁定后的尺寸则不会受到系统的自动删除或修改的影响。

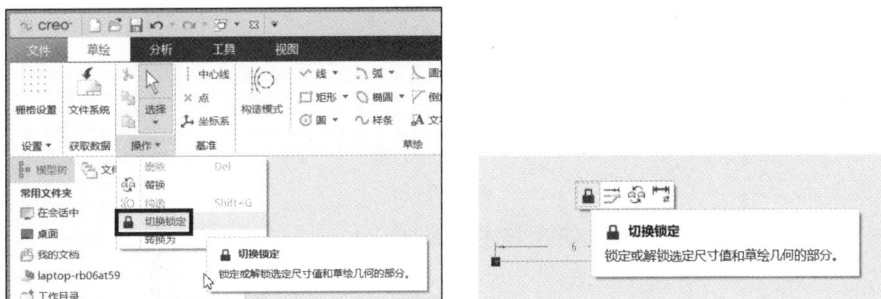

图 2-5-1

2.5.1 课堂案例一 绘制手柄截面

1. 任务引入

通过草绘模块绘制图 2-5-2 所示的手柄截面。

2. 任务解析

通过分析图形，采用草绘模块快速地按照大致的形状和比例绘制出所需图形，无须一开始就精确设置每个尺寸。基础轮廓绘制完成后，通过【修改】按钮来精确控制图形的各种几何特征，从而提高绘图效率。

3. 任务实施

（1）在快速访问工具栏中单击【新建】按钮，弹出【新建】对话框，在【新建】对话框的【类型】选项组中，选择【草绘】单选项，输入文件名为"shoubing"，单击【确定】按钮，进入草绘工作界面。

（2）在【草绘】选项组中单击【中心线】按钮，绘制水平和竖直两条相交的中心线，单击【圆心和点】、【线链】、【3 点/相切端】、【圆心和端点】等按钮按照大致的形状和比例绘制图形，单击【相切】、【对称】、【水

平】按钮对图形进行约束，单击鼠标中键结束绘制，如图 2-5-3 所示。

图 2-5-2

图 2-5-3

（3）单击【尺寸】按钮，按照图纸尺寸标注为默认值，如图 2-5-4 所示。

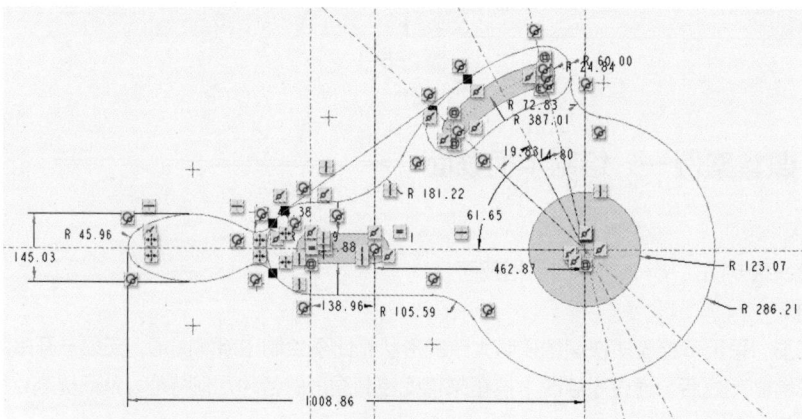

图 2-5-4

（4）框选全部尺寸，单击【编辑】选项组中的【修改】按钮，弹出【修改尺寸】对话框，取消勾选【重新生成】复选框，按照图例要求逐个修改尺寸，单击【确定】按钮，按照修改后的尺寸重新生成草绘，调整尺寸线至合适的位置，完成尺寸标注，如图 2-5-5 所示。

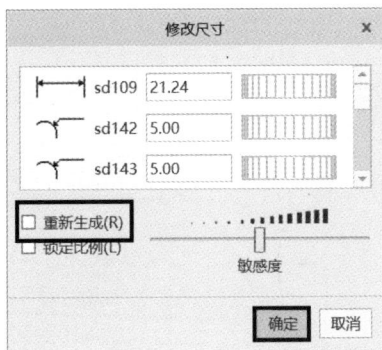

图 2-5-5

（5）图形绘制完成，单击【保存】按钮🖫，保存文件。

📖 **提示**

通过草绘模块快速地按照大致的形状和比例绘制图形，用【修改】按钮统一修改尺寸，能够提升绘图的效率，统一修改尺寸时要注意取消勾选【重新生成】复选框，否则可能会使图形发生较大变形，影响其他尺寸的修改。

2.5.2 课堂案例二 绘制吊钩截面

绘制吊钩截面

1. 任务下达

本案例通过草绘模块绘制图 2-5-6 所示的吊钩截面。

2. 任务解析

图 2-5-6 所示图形为非轴对称图形，由直线段、圆、圆弧等元素组成，绘制该图形时，用中心线建立绘图的中心，通过【圆心和点】、【线链】、【圆角】、【圆心和端点】、【倒角】等按钮按照大致的形状和比例绘制图形，再通过【约束】、【修改】按钮统一修改尺寸。

3. 任务实施

（1）在快速访问工具栏中单击【新建】按钮🗋，弹出【新建】对话框，在【新建】对话框的【类型】选项组中，选择【草绘】单选项，输入文件名为"diaogou"，单击【确定】按钮，进入草绘工作界面。

（2）在【草绘】选项组中单击【中心线】按钮，绘制水平和竖直两条相交的中心线，单击【圆心和点】、【线链】、【圆角】、【圆心和端点】等按钮绘制图形，单击【相切】、【对称】按钮对图形进行约束，单击鼠标中键结束绘制，如图 2-5-7 所示。

（3）单击【尺寸】按钮↦，按照图例标注尺寸为默认值，尺寸大小保持默认值不变，如图 2-5-8 所示。

（4）框选全部尺寸，单击【编辑】选项组中的【修改】按钮⯮，弹出【修改尺寸】对话框，取消勾选【重新生成】复选框，如图 2-5-9 所示，按照图例要求逐个修改尺寸，单击【确定】按钮，草绘按照修改后的尺寸重新生成，调整尺寸线至合适的位置，如图 2-5-10 所示。

（5）单击【倒角】按钮✎，倒角 2×45°（或写为 C2），如图 2-5-11 所示。

（6）图形绘制完成，单击【保存】按钮🖫，保存文件。

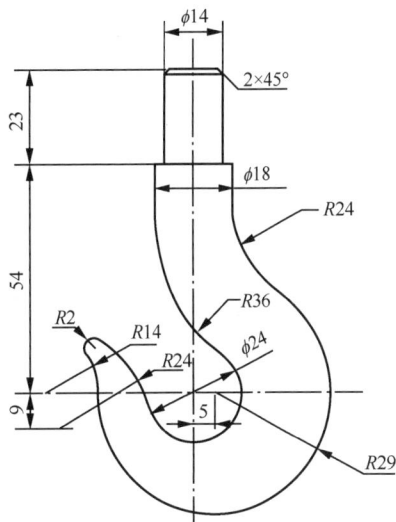

图 2-5-6

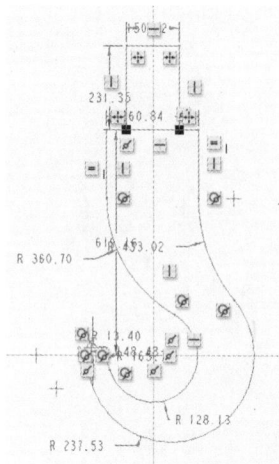

图 2-5-7

图 2-5-8

图 2-5-9

图 2-5-10

图 2-5-11

2.5.3 知识点解析

1. 基本尺寸标注

基本尺寸标注包括线性尺寸标注、半径和直径尺寸标注、角度尺寸标注、弧长尺寸标注、椭圆半轴尺寸标注等。

（1）线性尺寸标注

线性尺寸标注包括线段长度、两点之间的距离、线与线之间的距离、点与线之间的距离等，单击【尺寸】选项组中的【尺寸】按钮⊢→，在绘图区单击要标注尺寸的线段，或分别单击点、线等，再在合适的位置单击鼠标中键放置尺寸值，完成尺寸标注，如图 2-5-12 所示。

（2）半径和直径尺寸标注

圆或圆弧的尺寸标注包括半径标注和直径标注。单击【尺寸】选项组中的【尺寸】按钮⊢→，在绘图区单击要标注的圆或圆弧，单击鼠标中键来放置尺寸，然后确定尺寸值，完成半径的标注；单击【尺寸】选项组中的【尺寸】

图 2-5-12

按钮⊢→，双击要标注的圆或圆弧，单击鼠标中键来放置尺寸，然后确定尺寸值，完成直径的标注，如图 2-5-13 所示。半径和直径可以相互切换，右击要修改的尺寸，弹出尺寸工具栏，单击半径和直径切换按钮即可，如图 2-5-14 所示。

图 2-5-13

图 2-5-14

（3）角度尺寸标注

角度尺寸标注是两条线段之间的角度或两个端点之间弧的角度。标注线之间角度的方法是：单击【尺寸】选项组中的【尺寸】按钮⊢→，在绘图区依次单击两条线段，将鼠标指针移动到要放置尺寸的位置（钝角或锐角），单击鼠标中键，确定尺寸值，完成角度的标注，如图 2-5-15 所示。标注圆弧角度的方法是：单击【尺寸】选项组中的【尺寸】按钮⊢→，单击圆弧的其中一个端点，接着单击圆弧的中心点，然后单击圆弧的另一个端点，单击鼠标中键放置尺寸值即可，如图 2-5-16 所示。

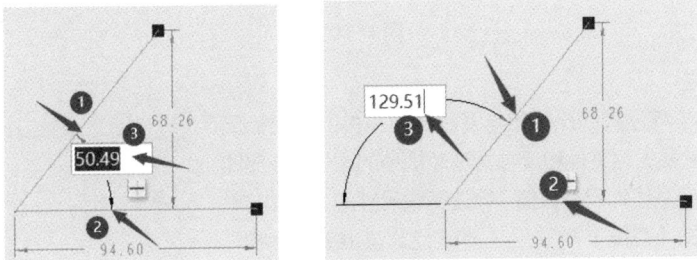

图 2-5-15

（4）弧长尺寸标注

弧长尺寸标注是标注圆弧的长度。单击【尺寸】选项组中的【尺寸】按钮⊢→，单击圆弧的两个端点，接着单击圆弧上的任意位置，单击鼠标中键放置弧长尺寸，输入尺寸值，单击鼠标中键完成弧长尺寸的标注，如图 2-5-17 所示。

图 2-5-16　　　　　　　　　　　　　　图 2-5-17

（5）椭圆半轴尺寸标注

椭圆半轴尺寸标注是标注椭圆的长轴半径或短轴半径。单击【尺寸】选项组中的【尺寸】按钮↦，单击椭圆圆弧（不拾取端点），单击鼠标中键，弹出【椭圆半径】对话框，选择【长轴】或【短轴】单选项，单击【接受】按钮，完成椭圆半轴尺寸标注，如图 2-5-18 所示。

（a）　　　　　　　　　　（b）

图 2-5-18

2. 周长尺寸标注

周长尺寸标注是标注图元链或图元环的总长度，在标注周长尺寸时需要选择一个尺寸作为变量尺寸，该尺寸在周长或其他尺寸发生变化的时候会自动跟随变化，而该尺寸本身不能被修改，如果删除变量尺寸，周长尺寸也会跟随被删除。标注周长尺寸的方法是：选择要标注周长尺寸的图形，单击【尺寸】选项组中的【周长】按钮▯，选择由周长尺寸驱动的尺寸（变量尺寸），系统将显示周长尺寸和变量尺寸，输入周长尺寸值，单击鼠标中键完成周长尺寸标注，如图 2-5-19 所示。

图 2-5-19

3. 基线尺寸标注

基线尺寸标注用于标注基线尺寸和与基线尺寸相关的纵坐标尺寸，特别是对于一些阶梯轴类零件和尺寸标注较烦琐的图形，方便读取图形各测量点相对于基线的尺寸数值。标注基线尺寸的方法是：单击【尺寸】选项组中的【基线】按钮▭，单击定义基准的参考线，然后在准备放置尺寸文本的位置单击鼠标中键，再次单击鼠标中键完成基线绘制，单击基线尺寸后，按住鼠标左键可以调整基线尺寸至合适位置；继续单击【基线】按钮▭，单击基线尺寸，并选中要标注的图元或点，然后单击鼠标中键标注纵坐标尺寸，输入尺寸值，单击鼠标中键完成标注，以此类推，完成其他纵坐标尺寸的标注，如图 2-5-20 所示。

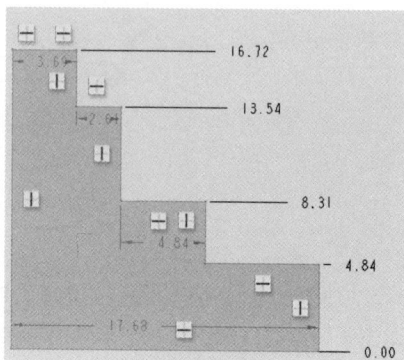

图 2-5-20

4. 参考尺寸标注

参考尺寸标注是为用户读图时提供参考使用的,当标注尺寸发生冲突时,可将冲突尺寸转换为参考尺寸,参考尺寸在尺寸后方带有【参考】字样,且不允许被修改。具体操作步骤是:单击【尺寸】选项组中的【参考】按钮[REF],在绘图区选择图元,单击鼠标中键创建参考尺寸,如图 2-5-21 所示;当标注图形尺寸时,发生尺寸冲突,弹出【解决草绘】对话框,可选中将要转换为参考尺寸的尺寸,单击【尺寸>参考】按钮,将冲突尺寸转换为参考尺寸,如图 2-5-22 所示。

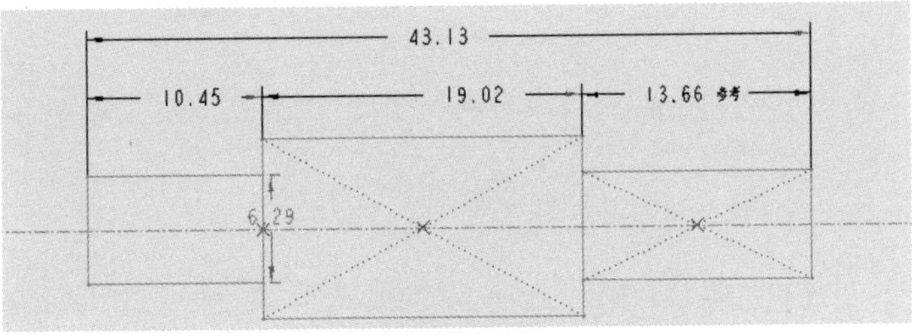

图 2-5-21

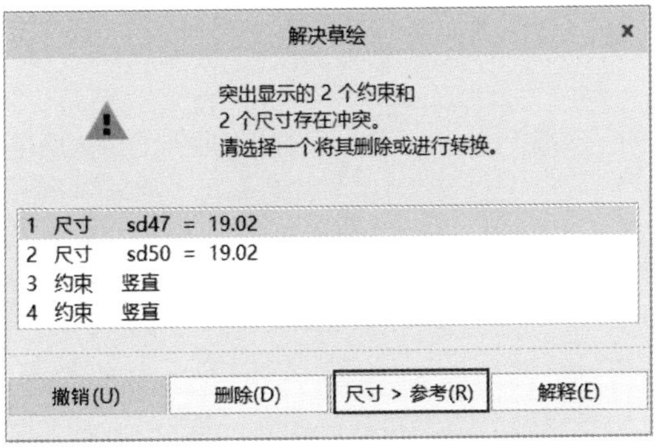

图 2-5-22

5. 解决草绘冲突

在图形绘制的过程中,现有的尺寸和约束往往不能满足设计要求,需要新增的尺寸或约束与现有的强尺寸或约束相互冲突时,系统会自动弹出【解决草绘】对话框,提示尺寸和约束冲突的个数,选择其中一个进行删除或转换,单击对话框列表中冲突的尺寸和约束,截面图中会相应加亮显示冲突,方便解决。【解决草绘】对话框内提供了【撤销】、【删除】、【尺寸>参考】、【解释】等解决办法,在实际的应用过程中要灵活掌握,可将刚标注的冲突尺寸或约束撤销,或从列表中删除选取的尺寸,或将冲突尺寸转换为参考尺寸等。

2.6 草绘检查工具

在实体建模的过程中,确保截面图形封闭且没有重叠的图元是非常重要的。Creo 6.0 提供了草绘检查工具,以提高绘图效率并确保绘制的截面图形符合要求,这些检查工具包括重叠几何、突出显示开放端、着色封闭环等。

2.6.1 课堂案例 检查工字截面

1. 任务下达
快速解决工字截面绘制完成后拉伸失败问题,问题如图 2-6-1 所示。

检查工字截面

图 2-6-1

2. 任务解析

当绘制完截面图形，在将其拉伸为实体时，出现"未完成截面"对话框，说明截面图形不是封闭图形或有重叠图元（重叠几何）。有效利用草绘检查工具，可以快速、便捷地找到开放端和重叠图元。在绘图过程中，要确保【检查】选项组中的【突出显示开放端】和【着色封闭环】按钮始终处于激活状态，能够实时监测图形是否为封闭图形或有无开放端。

3. 任务实施

（1）工字截面有突出显示的开放端，说明其不是一个封闭的图形，放大后用【线】命令将开放端封闭，如图 2-6-2 所示。

（2）如果图形无开放端且封闭环不着色，单击【重叠几何】按钮 ，检查是否有重叠图元，重叠的部分将以不同于图元的颜色显示，如图 2-6-3 所示。将重叠的图元删除后截面图形着色，如图 2-6-4 所示。

截面图形着色后即可拉伸。

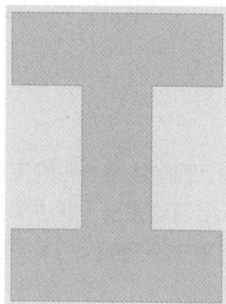

彩图 2-6-2～
彩图 2-6-4

图 2-6-2   图 2-6-3   图 2-6-4

2.6.2 知识点解析

1. 重叠几何

重叠几何检查工具主要用于检查并加亮显示两个或多个截面图形中图元发生的重叠，能够快速定位并删除重叠图元，确保三维实体建模中的创建或操作。单击【检查】选项组中的【重叠几何】按钮 ，此时重叠图元将以区别于图元颜色突出显示，以便快速进行修改，如图 2-6-5 所示。

2. 突出显示开放端

突出显示开放端检查工具主要用于检查并加亮图元中开放的端点，以便能够快速定位并修复图形中的开放几何，确保几何图形的完整性和正确性。激活【突出显示开放端】按钮 ，系统会快速识别并加亮显示这些开放端点，以便快速进行修改，确保图元的闭合性和准确性，如图 2-6-6 所示。

（a）检查前 （b）检查后

彩图 2-6-5

图 2-6-5

3. 着色封闭环

着色封闭环检查工具主要用于检查草绘几何图元形成的封闭环并将其着色，有助于绘图过程中的几何形状检查和确保图形的完整性。激活【着色封闭环】按钮 ![]，系统会用预定义的颜色填充封闭环，如果草绘有多个彼此包含的封闭环，则最外面的环着色，内部的封闭环间隔着色，如图 2-6-7 所示。

图 2-6-6 图 2-6-7

拓展阅读

目前我国高铁技术在世界上处于领先地位，"复兴号"是我国完全自主研发、拥有完整知识产权的新一代高速动车组，是目前世界上运行速度最快的高速列车之一。在设计和制造过程中，工程师们攻克了一系列关键技术难题，如通过数字化建模技术实现列车的气动外形优化、轻量化车身设计、高性能牵引传动与制动系统、列车综合自动化与安全监控技术等，确保了列车高速稳定运行，实现了节能环保与舒适的乘坐体验。

2.7 巩固与练习

1. 绘制图 2-7-1 所示的二维图。
2. 绘制图 2-7-2 所示的二维图。

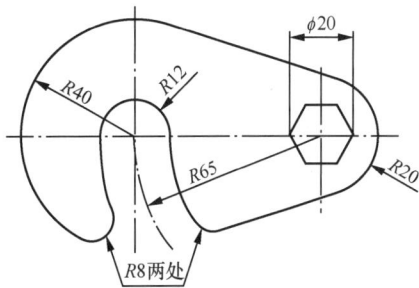

图 2-7-1 图 2-7-2

3. 绘制图 2-7-3 所示的二维图。

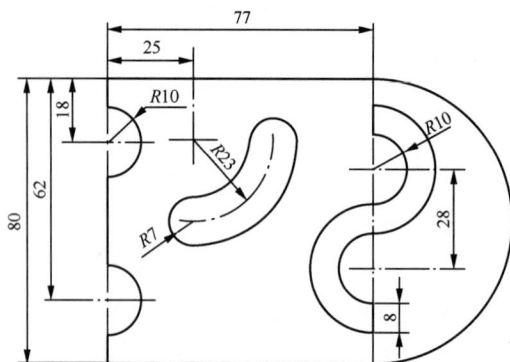

图 2-7-3

4. 绘制图 2-7-4 所示的二维图。

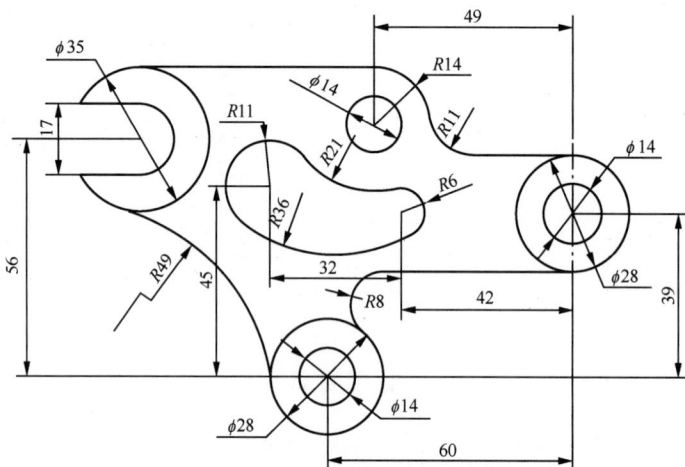

图 2-7-4

5. 绘制图 2-7-5 所示的二维图。

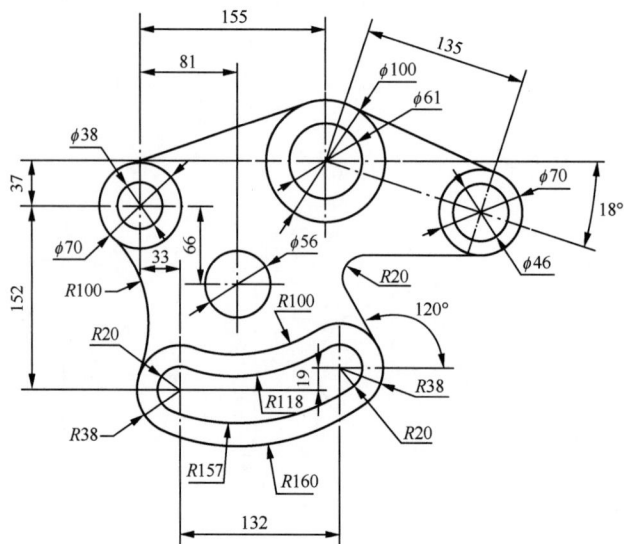

图 2-7-5

6. 绘制图 2-7-6 所示的二维图。

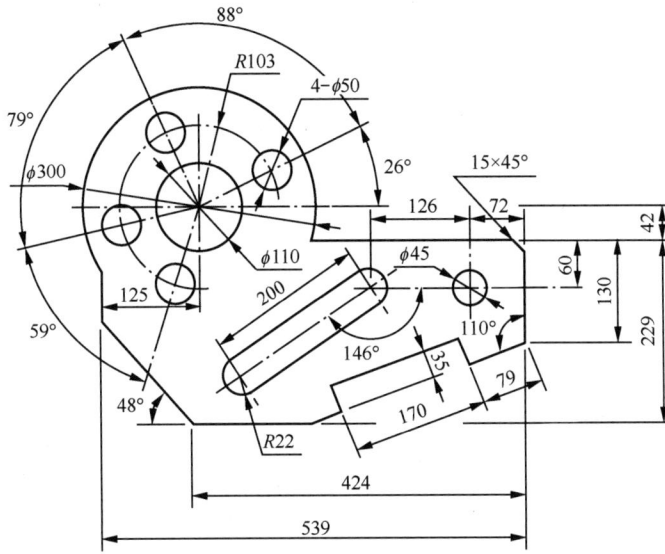

图 2-7-6

模块3
零件建模

03

零件建模就是指根据机械零件的结构、尺寸、材料等技术参数，利用参数化软件建立可视化模型文件的过程，也称为三维造型。该技术的应用是 CAD 技术发展的重大突破，极大地提升了工程设计人员的工作效率。三维零件模型因结构清晰、形象直观、缩放自如、全方位即时观察等显著优点，极大地促进了设计人员在新产品构思阶段的沟通交流与创新提案，使得从图纸概念到实物原型的过程时间大幅缩减，进而有力地推进了新品研发周期的缩短。

导读：本模块学习 Creo 6.0 软件的实体建模命令。通过学习本模块，读者可以掌握常用建模命令的使用方法；通过分析特征形状，确定建模命令；掌握组合体零件的建模方法，学会通过拆分组合体来构建零件模型的流程。

知识目标
- 熟悉各建模命令的适用特征
- 熟悉各建模命令的操作方法
- 掌握组合体零件的建模思路
- 熟练掌握组合体零件的建模流程

技能目标
- 能够使用各建模命令进行具体操作
- 能够进行复杂组合体零件的分析和建模

素质目标
- 培养学生严谨的作图态度
- 培养学生学以致用的动手能力
- 培养学生的创新思维和创造能力

3.1　Creo 6.0 零件建模环境

零件建模是 Creo 6.0 的核心功能，利用此功能可以创建可视化三维零件模型。在建模过程中，首先要对模型形状特征进行分析解构。一般来说，常见的机械零件实体形状都可以看作是一个截面沿着某个轨迹运动而生成的。利用这一特点，就可以选择相应的建模命令来创建该形状特征。此外，零件建模还是 Creo 6.0 实现装配设计、仿真设计、工程图输出、数控加工等功能的基础。

进入 Creo 6.0 零件建模环境的步骤如下。

打开 Creo 6.0 软件，在快速访问工具栏中单击【新建】按钮□，系统弹出【新建】对话框，在【类型】中选择【零件】，在【子类型】中选择【实体】，输入文件名，取消勾选【使用默认模板】复选框，单击【确定】按钮，如图 3-1-1 所示。在随后弹出的【新文件选项】对话框中选择"mmns_part_solid"（公制）模板，单击【确定】按钮，完成零件文件的创建，如图 3-1-2 所示。

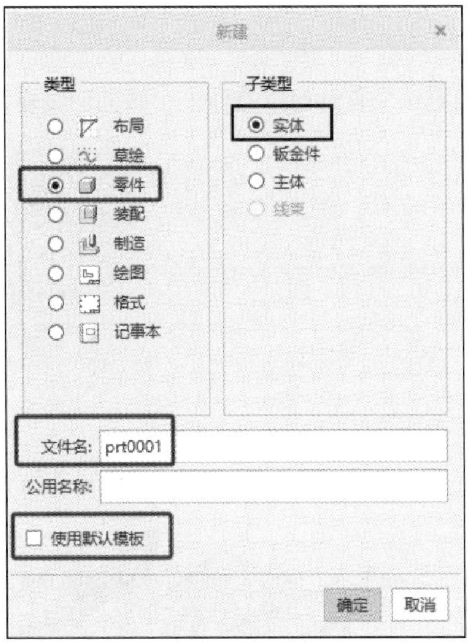

图 3-1-1

图 3-1-2

📖 **提示**

之所以取消勾选【使用默认模板】复选框是因为 Creo 6.0 在默认情况下选用的是英制单位制模板，而在我国通用的是公制单位制，其长度、力和时间的单位分别为毫米（mm）、牛顿（N）和秒（s），故在【新文件选项】对话框中选择"mmns_part_solid"选项。

进入零件建模界面，如图 3-1-3 所示，功能区主要由基准组、形状组、工程组、编辑组、曲面组等特征组组成。

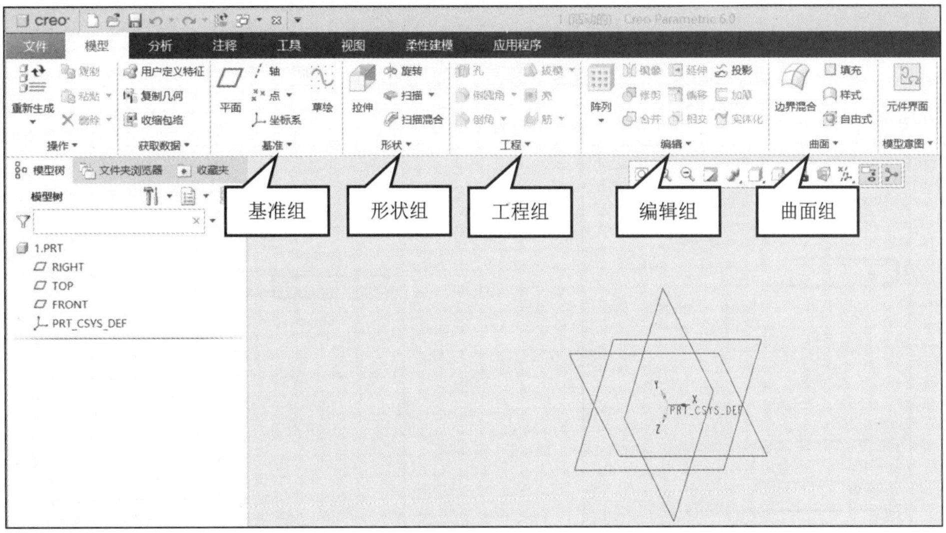

图 3-1-3

三维模型的建模是在长、宽、高 3 个方向上进行的，因此在开始三维建模前，首要任务是确立模型在三维空间中的精确位置，这就需要设定坐标系。坐标系由原点和相互垂直的 3 个坐标轴构成。在 Creo 6.0 的三维设计环境中，软件预设了 3 个标准的基准平面，分别是 FRONT、RIGHT 和 TOP，它们就是由 3 个坐标轴两两形成的，旨在方便用户初始化零件的三维空间定位需求。

3.2 拉伸命令

拉伸命令是 Creo 6.0 中使用频率最高的建模命令之一。如果一个零件可以看作一个截面沿着垂直方向运动而形成的，那么就可以用拉伸命令来建立这个零件模型。

下面结合课堂案例说明拉伸命令的使用方法。

槽形零件建模

3.2.1 课堂案例一 槽形零件建模

1. 任务下达
创建槽形零件模型，如图 3-2-1 所示。

2. 任务解析
该零件属于组合体零件，结构比较简单，主要形状特征由两部分组成，一是一个 40×26×10 的长方体，四周有 2×2 倒角特征，中心有一个直径为 ϕ10 的中心孔；二是长方体上部两侧有两个长方体形的槽体结构特征。这个零件之所以被认为是组合体零件，是因为该零件由多个特征累积而成，上述这些特征不能通过一次建模完成。其中的倒角特征和中心孔特征可以与长方体特征一起建模。以上这些特征都可以用拉伸命令来创建，因此这个零件只需使用拉伸命令就可以完成建模。

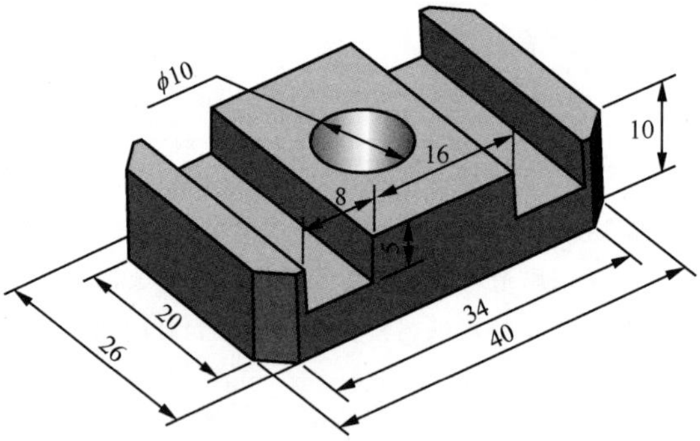

图 3-2-1

3. 任务实施
（1）新建"caoxinglingjian"文件

打开 Creo 6.0 软件，在快速访问工具栏中单击【新建】按钮，系统弹出【新建】对话框，在【类型】中选择【零件】，在【子类型】中选择【实体】，输入文件名"caoxinglingjian"，取消勾选【使用默认模板】复选框，单击【确定】按钮，如图 3-2-2 所示。在【新文件选项】对话框中选择"mmns_part_solid"（公制）模板，单击【确定】按钮，如图 3-2-3 所示，完成"caoxinglingjian"零件文件的创建，系统进入零件建模环境。

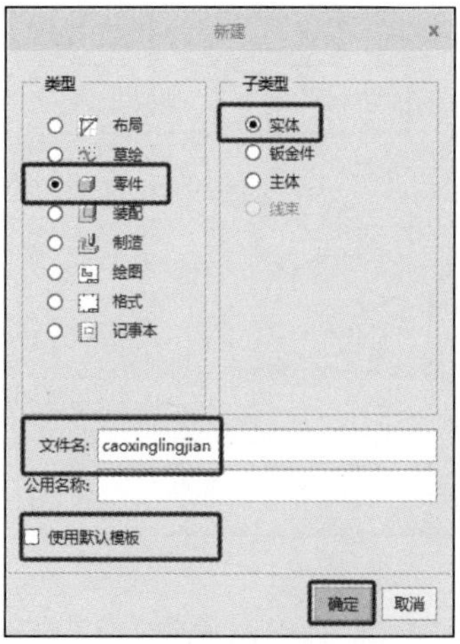

图 3-2-2

图 3-2-3

（2）创建长方体基座拉伸特征

在【模型】选项卡的【形状】选项组中，单击【拉伸】按钮，如图 3-2-4 所示。

图 3-2-4

在【拉伸】设计面板中单击【放置】标签，在弹出的下拉面板中单击【定义】按钮，如图 3-2-5 所示。

图 3-2-5

在弹出的【草绘】对话框中，将【TOP】基准平面设为草绘平面，如图 3-2-6 所示，单击【草绘】按钮，如图 3-2-7 所示，进入草绘环境。

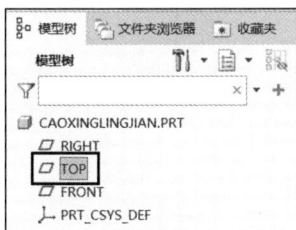

图 3-2-6

图 3-2-7

单击【草绘视图】按钮 🔲，绘制多边形，如图 3-2-8 所示。在这里可以绘制中心圆，将长方体和中心孔两个特征一次建模完成。单击【确定】按钮 ✔ 保存草绘并退出。

图 3-2-8

在【拉伸】设计面板中修改拉伸深度值为 10，如图 3-2-9 所示，确认模型无误后，单击【确定】按钮 ✓，完成长方体和中心孔特征建模。

（3）创建槽形拉伸特征

单击零件上表面，平面加亮显示，如图 3-2-10 所示。

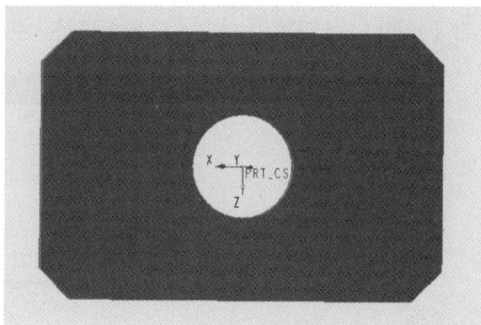

图 3-2-9　　　　　　　　　　　　　　　图 3-2-10

单击【拉伸】按钮 🔲，启动拉伸命令，进入【拉伸】设计面板。单击【草绘视图】按钮 📄，在视图工具栏中单击【显示样式】/【消隐】。单击【参考】按钮 📄，打开【参考】窗口，如图 3-2-11 所示，选择长方体上表面上下两条边作为参考，完成后单击【关闭】按钮。

绘制两个矩形拉伸截面，如图 3-2-12 所示，单击【确定】按钮 ✓，保存草绘并退出。

图 3-2-11　　　　　　　　　　　　　　　图 3-2-12

在【拉伸】设计面板中，单击调整方向按钮 ✕ 调整拉伸方向为垂直于上表面向下，单击【移除材料】按钮 ◨，选择拉伸方式为 ⊥（指定深度值拉伸），输入拉伸深度为 5，如图 3-2-13 所示。确认模型无误后，单击【确定】按钮，完成建模，如图 3-2-14 所示。

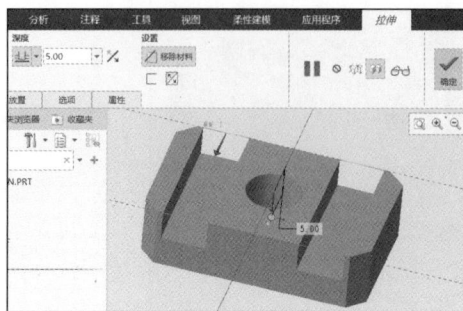

图 3-2-13　　　　　　　　　　　　　　　图 3-2-14

3.2.2 课堂案例二 基座零件建模

1. 任务下达

创建图 3-2-15 所示的零件模型。

2. 任务解析

该零件属于组合体零件，其主体结构是一个带有长方体基座的圆筒。圆筒内径 $\phi26$，外径 $\phi40$，上中部有宽度为 3 的开口。长方体基座尺寸为 $60\times40\times10$。圆筒上部有两个固定吊耳结构，吊耳结构底部与圆筒外壁贴合。该零件建模时应先创建底部的基座和圆筒部分，此部分可用拉伸命令创建完成。圆筒上部的吊耳特征与圆筒圆柱面完全贴合，在使用拉伸命令创建此特征时，不能绘制一个封闭的拉伸截面，否则创建出的拉伸特征就会与基座顶部的圆柱面相切。这里的拉伸截面要选取圆柱面的母线作为参考，绘制非封闭截面，这一点与之前所述的拉伸命令使用场景不同，请读者注意。

图 3-2-15

3. 任务实施

（1）新建"jizuo"文件

打开 Creo 6.0 软件，在快速访问工具栏中单击【新建】按钮，系统弹出【新建】对话框，在【类型】中选择【零件】，在【子类型】中选择【实体】，输入文件名为"jizuo"，取消勾选【使用默认模板】复选框，单击【确定】按钮，如图 3-2-16所示。在【新文件选项】对话框中选择"mmns_part_solid"（公制）模板，单击【确定】按钮，如图 3-2-17所示，完成"jizuo"零件文件的创建，系统进入零件建模环境。

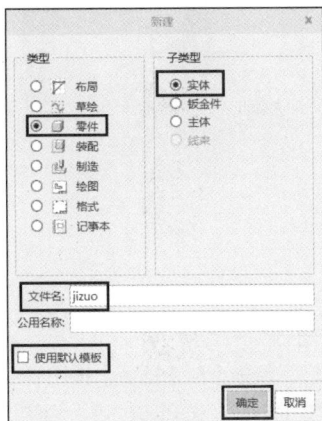

图 3-2-16

图 3-2-17

（2）创建基座特征

在【模型】选项卡的【形状】组中，单击【拉伸】按钮，如图 3-2-18 所示。

在【拉伸】设计面板中单击【放置】标签，在弹出的下拉面板中单击【定义】按钮，如图 3-2-19 所示。

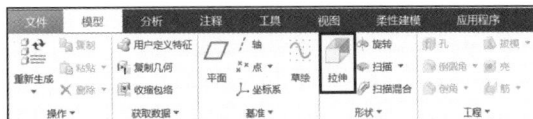

图 3-2-18

图 3-2-19

在弹出的【草绘】对话框中，将【TOP】基准平面设为草绘平面，如图 3-2-20 所示，单击【草绘】按钮，如图 3-2-21 所示，进入草绘环境。

单击【草绘视图】按钮，绘制拉伸草绘截面，如图 3-2-22 所示。单击【确定】按钮，保存草绘并退出。在【拉伸】设计面板中修改拉伸深度为 40，如图 3-2-23 所示。确认模型无误后，单击【确定】按钮，完成建模，如图 3-2-24 所示。

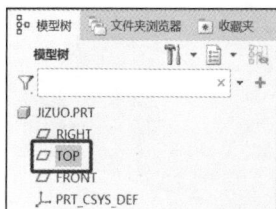

图 3-2-20

图 3-2-21

图 3-2-22

图 3-2-23

图 3-2-24

（3）创建吊耳特征

单击中间开口处的一个面作为草绘平面，平面加亮显示，如图 3-2-25 所示。

单击【拉伸】按钮，启动拉伸命令，进入【拉伸】设计面板。单击【草绘视图】按钮，在视图工具栏中单击【显示样式】/【消隐】。单击【参考】按钮，弹出【参考】窗口，选择零件最上面的边作为参考，如图 3-2-26 所示，完成后单击【关闭】按钮。绘制拉伸截面，如图 3-2-27 所示。注意，此处所绘制的截面底部与刚才选定的参考边相交，底部不封闭（草绘环境下有加亮显示点提示截面未封闭），单击【确定】按钮，保存草绘并退出。

在视图工具栏中单击【显示样式】/【着色】。在【拉伸】设计面板中调整拉伸方向，输入拉伸深度值为 9，如图 3-2-28 所示。确认模型无误后，单击【确定】按钮，完成拱形上部加固体特征建模，如图 3-2-29 所示。

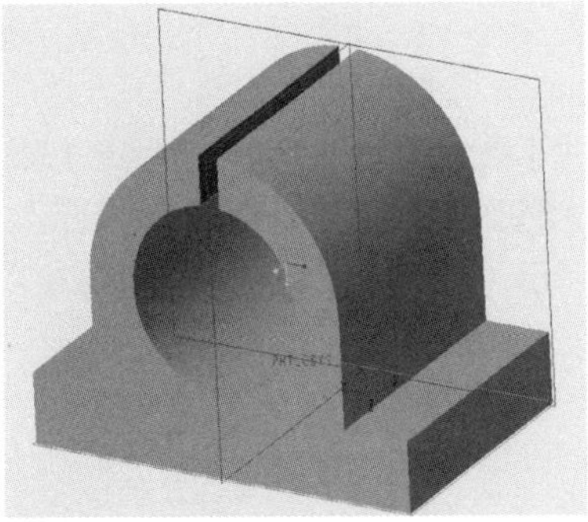

图 3-2-25 　　　　　　　　　　图 3-2-26 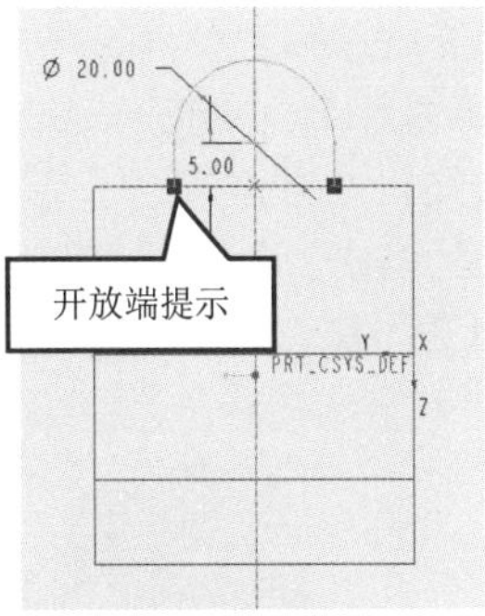　　　　　　　　　图 3-2-27

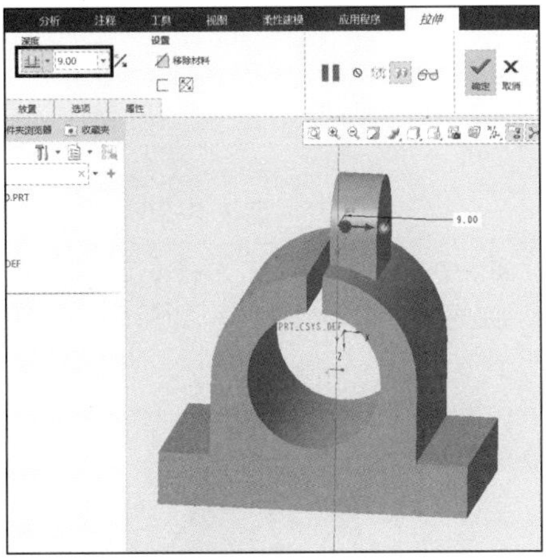

图 3-2-28 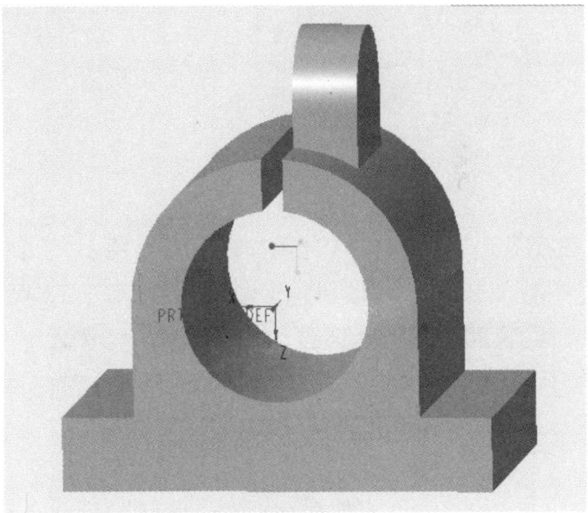　　　　　　　　　　　　　　　　图 3-2-29

（4）创建镜像特征

在模型树上选中前面建立的特征"拉伸 2"，在【模型】选项卡的【编辑】组中单击【镜像】按钮，如图 3-2-30 所示。再单击零件中间的基准平面（此案例中是 RIGHT 面），如图 3-2-31 所示，单击【确定】按钮，完成特征镜像，如图 3-2-32 所示。

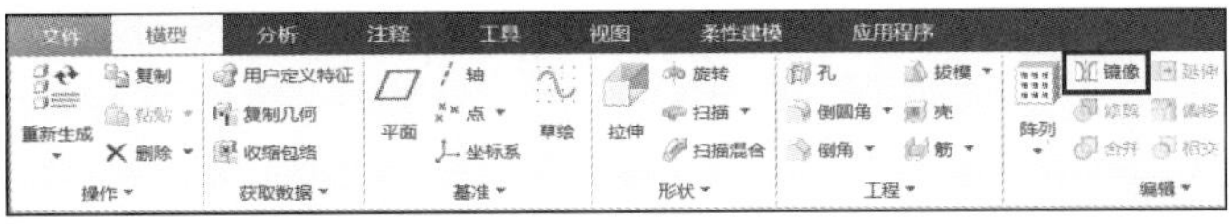

图 3-2-30

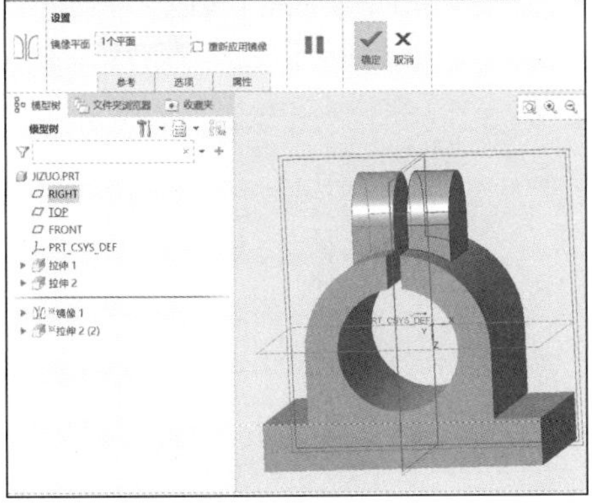

图 3-2-31 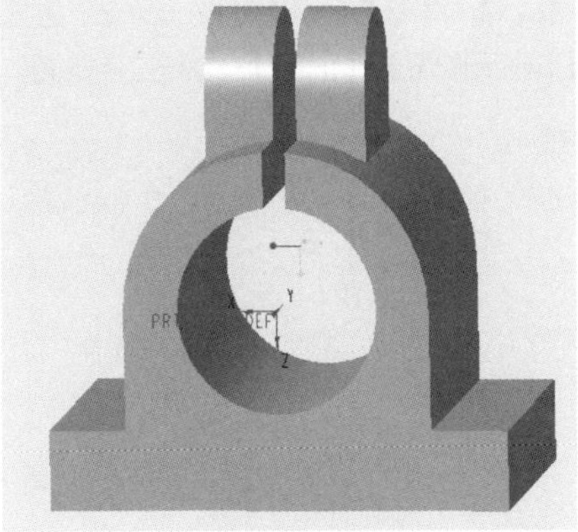　　　　　　　　　　　　　　　图 3-2-32

（5）创建孔拉伸特征

单击吊耳特征侧面作为草绘平面，平面加亮显示，如图 3-2-33 所示。

单击【拉伸】按钮 ，启动拉伸命令，进入【拉伸】设计面板。单击【草绘视图】按钮 ，在视图工具栏中单击【显示样式】/【消隐】。单击【参考】按钮 ，弹出【参考】窗口，选择圆作为参考，如图 3-2-34 所示，完成后单击【关闭】按钮。绘制拉伸截面，绘制直径为 10 的圆，如图 3-2-35 所示，单击【确定】按钮 保存草绘并退出。

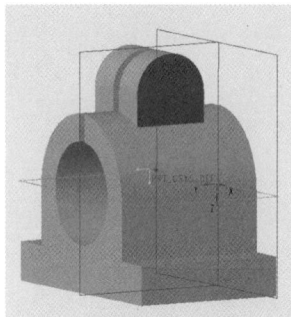
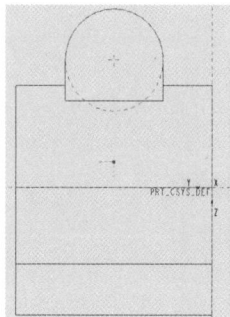

图 3-2-33   图 3-2-34   图 3-2-35

在视图工具栏中单击【显示样式】/【着色】。在【拉伸】设计面板中，选择拉伸方式为 （拉伸穿透所有曲面），如图 3-2-36 所示。确认模型无误后，单击【确定】按钮 ，完成上部吊耳特征建模，如图 3-2-37 所示。

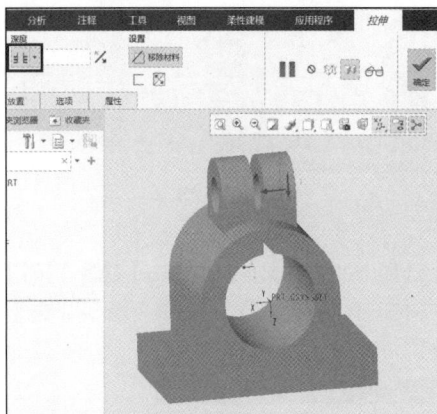
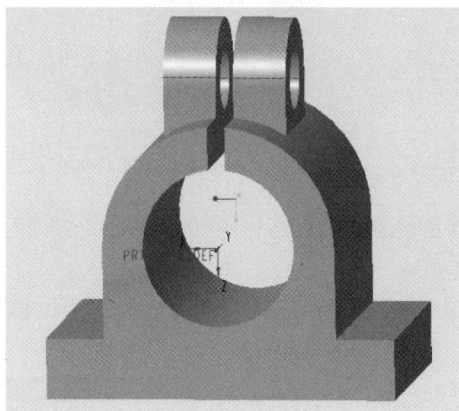

图 3-2-36   图 3-2-37

（6）创建键槽拉伸特征

单击底座上表面作为草绘平面，平面加亮显示，如图 3-2-38 所示。

单击【拉伸】按钮 ，启动拉伸命令，进入【拉伸】设计面板。单击【草绘视图】按钮 ，在视图工具栏中单击【显示样式】/【消隐】。绘制拉伸截面，如图 3-2-39 所示，单击【确定】按钮 保存草绘并退出。

图 3-2-38   图 3-2-39

在视图工具栏中单击【显示样式】/【着色】，调整拉伸方向，单击【移除材料】按钮 ⊘，选择拉伸方式为 ⋷ ⋷（拉伸穿透所有曲面），如图 3-2-40 所示。确认模型无误后，单击【确定】按钮 ✓，完成特征建模，如图 3-2-41 所示。

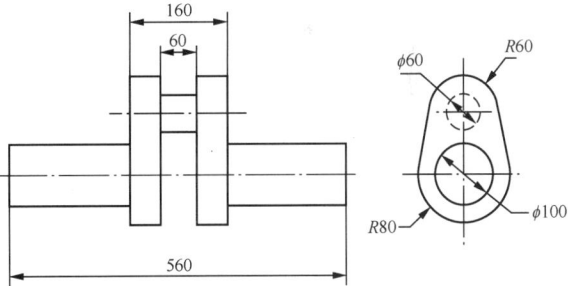

图 3-2-40　　　　　　　　　　　　　图 3-2-41

3.2.3　课堂案例三　曲轴零件建模

1. 任务下达

创建图 3-2-42 所示的曲轴零件模型。

2. 任务解析

曲轴是发动机中的重要零件，由两个凸轮片连接三段轴组成，其中两个凸轮片之间的连接轴与两端轴线不在同一直线上，故而得名曲轴。曲轴各部分结构都比较规则，可以用拉伸命令来创建。为了提高建模效率，我们可以从中间的小圆柱特征开始建模，完成一侧之后进行镜像即可。

3. 任务实施

（1）新建"quzhou"文件

打开 Creo 6.0 软件，在快速访问工具栏中单击【新建】按钮 🗋，系统弹出【新建】对话框，在【类型】中选择【零件】，在【子类型】中选择【实体】，输入文件名为"quzhou"，取消勾选【使用默认模板】复选框，单击【确定】按钮，如图 3-2-43 所示，在【新文件选项】对话框中选择"mmns_part_solid"（公制）模板，单击【确定】按钮，如图 3-2-44 所示，完成"quzhou"零件文件的创建，系统进入零件建模环境。

图 3-2-42

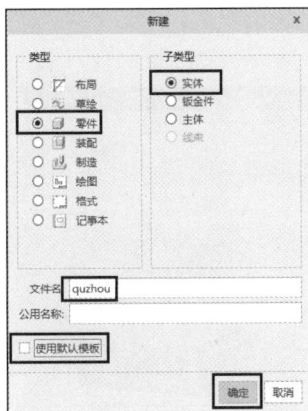

图 3-2-43

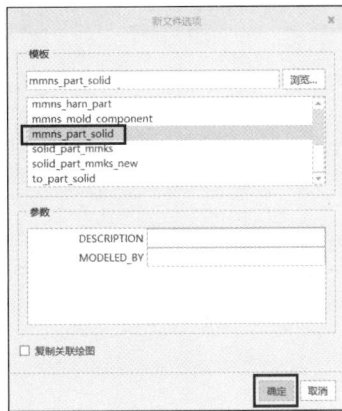

图 3-2-44

（2）创建轴体拉伸特征

在【模型】选项卡的【形状】组中，单击【拉伸】按钮 ，如图 3-2-45 所示。

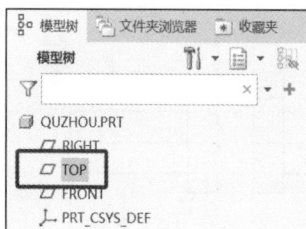

图 3-2-45

在【拉伸】设计面板中单击【放置】标签，在弹出的下拉面板中单击【定义】按钮，如图 3-2-46 所示。

图 3-2-46

在弹出的【草绘】对话框中，将【TOP】基准平面设为草绘平面，如图 3-2-47 所示，单击【草绘】按钮，如图 3-2-48 所示，进入草绘环境。

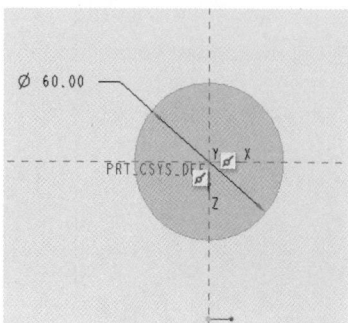

图 3-2-47

图 3-2-48

单击【草绘视图】按钮 ，绘制直径为 60 的圆截面，如图 3-2-49 所示，单击【确定】按钮 保存草绘并退出。在【拉伸】设计面板中，设置拉伸方式为 （对称拉伸），拉伸深度值为 60，如图 3-2-50 所示，单击【确定】按钮 ，完成圆柱建模。

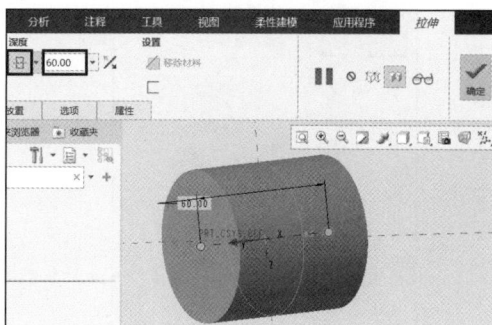

图 3-2-49

图 3-2-50

（3）创建凸轮片拉伸特征

单击圆柱的任意一侧端面作为草绘平面，平面加亮显示，如图 3-2-51 所示。

单击【拉伸】按钮 🖉，启动拉伸命令，进入【拉伸】设计面板。单击【草绘视图】按钮 🖉，绘制拉伸截面，如图 3-2-52 所示，单击【确定】按钮 ✔ 保存草绘并退出。在【拉伸】设计面板中，设置拉伸深度值为 50，如图 3-2-53 所示，确认模型无误后，单击【确定】按钮 ✔，完成凸轮片建模。

图 3-2-51

图 3-2-52

单击凸轮片外侧平面作为草绘平面，平面加亮显示，如图 3-2-54 所示。

图 3-2-53

图 3-2-54

（4）创建轴体拉伸特征

单击【拉伸】按钮 🖉，启动拉伸命令，进入【拉伸】设计面板。单击【草绘视图】按钮 🖉，在视图工具栏中单击【显示样式】/【消隐】。绘制截面直径为 100 的圆，如图 3-2-55 所示，单击【确定】按钮 ✔ 保存草绘并退出。

在【拉伸】设计面板中，设置拉伸深度值为 100，如图 3-2-56 所示，单击【确定】按钮 ✔ 保存，完成圆柱建模。

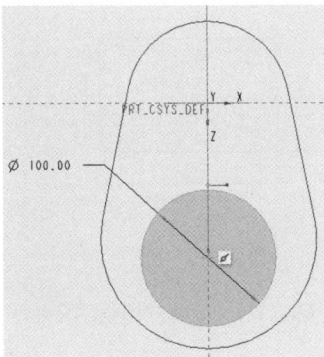

图 3-2-55

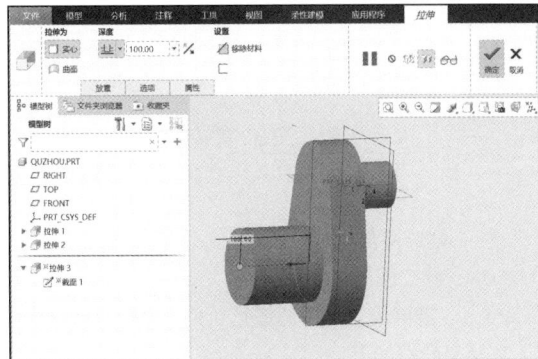

图 3-2-56

（5）创建镜像特征

在模型树上同时选中"拉伸 2"和"拉伸 3"特征，单击【镜像】按钮，选择中间基准平面作为镜像平面，如图 3-2-57 所示，单击【确定】按钮，完成建模，如图 3-2-58 所示。

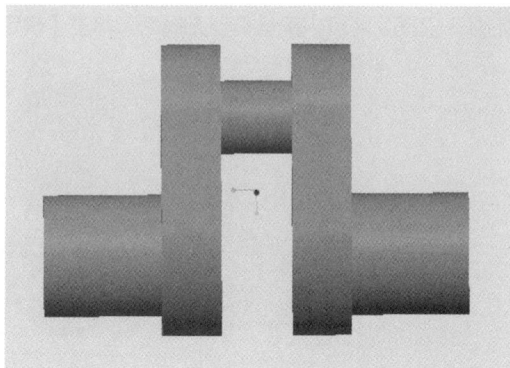

图 3-2-57　　　　　　　　　　　　　　图 3-2-58

本案例中的曲轴零件各个部分都是标准的拉伸特征，建模过程并不复杂。在工程实际中，考虑到制造成本和使用成本，一般都会将机械零件设计得尽可能简单，由标准的形状组成，这对于加工来说也具有重要的意义。

3.2.4　知识点解析

1. 拉伸命令的启动及选项含义

（1）拉伸命令的启动

拉伸命令的启动方法如下。

在【模型】选项卡的【形状】组中，单击【拉伸】按钮，如图 3-2-59 所示。

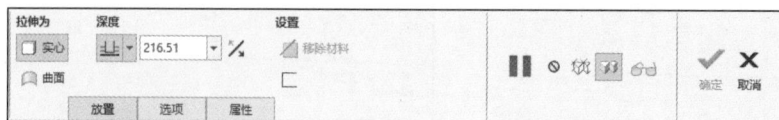

图 3-2-59

（2）拉伸命令选项的含义

启动拉伸命令之后，【拉伸】设计面板打开，如图 3-2-60 所示。其中各选项介绍如下。

图 3-2-60

① ▢实心：建立实体拉伸特征。

② ▢曲面：建立曲面拉伸特征。

③ ▢ 216.51：按照设定深度值进行拉伸，目前拉伸深度值为 216.51。Creo 6.0 为用户提供了多种不同的拉伸方式，其意义分别如下。

　　▢：以草绘平面为中心向两侧对称拉伸。

㊀：拉伸至下一曲面。

㊀：拉伸穿透所有曲面。

㊀：拉伸至选定曲面。

㊀：拉伸至选定的点、线、面等特征。

㊀：调整变换拉伸方向。

④ 移除材料：拉伸去除材料。

⑤ 2.78 ：创建薄壁拉伸特征，可设置壁厚及厚度增加的方向。

⑥ ▮▮：暂停目前工具操作。

⑦ ◎：取消模型预览。

⑧ 相交实体分离显示。

⑨ 相交实体连接显示。

⑩ 进入校验模式，可预览模型。

⑪ ✔ ✗：完成（或取消）拉伸命令。

⑫ 放置：绘制拉伸截面。单击【放置】标签，弹出下拉面板，如图 3-2-61 所示。

⑬ 选项：设置拉伸方式及深度。单击【选项】标签，弹出下拉面板，如图 3-2-62 所示。

⑭ 属性：设置拉伸名称，单击【属性】标签，弹出下拉面板，如图 3-2-63 所示。

图 3-2-61

图 3-2-62

图 3-2-63

2. 拉伸特征的创建方法

拉伸特征的创建大体上分 4 步完成：选择草绘平面、绘制拉伸截面、选择拉伸方向、确认拉伸深度。具体步骤如下。

- 进入零件建模环境，启动拉伸命令。
- 单击【放置】标签，在弹出的下拉面板中单击【定义】按钮，弹出【草绘】对话框，如图 3-2-64 所示，在此选择草绘平面和参考平面。
- 选定草绘平面和参考平面后，单击【草绘】按钮进入草绘界面。
- 绘制拉伸截面，绘制完毕单击【确定】按钮 ✔，回到【拉伸】设计面板。
- 选择相应的拉伸方式及拉伸深度。如需生成曲面特征，单击【曲面特征】按钮 ◎；如需生成薄壁特征，单击【薄壁特征】按钮 ⊏；若是在已有实体特征中去除材料（比如创建一个孔），单击【移除材料】按钮 ◢。
- 选择拉伸方向。
- 预览检查特征情况。
- 确认特征无误，单击【确定】按钮 ✔，完成拉伸特征创建。

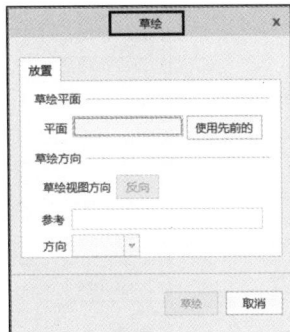

图 3-2-64

3.3 旋转命令

旋转命令是用来创建回转体特征的建模命令。如果一个零件可以看作是一个截面沿着圆弧运动而形成的，那么就可以用旋转命令来建立这个零件模型。

下面结合课堂案例说明旋转命令的使用方法。

3.3.1 课堂案例一 手柄零件建模

1. 任务下达

创建图 3-3-1 所示的手柄零件模型。

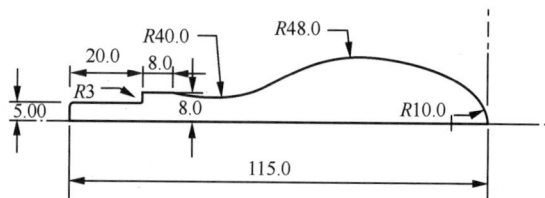

（a）　　　　　　　　　　　　（b）

图 3-3-1

2. 任务解析

手柄可以看作由封闭曲线围成的截面［见图 3-3-1（b）］绕着中心线旋转 360° 扫掠形成，因此可以用旋转命令来创建。

3. 任务实施

（1）新建"shoubing"文件

打开 Creo 6.0 软件，在快速访问工具栏中单击【新建】按钮，系统弹出【新建】对话框，在【类型】中选择【零件】，在【子类型】中选择【实体】，输入文件名为"shoubing"，取消勾选【使用默认模板】复选框，单击【确定】按钮，如图 3-3-2 所示。在【新文件选项】对话框中选择"mmns_part_solid"（公制）模板，单击【确定】按钮，如图 3-3-3 所示，完成"shoubing"零件文件的创建，系统进入零件建模环境。

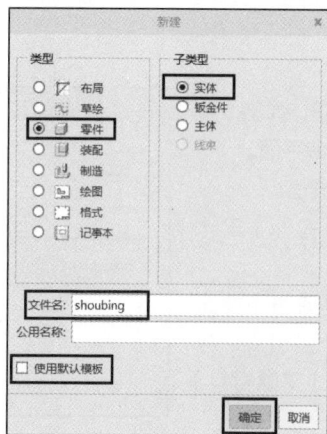

图 3-3-2

图 3-3-3

（2）创建旋转特征

在【模型】选项卡的【形状】组中，单击【旋转】按钮，如图 3-3-4 所示。

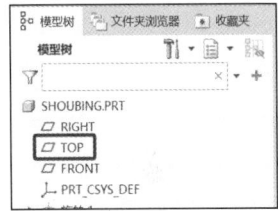

图 3-3-4

在【旋转】设计面板中单击【放置】标签,在弹出的下拉面板中单击【定义】按钮,如图 3-3-5 所示。

在弹出的【草绘】对话框中,将【TOP】基准平面设为草绘平面,如图 3-3-6 所示,单击【草绘】按钮,如图 3-3-7 所示,进入草绘环境。

图 3-3-5　　　　　　　　　　　　　图 3-3-6

单击【草绘视图】按钮⎈,绘制截面和旋转中心线,如图 3-3-8 所示,单击【确定】按钮✓,保存草绘并退出。

图 3-3-7　　　　　　　　　　　　图 3-3-8

修改旋转角度值为 360°,如图 3-3-9 所示,查看模型,确认无误后单击【确定】按钮✓,完成建模,如图 3-3-10 所示。

图 3-3-9　　　　　　　　　　　　图 3-3-10

3.3.2　课堂案例二　旋转盖零件建模

与拉伸组合体零件一样，旋转组合体零件也是先分析每一部分特征的形状，确定各部分的建模方式，然后根据各部分特征之间的相互位置关系，将特征"堆积"在一起，从而完成建模。

1. 任务下达

创建旋转盖零件模型，如图 3-3-11 所示。

图 3-3-11

2. 任务解析

观察图 3-3-11 可知，该零件由两部分形状特征组成，主体部分是一个类似锅盖的形状，这是一个典型的回转体特征；在主体部分上有 3 个开口特征，由于这 3 个开口特征处于主体结构之上，因此这 3 个开口特征也是回转体特征。故这两部分特征都可以用旋转命令来创建。

3. 任务实施

（1）新建"xuanzhuangai"文件

打开 Creo6.0 软件，在快速访问工具栏中单击【新建】按钮，系统弹出【新建】对话框，在【类型】中选择【零件】，在【子类型】中选择【实体】，输入文件名为"xuanzhuangai"，取消勾选【使用默认模板】复选框，单击【确定】按钮，如图 3-3-12 所示。在【新文件选项】对话框中选择"mmns_part_solid"（公制）模板，单击【确定】按钮，如图 3-3-13 所示，完成"xuanzhuangai"零件文件的创建，系统进入零件建模环境。

（2）创建主体旋转特征

在【模型】选项卡的【形状】组中，单击【旋转】按钮，如图 3-3-14 所示。

在【旋转】设计面板中单击【放置】标签，在弹出的下拉面板中单击【定义】按钮，如图 3-3-15 所示。

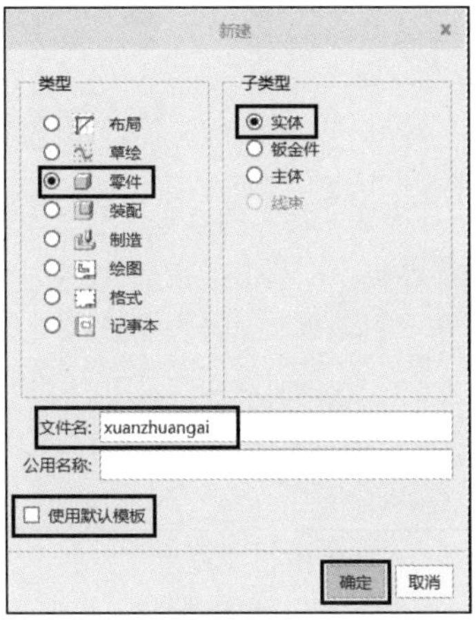

图 3-3-12

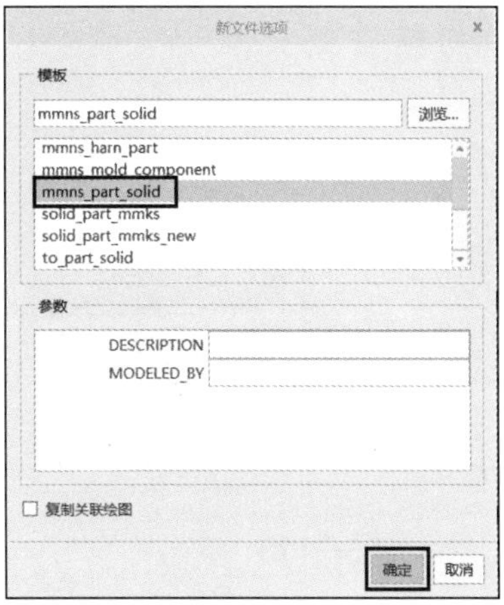

图 3-3-13

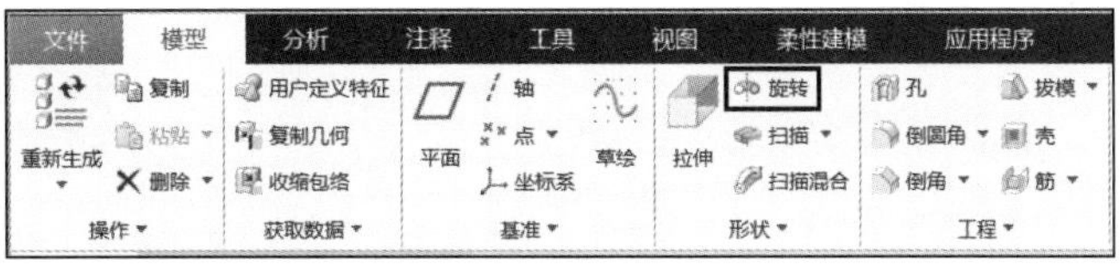

图 3-3-14

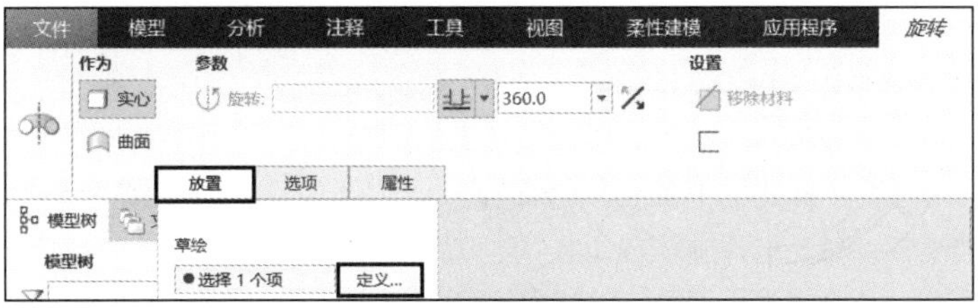

图 3-3-15

在弹出的【草绘】对话框中，将【TOP】基准平面设为草绘平面，如图 3-3-16 所示。在【草绘】对话框中单击【草绘】按钮，如图 3-3-17 所示，进入草绘环境。

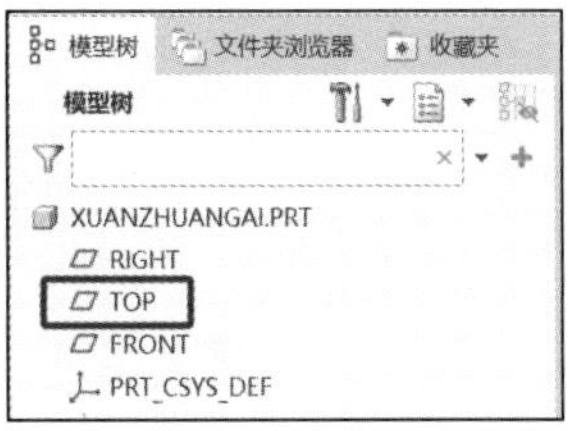

图 3-3-16

图 3-3-17

单击【草绘视图】按钮 ，绘制旋转截面和旋转中心线，如图 3-3-18 所示，单击【确定】按钮 ，保存草绘并退出。

在【旋转】设计面板中，设置旋转角度值为 360°，如图 3-3-19 所示，查看模型，确认无误后单击【确定】按钮 ，完成旋转特征主体建模。

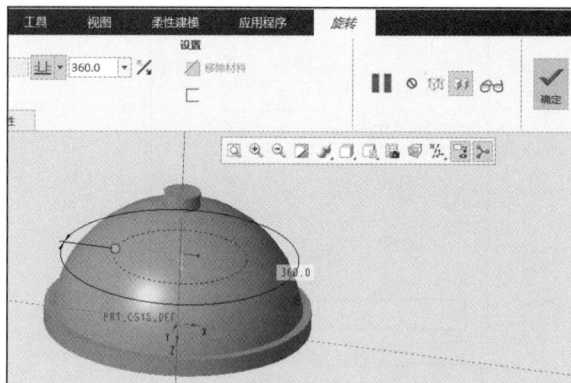

图 3-3-18　　　　　　　　　　　图 3-3-19

（3）创建开口旋转特征

单击中间基准平面，使其作为草绘平面，平面加亮
显示，如图 3-3-20 所示。

单击【旋转】按钮，启动旋转命令，进入【旋转】
设计面板。单击【草绘视图】按钮，在视图工具栏中
单击【显示样式】/【线框】。单击【参考】按钮，弹
出【参考】窗口，如图 3-3-21 所示，选择 R42.5 和
R37.5 两段圆弧，完成后单击【关闭】按钮。绘制旋转
截面，如图 3-3-22 所示。单击【确定】按钮，保存
草绘并退出。

在视图工具栏中单击【显示样式】/【着色】，选择旋
转中心竖直基准轴线作为旋转轴，选择旋转方式为"对称旋转"，输入角度值为 50°，单击【移除材料】按
钮，如图 3-3-23 所示。确认模型无误后，单击【确定】按钮，完成一处开口特征建模。

图 3-3-20

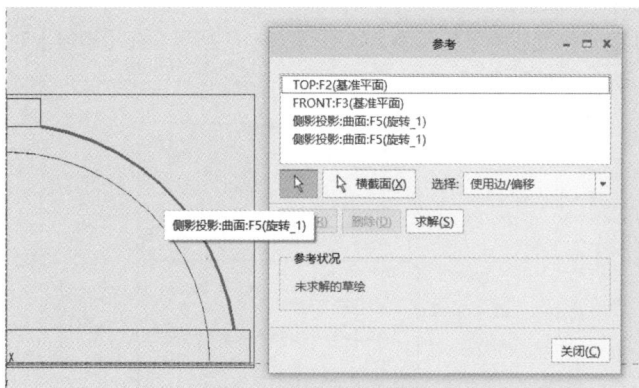

图 3-3-21

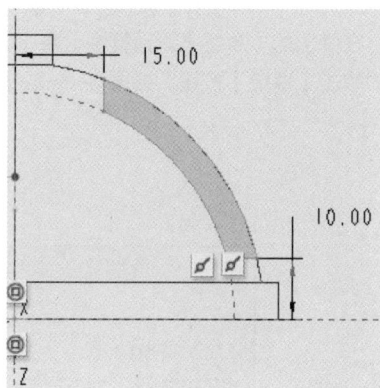

图 3-3-22

（4）创建开口阵列特征

在模型树中单击"旋转 2"特征，弹出工具栏，在工具栏中单击【阵列】按钮，如图 3-3-24 所示。进
入【阵列】设计面板，【选择阵列类型】为【轴】，单击旋转中心线使其作为【第一方向】，【成员数】为 3，【成
员间的角度】为 120°，如图 3-3-25 所示。确定模型无误后，单击【确定】按钮，所得结果如图 3-3-26
所示。

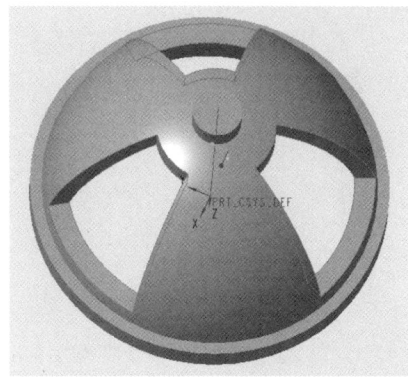

图 3-3-23

图 3-3-24

图 3-3-25

图 3-3-26

3.3.3　课堂案例三　深沟球轴承外圈建模

1. 任务下达

创建图 3-3-27 所示的深沟球轴承外圈模型。

深沟球轴承
外圈建模

图 3-3-27

2. 任务解析

深沟球轴承是工程装备中常用的零件，工作时要承受轴类零件的径向载荷，因此对于各组成部件的形状和尺寸精度都有较高的要求。读者在创建该零件模型时，要仔细查看工程图，首先明确零件的形状特征。轴承内外圈的结构并不复杂，属于典型的回转体特征零件，故采用旋转命令创建。其次要明确各形状尺寸参数，确定回转中心和半径等。以上参数明确后才能较为容易地完成建模。

3. 任务实施

（1）新建"waiquan"文件

打开 Creo 6.0 软件，在快速访问工具栏中单击【新建】按钮，系统弹出【新建】对话框，在【类型】中选择【零件】，在【子类型】中选择【实体】，输入文件名为"waiquan"，取消勾选【使用默认模板】复选框，单击【确定】按钮，如图 3-3-28 所示。在【新文件选项】对话框中选择"mmns_part_solid"（公制）模板，单击【确定】按钮，如图 3-3-29 所示，完成"waiquan"零件文件的创建，系统进入零件建模环境。

图 3-3-28

图 3-3-29

（2）创建旋转特征

在【模型】选项卡的【形状】组中，单击【旋转】按钮，如图 3-3-30 所示。

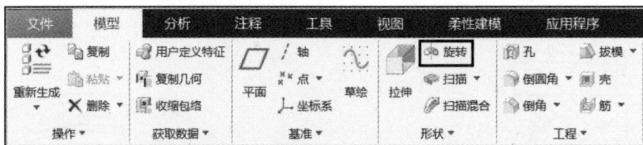

图 3-3-30

在【旋转】设计面板中单击【放置】标签，在弹出的下拉面板中单击【定义】按钮，如图 3-3-31 所示。

图 3-3-31

在弹出的【草绘】对话框中，将【TOP】基准平面设为草绘平面，如图 3-3-32 所示，单击【草绘】按钮，如图 3-3-33 所示，进入草绘环境。

单击【草绘视图】按钮，绘制旋转截面和旋转中心线，如图 3-3-34 所示，单击【确定】按钮，保存草绘并退出。

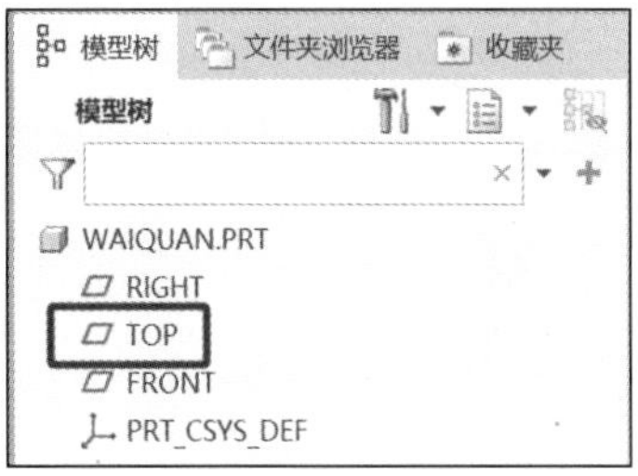

图 3-3-32

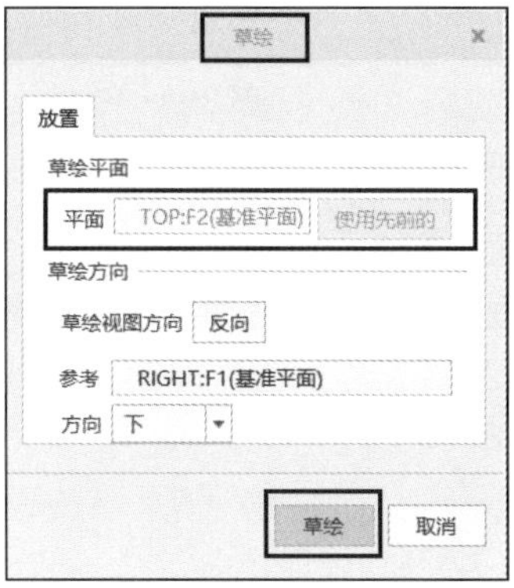

图 3-3-33

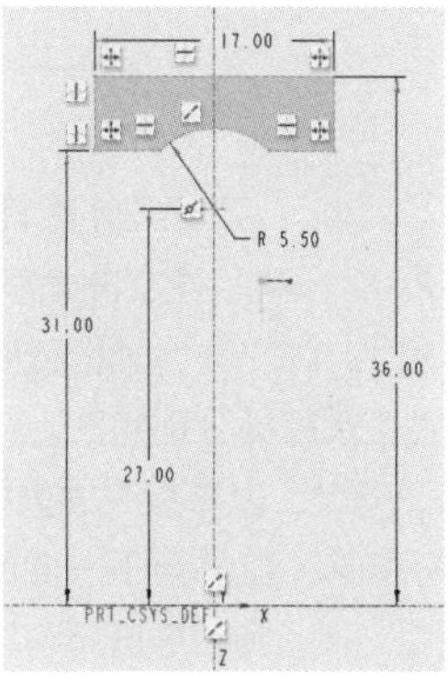

图 3-3-34

设置旋转角度值为 360°，如图 3-3-35 所示，查看模型，确认无误后单击【确定】按钮，完成特征建模，如图 3-3-36 所示。

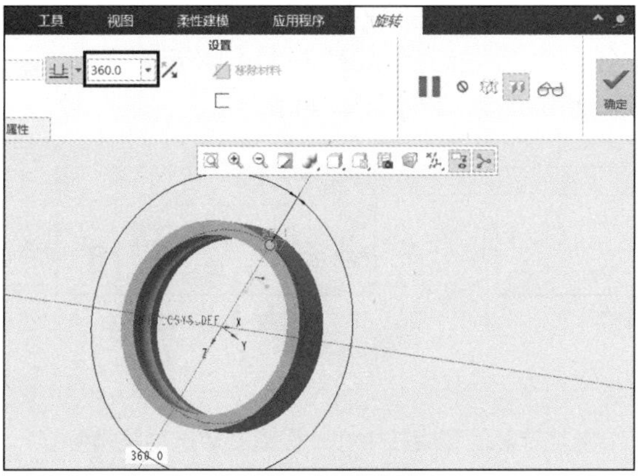

图 3-3-35

图 3-3-36

3.3.4 知识点解析

1. 旋转命令的启动及选项含义

旋转命令的启动方法如下。

在【模型】选项卡的【形状】组中，单击【旋转】按钮，如图 3-3-37 所示。

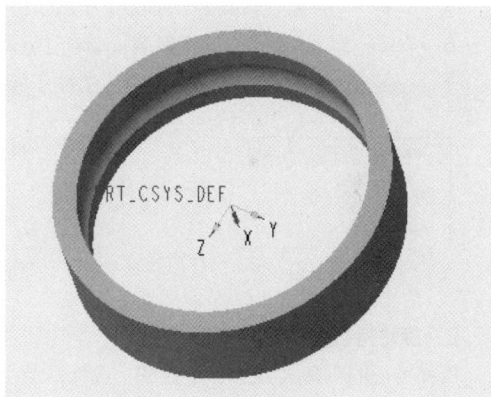

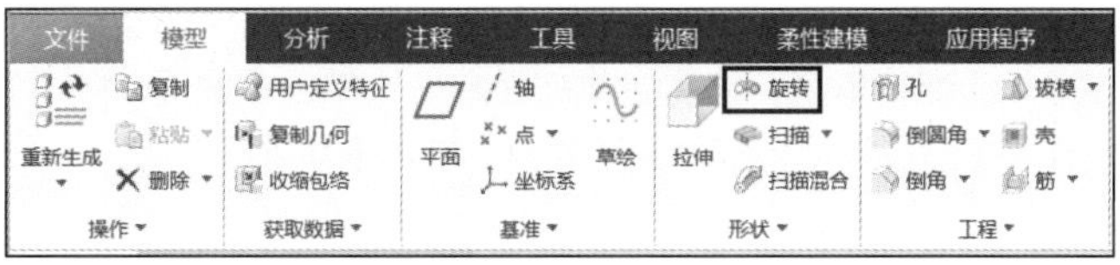

图 3-3-37

启动旋转命令之后，弹出【旋转】设计面板，如图 3-3-38 所示。其中各选项介绍如下。

图 3-3-38

① ：建立实体旋转特征。

② ：建立曲面旋转特征。

③ ：按照设定角度进行旋转，目前旋转角度值为 360°。Creo 6.0 为用户提供了多种不同的旋转方式，其意义分别如下。

　　　：以草绘平面为中心向两侧对称旋转。

　　　：旋转至下一曲面。

　　　：旋转穿透所有曲面。

　　　：旋转至选定曲面。

　　　：旋转至选定的点、线、面等特征。

　　　：调整变换旋转方向。

④ ：旋转去除材料。

⑤ ：绘制旋转截面。单击【放置】标签，弹出下拉面板，如图 3-3-39 所示。

⑥ ：设置旋转方式及角度。单击【选项】标签，弹出下拉面板，如图 3-3-40 所示。

⑦ ：设置旋转名称，单击【属性】标签，弹出下拉面板，如图 3-3-41 所示。

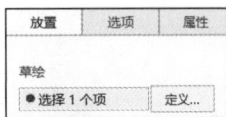
图 3-3-39

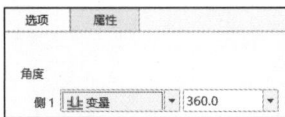
图 3-3-40

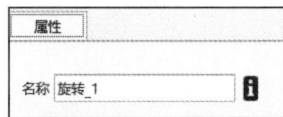
图 3-3-41

2. 旋转特征的创建方法

旋转特征的创建大致分 3 步完成：选择草绘平面、绘制旋转截面和旋转中心、设置旋转选项及角度。

需要说明的有两点：一是使用旋转命令必须要有旋转中心，这个旋转中心既可以是在草绘截面时绘制的中心线，也可以是实体零件上已有的边或线，或者系统自带的基准轴（在创建手柄零件时旋转中心为系统的基准轴）；二是旋转截面必须位于旋转中心的一侧，不能跨越旋转中心。具体步骤如下。

● 进入零件设计环境，启动旋转命令。

● 单击【放置】标签，在弹出的下拉面板中单击【定义】按钮，弹出【草绘】对话框，如图 3-3-42 所示，选择草绘平面和参考平面。

● 选定草绘平面和参考平面后，单击【草绘】按钮进入草绘界面。

● 绘制旋转截面和旋转中心，绘制完毕单击【确定】按钮✔，回到【旋转】设计面板。

● 选择相应的旋转方式及旋转角度。如需生成曲面特征，单击【曲面特征】按钮；若需在已有实体特征中去除材料，单击【移除材料】按钮。

● 选择旋转方向。

● 预览检查特征情况。

● 确认特征无误后，单击【确定】按钮✔，完成旋转特征创建。

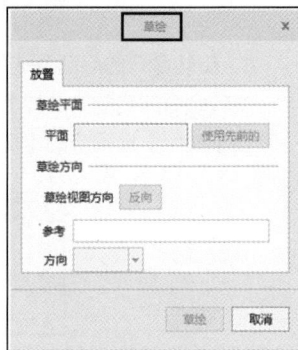
图 3-3-42

3.4 扫描命令

扫描命令是用来创建一个截面沿着指定轨迹运动而生成的形状特征的命令。从上述的描述可以看出，拉伸命令和旋转命令也都可以看作扫描命令的特定形式。然而扫描命令与拉伸命令和旋转命令的不同之处在于，扫描截面既可以是恒定截面，也可以是可变截面。所谓恒定截面是指在沿轨迹运动的过程中，截面的形状不变（与拉伸命令和旋转命令相同）；可变截面则是指，在扫描过程中，截面的方向和大小都可以发生变化。在操作过程中，可以将截面约束到其他轨迹——中心平面或现有图元，也可以使用由 trajpar 参数设置的关系式来控制截面变化。

扫描命令在使用过程中有两个元素要定义，一个是扫描轨迹，另一个是扫描截面。扫描轨迹是一条（或多条平行的）连续不间断的曲线，可以是封闭的，也可以是开放的。

下面结合课堂案例说明扫描命令的使用方法。

3.4.1 课堂案例一 弯管零件建模

1. 任务下达

创建图 3-4-1 所示的弯管零件模型。

2. 任务解析

该零件可以看作一个圆环截面沿着一条曲线运动而形成的，因此可以用扫描命令来创建。

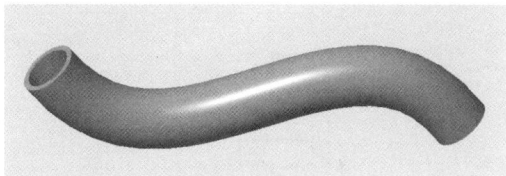

3. 任务实施

（1）新建"wanguan"文件

打开 Creo 6.0 软件，在快速访问工具栏中单击【新建】按钮□，系统弹出【新建】对话框，在【类型】中选

图 3-4-1

择【零件】，在【子类型】中选择【实体】，输入文件名为"wanguan"，取消勾选【使用默认模板】复选框，单击【确定】按钮，如图 3-4-2 所示。在【新文件选项】对话框中选择"mmns_part_solid"（公制）模板，单击【确定】按钮，如图 3-4-3 所示，完成"wanguan"零件文件的创建，系统进入零件建模环境。

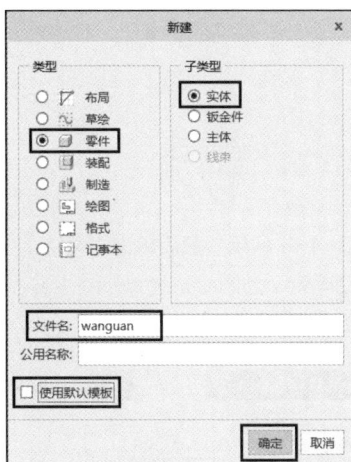

图 3-4-2

图 3-4-3

（2）创建扫描特征

在【模型】选项卡的【形状】组中，单击【扫描】按钮 ，如图 3-4-4 所示。

图 3-4-4

在【扫描】设计面板中单击【基准】按钮，在弹出的下拉菜单中单击【草绘】按钮，如图 3-4-5 所示。

图 3-4-5

在弹出的【草绘】对话框中，将【TOP】基准平面设为草绘平面，如图 3-4-6 所示，单击【草绘】按钮，如图 3-4-7 所示，进入草绘环境。

图 3-4-6

图 3-4-7

单击【草绘视图】按钮，绘制一条样条曲线，如图 3-4-8 所示，单击【确定】按钮，保存草绘并退出。

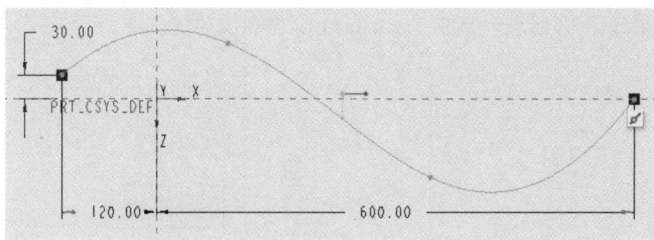

图 3-4-8

单击【继续】按钮，退出暂停模式，继续进行操作，如图 3-4-9 所示，然后单击【草绘】按钮，进入草绘环境，单击【草绘视图】按钮，以中心线交点（系统自动确定）为圆心，绘制外径 100、内径 80 的圆环，如图 3-4-10 所示，确认无误后单击【确定】按钮，退出草绘。

图 3-4-9

回到【扫描】设计面板，如图 3-4-11 所示，确认无误后单击【确定】按钮完成建模，如图 3-4-12 所示。

图 3-4-10

图 3-4-11

图 3-4-12

3.4.2 课堂案例二 管接头零件建模

管接头零件建模

1. 任务下达

创建图 3-4-13 所示的管接头零件模型。

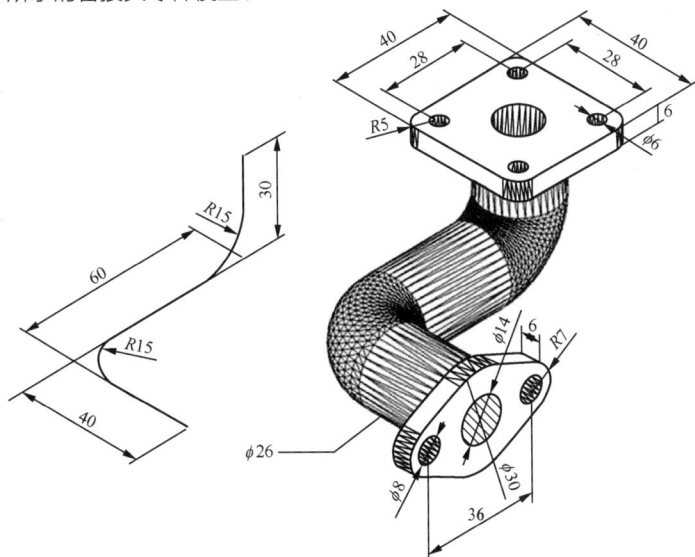

图 3-4-13

2. 任务解析

该零件是一种在石油运输管道中使用的连接管道，其主体部分是一段弯管，与案例一中的类似，但是截面的运动轨迹却不在某一个平面内，而是在三维空间中。这样的实体特征也符合扫描命令的适用场景，因此可以用扫描命令来创建。管道两端各有一个方形和菱形的法兰，这些结构特征用拉伸命令来创建即可。

3. 任务实施

（1）新建"guanjietou"文件

打开 Creo 6.0 软件，在快速访问工具栏中单击【新建】按钮，系统弹出【新建】对话框，在【类型】中选择【零件】，在【子类型】中选择【实体】，输入文件名为"guanjietou"，取消勾选【使用默认模板】复选框，单击【确定】按钮，如图 3-4-14 所示。在【新文件选项】对话框中选择"mmns_part_solid"（公制）模板，单击【确定】按钮，如图 3-4-15 所示，完成"guanjietou"零件文件的创建，系统进入零件建模环境。

图 3-4-14

图 3-4-15

（2）创建管体扫描特征

在【模型】选项卡的【形状】组中，单击【扫描】按钮，如图 3-4-16 所示。

在【扫描】设计面板中单击【基准】按钮，如图 3-4-17 所示，在弹出的下拉菜单中单击【草绘】按钮。

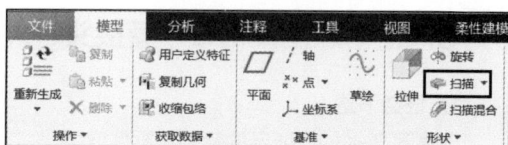

图 3-4-16

图 3-4-17

在弹出的【草绘】对话框中，将【TOP】基准平面设为草绘平面，如图 3-4-18 所示，单击【草绘】按钮，如图 3-4-19 所示，进入草绘环境。

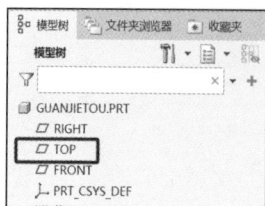

图 3-4-18

图 3-4-19

单击【草绘视图】按钮😊，绘制一条样条曲线，如图 3-4-20 所示，单击【确定】按钮✔，保存草绘并退出。

选择【FRONT】基准平面作为草绘平面，如图 3-4-21 所示。单击【FRONT】基准平面，单击【草绘】按钮∿，进入草绘环境。

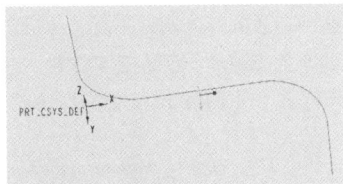

图 3-4-20　　　　　　　　　　　　　　　　　图 3-4-21

在草绘环境中，单击【草绘视图】按钮😊，绘制曲线如图 3-4-22 所示，单击【确定】按钮✔，保存草绘并退出。绘制完成后，得到曲线如图 3-4-23 所示。

图 3-4-22　　　　　　　　　　　　　　　　　图 3-4-23

单击【扫描】按钮🖢，启动扫描命令，进入【扫描】设计面板。单击【参考】标签，在弹出的下拉面板中单击【细节】按钮，弹出【链】对话框，按住 Ctrl 键依次单击绘图区内的两条草绘曲线，如图 3-4-24 所示。单击【确定】按钮，完成扫描轨迹设置。注意，选中多条曲线时，系统会自动判定轨迹的起点，以紫色箭头显示，如果起点位置不合理，可以直接单击箭头将其调整至合适位置。在本案例中，起点位置被调整至底部端点。

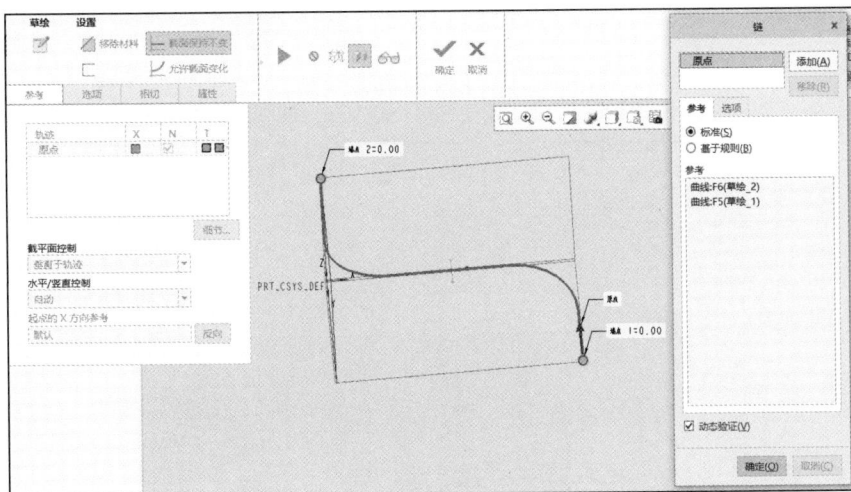

图 3-4-24

单击【草绘】按钮✍，启动草绘命令，如图 3-4-25 所示，进入草绘环境。

单击【草绘视图】按钮😊，以中心线交点（系统自动确定）为圆心绘制外径 26、内径 14 的圆环，如图 3-4-26 所示，确认无误后单击【确

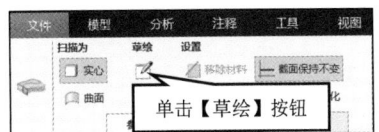

图 3-4-25

定】按钮 ✔，保存草绘并退出。

回到【扫描】设计面板，如图 3-4-27 所示，确认无误后单击【确定】按钮 ✔。

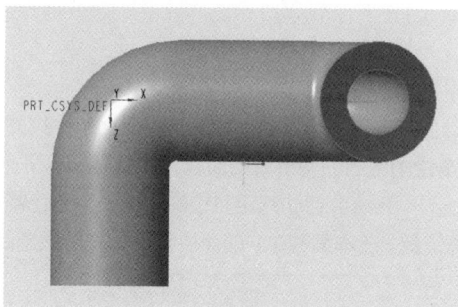

图 3-4-26

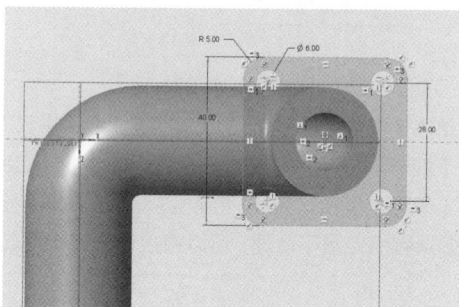

图 3-4-27

（3）创建方形法兰拉伸特征

选择管道一端表面作为草绘平面，平面加亮显示，如图 3-4-28 所示。

单击【拉伸】按钮 ，启动拉伸命令，进入【拉伸】设计面板。单击【草绘视图】按钮 ，在视图工具栏中单击【显示样式】/【消隐】。绘制方形法兰截面，如图 3-4-29 所示，单击【确定】按钮 ✔ 保存草绘并退出。

图 3-4-28

图 3-4-29

在【拉伸】设计面板中设置拉伸深度值为 6，如图 3-4-30 所示。单击【确定】按钮 ✔，保存拉伸特征并退出。

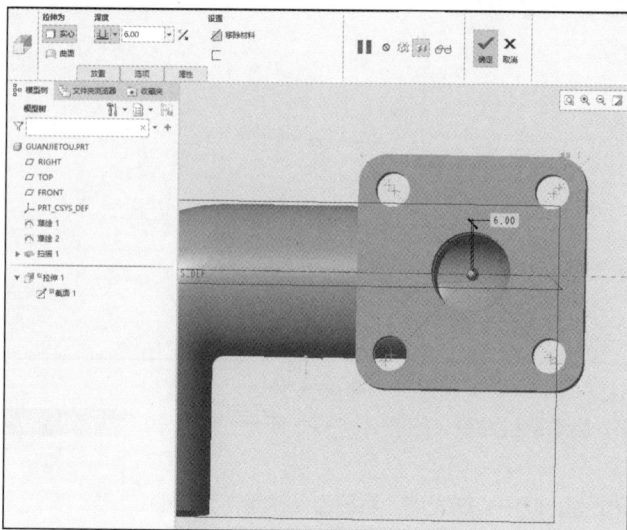

图 3-4-30

（4）创建菱形法兰拉伸特征

单击管道另一端表面作为草绘平面，平面加亮显示，如图 3-4-31 所示。

单击【拉伸】按钮 ，进入【拉伸】设计面板。单击【草绘视图】按钮 ，在视图工具栏中单击【显示样式】/【消隐】。绘制拉伸截面，如图 3-4-32 所示，单击【确定】按钮 保存草绘并退出。

图 3-4-31

图 3-4-32

在【拉伸】设计面板中设置拉伸深度值为 6，如图 3-4-33 所示。单击【确定】按钮 ，保存拉伸特征并退出，完成建模，如图 3-4-34 所示。

图 3-4-33

图 3-4-34

管接头的扫描轨迹较为复杂，所以在启动实体建模命令前应直接草绘完成，这种方法适用于所有其他建模命令。在实体建模命令中，作为扫引线、基准线、旋转中心等的特征，既可以在启动实体建模命令后再启动草绘命令绘制，也可以先行绘制。不同之处在于，先启动草绘命令绘制的曲线会在模型树中单独显示，而启动实体命令后的草绘，在模型树中不会作为单独的特征存在。从后期便于修改这个角度而言，单独进行草绘的优势很明显。因此，我们在今后使用扫描命令时一般都会选择先进行草绘扫描轨迹的操作，在面对较为复杂的零件时，也会选择这种操作方法。此外，本案例的扫描轨迹由多段曲线组合而成，操作方法请读者仔细阅读。

3.4.3　课堂案例三　水壶建模

1.　任务下达

创建图 3-4-35 所示的水壶模型。

2.　任务解析

这个案例涉及扫描命令的另一种适用场景——水壶，与我们之前遇到的零件都不相同，因为它很难被看作是一个截面按照某种轨迹运动——由多条轨迹控制一个截面的运动而形成的。对于此类零件，在使用扫描命令建模的过程中，要绘制多条轨迹，比如本案例中的水壶就需要 3 条轨迹，其中一条轨迹用来控制方向，另外两条轨迹用来控制外形。在多

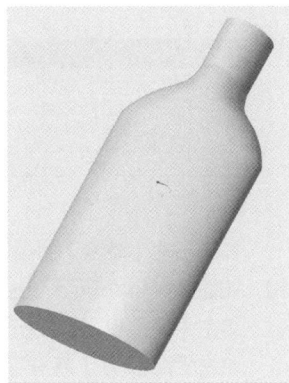

水壶建模

图 3-4-35

条轨迹的扫描命令的使用过程中，要注意选择扫描轨迹的先后顺序，控制方向的轨迹要先选择，本案例中会有详细介绍，读者要仔细阅读。

3. 任务实施

（1）新建"shuihu"文件

打开 Creo 6.0 软件，在快速访问工具栏中单击【新建】按钮，系统弹出【新建】对话框，在【类型】中选择【零件】，在【子类型】中选择【实体】，输入文件名为"shuihu"，取消勾选【使用默认模板】复选框，单击【确定】按钮，如图 3-4-36 所示。在【新文件选项】对话框中选择"mmns_part_solid"（公制）模板，单击【确定】按钮，如图 3-4-37 所示，完成"shuihu"零件文件的创建，系统进入零件建模环境。

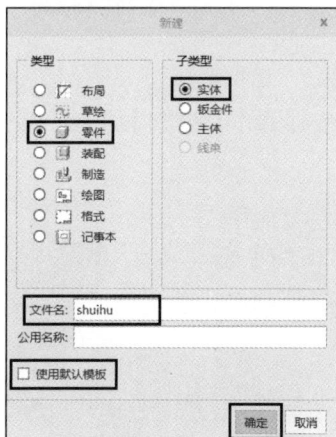

图 3-4-36

图 3-4-37

（2）创建扫描特征

在【模型】选项卡的【形状】组中，单击【扫描】按钮，如图 3-4-38 所示。

图 3-4-38

在【扫描】设计面板中单击【基准】按钮，在弹出的下拉菜单中单击【草绘】按钮，如图 3-4-39 所示。

图 3-4-39

在弹出的【草绘】对话框中，将【TOP】基准平面设为草绘平面，如图 3-4-40 所示。单击【草绘】按钮，如图 3-4-41 所示，进入草绘环境。

单击【草绘视图】按钮，绘制曲线，如图 3-4-42 所示，单击【确定】按钮，保存草绘并退出。

单击【RIGHT】基准平面，将其作为草绘平面，单击【草绘】按钮，进入草绘环境。单击【草绘视图】按钮，然后绘制曲线，如图 3-4-43 所示。单击【确定】按钮，保存草绘并退出。

图 3-4-40

图 3-4-41

图 3-4-42

图 3-4-43

绘制完成后，得到曲线如图 3-4-44 所示。

在【扫描】设计面板中，单击【退出暂停】按钮 ▶，单击【参考】标签，弹出下拉面板，按住 Ctrl 键依次单击绘图区内的 3 条草绘曲线，如图 3-4-45 所示。单击【确定】按钮 ✓，完成扫描轨迹设置。注意，本案例中必须先选择中间的直线段，然后再选择两侧的曲线，顺序不可改变。

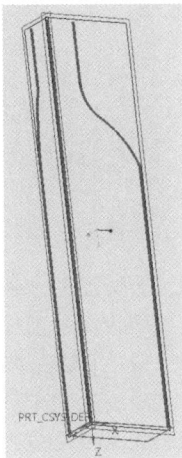

图 3-4-44

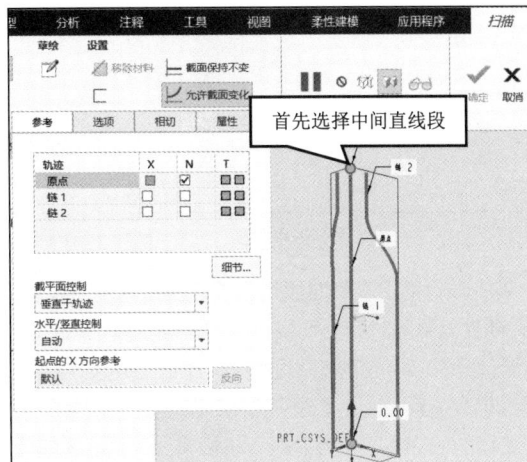

图 3-4-45

单击【扫描】设计面板中的【草绘】按钮⊿，如图 3-4-46 所示。

图 3-4-46

进入草绘环境，单击【草绘视图】按钮🗗，在视图工具栏中单击【已保存方向】按钮🗔，选择【FRONT】基准平面作为草绘平面。以中心线交点（系统自动确定）为中心绘制椭圆，如图 3-4-47 所示，注意椭圆的长轴和短轴分别与草绘端点重合。确认无误后单击【确定】按钮✔，保存草绘并退出。

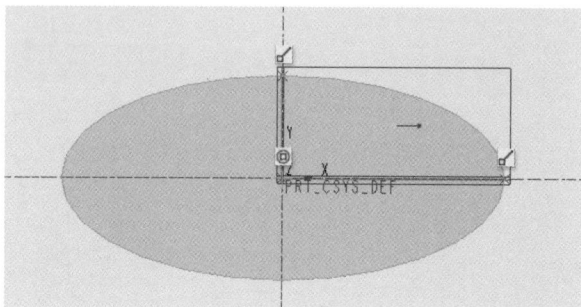

图 3-4-47

回到【扫描】设计面板，如图 3-4-48 所示，确认无误后单击【确定】按钮✔，完成建模，如图 3-4-49 所示。

图 3-4-48

图 3-4-49

水壶的扫描轨迹也是由多条曲线组成的，但是与本节课堂案例二的不同之处在于水壶的几条轨迹之间是"并联"关系，即截面要同时受到几条轨迹的控制，其中一条作为方向控制轨迹，截面的形状随着轨迹的变化而变化；本节课堂案例二中的轨迹之间属于"串联"关系，截面形状不受轨迹控制，只是沿着轨迹的方向运动。厘清轨迹之间的相互关系，对读者理解这两种类型会有所帮助。其实，扫描命令中的轨迹还可以有其他的形式，同时也会产生不同的扫描特征，但是对于机械设计而言，尤其是对机械零件设计而言，简单和规则的形状才是设计师追求的目标，这将直接决定产品的成本。

3.4.4 知识点解析

1. 扫描命令的启动及选项含义

扫描命令的启动方法如下。

在【模型】选项卡的【形状】组中，单击【扫描】按钮 ●，如图 3-4-50 所示。

启动扫描命令之后，弹出【扫描】设计面板，如图 3-4-51 所示。其中各选项介绍如下。

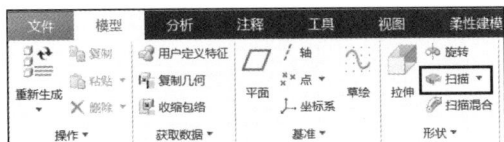

图 3-4-50

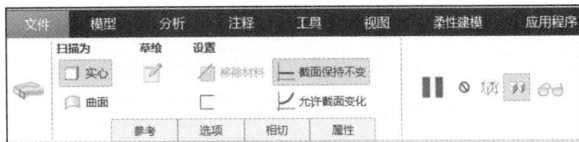

图 3-4-51

⬜ 实心：建立实体扫描特征。

◻ 曲面：建立曲面扫描特征。

✎：启动草绘。

◢ 移除材料：扫描去除材料。

⬜ ：薄壁选项。

▮▮ 截面保持不变（或允许截面变化）。

参考 选项 相切 属性 ：对应打开【参考】、【选项】、【相切】、【属性】下拉面板，各下拉面板主要功能介绍如下。

（1）参考

【参考】下拉面板用来选择扫描特征的轨迹以及设置截面控制等。打开【参考】下拉面板，在选择扫描轨迹之后，对截面方向进行控制，如图 3-4-52 所示。

① 轨迹：选择将用作扫描轨迹的曲线、实体边或曲面边界。在扫描特征中，有以下 4 种类型的轨迹。

- 原点轨迹：扫描特征必须有的轨迹。截面原点（十字叉点）总是位于原点轨迹上。
- 法向轨迹：与扫描截面垂直的轨迹。默认原点轨迹为法向轨迹。勾选轨迹列表右侧的【N】复选框，该轨迹即法向轨迹。

图 3-4-52

- X 轨迹：草绘截面的 X 轴指向的轨迹。勾选轨迹列表右侧的【X】复选框，该轨迹即 X 轨迹。
- 相切轨迹：相切轨迹是在扫描过程中在截面上选择一条与已有曲线相切的线作为参考。相切轨迹也被称为切向参考。当轨迹线为其他模型特征的边链时才能使用该设置。如果轨迹中存在至少一条相切曲线，可在轨迹列表中勾选【T】复选框，该轨迹即相切轨迹。

② 截平面控制：确定截面扫描时的定向方式，有垂直于轨迹、垂直于投影、恒定法向 3 种定向方式。

- 垂直于轨迹：截面在整个扫描过程中都垂直于指定的轨迹。
- 垂直于投影：截面沿投影方向与轨迹的投影垂直，截面的垂直方向与指定方向一致。选择该选项必须指定参考方向。
- 恒定法向：截面恒定垂直于指定方向。

③ 水平/竖直控制：控制扫描过程中截面的水平（X轴）或垂直（Y轴）方向。其控制方式有 3 种，分别是垂直于曲面、X 轨迹和自动。

- 垂直于曲面：截面的垂直方向与曲面垂直。当原始轨迹中有相关的曲面时，此选项为默认的控制选项。使用这种控制方式时，单击【参考】下拉面板右侧的【下一个】按钮，可以改变为另一个垂直曲面。

- X 轨迹：截面的 X 轴通过 X 轨迹和扫描截面的交点。
- 自动：系统自动确定截面的水平方向。

（2）选项

【选项】下拉面板用来设定截面的类型，如图 3-4-53 所示。

① 封闭端：设置可变截面扫描曲面的两端是否封闭。

② 合并端：在扫描端点处与已有实体合并成一体。

图 3-4-53

（3）相切

【相切】下拉面板用来设置轨迹的相切以控制扫描特征在该轨迹处与相邻图元的连接关系。单击【相切】标签，弹出【相切】下拉面板，如图 3-4-54 所示。【参考】下拉列表框中的选项有：无、第 1 侧、第 2 侧和选取的，各选项的含义如下。

① 第 1 侧：扫描截面包含与轨迹第 1 侧曲面相切的中心线。

② 第 2 侧：扫描截面包含与轨迹第 2 侧曲面相切的中心线。

③ 选取的：手动为扫描截面中的相切中心线指定曲面。

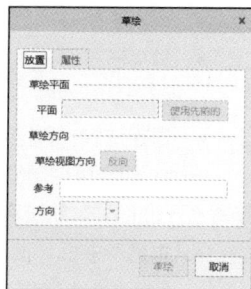

图 3-4-54

（4）属性

【属性】下拉面板用于查看和修改特征的名称，如图 3-4-55 所示。

2. 扫描特征的创建方法

创建扫描特征的主要步骤如下：创建扫描轨迹、草绘扫描截面、设置选项、完成扫描。需要重点说明的有 4 点，一是创建可变截面扫描特征之前，必须先绘制好用于

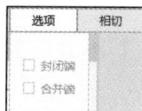

图 3-4-55

扫描的轨迹，也可以选择实体棱边或曲面边界作为扫描轨迹；二是扫描轨迹自身不能相交；三是相对于扫描截面，扫描轨迹中的弧或样条曲线的半径不能太小，否则扫描截面在经过该处时会因自身相交而出现特征生成失败；四是对于开放的轨迹，轨迹上的箭头表示扫描的起点，起点必须位于轨迹的一端，而不能位于轨迹的中间。若要改变起点，可以直接单击箭头，箭头会转换到轨迹的另一个端点处。

具体步骤如下。

- 进入零件设计环境，启动扫描命令。
- 单击【基准】按钮，在弹出的下拉菜单中单击【草绘】按钮，弹出【草绘】对话框，如图 3-4-56、图 3-4-57 所示。

图 3-4-56

- 根据要求绘制扫描轨迹，绘制完毕，单击【确定】按钮，回到【扫描】设计面板。
- 在【扫描】设计面板上单击【草绘】按钮，启动草绘命令，绘制扫描截面。
- 绘制完毕，单击【确定】按钮，回到【扫描】设计面板，选择相应的扫描方式，若需生成曲面特征，单击【曲面特征】按钮；若需在已有实体特征中去除材料，单击【移除材料】按钮。
- 预览检查特征情况，确认特征无误，单击【确定】按钮，完成扫描特征创建。

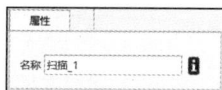

图 3-4-57

3.5 螺旋扫描命令

螺旋扫描是扫描的一种特殊形式，是一个截面沿着螺旋轨迹进行运动而形成的，多见于弹簧、螺钉、螺母、螺杆等零件中，如图 3-5-1 所示。螺旋轨迹是通过转向轮廓线和节距（螺距）来定义的。

图 3-5-1

螺旋扫描命令在使用过程中需要定义的要素有：扫描轨迹、扫描截面、旋向、螺距等。扫描轨迹可以是一条直线，也可以是曲线。

下面结合课堂案例说明螺旋扫描命令的使用方法。

3.5.1 课堂案例一 弹簧零件建模

弹簧零件建模

1. 任务下达

创建图 3-5-2 所示的弹簧模型。

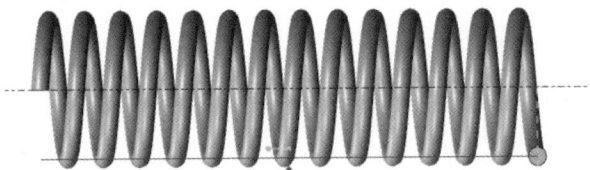

图 3-5-2

2. 任务解析

弹簧零件建模属于典型的螺旋扫描命令适用场景，弹簧零件可以看作是一个圆截面沿着一条螺旋线运动而形成的。与之前讲的扫描命令的不同之处在于，螺旋扫描的轨迹是一条标准的空间螺旋线，这样的扫描轨迹如果用草绘轨迹的方式来创建无疑是非常复杂且不准确的，Creo 6.0 软件的螺旋扫描命令就是专门用来创建此类形状特征的。本案例中的弹簧属于最简单的标准螺旋弹簧，通过本案例，读者可以熟悉螺旋扫描命令的使用方法。

3. 任务实施

（1）新建"tanhuang"文件

打开 Creo 6.0 软件，在快速访问工具栏中单击【新建】按钮，系统弹出【新建】对话框，在【类型】中选择【零件】，在【子类型】中选择【实体】，输入文件名为"tanhuang"，取消勾选【使用默认模板】复选框，单击【确定】按钮，如图 3-5-3 所示。在【新文件选项】对话框中选择"mmns_part_solid"（公制）模板，单击【确定】按钮，如图 3-5-4 所示，完成"tanhuang"零件文件的创建，系统进入零件建模环境。

图 3-5-3

图 3-5-4

（2）创建螺旋扫描特征

在【模型】选项卡的【形状】组中，单击【扫描】按钮 后面的下拉按钮 ，在下拉菜单中单击【螺旋扫描】命令 ，如图 3-5-5 所示。

启动螺旋扫描命令，打开【螺旋扫描】设计面板。单击【参考】标签，在弹出的下拉面板中单击【定义】按钮，弹出【草绘】对话框，如图 3-5-6、图 3-5-7 所示。

图 3-5-5

图 3-5-6

图 3-5-7

将【TOP】基准平面设为草绘平面，如图 3-5-8 所示，单击【草绘】按钮，如图 3-5-9 所示，进入草绘环境。

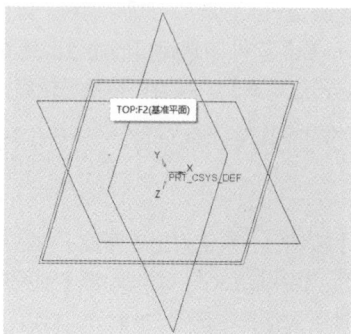

图 3-5-8

图 3-5-9

单击【草绘视图】按钮，然后绘制图线，如图 3-5-10 所示，单击【确定】按钮，保存草绘并退出。注意，除了左侧长度为 200 的直线段外，还要在中心绘制一条中心线作为旋转中心线。

图 3-5-10

【扫描为】选择【实心】，输入间距值为 20，旋向为【右手定则】，如图 3-5-11 所示。单击【草绘】按钮，进入草绘环境，单击【草绘视图】按钮，以中心线交点(系统自动确定)为圆心绘制直径为 12 的圆，如图 3-5-12 所示，确认无误后单击【确定】按钮，保存草绘并退出。

图 3-5-11

图 3-5-12

回到【螺旋扫描】设计面板，如图 3-5-13 所示，确认无误后单击【确定】按钮，完成建模，如图 3-5-14 所示。

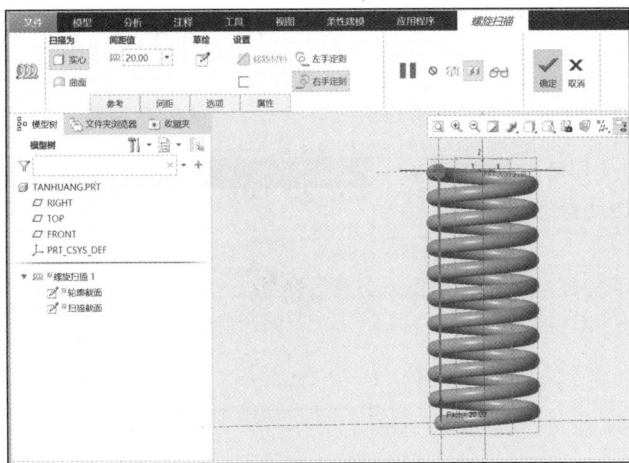

图 3-5-13

图 3-5-14

3.5.2 课堂案例二 特种弹簧零件建模

1. 任务下达
创建图 3-5-15 所示的特种弹簧模型。

2. 任务解析
与本节课堂案例一中的弹簧相比，图 3-5-15 所示弹簧有两点不同：一是弹簧的外形是两头宽中间窄，这个形状主要通过调整弹簧的轮廓线来实现；二是弹簧的螺距不是均匀的，弹簧两端的螺距较大而中间部分的较小，变化的螺距是通过添加螺距控制点来实现的。以上两点在本案例中都有详细介绍，请读者注意。

3. 任务实施

（1）新建"tezhongtanhuang"文件

打开 Creo 6.0 软件，在快速访问工具栏中单击【新建】按钮，系统弹出【新建】对话框，在【类型】中选择【零件】，在【子类型】中选择【实体】，输入文件名为"tezhongtanhuang"，取消勾选【使用默认模板】复选框，单击【确定】按钮，如图 3-5-16 所示。在【新文件选项】对话框中选择"mmns_part_solid"（公制）模板，单击【确定】按钮，如图 3-5-17 所示，完成"tezhongtanhuang"零件文件的创建，系统进入零件建模环境。

图 3-5-15

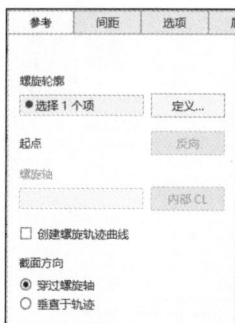

图 3-5-16

图 3-5-17

（2）创建螺旋扫描特征

在【模型】选项卡的【形状】组中，单击【扫描】按钮后面的下拉按钮，在下拉菜单中单击【螺旋扫描】命令，如图 3-5-18 所示。

在【螺旋扫描】设计面板中单击【参考】标签，在弹出的下拉面板中单击【定义】按钮，弹出【草绘】对话框，如图 3-5-19、图 3-5-20 所示。

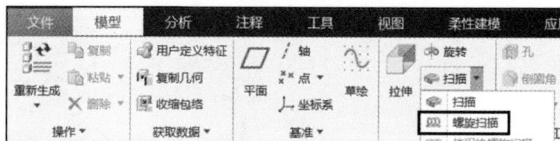

图 3-5-18

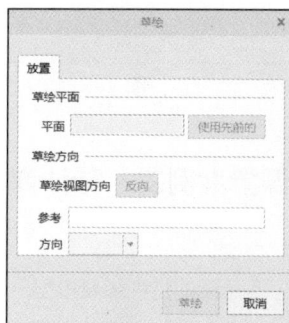

图 3-5-19

图 3-5-20

将【TOP】基准平面设为草绘平面，如图 3-5-21 所示，单击【草绘】按钮，如图 3-5-22 所示，进入草绘环境。

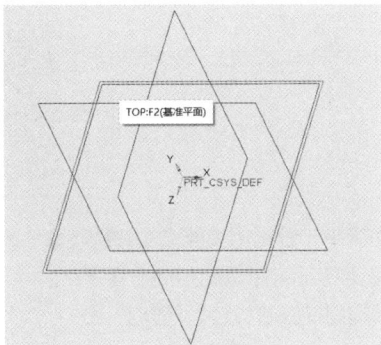

图 3-5-21

图 3-5-22

单击【草绘视图】按钮 📷，然后绘制图线，如图 3-5-23 所示，单击【确定】按钮 ✓，保存草绘并退出。

单击【草绘】按钮 ✏️，进入草绘环境后，绘制直径为 8 的圆，如图 3-5-24 所示。完成后单击【确定】按钮 ✓，保存草绘并退出。

单击【间距】标签，在弹出的下拉面板中单击【添加间距】，输入起点位置间距为 30，终点位置间距为 30，距离起点 200 位置的间距为 10，如图 3-5-25 所示。注意，每单击一次【添加间距】只能添加一个位置点的间距值，如需添加多个点的间距值则需每次都单击。

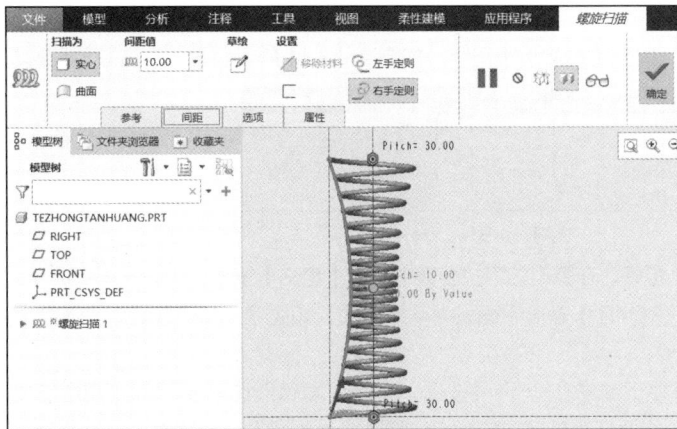

图 3-5-23

图 3-5-24

图 3-5-25

在【螺旋扫描】设计面板中，单击【实心】按钮、【右手定则】按钮，如图 3-5-26 所示，确认模型无误后，单击【确定】按钮 ✓，完成建模，如图 3-5-27 所示。

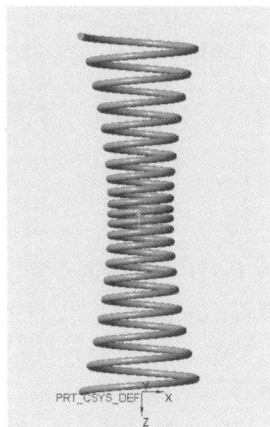

图 3-5-26

图 3-5-27

3.5.3 课堂案例三 螺栓零件建模

1. 任务下达

创建图 3-5-28 所示的螺栓模型。

2. 任务解析

螺栓是一种常见的零件，螺栓头及其上部的形状特征较为简单，分别用拉伸命令和旋转命令来创建即可。螺栓的主体部分是一个圆柱特征，采用拉伸命令创建，螺纹效果特征可用螺旋扫描命令来创建，创建过程中有两点需要注意：一是要在圆柱实体上用螺旋扫描去除材料，"雕刻"出螺纹效果；二是螺纹末端的槽深要逐渐变浅，实现螺纹的牙型结构特征在螺栓上的渐出效果，这个效果可以通过调整扫描轨迹来实现。

3. 任务实施

（1）新建"luoshuan"文件

打开 Creo 6.0 软件，在快速访问工具栏中单击【新建】按钮，系统弹出【新建】对话框，在【类型】中选择【零件】，在【子类型】中选择【实体】，输入文件名为"luoshuan"，取消勾选【使用默认模板】复选框，单击【确定】按钮，如图 3-5-29 所示。在【新文件选项】对话框中选择"mmns_part_solid"（公制）模板，单击【确定】按钮，如图 3-5-30 所示，完成"luoshuan"零件文件的创建，系统进入零件建模环境。

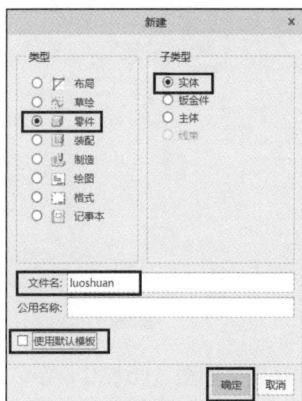

图 3-5-28

图 3-5-29

图 3-5-30

（2）创建螺栓头拉伸特征

在【模型】选项卡的【形状】组中，单击【拉伸】按钮，如图 3-5-31 所示。

图 3-5-31

在【拉伸】设计面板中单击【放置】标签，在弹出的下拉面板中单击【定义】按钮，如图 3-5-32 所示。

在弹出的【草绘】对话框中，将【FRONT】基准平面设为草绘平面，如图 3-5-33 所示，单击【草绘】按钮，如图 3-5-34 所示，进入草绘环境。

单击【草绘视图】按钮，在草绘环境下单击【选项板】按钮，弹出【草绘器选项板】窗口，如图 3-5-35 所示，双击【六边形】选项，然后单击绘图区任意位置，放置六边形，此时打开【导入截面】设计面板，在六边形的中心位置按住鼠标左键拖曳至草绘环境的基准中心处，如图 3-5-36 所示，单击【确定】按钮。修改六边形外接圆的半径为 10.20，单击【确定】按钮✔，保存草绘并退出。修改拉伸深度值为 7.5，如图 3-5-37 所示，确认模型无误后，单击【确定】按钮✔，完成建模，如图 3-5-38 所示。

图 3-5-32

图 3-5-33

图 3-5-34

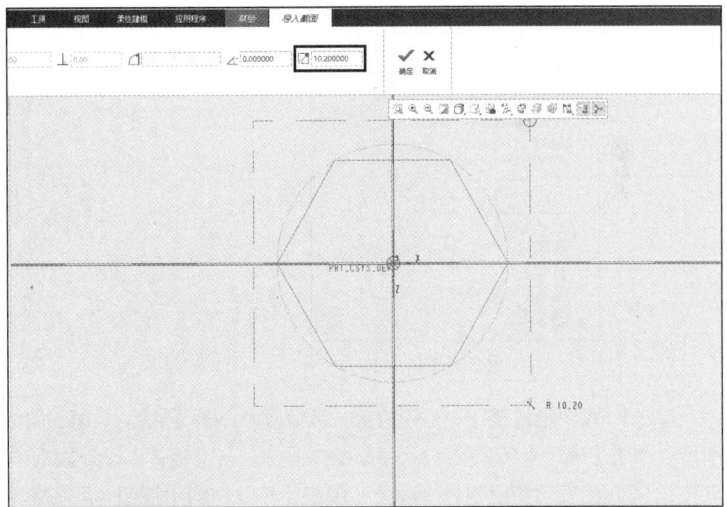

图 3-5-35

图 3-5-36

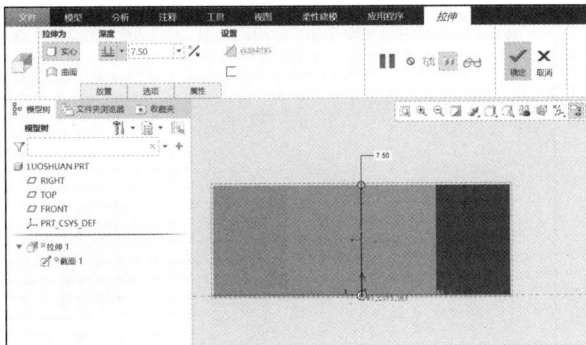

图 3-5-37

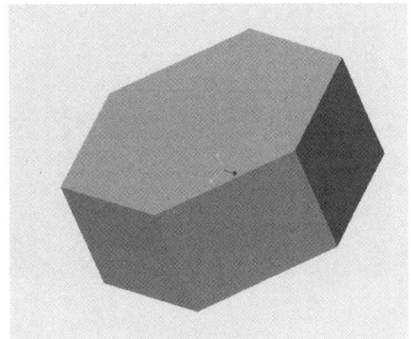

图 3-5-38

（3）创建倒角旋转特征

在【模型】选项卡的【形状】组中，单击【旋转】按钮 ⊕，如图 3-5-39 所示。

图 3-5-39

在【旋转】设计面板中单击【放置】标签，在弹出的下拉面板中单击【定义】按钮，如图 3-5-40 所示。

图 3-5-40

在弹出的【草绘】对话框中，将【RIGHT】基准平面设为草绘平面，如图 3-5-41 所示，单击【草绘】按钮，如图 3-5-42 所示，进入草绘环境。

图 3-5-41

图 3-5-42

单击【草绘视图】按钮 ⊘，先绘制一条旋转中心线，再绘制直角三角形截面，标注角度值为 30°，如图 3-5-43 所示，单击【确定】按钮 ✔，保存草绘并退出。在【旋转】设计面板中，单击【实心】按钮 □实心，单击调整方向按钮 ⤢，使旋转特征朝外部延伸，单击【移除材料】按钮 ⊿ 移除零件内部的材料，如图 3-5-44 所示，确认无误后，单击【确定】按钮 ✔，完成六角螺栓头建模，如图 3-5-45 所示。

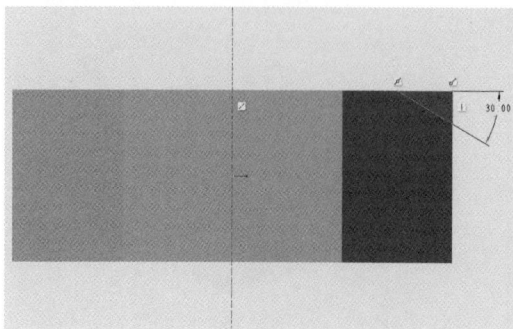

图 3-5-43

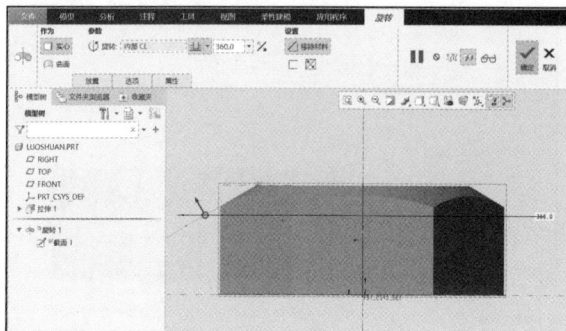

图 3-5-44

（4）创建螺栓拉伸特征

在【模型】选项卡的【形状】组中，单击【拉伸】按钮 ![拉伸]，启动拉伸命令，打开【拉伸】设计面板。单击【放置】标签，在弹出的下拉面板中单击【定义】按钮，在【草绘】对话框中选择六角螺栓头零件的背部平面作为草绘平面，创建螺栓主体圆柱特征，绘制直径为 12 的拉伸截面圆，如图 3-5-46 所示。拉伸截面绘制完成后，更改拉伸深度值为 40，如图 3-5-47 所示，单击【确定】按钮 ![确定]，完成螺栓圆柱建模，如图 3-5-48 所示。

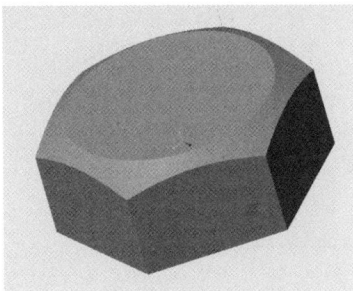

图 3-5-45

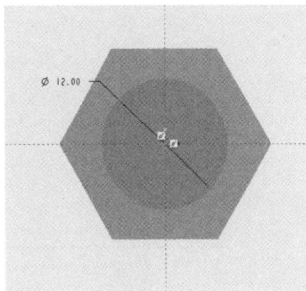

图 3-5-46

![图 3-5-47]

图 3-5-47

![图 3-5-48]

图 3-5-48

（5）创建倒角特征

在【模型】选项卡的【工程】组中，单击【倒角】按钮 ![倒角]，如图 3-5-49 所示。启动倒角命令，创建螺栓底部倒角特征，倒角参数 $D = 0.65$，选择螺栓底部边缘，如图 3-5-50 所示，单击【确定】按钮 ![确定]。

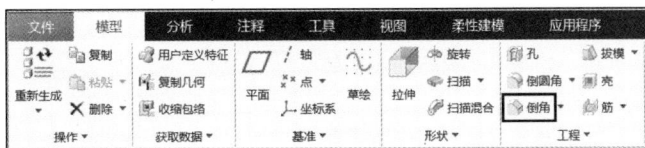

图 3-5-49

（6）创建螺纹螺旋扫描特征

在【模型】选项卡的【形状】组中，单击【扫描】按钮 ![扫描] 后面的下拉按钮 ▾，在出现的下拉菜单中单击【螺旋扫描】命令 ![螺旋扫描]，如图 3-5-51 所示。

在【螺旋扫描】设计面板中单击【参考】标签，弹出下拉面板，在【截面方向】选项组中选择【穿过螺旋轴】单选项，如图 3-5-52 所示，单击【定义】按钮。在弹出的【草绘】对话框中，将【RIGHT】基准平面设为草绘平面，单击【草绘】按钮，如图 3-5-53 所示，进入草绘环境。

图 3-5-50

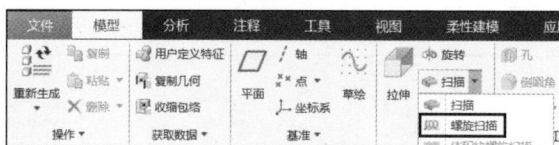

图 3-5-51

图 3-5-52

图 3-5-53

单击【草绘视图】按钮 ，绘制旋转中心线，单击【参考】按钮 ，选取螺栓圆柱的两边作为参照，完成后单击【关闭】按钮，打开【参考】窗口，如图 3-5-54 所示。绘制中心线和扫引轨迹，如图 3-5-55 所示，单击【确定】按钮 ，保存草绘并退出。

单击【草绘】按钮 ，进入草绘环境后，绘制三角形截面，使三角形的一边与螺柱的边缘在同一水平面，如图 3-5-56 所示，单击【确定】按钮 ，保存草绘并退出。

在【螺旋扫描】设计面板中，单击【实心】按钮和【右手定则】按钮，输入间距值为 1，单击【移除材料】按钮 ，如图 3-5-57 所示。确认模型无误后，单击【确定】按钮 ，完成建模，如图 3-5-58 所示。

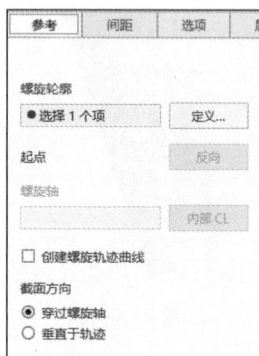

中心线

参考

图 3-5-54

图 3-5-55

图 3-5-56

图 3-5-57

图 3-5-58

3.5.4 知识点解析

螺栓、螺母、螺杆类零件上的螺旋形特征往往都有渐出渐入的效果，只需要在绘制扫描轮廓时添加圆弧，让扫描轮廓与实体特征有渐出的情况即可实现。需要特别说明的是，Creo 6.0 软件有专门的螺纹修饰工具，可以快速创建标准螺纹。由螺纹修饰工具创建的螺纹特征在工程图输出和数控加工中的优势明显。我们在这里只是将螺栓作为螺旋扫描命令的练习介绍给读者。在实际工作中，推荐使用螺纹修饰工具来创建螺纹特征。

1. 螺旋扫描命令的启动及选项含义

螺旋扫描命令的启动方法如下。

在【模型】选项卡的【形状】组中，单击【扫描】按钮 后面的下拉按钮 ▼，在出现的下拉菜单中单击【螺旋扫描】命令 ，如图 3-5-59 所示。

启动螺旋扫描命令之后，弹出【螺旋扫描】设计面板，如图 3-5-60 所示。其中各选项介绍如下。

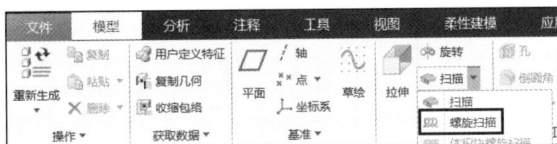

图 3-5-59

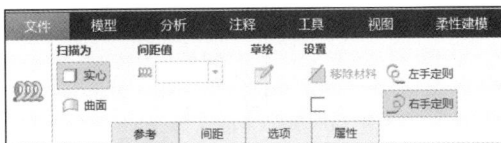

图 3-5-60

□实○ ：建立实体扫描特征。

|↻曲面 ：建立曲面扫描特征。

⊠草绘 ：启动草绘命令。

⊿移除材料 ：扫描去除材料。

⊏ ：薄壁选项。

⊞[　　] ：设置螺距。

⊜○ ：设置螺旋旋向。

| **参考** | 间距 | 选项 | 属性 | ：对应打开【参考】、【间距】、【选项】、【属性】等下拉面板，各下拉面板主要功能介绍如下。

（1）参考

【参考】下拉面板用来定义螺旋扫描特征的轨迹以及设置截面方向控制等。单击【定义】按钮，弹出【草绘】对话框，可绘制螺旋扫描的轮廓和螺旋轴，如图 3-5-61、图 3-5-62 所示。

① 穿过螺旋轴：螺旋扫描截面在扫描过程中始终与螺旋轴共面。

② 垂直于轨迹：螺旋扫描截面在扫描过程中始终与扫描轨迹各点的切线垂直。

（2）间距

【间距】下拉面板用来设定螺旋扫描各段的螺距，主要用于创建螺距有变化的螺旋特征，如图 3-5-63 所示。

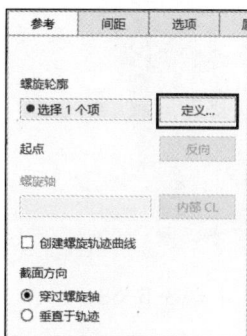

图 3-5-61

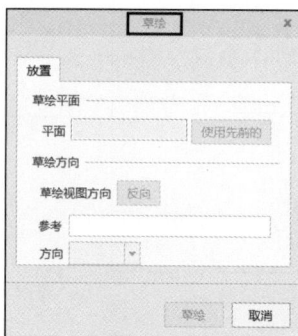

图 3-5-62

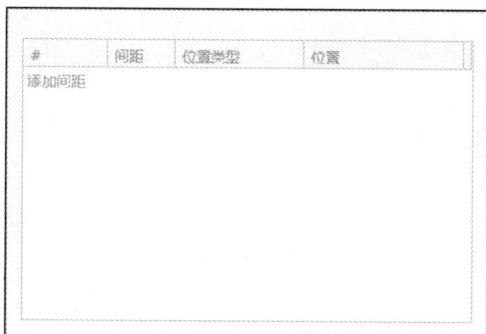

图 3-5-63

（3）选项

【选项】下拉面板用来设置截面在扫描过程中是否变化，如图 3-5-64 所示。

① 常量：沿轨迹扫描时，截面的形状与大小保持不变。

② 变量：截面在扫描过程中会根据设定的参数或关系式进行变化。

（4）属性

【属性】下拉面板用于查看和修改特征的名称，如图 3-5-65 所示。

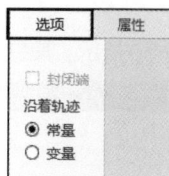

图 3-5-64

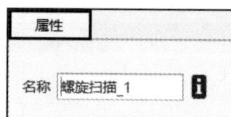

图 3-5-65

2. 螺旋扫描特征的创建方法

创建螺旋扫描特征的主要步骤如下：创建扫描轨迹、草绘扫描截面、设置选项，完成扫描。

具体步骤如下。

- 进入零件设计模式，在【模型】选项卡的【形状】组中，单击【扫描】按钮 📥 后面的下拉按钮 ▾，在出现的下拉菜单中单击【螺旋扫描】命令 🔩，启动螺旋扫描命令。
- 单击【参考】标签，在弹出的下拉面板中单击【定义】按钮，弹出【草绘】对话框，绘制扫描特征轮廓和旋转轴。
- 绘制完毕，单击【确定】按钮 ✔，回到【螺旋扫描】设计面板。
- 在【螺旋扫描】设计面板中单击【草绘】按钮 📝，启动草绘命令，绘制扫描截面。
- 绘制完毕，单击【确定】按钮 ✔，回到【螺旋扫描】设计面板。选择相应的扫描方式，如需生成曲面特征，单击【曲面特征】按钮 🗂；若需在已有实体特征中去除材料，单击【移除材料】按钮 ◢。选择旋向，输入螺距值。
- 预览检查特征情况。确认特征无误后，单击【确定】按钮 ✔，完成螺旋扫描特征创建。

3.6 工程特征

在零件设计流程中，设计师应充分利用基础实体的构造特性，通过附加孔、圆角、轮廓筋等多种工程特征，实现对零件细节的精细化和优化处理。值得注意的是，这类工程特征通常不具备独立存在的属性，必须依附于已有的几何结构，这是工程特征与基础实体特征的根本差异所在。Creo 6.0 软件提供的工程特征包括孔、圆角、倒角、拔模、壳以及筋等。

为了深入理解和实践这些概念，我们接下来将通过具体的课堂案例进行建模操作，逐步学习各类工程特征的创建方法及其在实际应用中的布局策略。

3.6.1 课堂案例一 底座零件建模

通过底座零件建模，在强化基础特征建模的同时，学习工程特征如孔、筋特征的创建方法。当零件中存在多个重复且具有特定分布规律的孔结构时，可运用 Creo 6.0 中的阵列工具，根据基础实体的具体布局和功能需求，实现多个孔有规律且精准地分布。在处理对称性的筋特征时，使用镜像功能，快速复制并定位已有的筋特征，创建出与原特征完全对称的形态，确保零件结构的均衡稳定，同时也极大地提高设计效率和准确性。

底座零件建模

1. 任务下达

根据图 3-6-1 所示底座工程图，创建底座模型。

2. 任务解析

本案例底座结构比较简单，主体部分是空圆柱和下部长方体基座，圆角、孔和筋均可使用工程特征创建。

该模型建模过程主要使用拉伸、孔、倒圆角、阵列、轮廓筋、镜像等建模工具，建模流程如图 3-6-2 所示。

3. 任务实施

（1）新建"dizuo"文件

打开 Creo 6.0 软件，在快速访问工具栏中单击【新建】按钮 📄，在弹出的【新建】对话框的【类型】中选择【零件】，在【子类型】中选择【实体】，在【文件名】文本框中输入"dizuo"，取消勾选【使用默认模板】复选框，单击【确定】按钮，如图 3-6-3 所示。在【新文件选项】对话框中选择"mmns_part_solid"

（公制）模板，单击【确定】按钮，如图 3-6-4 所示，完成 "dizuo" 文件的创建，系统进入零件建模环境。

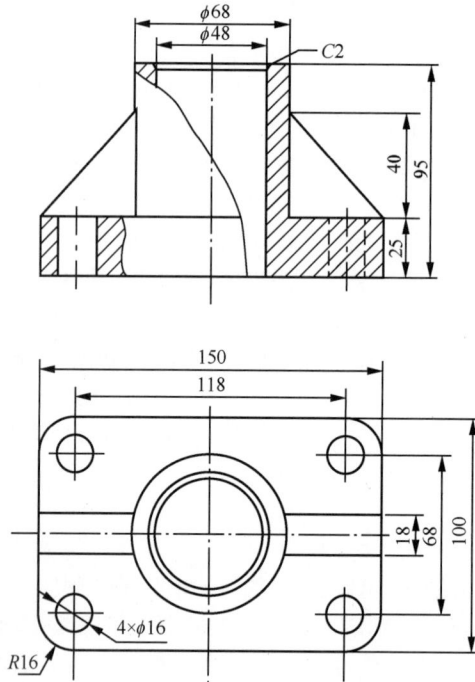

图 3-6-1

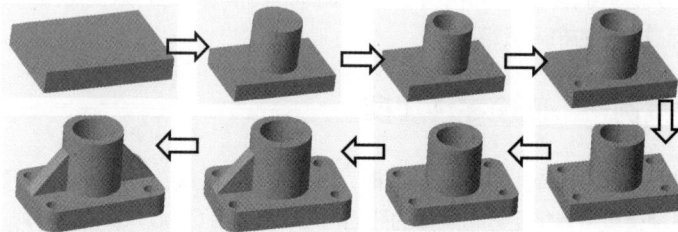

图 3-6-2

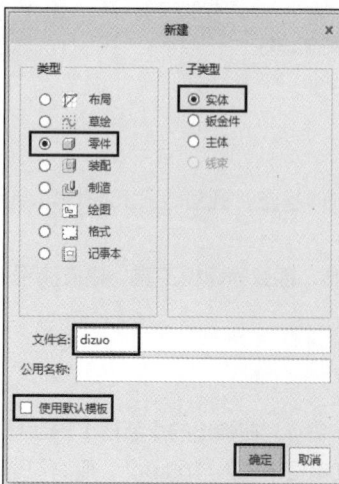

图 3-6-3

图 3-6-4

（2）创建拉伸特征 1

在【模型】选项卡的【形状】组中，单击【拉伸】按钮，如图 3-6-5 所示，启动拉伸命令，打开【拉伸】设计面板，如图 3-6-6 所示，单击【放置】标签，在弹出的下拉面板中单击【定义】按钮。

图 3-6-5

图 3-6-6

在弹出的【草绘】对话框中，将【TOP】基准平面设为草绘平面，单击【草绘】按钮，如图 3-6-7 所示，进入草绘环境。

图 3-6-7

单击【草绘视图】按钮 ，绘制拉伸草绘截面，如图 3-6-8 所示，单击【确定】按钮 ，保存草绘并退出。修改拉伸深度值为 25，查看模型，如图 3-6-9 所示，确认无误后单击【确定】按钮 ，完成建模。

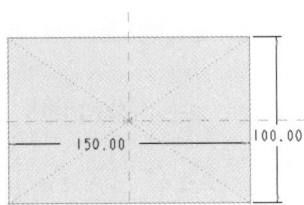

图 3-6-8

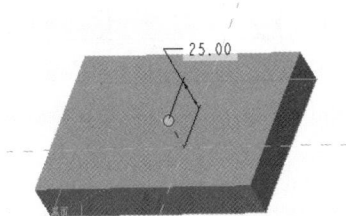

图 3-6-9

（3）创建拉伸特征 2

在【模型】选项卡的【形状】组中，单击【拉伸】按钮 ，启动拉伸命令，打开【拉伸】设计面板。

单击【放置】标签，在弹出的下拉面板中单击【定义】按钮，弹出【草绘】对话框，将绘图区中基础特征的上端面设为草绘平面，单击【草绘】按钮，如图 3-6-10 所示，进入草绘环境。

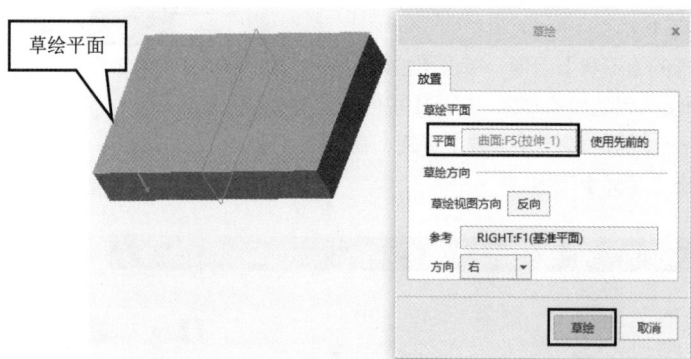

图 3-6-10

单击【草绘视图】按钮 🖉，绘制拉伸草绘截面（$\phi 68$），如图 3-6-11 所示，单击【确定】按钮，保存草绘并退出。修改拉伸深度值为 65，查看模型，如图 3-6-12 所示，确认无误后单击【确定】按钮 ✅，完成建模。

图 3-6-11

图 3-6-12

（4）创建拉伸中心孔特征

在【模型】选项卡的【形状】组中，单击【拉伸】按钮，启动拉伸命令，打开【拉伸】设计面板，如图 3-6-13 所示，单击【移除材料】按钮；单击【放置】标签，在弹出的下拉面板中单击【定义】按钮。

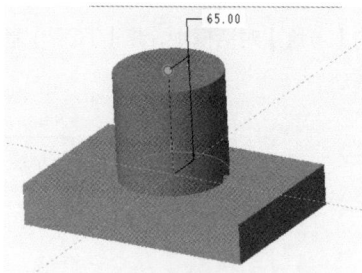

图 3-6-13

在弹出的【草绘】对话框中，将绘图区中圆柱的上端面设为草绘平面，单击【草绘】按钮，如图 3-6-14 所示，进入草绘环境。

单击【草绘视图】按钮 🖉，绘制拉伸草绘截面（$\phi 48$），如图 3-6-15 所示，单击【确定】按钮，保存草绘并退出。修改拉伸方式为 🕮（拉伸穿透所有曲面），查看模型，确认无误后单击【确定】按钮 ✅，完成建模，如图 3-6-16 所示。

（5）创建孔特征

在【模型】选项卡的【工程】组中单击【孔】按钮，如图 3-6-17 所示。

在【孔】设计面板的【类型】中选择【简单】，默认【轮廓】为【预定义】，设置孔直径为 16、深度为 30，单击【放置】标签，在弹出的下拉面板中【放置】选项处于激活状态，在绘图区选择底座上端面作为孔放置参考面,【类型】默认为【线性】,然后选择【偏移参考】对象及数值,在绘图区单击控制手柄↩并按住鼠标左键拖曳,捕捉到左端面作为参考曲面 1,在【偏移】文本框中修改偏移尺寸为 16,再单击另一控制手柄↩并按住鼠标左键拖曳,捕捉底座前端面作为参考曲面 2,在【偏移】文本框中修改偏移尺寸为 16,如图 3-6-18所示。查看模型,确认无误后单击【确定】按钮✔,完成建模。

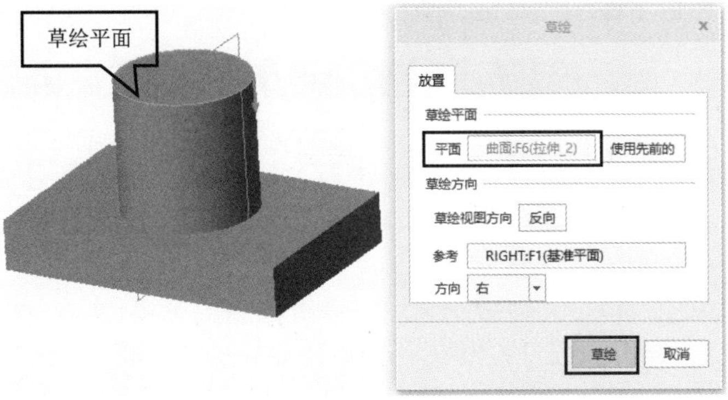

图 3-6-14

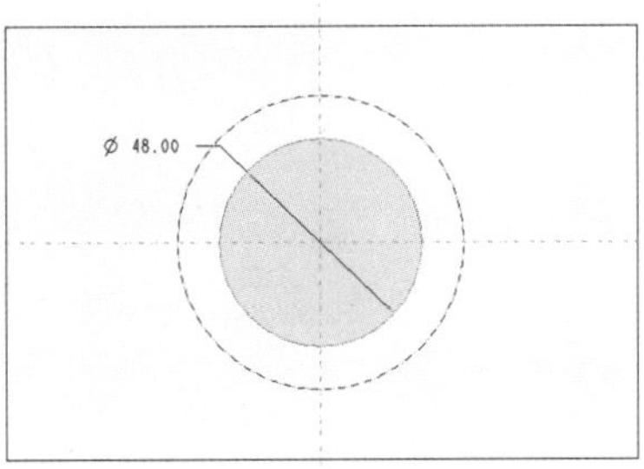

图 3-6-15

图 3-6-16

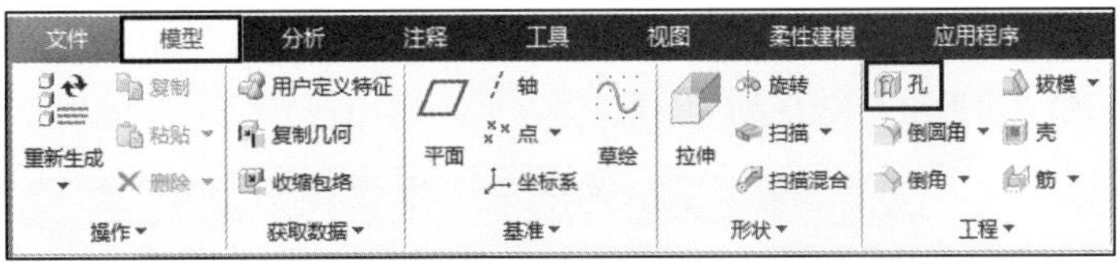

图 3-6-17

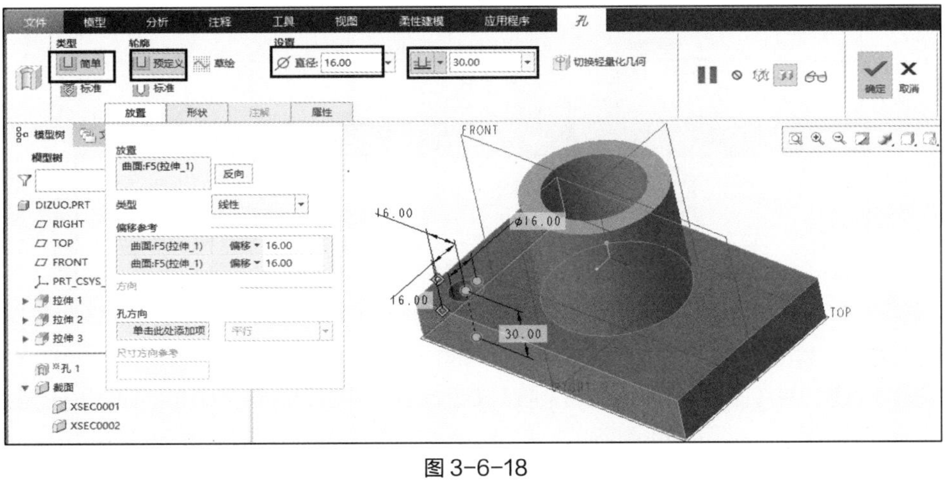

图 3-6-18

（6）创建阵列孔特征

在模型树中选取要阵列的孔特征，如图 3-6-19 所示，在弹出的快捷工具栏中单击【阵列】按钮▦（或先选取要阵列的特征，然后在【模型】选项卡【编辑】组中单击【阵列】按钮），系统弹出【阵列】设计面板，如图 3-6-20 所示，在【选择阵列类型】中选择【方向】，【第一方向】的【成员数】为 2、【间距】为 68，【第二方向】的【成员数】为 2、【间距】为 118。

图 3-6-19　　　　　　　　　　　　　　　　　　图 3-6-20

选择底座短边为第一方向参考，底座长边为第二方向参考，如图 3-6-21 所示。查看模型，调整阵列方向，确认无误后，在设计面板中单击【确定】按钮✔，完成阵列孔特征创建，如图 3-6-22 所示。

第一方向参考　　　　第二方向参考

68.00

118.00

图 3-6-21　　　　　　　　　　　　　　　　图 3-6-22

（7）创建圆角特征

在【模型】选项卡的【工程】组中，单击【倒圆角】按钮◞，如图 3-6-23 所示，启动倒圆角命令，打开【倒圆角】设计面板，设置圆角半径为 16，如图 3-6-24 所示。选择底座四条棱边倒圆角，如图 3-6-25 所示。查看模型，确认无误后单击【确定】按钮✔，完成建模。

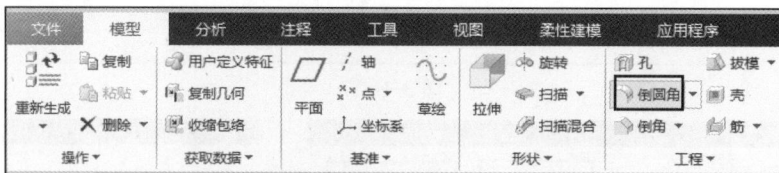

图 3-6-23

图 3-6-24

（8）创建轮廓筋特征

在【模型】选项卡的【工程】组中，单击【筋】按钮◣后的下拉按钮▼，单击下拉菜单中的【轮廓筋】命令◣，如图 3-6-26 所示，启动轮廓筋命令，打开【轮廓筋】设计面板，如图 3-6-27 所示。

在设计面板中单击【参考】标签，在弹出的下拉面板中单击【定义】按钮，弹出【草绘】对话框，如图 3-6-28

所示,将【FRONT】设为草绘平面,单击【草绘】按钮,进入草绘环境。

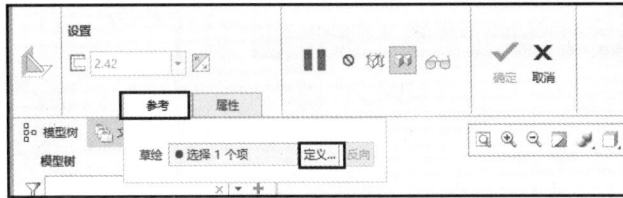

图 3-6-25　　　　　　　　　　　　　　　　　　图 3-6-26

图 3-6-27

图 3-6-28

单击【草绘视图】按钮 🖎,绘制筋轮廓草绘曲线,如图 3-6-29 所示,单击【确定】按钮 ✔,保存草绘并退出。

在【设置】文本框中输入筋厚度"18",单击调节按钮 📐,调整筋的两个侧面相对于截面对称,如图 3-6-30 所示,查看模型,确认无误后单击【确定】按钮 ✔,完成建模。

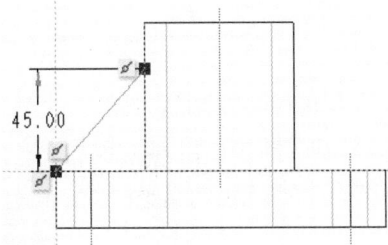

图 3-6-29

图 3-6-30

（9）创建镜像特征

在模型树中选择创建的轮廓筋特征，在弹出的快捷工具栏中单击【镜像】按钮 ，如图 3-6-31 所示（或先选取要镜像的特征，然后在【模型】选项卡【编辑】组中单击【镜像】按钮 ）。系统弹出【镜像】设计面板，如图 3-6-32 所示。选择【RIGHT】基准平面作为镜像平面，【参考】下拉面板中会显示【镜像平面】和镜像特征信息。查看模型，如图 3-6-33 所示，确认无误后单击【确定】按钮 ，完成建模。

图 3-6-31

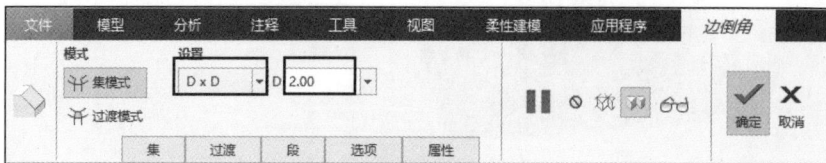

图 3-6-32

图 3-6-33

（10）创建倒角特征

在【模型】选项卡的【工程】组中，单击【倒角】按钮 ，启动倒角命令，打开设计面板，如图 3-6-34 所示，默认设置【D×D】，在【D】文本框中输入"2"。单击圆柱内圆轮廓，查看模型，如图 3-6-35 所示，确认无误后单击【确定】按钮 ，完成建模。

图 3-6-34

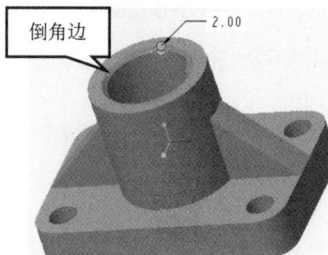

图 3-6-35

3.6.2　课堂案例二　端盖零件建模

本案例的端盖零件是工程实践中常见的轮盘类零件。该零件以圆形基础实体为核心，其上的孔等工程特征往往需要按照特定规律分布，这就需要使用轴向圆周阵列工具，根据圆盘的几何特性精确布置多个同类型或按一定规律变化的孔特征，以满足工程应用中的装配、固定或功能性需求，从而实现高效且标准化的设计流程。

端盖零件建模

1. 任务下达

根据图 3-6-36 所示端盖零件工程图，创建端盖零件模型。

2. 任务解析

该端盖零件的一端是圆盘形法兰，可用旋转命令来创建。对于其上规律分布的 6 个安装孔，可先采用工程特征孔工具创建一个孔，再对孔进行轴向圆周阵列的方法创建。最后使用工程特征创建倒角。建模流程如图 3-6-37 所示。

图 3-6-36

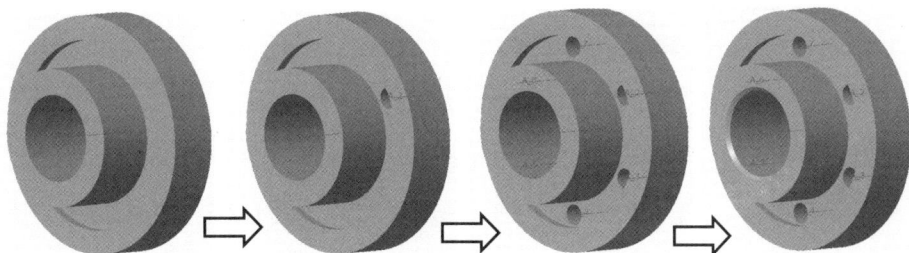

图 3-6-37

3. 任务实施

（1）新建"duangai"文件

打开 Creo6.0 软件，在快速访问工具栏中单击【新建】按钮，在弹出的【新建】对话框的【类型】中选择【零件】，在【子类型】中选择【实体】，在【文件名】文本框中输入"duangai"，取消勾选【使用默认模板】复选框，单击【确定】按钮，如图 3-6-38 所示；系统弹出【新文件选项】对话框，选择"mmns_part_solid"（公制）模板，单击【确定】按钮，如图 3-6-39 所示，完成"duangai"文件的创建，系统进入零件建模环境。

图 3-6-38

图 3-6-39

（2）创建旋转特征

在【模型】选项卡的【形状】组中，单击【旋转】按钮，如图 3-6-40 所示，启动旋转命令，打开【旋转】设计面板，如图 3-6-41 所示，默认【旋转】作为【实心】，单击【放置】标签，在弹出的下拉面板中单击【定义】按钮，弹出【草绘】对话框，在【草绘】对话框中【草绘平面】选择框处于激活状态，单击绘图区中的【FRONT】基准平面作为草绘平面，单击【草绘】按钮，如图 3-6-42 所示，进入草绘环境。

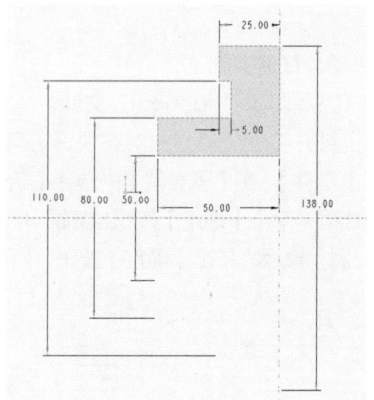

图 3-6-40

图 3-6-41

单击【草绘视图】按钮 ，绘制草绘截面，如图 3-6-43 所示，单击【确定】按钮 ，保存草绘并退出。

图 3-6-42　　　　　　　　　　　　　　　　　　　图 3-6-43

设置旋转角度值为 360°，查看模型，如图 3-6-44 所示，确认无误后单击【确定】按钮 ，完成建模。
（3）创建孔特征
在【模型】选项卡的【工程】组中单击【孔】按钮 ，如图 3-6-45 所示。

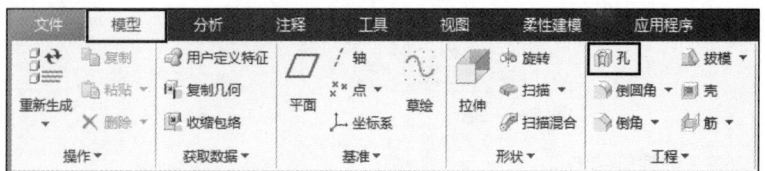

图 3-6-44　　　　　　　　　　　　　　　　　　　图 3-6-45

在【孔】设计面板的【类型】中选择【简单】，设置孔直径为 12；单击【放置】标签，在弹出的下拉面板中【放置】选项处于激活状态，选择端盖的凹面作为孔放置参考面，在【类型】下拉列表中选择【径向】，然后选择【偏移参考】对象及数值，在绘图区单击控制手柄↔并按住鼠标左键拖曳，捕捉到端盖主体轴线作为半径的轴参考，手柄变为↗，在【半径】文本框中输入"48"（孔所在圆周的半径），再单击另一控制手柄↔并按住鼠标左键拖曳，捕捉到【TOP】基准平面作为角度偏移参考，在【角度】文本框输入"30"；孔深度方式选择䷓（钻孔至与所有曲面相交），如图 3-6-46 所示。查看模型，确认无误后单击【确定】按钮✔，完成建模。

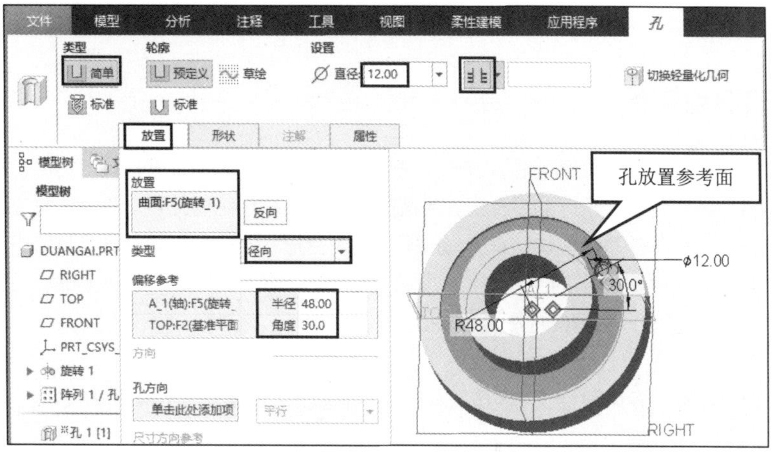

图 3-6-46

（4）创建阵列孔特征

在模型树中选取要阵列的孔特征，在弹出的快捷工具栏中单击【阵列】按钮▦（或先选取要阵列的特征，然后在【模型】选项卡【编辑】组中单击【阵列】按钮），系统弹出【阵列】设计面板，如图 3-6-47 所示，在【选择阵列类型】下拉列表中选择【轴】，【第一方向】选择【1 个项】（端盖轴线）作为参考，设置【成员数】为 6，【成员间的角度】值为 60°。

查看模型，确认无误后单击【确定】按钮✔，完成阵列孔特征，如图 3-6-48 所示。

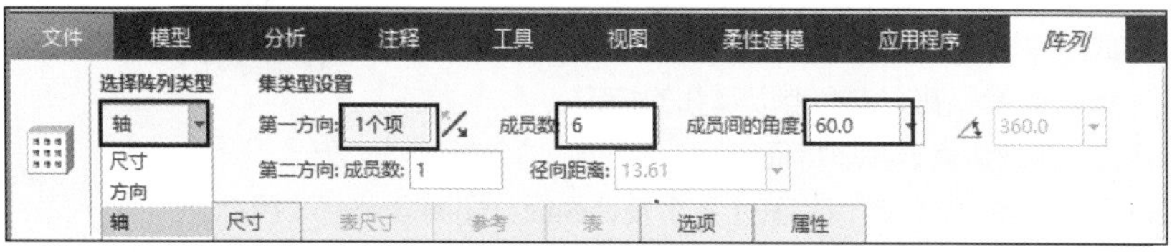

图 3-6-47

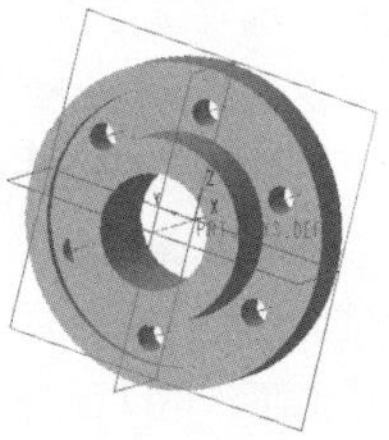

图 3-6-48

（5）创建倒角特征

在【模型】选项卡的【工程】组中，单击【倒角】按钮◝，如图 3-6-49 所示。启动倒角命令，打开【边倒角】设计面板，如图 3-6-50 所示，【设置】默认【D×D】，在【D】文本框中输入"2"，单击主体圆柱孔轮廓，查看模型，确认无误后单击【确定】按钮✔，完成建模，如图 3-6-51 所示。

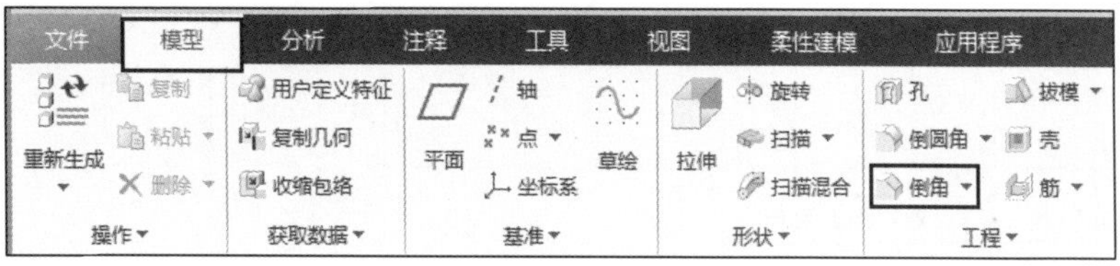

图 3-6-49

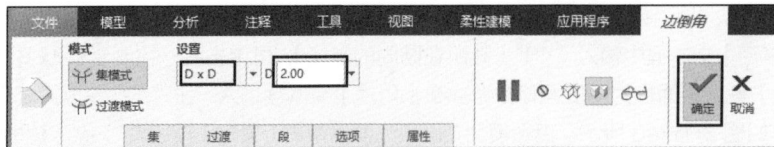

图 3-6-50

图 3-6-51

3.6.3 知识点解析

在 Creo 6.0 中，构建基础实体模型后，进一步深化设计通常涉及添加工程特征。这类特征具有特定的几何形态和明确的功能性用途，是使用统一的设计工具生成的一系列精细化结构元素。不同于独立存在的基础实体特征，工程特征往往依赖于已有的基础实体特征，形成附加或复合形状，这是其与基础实体特征的根本区别所在。

Creo 6.0 软件支持一系列丰富的工程特征，如孔、圆角、倒角、拔模、壳以及筋等。这些特征不仅增强了零件的功能性，也确保了设计的精确性和合理性。

1. 孔

Creo 6.0 提供的孔特征专用设计工具可以快速、准确地创建各类孔，如果配合使用复制、阵列等多种特征编辑工具，可以提高设计效率。

创建一个孔特征的过程，就是根据指定的位置在另一个特征上准确放置该特征的过程。要准确生成一个孔特征，需要确定以下两类参数，如图 3-6-52 所示。

● 定形参数。

定形参数是确定特征形状和大小的参数，如孔的直径、深度等。定形参数不确定，将影响特征的形状精度。

● 定位参数。

定位参数是确定特征在基础特征上放置位置的参数。确定定位参数时，通常选取恰当的点、线或面等几何图元作为参考，然后使用相对于这些参考的一组线性或角度尺寸确定特征的放置位置。若定位参数不准确，则特征将偏离正确的放置位置。

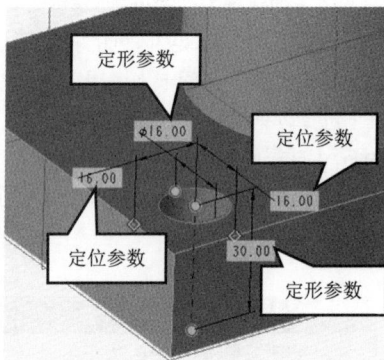

图 3-6-52

孔工具通过定义放置参考、偏移参考、孔方向参考以及孔的特定特征向模型中添加简单孔和标准孔。在创建基础实体特征之后，在【模型】选项卡的【工程】组中单击【孔】按钮，可以打开【孔】设计面板，如图 3-6-53 所示。

（1）孔的类型

根据孔的形状、结构和用途的不同以及是否标准化等条件，Creo 6.0 将孔特征划分为以下 3 种类型：简单孔、草绘孔、标准孔，如图 3-6-54 所示。

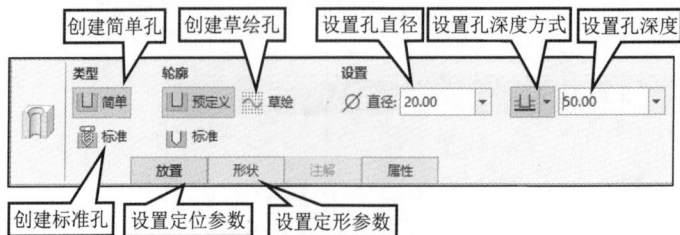

图 3-6-53

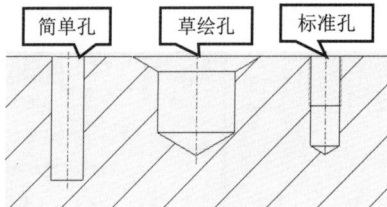

图 3-6-54

① 简单孔。

简单孔也称直孔，它具有单一直径参数，结构较为简单。进入孔设计界面后，系统默认激活按钮 ☐简单。简单孔的轮廓形状有两种，矩形轮廓和标准轮廓。设计时只需要在【孔】设计面板中指定孔的直径和深度，并指定孔轴线在基础实体特征上的放置位置即可［孔放置位置方法详解见"（3）孔的定位参数"］。

② 草绘孔。

草绘孔具有相对复杂的剖面结构。创建时首先在图 3-6-55 所示【孔】设计面板中单击【草绘】按钮，设计面板弹出相关草绘按钮，单击【草绘器】按钮，绘制孔截面草绘（也可以单击【打开现有草绘】按钮）；绘制出孔的剖面来确定孔的形状和尺寸，如图 3-6-56 所示，完成草绘后单击【确定】按钮 ✔，返回【孔】设计面板。绘图区显示草绘孔的预览图形，如图 3-6-57 所示，可通过在【放置】下拉面板的设置内容中选取定位参考来确定放置孔特征的位置［孔放置位置详解见"（3）孔的定位参数"］。

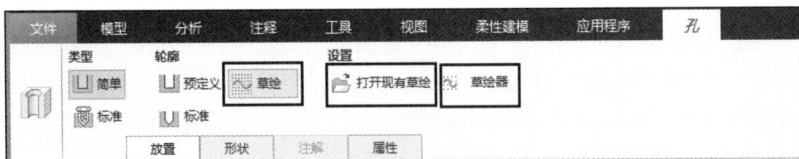

图 3-6-55

图 3-6-56

图 3-6-57

③ 标准孔。

标准孔是具有标准结构、形状和尺寸的孔，例如螺纹孔等。在【孔】设计面板中单击【标准】按钮，设计面板弹出标准孔设计界面，如图 3-6-58 所示。根据行业标准指定相应参数来确定孔的类型、大小和形状后，再指定参考来放置孔特征［孔的放置位置详解见"（3）孔的定位参数"］。

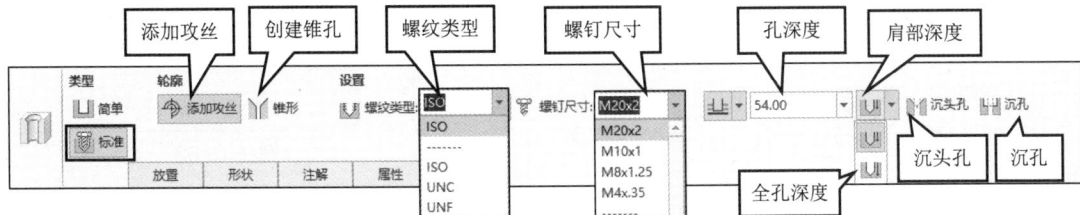

图 3-6-58

a．螺纹类型。

标准孔设计界面【设置】的第一项【螺纹类型】下拉列表中提供了 3 种螺纹类型。

● ISO：标准螺纹，我国通用的标准螺纹。

- UNC：粗牙螺纹，用于要求快速装拆或容易产生腐蚀和轻微损伤的部分。
- UNF：细牙螺纹，适用于一些对连接精度要求较高的场合，特别是在一些需要抗脱螺纹和对振动敏感的设备中，UNF 通常被优先选择。

b. 螺钉尺寸。

在标准孔设计界面【设置】的第二项【螺钉尺寸】下拉列表框中可以选取或输入与螺纹孔匹配的螺钉的尺寸。如 M20x2 表示外径为 20mm、螺距为 2mm 的标准螺钉。

c. 孔深度。

标准孔设计界面【设置】的第三项【孔深度】右侧的下拉菜单中提供了 2 个按钮。

- |U|：肩部深度，孔深度为钻孔肩部深度。
- |U|：全孔深度，孔深度为全孔深度。

d. 创建装饰螺纹孔。

标准孔设计界面【设置】的第四项提供了 2 个用于增加螺纹孔装饰特征的按钮，装饰特征的具体结构可以通过展开设计界面的【形状】下拉面板进行设计，如图 3-6-59 所示。

- ⫘沉头孔：增加沉头孔。沉头孔的剖面结构如图 3-6-60 所示。
- ⫴沉孔：增加沉孔。沉孔的剖面结构如图 3-6-61 所示。

配合【轮廓】部分的【添加攻丝】，即可在螺纹孔中显示内螺纹。

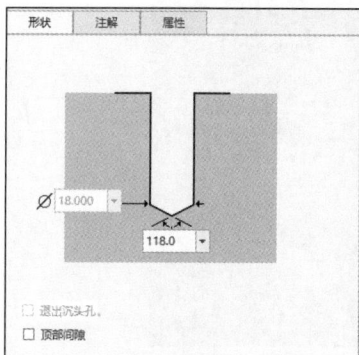

图 3-6-59

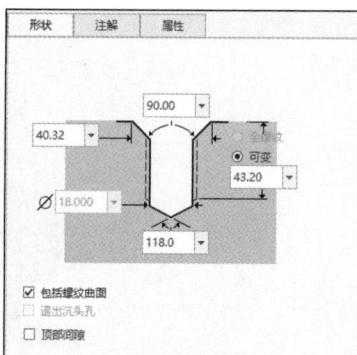

图 3-6-60

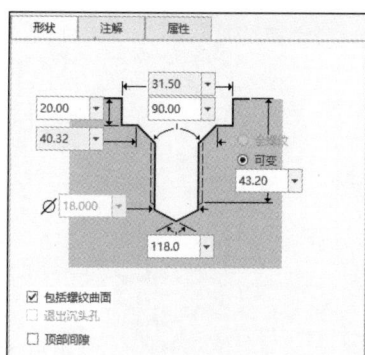

图 3-6-61

e. 标准孔的注释。

打开标准孔设计界面中的【注解】下拉面板，面板上显示该螺纹孔的注释，如图 3-6-62 所示。如果不需要在模型上显示注释，可以取消勾选【添加注解】复选框。

（2）孔的定形参数

确定定形参数即可确定孔的形状和大小，定形参数主要有以下 3 个。

① 孔的直径。可以在 ⌀ 直径 16.00 下拉列表框中输入直径数值，也可以单击下拉按钮 ，在下拉列表中选取最近使用过的直径数值。

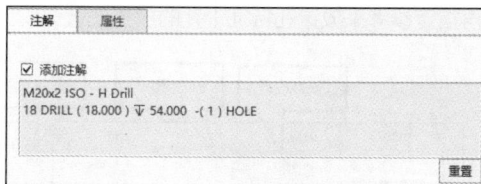

图 3-6-62

② 孔的深度。设置孔的深度也可以采用两种方式，一是直接输入深度数值，二是采用参考值来确定孔的深度。

Creo 6.0 为用户提供了多种不同的孔深度设置方式，相应选项介绍如下。

- ⫫ 50.00 ：从放置的参考位置开始以指定的深度值钻孔。直接在下拉列表框中输入深度数值，孔从参考位置延伸指定值深度。

- ⊟：设置双侧深度，孔特征将在放置参考平面的两侧各延伸指定深度的一半。只有当孔在放置参考平面两侧都有实体材料时，该按钮才可用。
- ⊨：钻孔至与下一个曲面相交，即孔延伸至特征生成方向上的下一个曲面。
- ⊨：钻孔至与所有曲面相交，即孔特征穿透实体模型。
- ⊨：钻孔至与选定的曲面相交，即孔延伸至特征生成方向上的指定曲面。
- ⊨：钻孔至选定的点、曲线、平面或曲面，即孔特征延伸至指定的参考点、参考曲线、参考平面或参考曲面处。

③ 孔的轮廓形状。标准孔设计界面中提供了两个按钮用以定义孔的轮廓形状。
- Ⅱ：预定义轮廓（即矩形轮廓），孔的剖面为矩形，尾部平直。
- Ⅱ：标准轮廓，孔的剖面为标准孔轮廓形状，尾部为三角形，如图 3-6-63 所示。

（3）孔的定位参数

定位参数用于确定孔特征在基础实体特征上的放置位置。在标准孔设计界面单击【放置】标签，打开【放置】下拉面板，如图 3-6-64 所示。

图 3-6-63

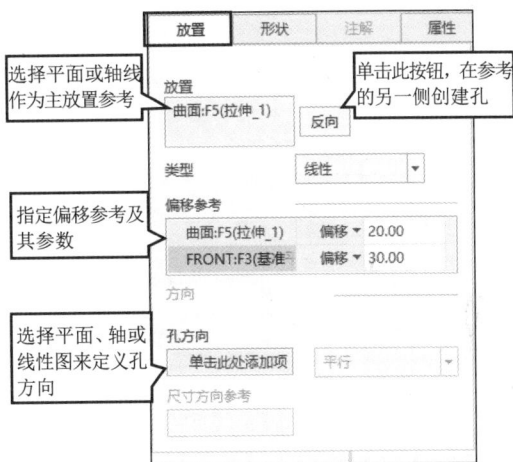

图 3-6-64

① 放置参考。

通常选择模型上的平面或者回转体的轴线作为孔的主参考。选择平面时，默认孔的轴线与该平面垂直；选择轴线时，孔的轴线与该轴线重合。

② 孔的生成方向。

孔是一种减材料特征，选定放置参考后，系统一般会选取指向实体内部的方向作为孔特征的默认生成方向，并在基础实体特征上使用几何线框显示孔的放置位置。如果要改变孔的生成方向，可以在【放置】下拉面板中单击【反向】按钮 反向 。

③ 孔的参考形式。

仅有放置参考还不能唯一确定孔的放置位置，必须进一步选取适当的参考形式，可以在【放置】下拉面板中的【类型】下拉列表中选择，如图 3-6-65 所示，Creo 6.0 中孔的参考形式有 5 种：线性、径向、直径、同轴、点上。

【线性】：使用两个线性尺寸放置孔，如图 3-6-66 所示。当为孔选择主参考平面后，在【类型】下拉列表中选择【线性】，为【偏移参考】选择两条边（或平面等），并输入距参考边（平面）的距离，如图 3-6-67 所示。

图 3-6-65

图 3-6-66

图 3-6-67

【径向】：使用一个线性尺寸和一个角度尺寸放置孔，如图 3-6-68 所示。当为孔选择主参考平面后，在【类型】下拉列表中选择【径向】，为【偏移参考】选择中心轴和角度参考平面，并输入半径和与参考平面间的角度的数值，如图 3-6-69 所示。

图 3-6-68

图 3-6-69

【直径】：与采用【径向】方式放置孔一样，同样是使用一个线性尺寸和一个角度尺寸放置孔，如图 3-6-70 所示。与【径向】方式不同的是，其使用直径和角度定义孔位置，如图 3-6-71 所示。

图 3-6-70

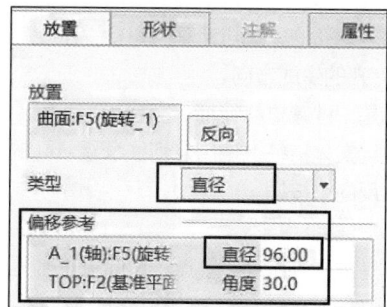

图 3-6-71

【同轴】：可以创建与选定孔或柱体同轴的孔特征，如图 3-6-72 所示。当选取轴线作为放置参考后，系统会自动启动【同轴】参考方式，按住 Ctrl 键再选取一个与选定的轴线垂直的平面（或基准平面）即可准确定位孔，此时不需要指定偏移参考，如图 3-6-73 所示。

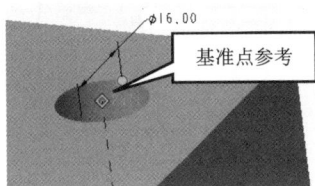

图 3-6-72

图 3-6-73

【点上】：如图 3-6-74 所示，可以将孔放置到某曲面上的一点，或偏离某曲面的一点处。如图 3-6-75 所示，放置参考选择曲面上的一个基准点，即可创建一个轴线通过该基准点、方向垂直于基准点所在曲面的孔特征。

图 3-6-74

图 3-6-75

2. 圆角

使用圆角代替零件上的棱边可以使模型表面过渡得更加光滑、自然，增加产品造型的美感。圆角特征是一种边处理特征，是以半径或弦高为模型边或曲面之间添加的过渡效果。圆角可以是恒定半径，也可以是多个不同的半径。

（1）创建恒定圆角

在创建基础实体特征之后，在【模型】选项卡的【工程】组中单击【倒圆角】按钮 ，可以打开【倒圆角】设计面板，如图 3-6-76 所示。默认模式为【集模式】，设置圆角值（在【设置】文本框中输入数值或拖动圆角半径控制滑块），在模型上依次选择要添加圆角的边，单击【确定】按钮 ，即可创建圆角。当不同边的圆角值不同时，可逐个单击边，逐个修改圆角值，如图 3-6-77 所示。

图 3-6-76

（2）创建可变圆角

可变圆角是指圆角的截面尺寸沿某个方向渐变的圆角特征。在【倒圆角】设计面板的【集】下拉面板中，在圆角半径参数栏中单击鼠标右键，在弹出的快捷菜单中单击【添加半径】命令，如图 3-6-78 所示，在参考边上按照长度比例选取参考点，依次设置各处圆角半径后，如图 3-6-79 所示，即可创建可变圆角，效果如图 3-6-80 所示。

（3）创建完全圆角

完全圆角是一种根据设计条件自动确定圆角参数的圆角特征。在【倒圆角】设计面板的【集】下拉面板中，单击【完全倒圆角】按钮，如图 3-6-81 所示。

图 3-6-77

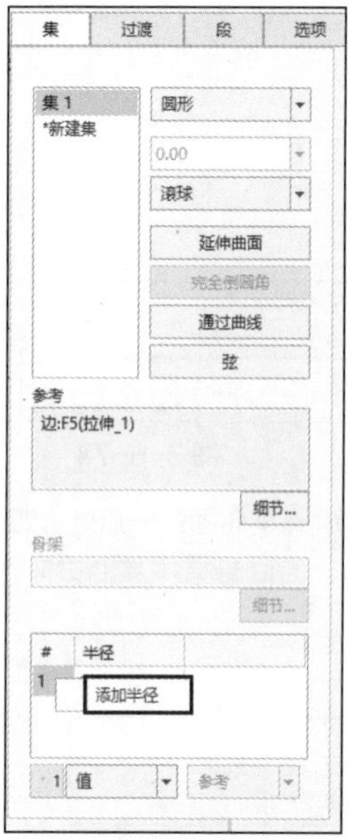

图 3-6-78

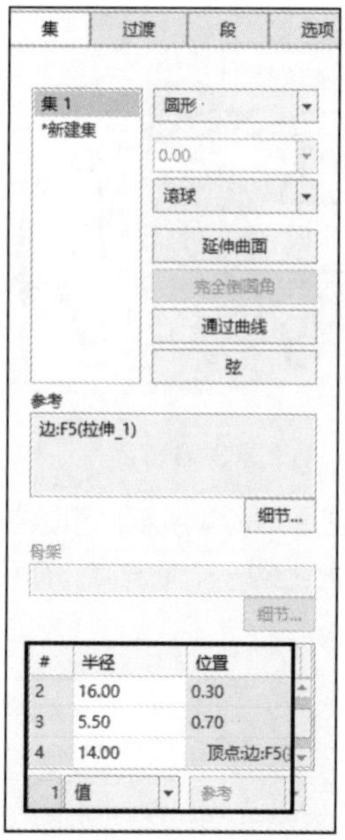

图 3-6-79

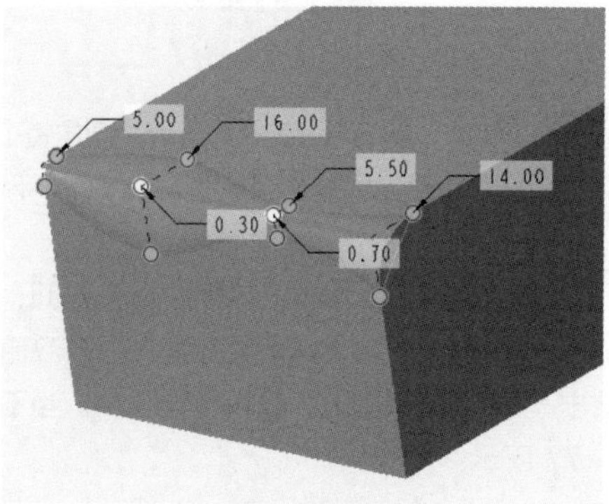

图 3-6-80

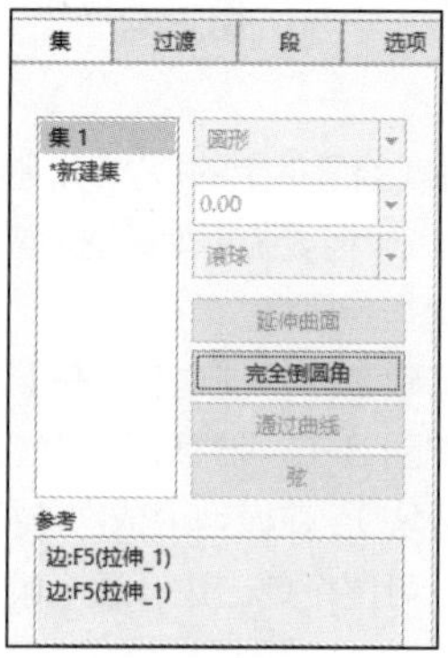

图 3-6-81

① 使用边创建完全圆角。

如果使用边创建完全圆角，则这些边必须位于同一个公共曲面上，如图 3-6-82 所示。创建完全圆角即用圆角特征替代该公共曲面，结果如图 3-6-83 所示。

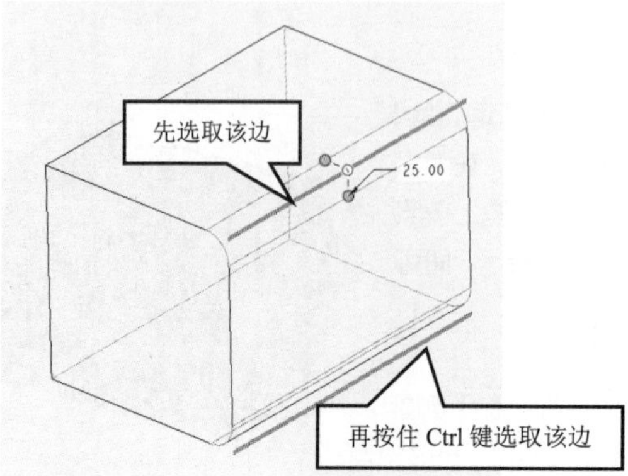

图 3-6-82

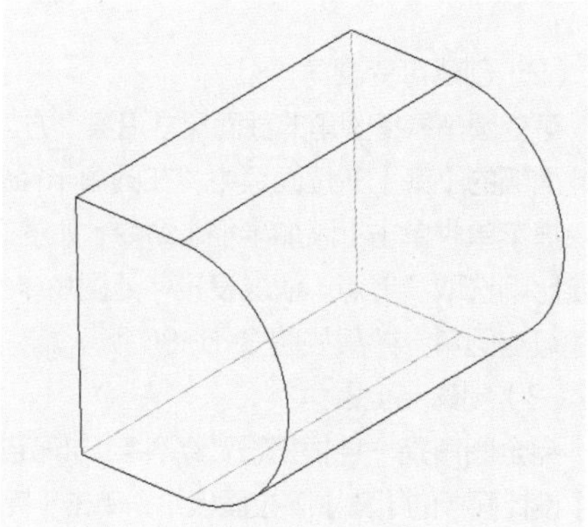

图 3-6-83

② 使用曲面创建完全圆角。

使用曲面创建完全圆角特征时，需设置【集】下拉面板中的【参考】和【驱动曲面】。如图 3-6-84 所示，首先为【参考】选取两个曲面，圆角特征将与这两个曲面相切；然后指定一个【驱动曲面】，圆角曲面的顶部将与该曲面相切，驱动曲面用于决定倒圆角的位置和圆角半径，如图 3-6-85 所示。使用曲面创建完全圆角的结果如图 3-6-86 所示。

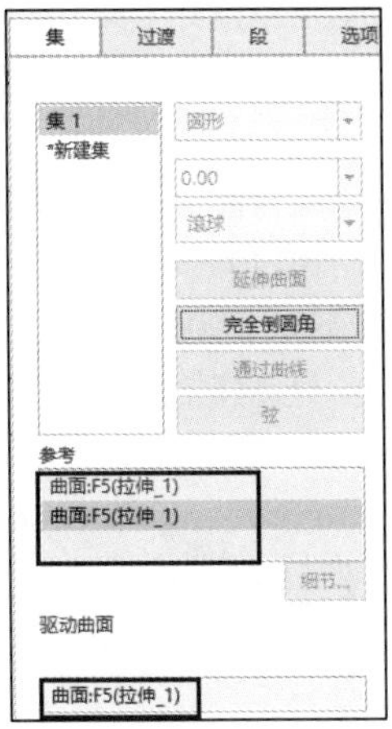

图 3-6-84

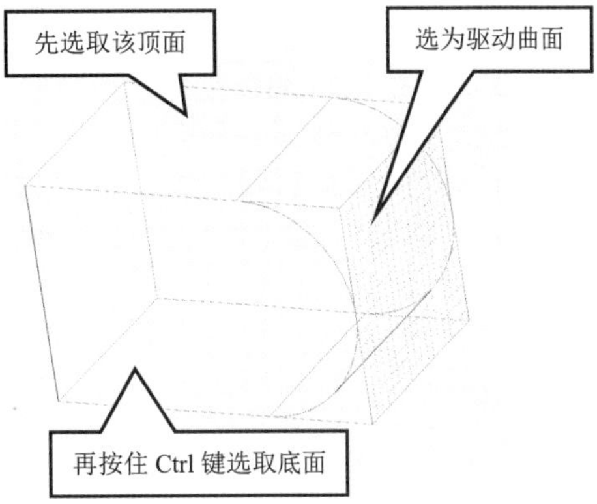

图 3-6-85

（4）通过曲线创建圆角

可使用曲线作为圆角放置参考，首先在模型表面创建基准曲线，如图 3-6-87 所示。然后进行倒圆角操作，在【集】下拉面板中选择模型倒圆角的边，【驱动曲线】选择框激活后，在绘图区中选取刚创建的基准曲线，如图 3-6-88 所示，即可创建出形状与基准曲线相拟合的圆角，如图 3-6-89 所示。

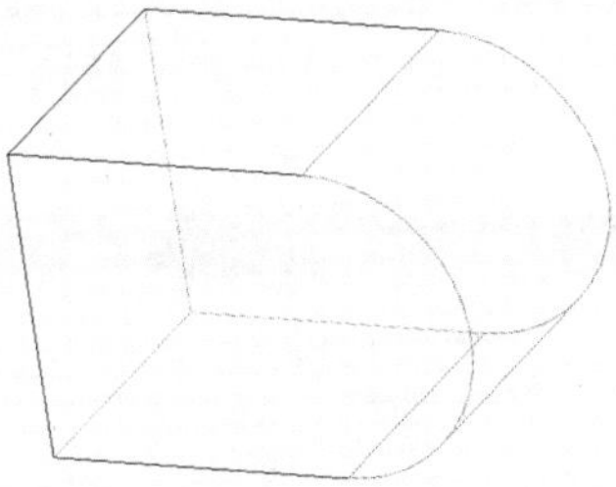

图 3-6-86

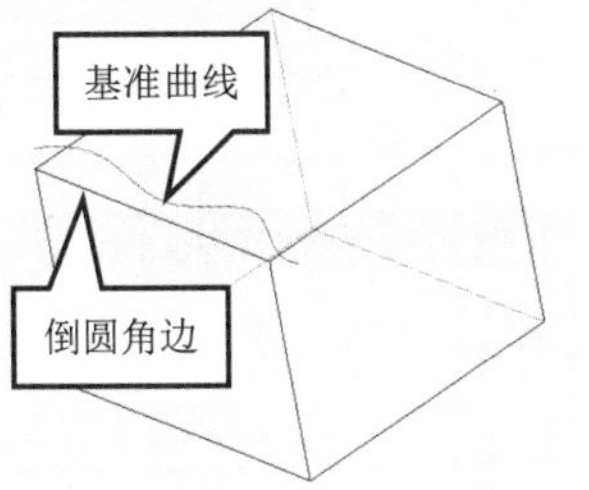

图 3-6-87

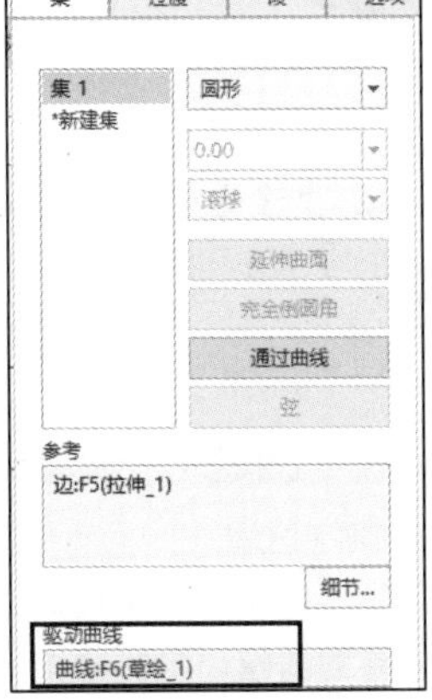

图 3-6-88

图 3-6-89

3. 倒角

倒角特征可以对模型的实体边或拐角进行斜切削加工。在机械零件中，为方便零件装配，在轴和孔的端面常进行倒角加工。

（1）创建边倒角特征

创建基础实体特征之后，在【工程】组中单击【倒角】按钮 即可启动边倒角设计工具。边倒角的创建原理与圆角的创建原理相似，选取参考边线来创建倒角集。

① 边倒角特征的参考类型。

选取放置倒角的参考边后，将在与该边相邻的两个曲面间创建倒角特征。设计面板上的【设置】下拉列表中提供了多种边倒角的创建方法，主要有【D×D】、【D1×D2】、【角度×D】和【45×D】。

- 【D×D】：在两个曲面上距参考边 D 处创建倒角特征，是系统的默认选项，如图 3-6-90 所示。
- 【D1×D2】：在一个曲面上距参考边 D1、另一个曲面上距参考边 D2 处创建倒角特征，如图 3-6-91 所示。

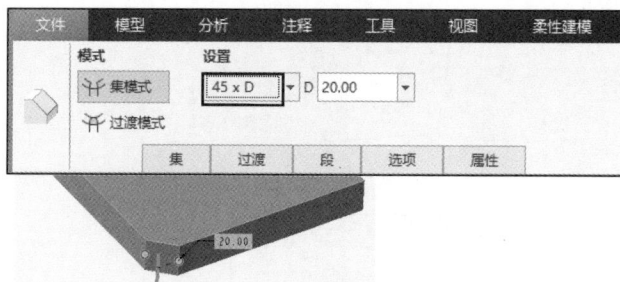

图 3-6-90　　　　　　　　　　　　　　　　　　图 3-6-91

- 【角度×D】：在一个曲面上距参考边 D、同时与另一曲面成指定角度创建倒角特征，如图 3-6-92 所示。
- 【45×D】：与两个曲面均成 45° 角且在两个曲面上与参考边距离 D 处创建倒角特征，如图 3-6-93 所示。

图 3-6-92　　　　　　　　　　　　　　　　　　图 3-6-93

【D×D】倒角方式创建的倒角效果和【45×D】的一样，但是后者仅能在两个垂直表面之间创建倒角特征，而前者还可以在非垂直表面之间创建倒角特征。使用【D1×D2】和【角度×D】倒角方式也可以在非垂直表面间创建倒角特征。

② 倒角集的使用。

在【边倒角】设计面板中单击【集】标签，打开【集】下拉面板，如果要在模型上创建多组不同参数的倒角，可以分别为其设置不同的倒角集，然后在一个特征创建过程中生成，简单快捷。

与创建圆角特征相似，【集】下拉面板上列出了当前已经创建的倒角集，每个倒角集包含一组特定倒角参考和特定几何参数。如果每次选取单条边作参考，系统将分别为每条边参考创建一个倒角集；如果按住 Ctrl 键选取多条边，则系统将为这一组边创建一个倒角集；如果选取一条边后，按住 Shift 键再选取另一条边，系统将选取包含这两条边线的整个封闭边链作为倒角参考，并创建一个倒角集。

（2）创建拐角倒角特征

在【工程】组中单击【倒角】按钮 右侧的下拉按钮 ，在下拉菜单中单击【拐角倒角】命令 可以创建拐角倒角特征，拐角倒角使用实体顶点作为倒角的放置参考。

选取顶点后，依次设置与该顶点相邻的 3 条边线上的倒角距离即可创建拐角倒角特征，如图 3-6-94 所示。

4．拔模

针对模具制造的要求，为了便于加工脱模，通常会在成品与模具型腔之间引入一定的倾斜角，称为"拔模角"或"脱模角"，如图 3-6-95 所示。

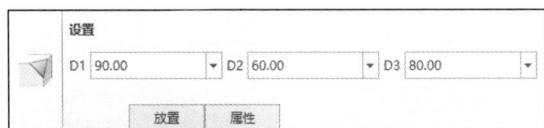

图 3-6-94

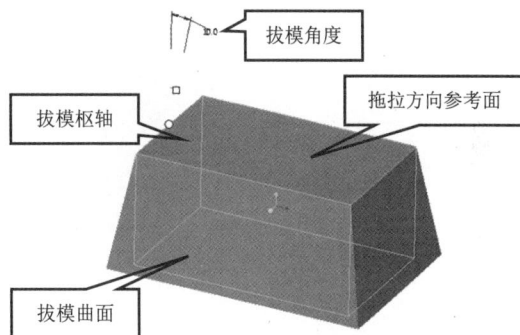

图 3-6-95

（1）创建拔模特征的基本要素

创建拔模特征的过程中需要对拔模曲面、拔模枢轴、拔模角度、拖拉方向 4 个要素进行设置。

① 拔模曲面。

在模型上要添加拔模特征的曲面，即拔模曲面（简称拔模面），在该曲面上创建结构斜度。

② 拔模枢轴。

拔模枢轴用来指定拔模曲面上的中性直线或曲线，拔模曲面绕该直线或曲线旋转生成拔模特征。

③ 拔模角度。

拔模角度是拔模曲面绕由拔模枢轴所确定的直线或曲线旋转过的角度，该角度决定了拔模特征中结构斜度的大小。拔模角度方向可调。如果拔模曲面被分割，则可分别为两侧拔模曲面定义拔模角度。

④ 拖拉方向

拖拉方向用于测量拔模角度的方向，通常为模具开模的方向，可通过选取平面、直边、基准轴或坐标系来定义。

从创建原理上讲，拔模特征可以看作拔模曲面绕某直线或曲线转过一定角度后生成的。通常选择平面或曲线链作为拔模枢轴，如果选取平面作为拔模枢轴，则拔模曲面围绕其与该平面的交线旋转生成拔模特征。

在创建基础实体特征后，在【工程】组中单击【拔模】按钮 ，打开【拔模】设计面板，在设计面板中进行拔模特征的参数设置，如图 3-6-96 所示。

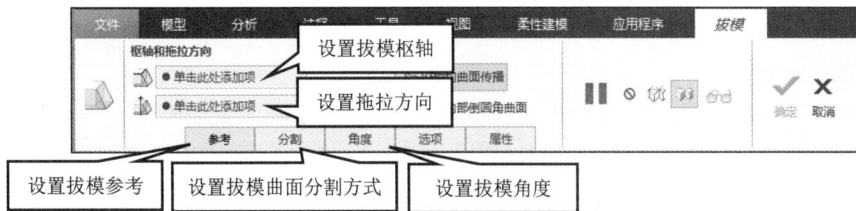

图 3-6-96

（2）选择拔模曲面

创建拔模特征首先要选取拔模曲面，在【拔模】设计面板中单击【参考】标签，打开【参考】下拉面板，单击激活【拔模曲面】选择框，选取拔模曲面，如果有多个曲面同时需要添加拔模特征，可以按住 Ctrl 键并依次选取其他拔模曲面，如图 3-6-97 所示。

（3）确定拔模枢轴

选取了拔模曲面后，接着在【参考】下拉面板中激活【拔模枢轴】选择框来选取拔模枢轴参考，拔模枢轴可以是实体的边或平面。拔模枢轴用来确定拔模时拔模曲面转动的轴线。如果选取平面作为拔模枢轴，该平面（或平面延展后）与拔模曲面的交线即拔模曲面转动的轴线，如图 3-6-98 所示。除了使用平面作为拔模枢轴外，也可以直接选取曲线或实体边线作为拔模枢轴，拔模曲面将绕该边线旋转创建拔模特征，如图 3-6-99 所示。

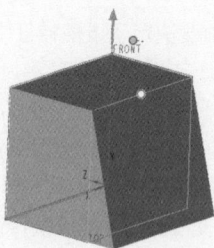
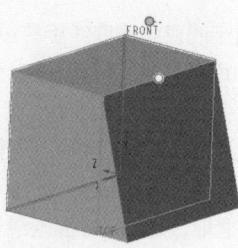
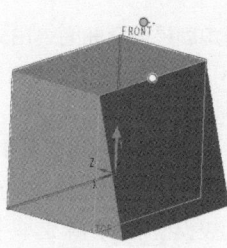

图 3-6-97 图 3-6-98 图 3-6-99

（4）确定拖拉方向

在选择了拔模曲面和拔模枢轴后，激活【参考】下拉面板中的【拖拉方向】选择框，选取适当的平面、边线或轴线参考来确定拖拉方向，单击选择框右侧的 反向 按钮，可以调整拖拉方向的指向。能够作为拖拉方向参考的对象有平面、边线或轴线、指定坐标轴。

① 选择平面时，以平面的法线方向作为拖拉方向。如果选取平面作为拔模枢轴，系统将自动使用该平面来确定拖拉方向，如图 3-6-100 所示。

② 选择边线或轴线时，以边线或轴线的方向作为拖拉方向，如图 3-6-101 所示。

③ 选择指定坐标轴时，拖拉方向沿着坐标轴的指向，如图 3-6-102 所示。

图 3-6-100 图 3-6-101 图 3-6-102

拖拉方向可以间接确定拔模特征的加材料或减材料属性。在确定拔模枢轴后，模型上将显示两个拖拉图柄：一个图柄位于拔模枢轴或拔模曲面轮廓上，标示拔模位置；拖动另一个图柄可以调整拔模角度的大小。

（5）设置拔模角度

在完成以上拔模参考的设置后，设计面板和工作界面的模型上都将显示拔模角度，可直接在设计面板中设置拔模角度。如果要创建可变拔模特征，需要利用【拔模】设计面板中的【角度】下拉面板来编辑拔模角度。

（6）指定分割类型

通过对拔模曲面进行分割可以在同一拔模曲面上创建多种不同形式的拔模特征，在【拔模】设计面板中打开【分割】下拉面板，进行设置。

【分割】下拉面板提供了对拔模曲面的 3 种分割方法：【不分割】、【根据拔模枢轴分割】和【根据分割对象分割】。

- 【不分割】：不分割拔模曲面，在拔模曲面上创建单击的拔模特征，如图 3-6-103 所示。
- 【根据拔模枢轴分割】：使用拔模枢轴来分割拔模曲面，然后在拔模曲面的两个分割区域内分别指定参数创建拔模特征，如图 3-6-104 所示。
- 【根据分割对象分割】：使用基准平面或曲线等来分割拔模曲面，然后在拔模曲面的两个分割区域内分别指定参数创建拔模特征，如图 3-6-105 所示。

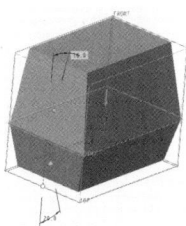

图 3-6-103 图 3-6-104 图 3-6-105

如果选取对拔模曲面进行分割的方法来创建拔模特征，在【分割】下拉面板的【侧选项】中可以设置分割后拔模曲面的属性。有以下 4 种情形。

- 【独立拔模侧面】：为拔模曲面的每一侧指定独立的拔模角度。【拔模】设计面板上将出现用于确定第二侧拔模角度和方向的文本框和操作按钮，可以单独定义任意一侧的拔模角度和角度正向，如图 3-6-106 所示。
- 【从属拔模侧面】：为第一侧指定一个拔模角度后，在第二侧以相同的角度、相反的方向创建拔模特征，如图 3-6-107 所示。
- 【只拔模第一侧】：仅在拔模曲面的第一侧（由拖拉方向指向的一侧）创建拔模特征，第二侧保持位置不变，如图 3-6-108 所示。
- 【只拔模第二侧】：仅在拔模曲面的第二侧（拖拉方向的反侧）创建拔模特征，第一侧保持位置不变，如图 3-6-109 所示。

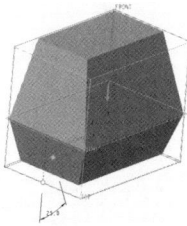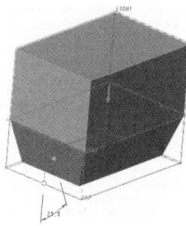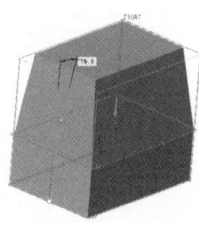

图 3-6-106 图 3-6-107 图 3-6-108 图 3-6-109

5. 壳

壳特征是通过挖去实体特征的内部材料获得的均匀的薄壁结构。

（1）设置壳体参考

在创建基础实体特征之后，在【工程】组中单击【壳】按钮 可启动壳设计工具，打开【壳】设计面板，如图 3-6-110 所示。在设计面板中单击【参考】标签，打开【参考】下拉面板，如图 3-6-111 所示，其中包含两项参数：【移除的曲面】和【非默认厚度】。

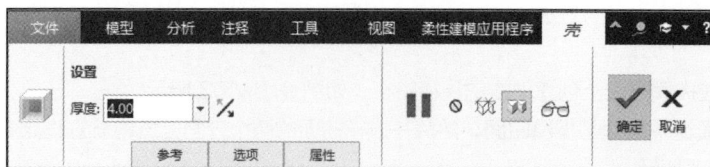

图 3-6-110　　　　　　　　　　　　　图 3-6-111

① 设置【移除的曲面】。

【移除的曲面】用来选取创建壳体特征时在实体上删除的曲面。如果未选取任何曲面，则会将零件内部挖空形成一个封闭壳，如图 3-6-112 所示。激活该列表框后，可以在实体表面选取一个或多个要移除的曲面，如果需要选择多个实体表面作为要移除的表面，则在选取时按住 Ctrl 键。移除一个表面如图 3-6-113 所示；移除两个表面如图 3-6-114 所示。

图 3-6-112

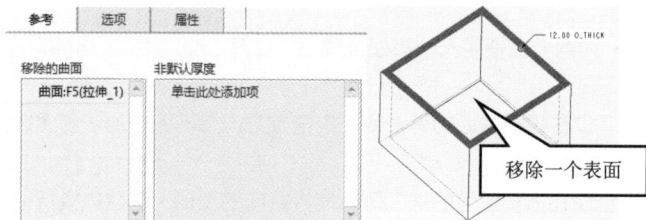

图 3-6-113

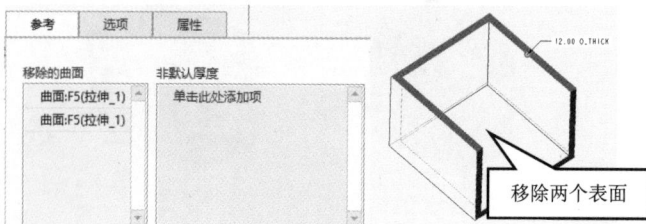

图 3-6-114

② 设置【非默认厚度】。

【非默认厚度】用于选取要为其指定不同厚度的曲面，然后分别为这些曲面单独指定厚度值，其余曲面将统一使用默认厚度。图例中非默认厚度为 30，如图 3-6-115 所示。

（2）设定壳体默认厚度

在【壳】设计面板的【厚度】文本框中可为壳体设置默认厚度值，如图 3-6-116 所示。

图 3-6-115

图 3-6-116

单击【厚度】文本框旁边的【方向调节】按钮 % 可以调整厚度方向。默认情况下，将在模型上保留指定厚度的材料，然后将其余材料掏空，单击 % 按钮后，将在指定厚度表面的外侧增加指定厚度材料，内部实体材料被掏空，如图 3-6-117 所示。

（3）特征创建顺序对设计的影响

在三维实体建模过程中要注意在基础实体特征上创建特征的顺序，特征创建的先后顺序不同，最后生成的模型也会不同。"先壳后孔"效果如图 3-6-118 所示，"先孔后壳"效果如图 3-6-119 所示。

图 3-6-117

图 3-6-118

图 3-6-119

此外，需要注意的是，不同的特征创建顺序对模型的最终质量也有较大的影响，不合理的特征创建顺序可能会在最终模型上留下潜在的设计缺陷。一般壳体特征应安排在圆角特征和拔模特征等之后创建，否则容易在模型上产生壳体壁厚不均匀的缺陷。对模型进行"先圆角后壳"设计，效果如图 3-6-120 所示；对模型进行"先壳后圆角"设计，效果如图 3-6-121 所示。

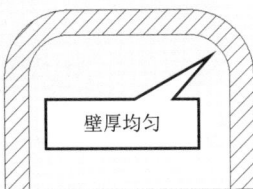

图 3-6-120

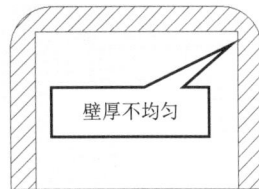

图 3-6-121

6. 筋

筋特征是连接到实体曲面的薄板或者腹板，用于提高零件强度和刚度。筋特征根据创建方式不同，分为轨迹筋和轮廓筋两种。筋特征不能单独存在，必须建立在其他特征上。下面对两种筋特征的创建方法进行介绍。

（1）轨迹筋

创建基础实体特征，如图 3-6-122 所示。然后在【模型】选项卡的【工程】组中单击【筋】按钮▲旁边的下拉按钮▼，在下拉菜单中单击【轨迹筋】命令▲，可以打开【轨迹筋】设计面板，激活【添加拔模】 添加拔模、【倒圆角暴露边】 倒圆角暴露边、【倒圆角内部边】 倒圆角内部边 按钮，以便在【形状】中设置筋截面形状，如图 3-6-123 所示。

图 3-6-122

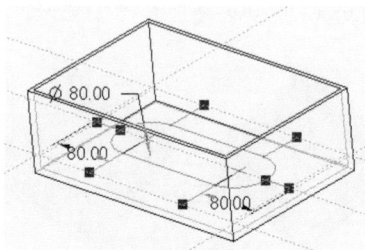

图 3-6-123

在创建轨迹筋特征前，先创建轨迹筋草绘基准平面，以基础特征壳体底部平面为参考向上平移 15，创建 DTM1 基准平面，如图 3-6-124 所示。

在设计面板中设置筋的宽度（即厚度）值，单击【放置】标签，在展开的【放置】下拉面板中单击【定义】按钮，打开【草绘】对话框，选择新创建的 DTM1 作为草绘平面，绘制曲线，如图 3-6-125 所示。单击箭头使其指向零件侧，单击【形状】标签，在弹出的【形状】下拉面板中定义拔模角度和圆角半径，如图 3-6-126 所示，检查无误，单击【确定】按钮✔，完成轨迹筋创建，结果如图 3-6-127 所示。

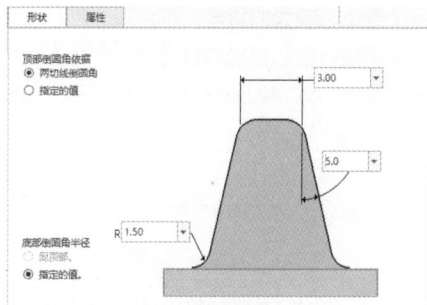

图 3-6-124

图 3-6-125

图 3-6-126

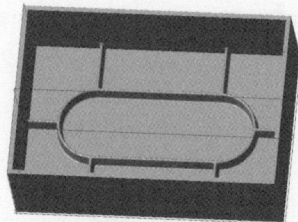

图 3-6-127

创建轨迹筋的草绘曲线只要介于筋所在的两个表面之间即可，无须与表面接触。

（2）轮廓筋

创建基础实体特征，如图 3-6-128 所示。然后在【模型】选项卡的【工程】组中单击【筋】按钮▲旁边的下拉按钮▼，在下拉菜单中单击【轮廓筋】命令▲，打开【轮廓筋】设计面板，如图 3-6-129 所示。

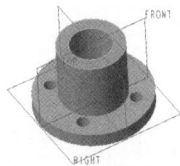

图 3-6-128

图 3-6-129

在【轮廓筋】设计面板中单击【参考】标签，在弹出的【参考】下拉面板中定义【FRONT】基准平面为草绘平面，设置零件显示模式为隐藏线。绘制曲线，标注尺寸，如图 3-6-130 所示。设置筋的厚度值，单击方向箭头，指向零件侧，如图 3-6-131 所示，单击【确定】按钮 ✔，完成轮廓筋创建。

图 3-6-130

图 3-6-131

3.7 基准特征

在 Creo 软件中，基准作为三维建模过程中的核心参照体系，为草绘、实体建模以及曲面设计等活动提供了关键的空间定位和构建依据。无论是绘制初步设计还是进行复杂的几何构造，都离不开基准平面、基准轴线、基准曲线、基准点乃至基准坐标系等多种基准特征的精准定义与运用。

无论是在独立零件的设计阶段还是在组件装配的过程中，都可灵活创建并运用这些基准特征来确保模型元素间的精确对齐和关联。基准特征创建功能位于【模型】选项卡下的【基准】工具组中，方便用户随时调用。

接下来将通过课堂案例深入剖析基准特征在三维建模实践中的具体应用策略及创建步骤，以便读者理解和掌握这一技术要点。

3.7.1 课堂案例一 阀体零件建模

因阀体零件结构复杂，在建模过程中，针对阀体零件的某些复杂特征部位，适时引入新的基准平面作为辅助参考，能够确保几何元素定位精准。掌握基准平面的创建方法及其在实际建模过程中的灵活运用，能够提升模型的整体质量和设计效率。

阀体零件建模1

阀体零件建模2

1. 任务下达

根据图 3-7-1 所示工程图创建手压阀阀体零件模型。

2. 任务解析

本案例创建的是手压阀主体零件模型，其内外部结构较复杂，在创建过程中需要借助自创的基准平面、基准轴等，创建特征较多，创建时要保持严谨的工作态度，认真阅读工程图，保证模型顺利创建。

本案例中的阀体零件模型主体使用拉伸方法创建，两端是阀的进出口，需要创建基准平面控制其位置和长度，阀体内腔是回转体，可以使用旋转命令创建特征。建模步骤如图 3-7-2 所示。

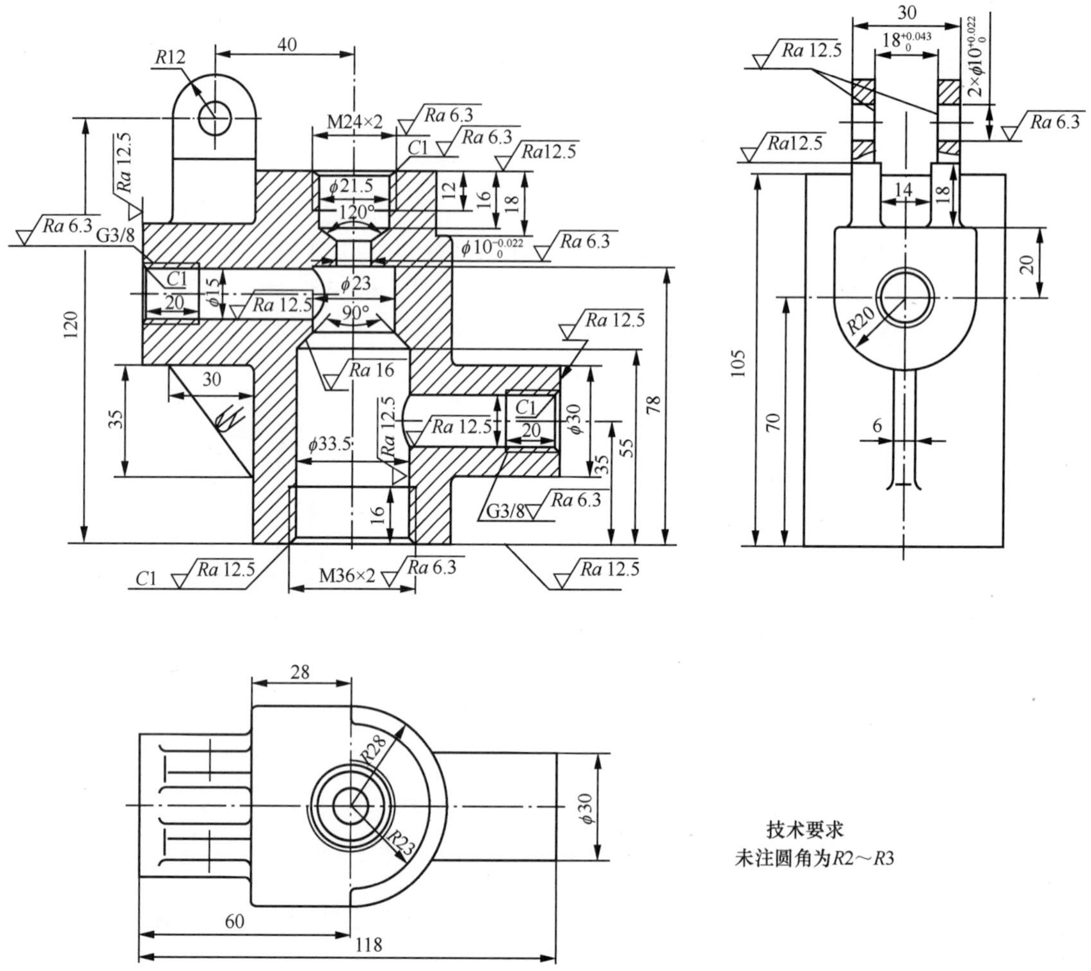

图 3-7-1

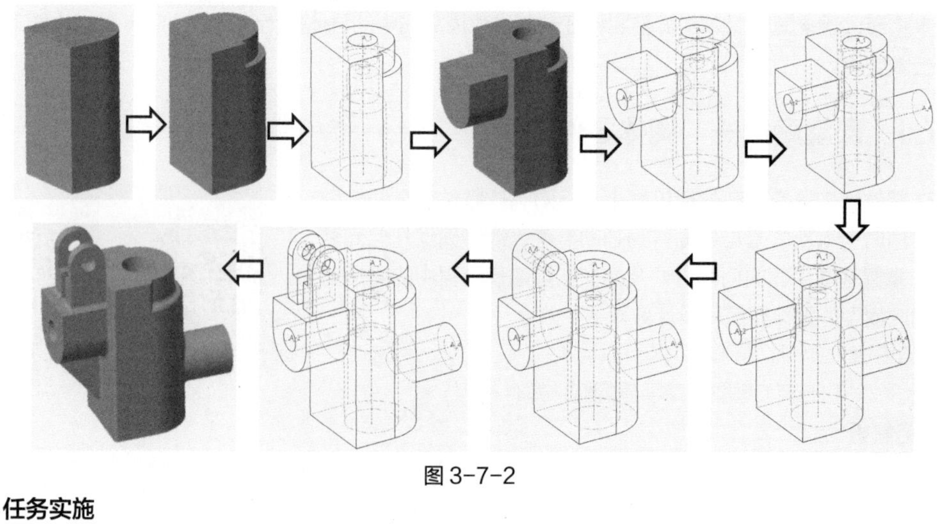

技术要求
未注圆角为$R2\sim R3$

图 3-7-2

3. 任务实施

（1）新建"fati"文件

在【主页】选项卡中单击【新建】按钮，系统弹出【新建】对话框，如图 3-7-3 所示，在【类型】中选择【零件】，在【子类型】中选择【实体】，在【文件名】文本框中输入"fati"，取消勾选【使用默认模板】复选框，单击【确定】按钮；系统弹出【新文件选项】对话框，如图 3-7-4 所示，选择"mmns_part_solid"（公制）模板，单击【确定】按钮，完成"fati"文件的创建，系统进入零件设计环境。

（2）创建拉伸特征 1

在【模型】选项卡的【形状】组中，单击【拉伸】按钮，如图 3-7-5 所示，启动拉伸命令，打开【拉伸】设计面板，如图 3-7-6 所示，在设计面板中单击【放置】标签，在弹出的下拉面板中单击【定义】按钮，系统弹出【草绘】对话框。

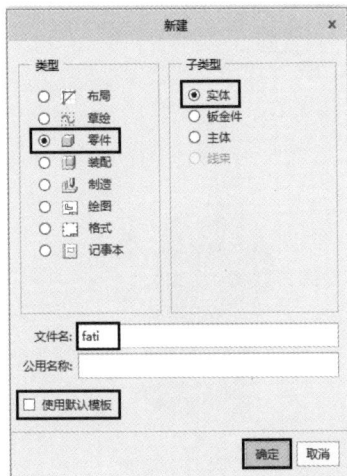

图 3-7-3 　　　　　　　　　　　　　　　　　　　图 3-7-4

图 3-7-5

图 3-7-6

在【草绘】对话框中使草绘平面选择框处于激活状态，单击绘图区中【TOP】基准平面作为草绘平面，单击【草绘】按钮，如图 3-7-7 所示，进入草绘环境。

单击【草绘视图】按钮 ，绘制拉伸草绘截面，如图 3-7-8 所示，单击【确定】按钮 ✔，保存草绘并退出。

修改拉伸深度值为 105，如图 3-7-9 所示。查看模型，确认无误后单击【确定】按钮 ✔，完成建模。

（3）创建拉伸特征 2

在【模型】选项卡的【形状】组中，单击【拉伸】按钮，启动拉伸命令，打开【拉伸】设计面板，如图 3-7-10 所示，单击【移除材料】按钮，单击【放置】标签，在弹出的下拉面板中单击【定义】按钮，弹出【草绘】对话框。

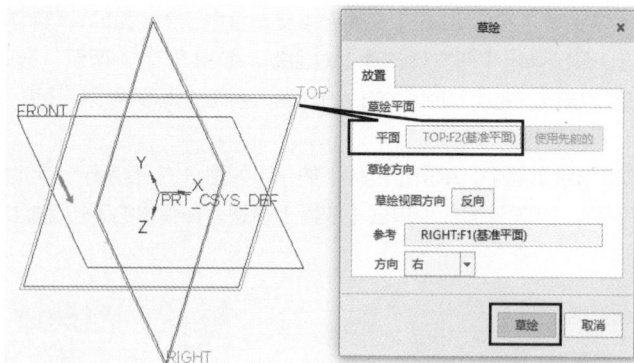

图 3-7-7

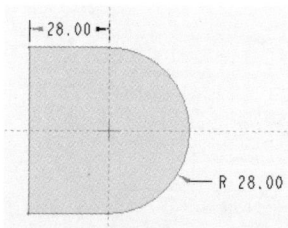

图 3-7-8

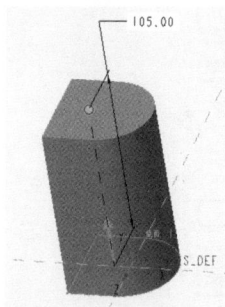

图 3-7-9

图 3-7-10

单击绘图区模型上端面作为草绘平面，单击【草绘】按钮，如图 3-7-11 所示，进入草绘环境。

单击【草绘视图】按钮 ，绘制拉伸草绘截面，如图 3-7-12 所示，单击【确定】按钮 ✔，保存草绘并退出。修改拉伸深度值为 18，如图 3-7-13 所示，查看模型，确认无误后单击【确定】按钮 ✔，完成建模。

图 3-7-11

图 3-7-12

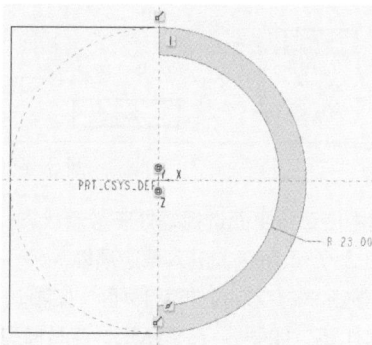

图 3-7-13

（4）创建旋转特征

在【模型】选项卡的【形状】组中，单击【旋转】按钮，启动旋转命令，打开【旋转】设计面板，如图 3-7-14 所示，单击【移除材料】按钮，单击【放置】标签，在弹出的下拉面板中单击【定义】按钮，弹出【草绘】对话框。

单击绘图区【FRONT】基准平面作为草绘平面，单击【草绘】按钮，如图 3-7-15 所示，进入草绘环境。

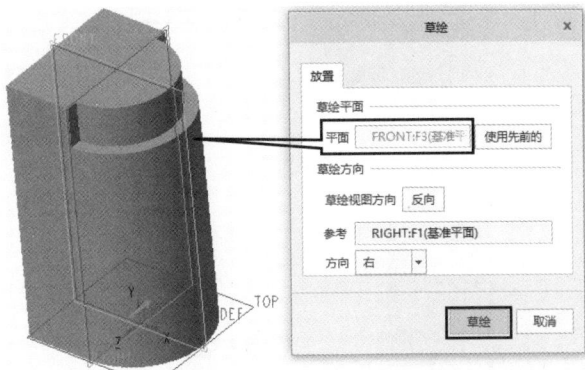

图 3-7-14

图 3-7-15

单击【草绘视图】按钮 ❂，绘制旋转草绘截面，如图 3-7-16 所示，单击【确定】按钮 ✔，保存草绘并退出。在【旋转】设计面板中将旋转角度设置为 360°，如图 3-7-17 所示，查看模型，确认无误后单击【确定】按钮 ✔，完成建模。

图 3-7-16

图 3-7-17

（5）创建基准平面特征 1

在创建阀体一侧出口时，需要创建一个基准平面来定位拉伸特征的长度及位置。单击【模型】选项卡的【基准】组中的【创建基准平面】按钮 ☐，系统弹出【基准平面】对话框，如图 3-7-18 所示，对话框中的【放置】【参考】选择框处于激活状态，在模型树（或绘图区）中选择【RIGHT】基准平面作为参考，约束选择【偏移】，在绘图区拖动控制柄，使基准平面位于模型正确方位，在下方【偏移】文本框中输入精准数值"60"，单击【确定】按钮完成基准平面 DTM1 的创建。

（6）创建拉伸特征 3

在【模型】选项卡的【形状】组中，单击【拉伸】按钮，启动拉伸命令，打开【拉伸】设计面板，单击【放置】标签，在弹出的下拉面板中单击【定义】按钮，弹出【草绘】对话框，选择刚创建的 DTM1 基准平面作为草绘平面，单击【草绘】按钮，如图 3-7-19 所示，进入草绘环境。

图 3-7-18

图 3-7-19

单击【草绘视图】按钮 🖼️，然后绘制拉伸草绘截面，如图 3-7-20 所示，单击【确定】按钮 ✔️，保存草绘并退出。修改拉伸方式为 ⛏️（拉伸至选定的点、线、面等特征），选择图 3-7-21 所示模型表面作为深度参考，查看模型，确认无误后单击【确定】按钮 ✔️，完成建模。

图 3-7-20

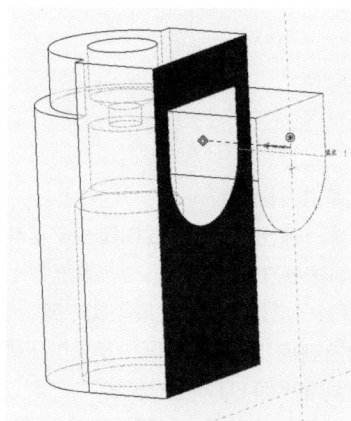

图 3-7-21

（7）创建基准轴线特征

创建一条轴线作为创建孔特征定位参照。

单击【模型】选项卡上的【基准】组中的【创建基准轴】按钮/轴，弹出【基准轴】对话框，如图 3-7-22 所示，对话框中的【放置】参考选项框处于激活状态，在绘图区选择创建的拉伸特征下部半个柱体回转面，单击【确定】按钮，即可创建通过柱中心的基准轴 A_2。

图 3-7-22

（8）创建孔特征 1

在【模型】选项卡的【工程】组中单击【孔】按钮，打开【孔】设计面板，如图 3-7-23 所示，进入孔设计界面，激活【简单】按钮，创建简单孔，设置直径值为 14.5。

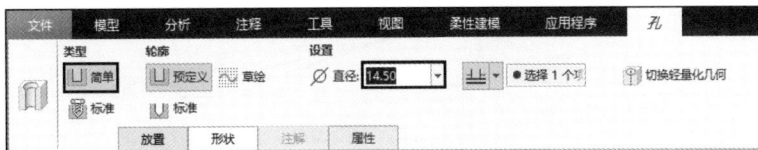

图 3-7-23

单击【孔】设计面板中的【放置】标签，在弹出的下拉面板中，设置类型为【同轴】，单击模型表面，如图 3-7-24 所示，按住 Ctrl 键添加创建的基准轴 A_2；在【孔】设计面板上设置孔深度方式为（钻孔至选定的点、曲线、平面或曲面），选择阀体内腔作为孔的深度参考，系统创建出孔在模型中的预览图形，如图 3-7-25 所示。查看模型，确认无误后单击【确定】按钮✔，完成建模。

图 3-7-24

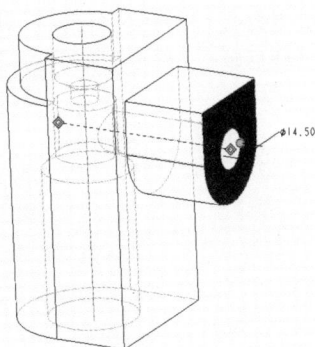

图 3-7-25

（9）创建基准平面特征 2

在创建阀体另一侧出口时，也需要创建一个基准平面来定位拉伸特征的长度及位置。单击【模型】选项卡的【基准】组中的【创建基准平面】按钮▱，系统弹出【基准平面】对话框，如图 3-7-26 所示，对话框中【放置】【参考】选择框处于激活状态，根据工程图所标注尺寸要求，在模型树（或绘图区）选择第一侧出口端面作为参考，约束选择【偏移】，在绘图区拖动控制柄，使基准平面位于模型正确方位，在下方【偏移】文本框中输入精准数值"118"，单击【确定】按钮，完成基准平面 DTM2 的创建。

图 3-7-26

（10）创建拉伸特征 4

在【模型】选项卡的【形状】组中，单击【拉伸】按钮，启动拉伸命令，打开【拉伸】设计面板，单击【放置】标签，在弹出的下拉面板中单击【定义】按钮，弹出【草绘】对话框，如图 3-7-27 所示。选择刚创建的 DTM2 基准平面作为草绘平面，单击【草绘】按钮，进入草绘环境。

图 3-7-27

单击【草绘视图】按钮 🖳，绘制拉伸草绘截面，如图 3-7-28 所示，单击【确定】按钮 ✔，保存草绘并退出。修改拉伸方式为 💷（拉伸至选定的点、线、面等特征），以模型表面作为深度参考，如图 3-7-29 所示，查看模型，确认无误后单击【确定】按钮 ✔，完成建模。

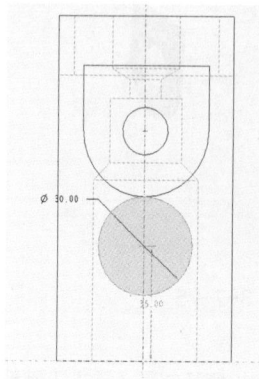

图 3-7-28

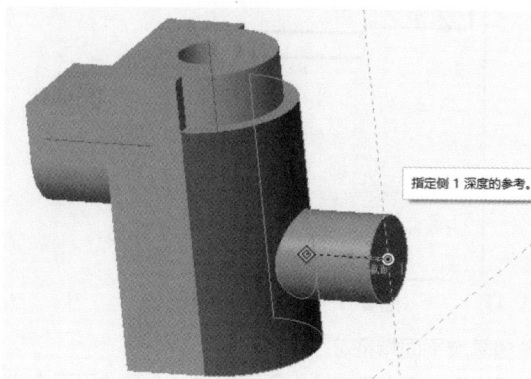

图 3-7-29

（11）创建孔特征 2

在【模型】选项卡的【工程】组中单击 创孔 按钮，打开【孔】设计面板，进入孔设计界面，如图 3-7-30 所示，激活【简单】按钮 U ，创建简单孔，设置直径值为 14.5。

图 3-7-30

单击【孔】设计面板中的【放置】标签，在弹出的下拉面板中，设置类型为【同轴】，单击模型表面，按住 Ctrl 键添加选择确定圆柱的中心轴（A_4），如图 3-7-31 所示。在设计面板中选择孔深度方式为 （钻孔至选定的点、曲线、平面或曲面），选择阀体内腔作为孔的深度参考，系统创建出孔在模型中的预览图形，如图 3-7-32 所示。查看模型，确认无误后单击【确定】按钮 ✔ ，完成建模。

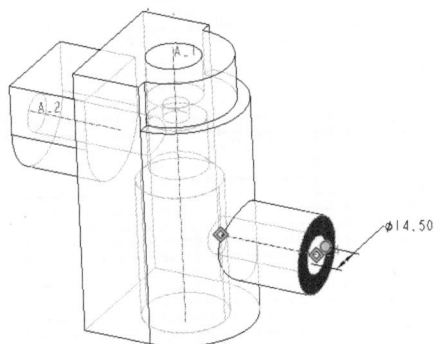

图 3-7-31　　　　　　　　　　　　　　　　　　图 3-7-32

（12）创建拉伸特征 5

在【模型】选项卡的【形状】组中，单击【拉伸】按钮，启动拉伸命令，打开【拉伸】设计面板，单击【放置】标签，在弹出的下拉面板中单击【定义】按钮，弹出【草绘】对话框，单击阀体的对称面【FRONT】基准平面作为草绘平面，单击【草绘】按钮，如图 3-7-33 所示，进入草绘环境。

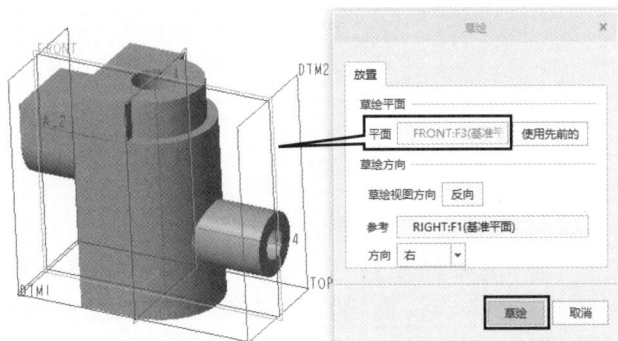

图 3-7-33

单击【草绘视图】按钮 ，绘制拉伸草绘截面，如图 3-7-34 所示，单击【确定】按钮 ✔ ，保存草绘并退出。选择拉伸方式为 ，使拉伸特征沿草绘平面双侧对称拉伸，修改拉伸深度值为 30，如图 3-7-35 所示，查看模型，确认无误后单击【确定】按钮 ✔ ，完成凸耳建模。

图 3-7-34

图 3-7-35

（13）创建拉伸特征 6

在【模型】选项卡的【形状】组中，单击【拉伸】按钮，启动拉伸命令，打开【拉伸】设计面板，如图 3-7-36 所示，单击【移除材料】按钮。

图 3-7-36

单击【放置】标签，在弹出的下拉面板中单击【定义】按钮，弹出【草绘】对话框，单击刚创建的凸耳的端面作为草绘平面，单击【草绘】按钮，如图 3-7-37 所示，进入草绘环境。

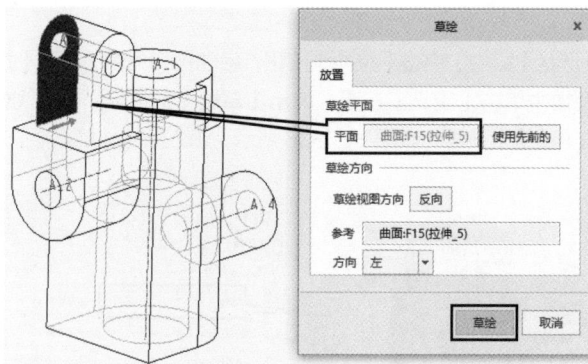

图 3-7-37

单击【草绘视图】按钮 🖉，绘制拉伸草绘截面，如图 3-7-38 所示，单击【确定】按钮 ✓，保存草绘并退出。修改拉伸方式为 ⬆（拉伸至选定的点、线、面等特征），选择模型表面为拉伸深度参考，如图 3-7-39 所示，查看模型，确认无误后单击【确定】按钮 ✓，完成建模。

（14）创建修饰螺纹 1

在阀体工程图中，阀体进出口端的孔处均有有效长度为 20mm 的 G3/8 的管螺纹，可以创建修饰螺纹来替代工程图中的真实螺纹线，查找相关设计手册可以得到 G3/8 螺纹的螺纹大径及螺纹小径尺寸，如图 3-7-40 所示。

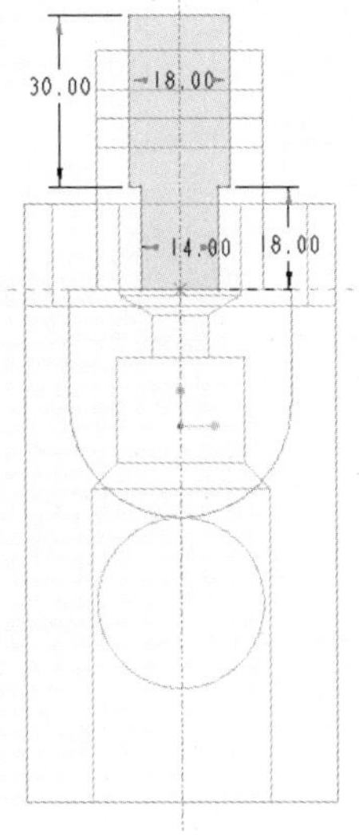

图 3-7-38

图 3-7-39

管螺纹基本尺寸

螺纹代号	基本尺寸	大径 /mm $d=D$	螺距 p/mm	每英寸牙数 tpi	中径 /mm $d_2=D_2$	小径外螺纹 d_3	牙型高度 h_1	底孔尺寸 /mm
G 1/8	1/8″	9.728	0.907	28	9.147	8.566	0.581	8.7
G 1/4	1/4″	13.157	1.337	19	12.301	11.445	0.856	11.6
G 3/8	3/8″	16.662	1.337	19	15.806	14.95	0.856	15
G 1/2	1/2″	20.955	1.814	14	19.793	18.631	1.162	19
G 5/8	5/8″	22.911	1.814	14	21.749	20.587	1.162	20.75
G 3/4	3/4″	26.441	1.814	14	25.279	24.117	1.162	24.5
G 7/8	7/8″	30.201	1.814	14	29.039	27.877	1.162	28
G 1	1″	33.249	2.309	11	31.77	30.291	1.479	30.5
G1 1/8	1 1/8″	37.897	2.309	11	36.418	34.939	1.479	35
G1 1/4	1 1/4″	41.91	2.309	11	40.431	38.952	1.479	39.5
G1 3/8	1 3/8″	44.323	2.309	11	42.844	41.365	1.479	41.5
G1 1/2	1 1/2″	47.803	2.309	11	46.324	44.845	1.479	45
G1 3/4	1 3/4″	53.746	2.309	11	52.267	50.788	1.479	51
G 2	2″	59.614	2.309	11	58.135	56.656	1.479	57
G 2 1/4	2 1/4″	65.71	2.309	11	64.231	62.752	1.479	63
G 2 1/2	2 1/2″	75.184	2.309	11	73.705	72.226	1.479	72.5
G 2 3/4	2 3/4″	81.534	2.309	11	80.055	78.576	1.479	79

图 3-7-40

在【模型】选项卡【工程】组的下拉菜单中单击【修饰螺纹】命令，如图 3-7-41 所示。打开【螺纹】设计面板，如图 3-7-42 所示，分别在 ⌀ 直径、螺距、深度文本框中输入 16.662、1.337、20，在【螺纹】设计面板中单击【放置】标签，弹出下拉面板，当【螺纹曲面】选择框处于激活状态时，在模型上选择孔作为【螺纹曲面】参考，如图 3-7-43 所示。

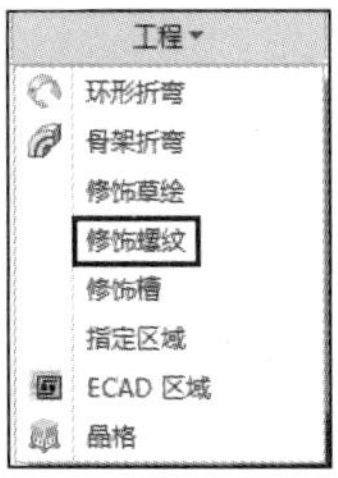

图 3-7-41

图 3-7-42

在【螺纹】设计面板中单击【深度】标签，在模型上选择模型中凸台端面作为螺纹起始面，【深度选项】选择【盲孔】，在文本框中输入深度值20，如图3-7-44所示。系统显示出创建的修饰螺纹的预览图形，如图3-7-45所示。查看模型，确认无误后单击【确定】按钮 ✔，完成建模。

图 3-7-43

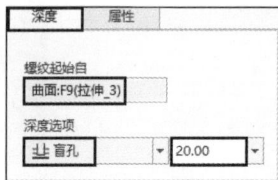
图 3-7-44

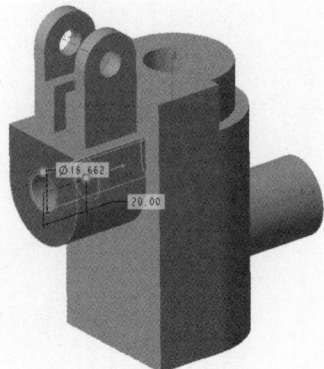
图 3-7-45

（15）创建修饰螺纹2

为另一侧进出口的孔创建修饰螺纹，操作方法同第（14）步，此处操作讲解略。

（16）创建轮廓筋特征

在【模型】选项卡的【工程】组中，单击【筋】下拉菜单中的【轮廓筋】命令，如图3-7-46所示。

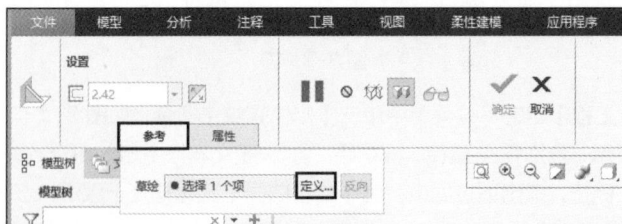
图 3-7-46

在【轮廓筋】设计面板中单击【参考】标签，在弹出的下拉面板中单击【定义】按钮，如图3-7-47所示。

图 3-7-47

在弹出的【草绘】对话框中，将【FRONT】设为草绘平面，单击【草绘】按钮，如图3-7-48所示，进入草绘环境。

单击【草绘视图】按钮 🗺，绘制筋轮廓草绘曲线，如图3-7-49所示。单击【确定】按钮 ✔，保存草绘并退出。

在设计面板中修改筋厚度为6，如图3-7-50所示，单击调节方向按钮 ⧄，调整筋的两个侧面使其相对于截面对称，查看模型，确认无误后单击【确定】按钮 ✔，如图3-7-51所示，完成建模。

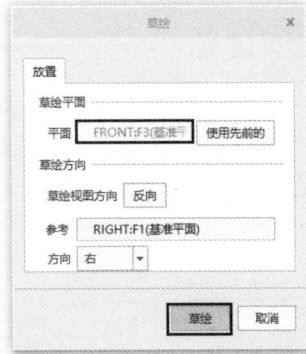

图 3-7-48

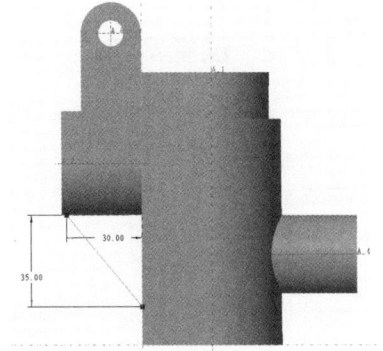

图 3-7-49

调节方向按钮

图 3-7-50

（17）创建圆角特征

根据工程图中技术要求"未注圆角为 $R2\sim R3$"，在模型中创建必要的圆角特征。在【模型】选项卡【工程】组中单击【倒圆角】按钮，打开【倒圆角】设计面板，如图 3-7-52 所示。

单击模型上需要倒圆角的边线，如图 3-7-53 所示，设置圆角半径为 2.5，查看模型，确认无误后单击【确定】按钮 ✓，完成建模。效果如图 3-7-54 所示。

图 3-7-51

图 3-7-52

图 3-7-53

图 3-7-54

3.7.2 课堂案例二 锥形法兰零件建模

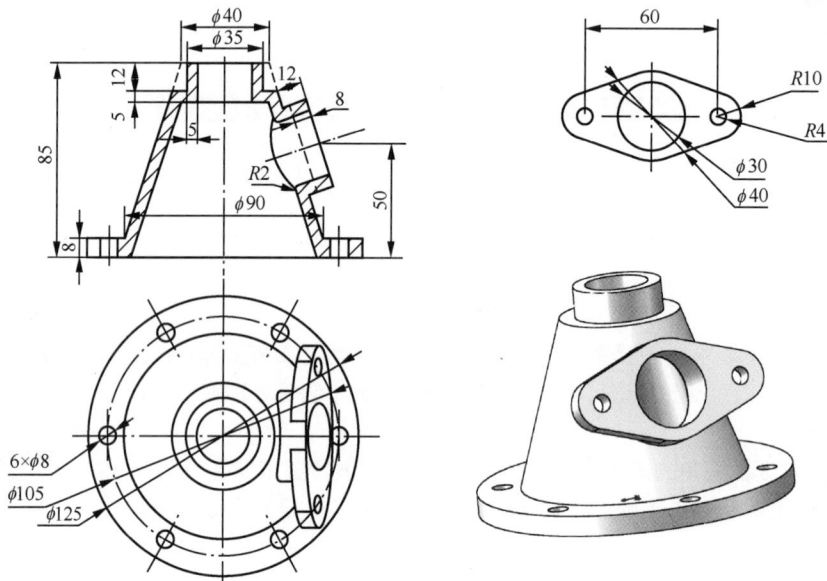

在锥形法兰零件的设计与建模过程中，存在一个显著的倾斜结构特征，对此进行建模时要充分运用各类辅助基准工具。这一过程几乎涵盖所有主要的基准类型应用，对于学习如何有效创建和使用各种基准具有极高的实践指导价值，有助于深入理解三维建模中的基准构建策略及其实用场景。

锥形法兰零件
建模

1. 任务下达

根据工程图创建锥形法兰零件模型，如图 3-7-55 所示。

图 3-7-55

2. 任务解析

该锥形法兰零件主体是一空心锥体，底部圆形法兰上均匀布孔，可以使用孔特征及阵列特征来完成。主体上有一个倾斜的连接凸台，创建该凸台的过程中需要创建基准草绘、基准点、基准轴线及基准平面等。建模流程如图 3-7-56 所示。

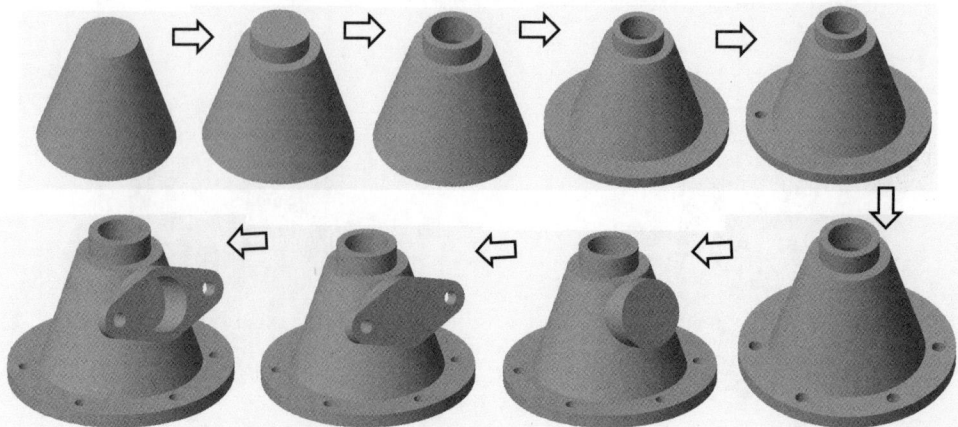

图 3-7-56

3．任务实施

（1）新建"zhuixingfalan"文件

在【主页】选项卡中单击【新建】按钮，系统弹出【新建】对话框，如图 3-7-57 所示，在【类型】中选择【零件】，在【子类型】中选择【实体】，输入文件名为"zhuixingfalan"，取消勾选【使用默认模板】复选框，单击【确定】按钮，在弹出的【新文件选项】对话框中，选择"mmns_part_solid"（公制）模板，单击【确定】按钮，如图 3-7-58 所示，完成"zhuixingfalan"零件文件的创建，系统进入零件设计环境。

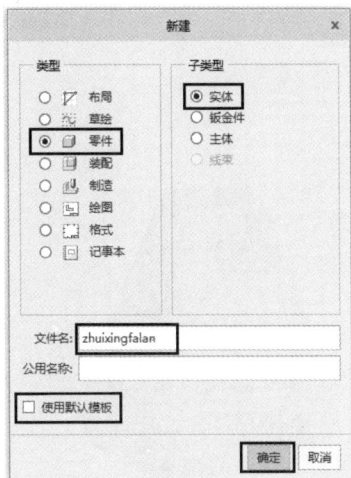

图 3-7-57

图 3-7-58

认真分析零件工程图可知，主体锥台部分壁厚相同，如果使用旋转命令一次旋转出主体，截面复杂，包含尺寸多，截面草绘工作量大，容易出错，且在后期对特征进行修改时不便。在建模过程中将特征拆分得尽量小，使建模简化，更便于后期对模型进行编辑。

（2）创建旋转特征 1

在【模型】选项卡的【形状】组中，单击【旋转】按钮，启动旋转命令，打开【旋转】设计面板，在设计面板中单击【放置】标签，在弹出的下拉面板中单击【定义】按钮，如图 3-7-59 所示。

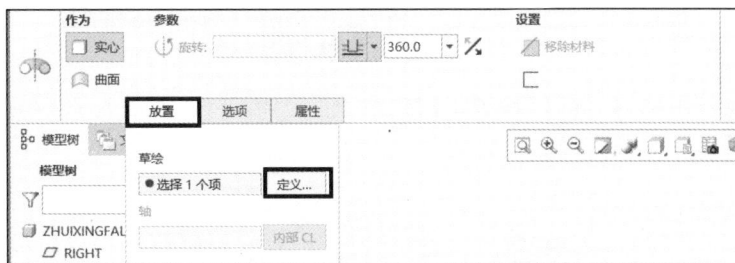

图 3-7-59

系统弹出【草绘】对话框，如图 3-7-60 所示，单击绘图区中【FRONT】基准平面作为草绘平面，单击【草绘】按钮，进入草绘环境。

单击【草绘视图】按钮，绘制旋转草绘截面，如图 3-7-61 所示，单击【确定】按钮✔，保存草绘并退出。旋转角度默认为 360°，如图 3-7-62 所示。查看模型，确认无误后单击【确定】按钮✔，完成建模。

（3）创建旋转特征 2

在【模型】选项卡的【形状】组中，单击【旋转】按钮，启动旋转命令，打开【旋转】设计面板，如图 3-7-63 所示，在设计面板中单击【移除材料】按钮，单击【放置】标签，在弹出的下拉面板中单击【定义】按钮。

图 3-7-60

图 3-7-61

图 3-7-62

图 3-7-63

在弹出的【草绘】对话框中，将【FRONT】基准平面设为草绘平面，如图 3-7-64 所示，单击【草绘】
按钮，进入草绘环境。

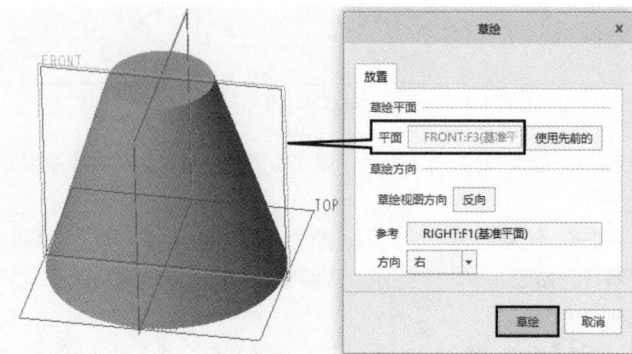

图 3-7-64

单击【草绘视图】按钮 🎨 ，绘制旋转草绘截面，如图 3-7-65 所示，单击【确定】按钮 ✔ ，保存草绘并退出。旋转角度默认为 360°，如图 3-7-66 所示。查看模型，确认无误后单击【确定】按钮 ✔ ，完成建模。

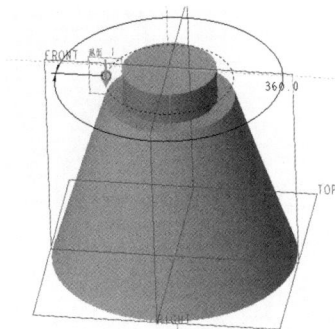

图 3-7-65　　　　　　　　　　　　　　　　图 3-7-66

（4）创建抽壳特征

因主体锥台的壁厚均为 5，在此采用抽壳特征来创建其内空腔。

在【模型】选项卡的【工程】组中，单击【壳】按钮，打开【壳】设计面板，如图 3-7-67 所示，在设计面板中设置厚度值为 5。

图 3-7-67

单击【参考】标签，打开下拉面板，如图 3-7-68 所示，【移除的曲面】列表框处于激活状态，在绘图区选择圆锥台的上端面，按住 Ctrl 键添加选择圆锥台的下端面，查看模型，确认无误后单击【确定】按钮 ✔ ，完成建模。

（5）创建旋转特征 3

使用旋转特征创建底部圆盘形法兰。

在【模型】选项卡的【形状】组中，单击【旋转】按钮，启动旋转命令，打开【旋转】设计面板，单击【放置】标签，在弹出的下拉面板中单击【定义】按钮，如图 3-7-69 所示。

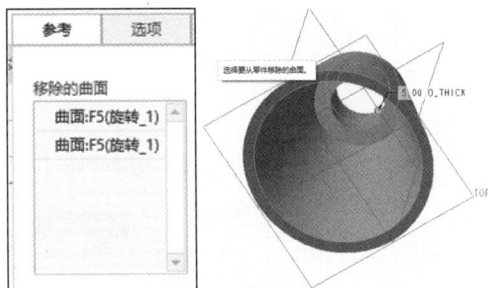

图 3-7-68

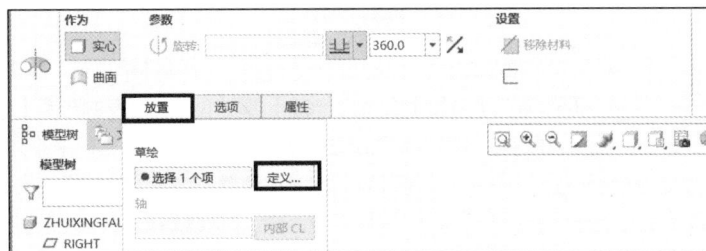

图 3-7-69

在弹出的【草绘】对话框中，将【FRONT】基准平面设为草绘平面，如图 3-7-70 所示。单击【草绘】按钮，进入草绘环境。

图 3-7-70

单击【草绘视图】按钮 🔁，绘制旋转草绘截面，如图 3-7-71 所示，注意截面中右侧斜线与锥台内表面线重合，在同一条线上。单击【确定】按钮 ✔，保存草绘并退出。旋转角度默认为 360°，如图 3-7-72 所示。查看模型，确认无误后单击【确定】按钮 ✔，完成建模。

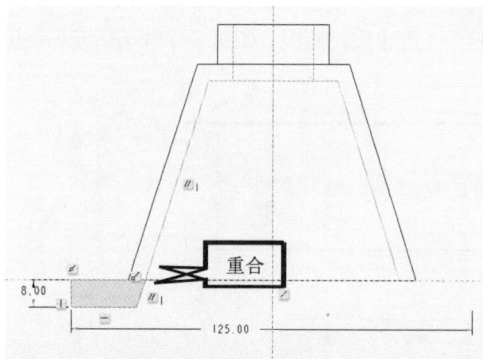

图 3-7-71

图 3-7-72

（6）创建孔特征

在【模型】选项卡的【工程】组中单击【孔】按钮，如图 3-7-73 所示，启动孔命令。

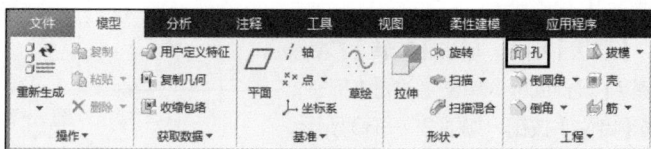

图 3-7-73

如图 3-7-74 所示，在【孔】设计面板中，【类型】选择【简单】，创建简单直孔，单击【放置】标签，打开【放置】下拉面板，单击法兰的表面作为孔【放置】参考面；在【类型】下拉列表中选择【直径】，拖动控制手柄到圆锥轴线，在【偏移参考】中选择端盖主体轴线为孔所在圆周直径的轴参考，直径修改为 105（即孔所在圆周的直径）；再拖动另一控制手柄捕捉到【RIGHT】基准平面作为角度偏移参考，角度修改为 30°；设置孔【直径】为 8，深度方式选择 ⬛️（钻孔至与所有曲面相交）。查看模型，确认无误后单击【确定】按钮 ✔，完成建模。

（7）创建阵列孔特征

在模型树中选取要阵列的孔特征，在弹出的快捷工具栏中单击【阵列】按钮 ⊞，如图 3-7-75 所示（或先选取要阵列的特征，然后在【模型】选项卡的【编辑】组中单击【阵列】按钮 ⊞）。系统弹出【阵列】设计面板，如图 3-7-76 所示，在【选择阵列类型】中选择【轴】，第一方向选择锥台轴线作为轴参考，成员数为 6，成员间的角度为 60°。

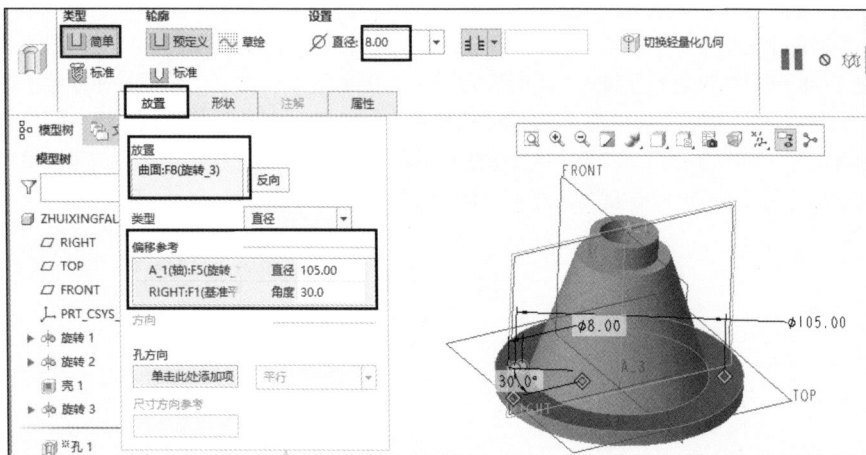

图 3-7-74

图 3-7-75

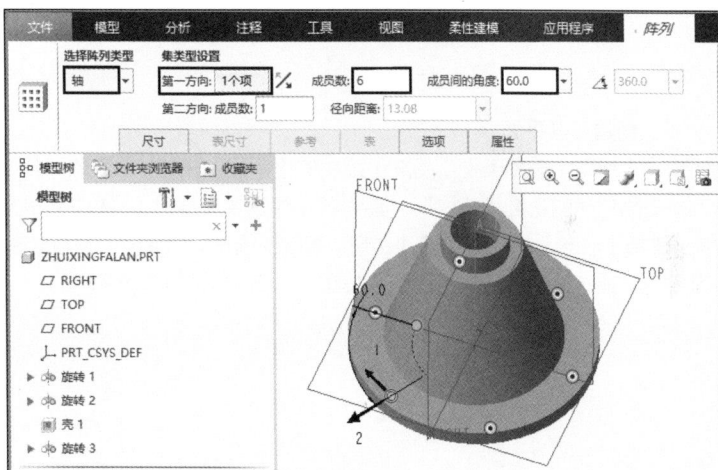

图 3-7-76

查看模型中阵列点位是否正确，确认无误后在设计面板中单击【确定】按钮 ✔，完成创建阵列特征，效果如图 3-7-77 所示。

（8）创建基准草绘

为创建倾斜凸台结构，需要先创建基准，为凸台倾斜方向和位置定位。创建基准使用【模型】选项卡【基准】组中的平面、轴、点、坐标系、草绘等基准创建工具，如图 3-7-78 所示。

图 3-7-77

图 3-7-78

单击【模型】选项卡上【基准】组中的【草绘】按钮 🖉，系统打开【草绘】对话框，选择【FRONT】基准平面作为草绘平面，单击【草绘】按钮进入草绘环境。

单击【草绘视图】按钮 🖳，在草绘环境中，单击【草绘】选项卡【基准】组中的【点】按钮 ×，绘制基准点，根据工程图中的尺寸为该点标注尺寸，距离下端面 50，距离锥体素线 12。然后在【草绘】选项卡中单击【基准】组中的【中心线】按钮 ┊，通过刚创建的基准点绘制一条基准轴线，且垂直于锥台的轮廓线，添加垂直约束来为轴线定位，如图 3-7-79 所示。检查图形无误后，单击【确定】按钮 ✓，完成基准草绘特征，退出草绘环境。刚创建的基准点 PNT0、基准轴线 A_10 在绘图区显示如图 3-7-80 所示。

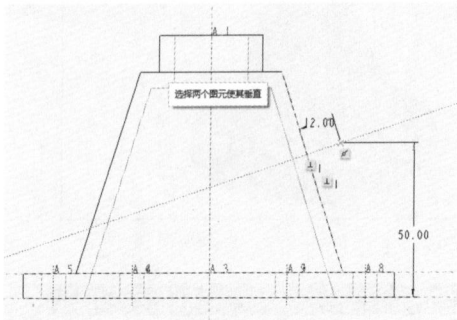

图 3-7-79

图 3-7-80

（9）创建基准平面

单击【模型】选项卡上【基准】组中的【平面】按钮 🗗，系统打开【基准平面】对话框，如图 3-7-81 所示，单击刚创建的基准点 PNT0，后面约束中选择【穿过】；按住 Ctrl 键单击刚创建的基准轴线 A_10，后面约束中选择【法向】，单击【确定】按钮。系统生成一个过点 PNT0 且与基准轴线 A_10 垂直的基准平面 DTM1。查看模型，确认无误后单击【确定】按钮 ✓，完成基准平面创建。

图 3-7-81

（10）创建拉伸特征 1

在【模型】选项卡的【形状】组中，单击【拉伸】按钮，启动拉伸命令，打开【拉伸】设计面板，如图 3-7-82 所示，单击【放置】标签，在弹出的下拉面板中单击【定义】按钮。

在弹出的【草绘】对话框中，将刚创建的基准平面 DTM1 设为草绘平面，如图 3-7-83 所示，单击【草绘】按钮，进入草绘环境。

单击【草绘视图】按钮 🖳，绘制拉伸草绘截面，如图 3-7-84 所示。注意：草绘图形中圆心与基准点 PNT0 重合，为便于捕捉到基准点，可以在【基准显示】选项卡中只选择【点显示】。检查图形无误后单击【确定】

按钮 ✔️ ，保存草绘并退出。

图 3-7-82

图 3-7-83

修改拉伸方式为 ⊥ （拉伸至与选定的曲面相交），在绘图区单击圆锥台外轮廓曲面，如图 3-7-85 所示。查看模型，确认无误后单击【确定】按钮 ✔️ ，完成建模。

图 3-7-84

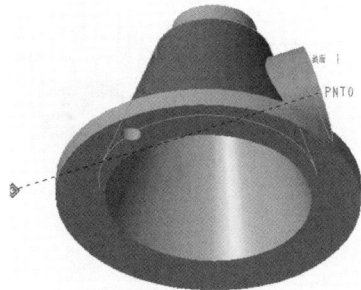

图 3-7-85

（11）创建拉伸特征 2

在【模型】选项卡的【形状】组中，单击【拉伸】按钮，启动拉伸命令，打开【拉伸】设计面板。单击【放置】标签，在弹出的下拉面板中单击【定义】按钮，弹出【草绘】对话框，单击刚创建的圆柱端面作为草绘平面，如图 3-7-86 所示，单击【草绘】按钮，进入草绘环境。

单击【草绘视图】按钮 ，绘制拉伸草绘截面，如图 3-7-87 所示。注意：草绘图形中圆心与基准点 PNT0 重合。单击【确定】按钮 ✔️ ，保存草绘并退出。修改拉伸深度值为 8，注意观察调整拉伸深度方向。查看模型，确认无误后单击【确定】按钮 ✔️ ，完成建模，效果如图 3-7-88 所示。

（12）创建孔特征

在【模型】选项卡的【工程】组中单击【孔】按钮，启动孔命令，打开【孔】设计面板。在【孔】设计面板的【类型】中选择【简单】，创建简单直孔，单击【放置】标签，打开【放置】下拉面板，单击刚创建好的拉伸特征端面作为放置参考面，在【类型】下拉列表中选择【同轴】，按住 Ctrl 键添加选择圆柱轴线，设置孔直径为 30，设置孔的深度方式为 ⊥（钻孔至与选定的曲面相交），如图 3-7-89 所示。查看模型，确认无误后单击【确定】按钮 ✓，完成建模，效果如图 3-7-90 所示。

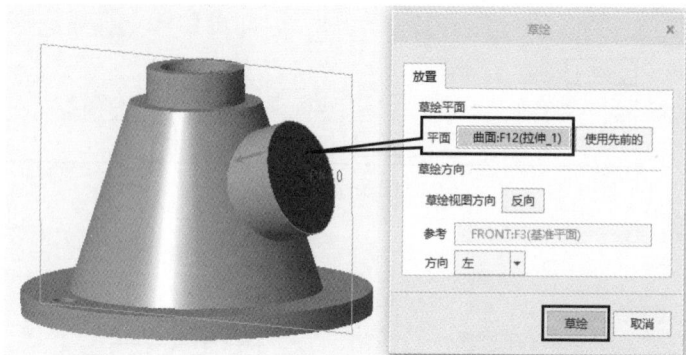

图 3-7-86

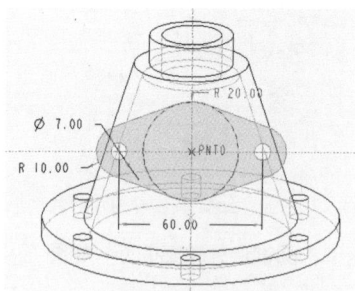

图 3-7-87

图 3-7-88

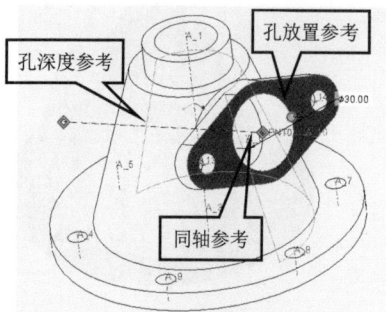

图 3-7-89

图 3-7-90

3.7.3　课堂案例三　直齿圆柱齿轮零件建模

齿轮作为机器和仪器中最普遍的传动元件，广泛应用于变换动力、转速及方向。其种类包括圆柱齿轮、圆锥齿轮、蜗轮蜗杆等，并且齿轮及其齿形已实现标准化，其中典型齿廓为易用数学方程式表达的渐开线。

1. 任务下达

参照图 3-7-91 所示齿轮工程图样，创建直齿圆柱齿轮零件模型。

2. 任务解析

本案例的直齿圆柱齿轮，本质上是一个可旋转的零部件；主体结构可通过旋转命令构建，而渐开线齿

直齿圆柱齿轮
零件建模

廓的建模则是整个齿轮建模的核心环节。本案例中，渐开线的三维模型通过参数化、关联关系和数学方程精确创建。

模数m	8
齿数z	20
齿形角α	20°
齿顶高系数h_a^*	1

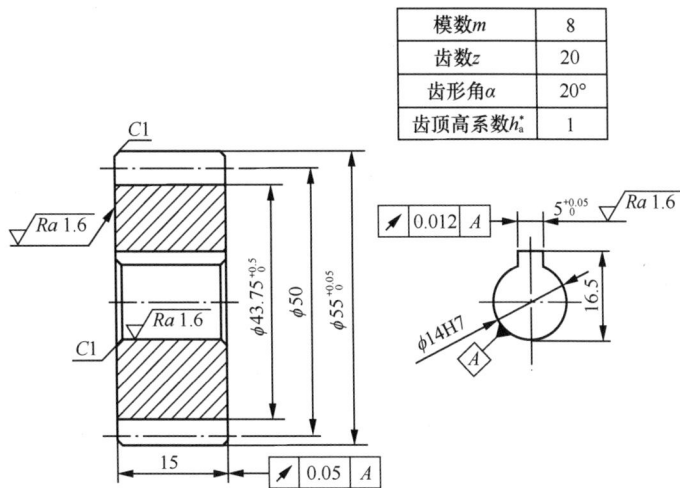

图 3-7-91

3. 任务实施

（1）新建"congdongchilun"文件

在【主页】选项卡中单击【新建】按钮，系统弹出【新建】对话框，在【类型】中选择【零件】，在【子类型】中选择【实体】，输入文件名为"congdongchilun"，取消勾选【使用默认模板】复选框，单击【确定】按钮，在【新文件选项】对话框中选择"mmns_part_solid"（公制）模板，单击【确定】按钮，如图 3-7-92 所示，完成"congdongchilun"零件文件的创建，系统进入零件设计环境。

图 3-7-92

（2）设置参数

为严格按照工程图中齿轮的参数进行建模，须在建模前完成参数设置。

单击【工具】选项卡【模型意图】组中的【()参数】按钮，弹出【参数】窗口，如图 3-7-93 所示，单击窗口左下角的【+】按钮，添加参数【名称】和参数【值】分别为：模数 m =2.5；齿数 z =20；B =15，α(alpha)=20（参数输入不区分大小写，无论输入大写或小写，系统显示均为大写），单击【确定】按钮完成参数设置。

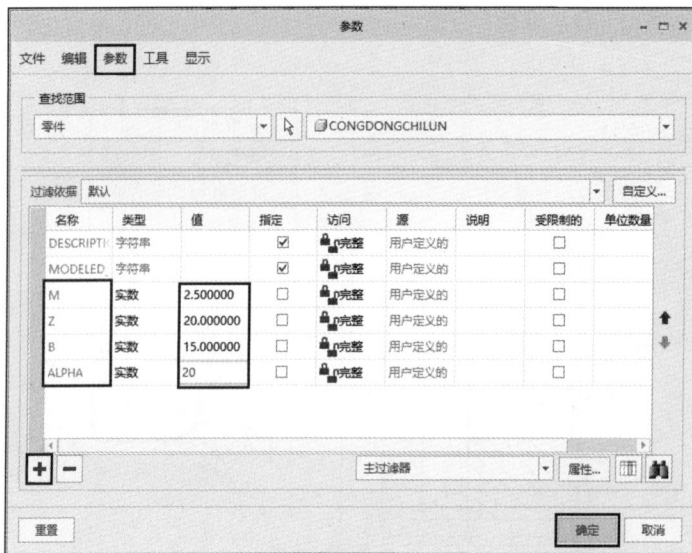

图 3-7-93

（3）创建旋转特征

在【模型】选项卡的【形状】组中，单击【旋转】按钮，如图 3-7-94 所示，启动旋转命令，打开【旋转】设计面板，如图 3-7-95 所示。

图 3-7-94

图 3-7-95

单击【放置】标签，在弹出的下拉面板中单击【定义】按钮，弹出【草绘】对话框。将绘图区中【FRONT】基准平面作为草绘平面，如图 3-7-96 所示，单击【草绘】按钮，进入草绘环境。

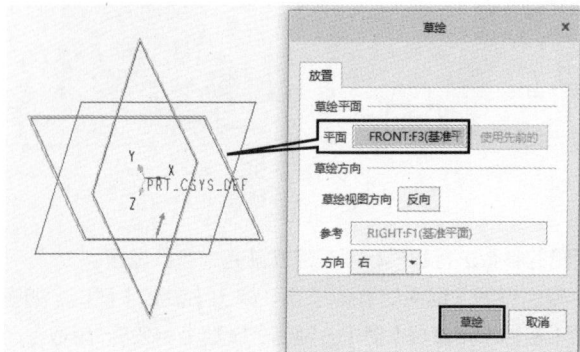

图 3-7-96

单击【草绘视图】按钮 ⌘，绘制旋转草绘截面，如图 3-7-97 所示。单击【确定】按钮 ✔，保存草绘并退出。旋转角度默认为 360°，查看模型，确认无误后单击【确定】按钮 ✔，完成建模，效果如图 3-7-98 所示。

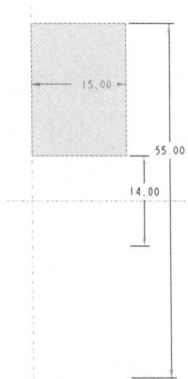

图 3-7-97

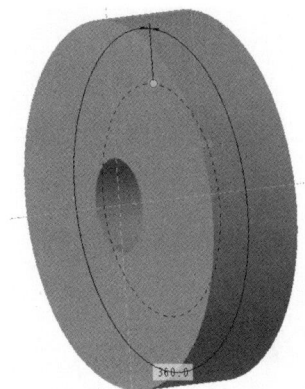

图 3-7-98

（4）创建倒角特征

在【模型】选项卡的【工程】组中，单击【倒角】按钮，启动倒角命令，打开【边倒角】设计面板，如图 3-7-99 所示，【设置】选择【D×D】，选择刚创建的圆柱外圆轮廓，设置【D】为 1。查看模型，确认无误后单击【确定】按钮 ✔，完成建模，效果如图 3-7-100 所示。

图 3-7-99

（5）设置关系

单击【工具】选项卡【模型意图】组中的【d=关系】按钮 d= 关系，弹出【关系】窗口，此时在绘图区单击刚创建的基础特征（齿轮基本体），系统会显示各个尺寸的内部代码。分别为图上所示位置的尺寸添加关系"d2=m*z+m*2""d5=B"。（注意：内部代码是系统自动分配的，所以本书所配的图的尺寸代码不一定与读者所作一致，只需单击相应箭头处的尺寸代码并添加关系即可，不需要内部代码必须与本书一样。）如图 3-7-101 所示，单击【确定】按钮完成关系设置。

（6）创建拉伸特征 1

在【模型】选项卡的【形状】组中，单击【拉伸】按钮，打开【拉伸】设计面板，在设计面板中单击【移除材料】按钮，单击【放置】标签，在弹出的下拉面板中单击【定义】按钮，如图 3-7-102 所示。

在弹出的【草绘】对话框中，将【RIGHT】基准平面设为草绘平面，如图 3-7-103 所示，单击【草绘】按钮，进入草绘环境。

图 3-7-100

单击【草绘视图】按钮 ⌘，绘制拉伸草绘截面，如图 3-7-104 所示。单击【确定】按钮 ✔，保存草绘并退出。拉伸方式修改为 ⊒ᵢ（拉伸穿透所有曲面），查看模型，如图 3-7-105 所示，确认拉伸方向与去除材料侧无误后，单击【确定】按钮 ✔，完成建模。

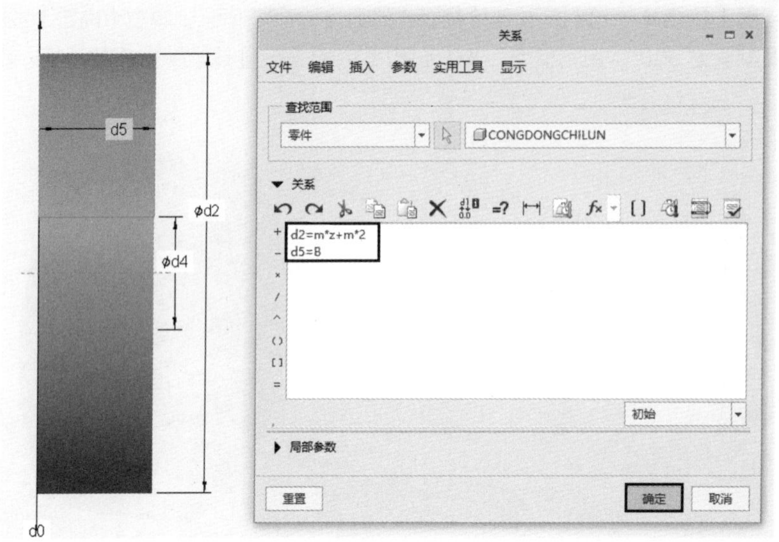

图 3-7-101

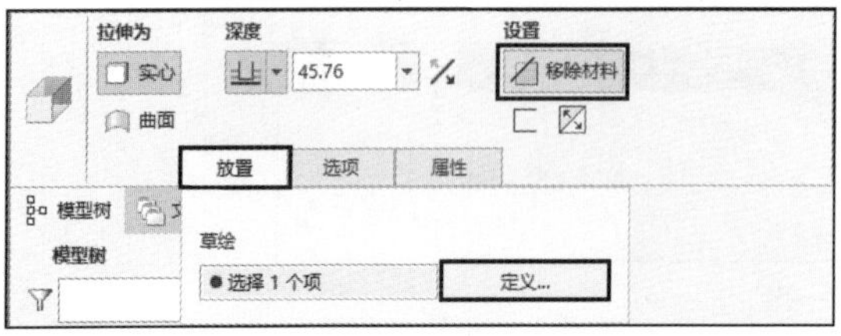

图 3-7-102 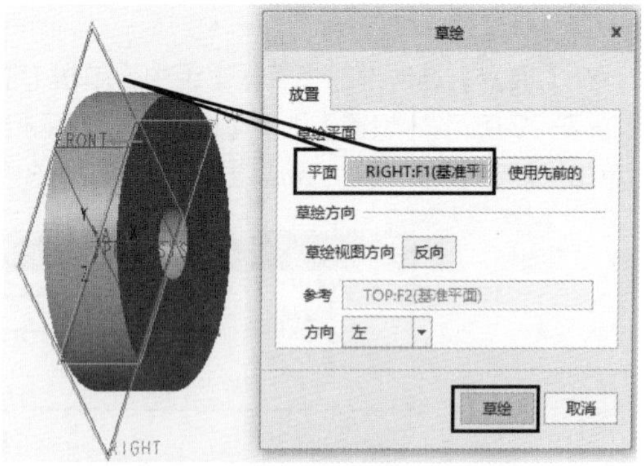   图 3-7-103

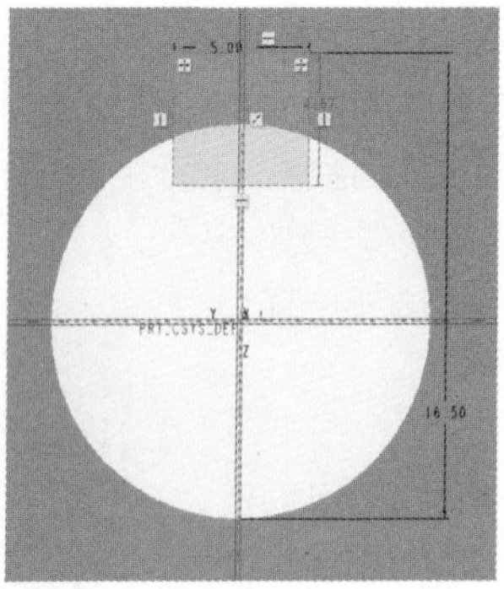

图 3-7-104 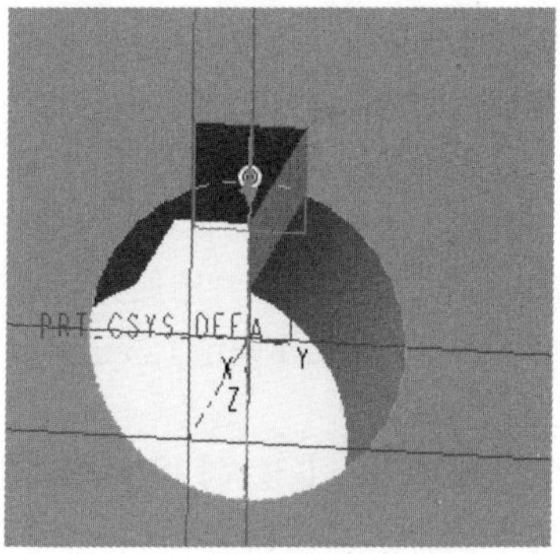   图 3-7-105

（7）创建轮齿基准曲线

在【模型】选项卡的【基准】组中，单击【草绘】按钮 ～，弹出【草绘】对话框，选择【RIGHT】基准平面作为草绘平面，单击【草绘】按钮进入草绘环境。

单击【草绘视图】按钮 ⬚，单击【同心圆】按钮 ◎，以坐标原点为圆心绘制 4 个直径不等的同心圆（尺寸大小无关）。单击【工具】选项卡【模型意图】组中的【d=关系】按钮，在弹出的【关系】窗口中输入关系式

"sd0=m*(z+2)" "sd1=m*z" "sd2=m*z*cos(alpha)" "sd3=m*(z-2.5)" "db=sd2" (sd0 为齿顶圆直径; sd1 为分度圆直径; sd2 为基圆直径; sd3 为齿根圆直径; db=sd2 属于关系驱动参数),如图 3-7-106 所示,完成关系设置,单击【关系】窗口中的【确定】按钮。

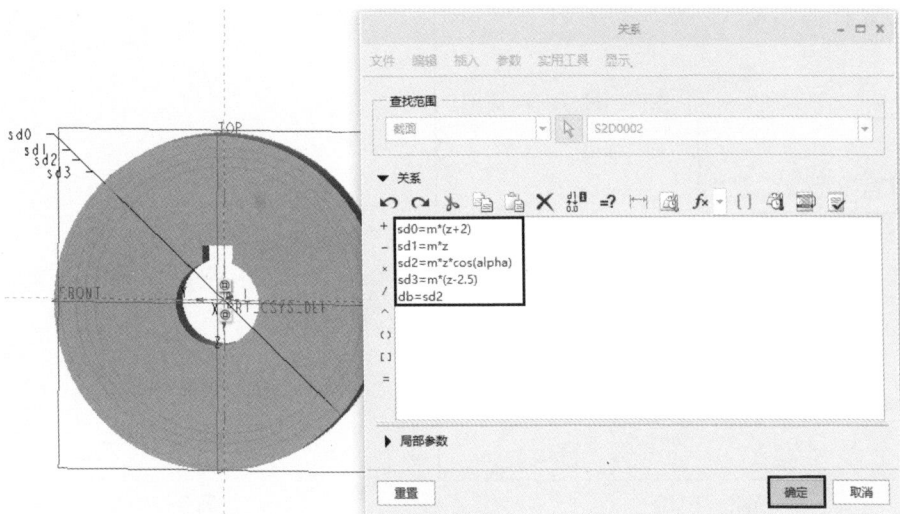

图 3-7-106

检查各部分尺寸无误后,单击【确定】按钮 ✔,完成草绘,效果如图 3-7-107 所示。

(8)创建渐开线

在【模型】选项卡的【基准】组中,单击【曲线】下的【来自方程的曲线】命令,如图 3-7-108 所示。

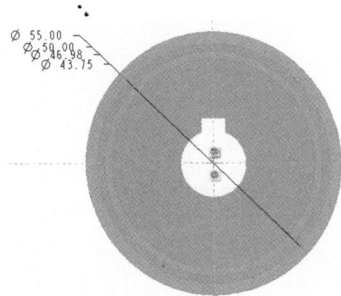

图 3-7-107

图 3-7-108

在弹出的【曲线: 从方程】设计面板中选择【笛卡儿】坐标系,并根据状态栏提示,在绘图区选择基准坐标系(也可以在模型树中选取),然后在设计面板中单击【方程】按钮,如图 3-7-109 所示。

图 3-7-109

在弹出的【方程】窗口中输入以下关系式(即渐开线方程)"r=db/2" "theta=t*60" "x=0" "y=r*cos(theta)+r*(theta*pi/180)*sin(theta)" "z=r*sin(theta)-r*(theta*pi/180)*cos(theta)",如图 3-7-110 所示。

单击【确定】按钮退出【方程】窗口。查看图线无误后，单击【确定】按钮 ✔，完成渐开线曲线的绘制，效果如图 3-7-111 所示。

图 3-7-110

图 3-7-111

（9）创建基准点

为完成一个完整的齿槽轮廓，需要创建一个基准点，即渐开线与分度圆的交点。单击【模型】选项卡【基准】组中的【点】按钮，弹出【基准点】对话框，【放置】选项卡中的【参考】选择框处于激活状态，单击刚创建的渐开线基准曲线，按住 Ctrl 键单击前面创建的分度圆基准曲线（$d_1 = \phi 50$），单击【基准点】对话框中的【确定】按钮，如图 3-7-112 所示，完成基准点 PNT0 的创建。

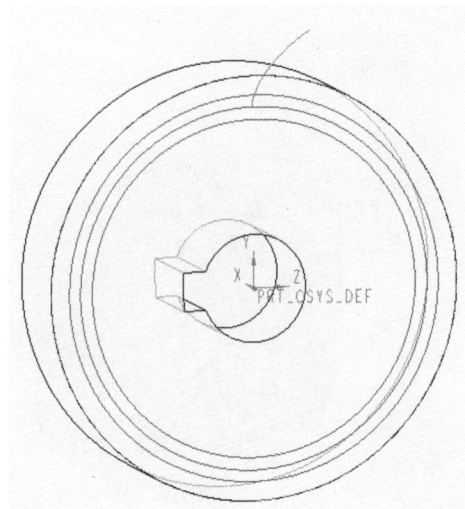

图 3-7-112

（10）创建基准曲面 1

单击【模型】选项卡【基准】组中的【平面】按钮，弹出【基准平面】对话框，【放置】选项卡中的【参考】选择框处于激活状态，单击刚创建的基准点 PNT0，按住 Ctrl 键单击齿轮轴线，设置约束为【穿过】，单击【基准平面】对话框中的【确定】按钮，如图 3-7-113 所示，完成基准平面 DTM1 的创建。

（11）创建基准曲面 2

单击【模型】选项卡【基准】组中的【平面】按钮，弹出【基准平面】对话框，【放置】选项卡中的【参考】选择框处于激活状态。单击齿轮轴线，设置约束为【穿过】；按住 Ctrl 键单击刚创建的基准平面 DTM1，设置约束为【偏移】，设置偏移角度为 4.5°（或 360°-4.5°=355.5°），以保证新创建的基准平面在齿槽的中间位置，单击【基准平面】对话框中的【确定】按钮，如图 3-7-114 所示，完成基准平面 DTM2 的创建。

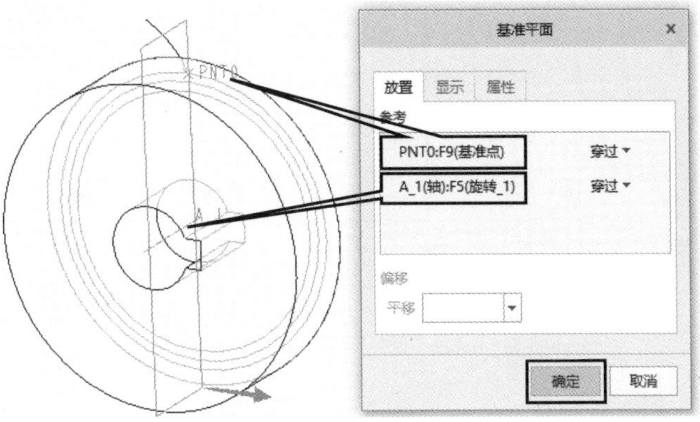

图 3-7-113

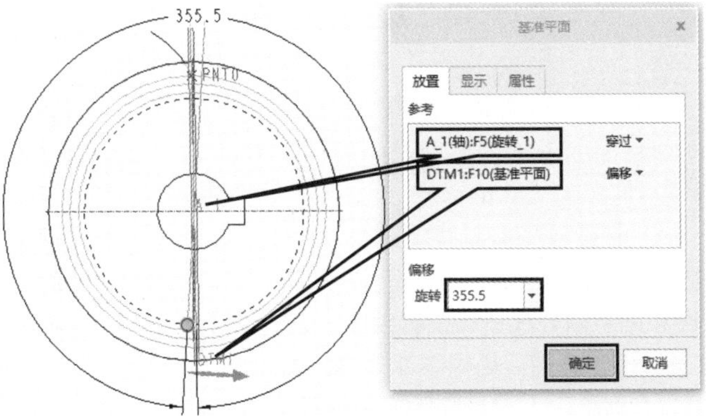

图 3-7-114

（12）创建渐开线镜像特征

选中已创建的渐开线，单击【模型】选项卡【编辑】组中的【镜像】按钮，弹出【镜像】设计面板，如图 3-7-115 所示。单击刚创建的基准平面 DTM2 作为镜像平面，单击【镜像】设计面板中的【确定】按钮 ✓，完成渐开线镜像特征创建，如图 3-7-116 所示。

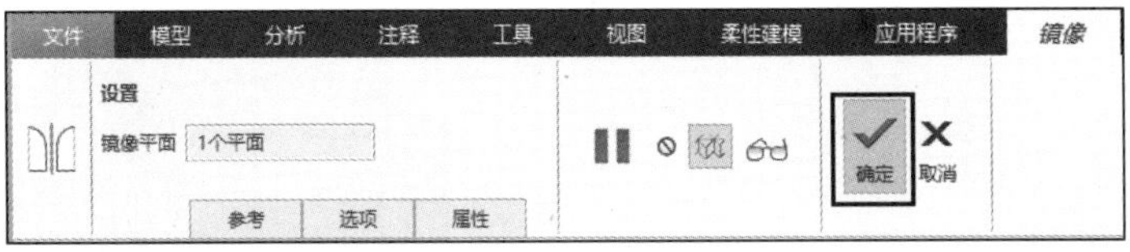

图 3-7-115

（13）创建拉伸特征 2

在【模型】选项卡的【形状】组中，单击【拉伸】按钮，打开【拉伸】设计面板，在设计面板中单击【移除材料】按钮，单击【放置】标签，在弹出的下拉面板中单击【定义】按钮，如图 3-7-117 所示。

在弹出的【草绘】对话框中，将【RIGHT】基准平面设为草绘平面，如图 3-7-118 所示，单击【草绘】按钮，进入草绘环境。

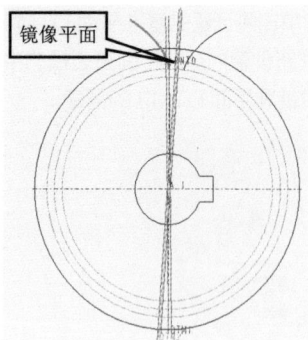

图 3-7-116

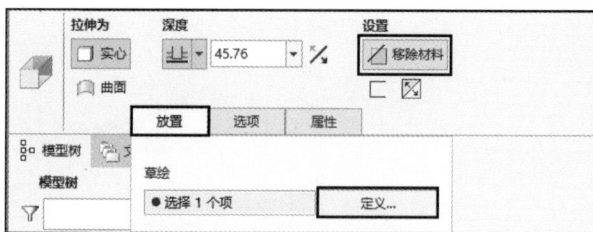

图 3-7-117

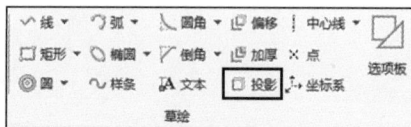

图 3-7-118

单击【草绘】组中的【投影】按钮 □，如图 3-7-119 所示，分别选择齿顶圆、齿根圆和两条渐开线进行投影绘图，单击【弧】按钮，画段弧延伸至基圆，代替基圆至齿根圆部分的齿廓曲线，然后单击【编辑】组中的【删除段】按钮删除多余线段。单击【确定】按钮 ✔，完成齿槽轮廓曲线绘制，效果如图 3-7-120 所示。

图 3-7-119

返回【拉伸】设计面板，调整拉伸方向，修改拉伸方式为 ╪╪（拉伸穿透所有曲面），效果如图 3-7-121 所示。查看模型，确认无误后单击【确定】按钮 ✔，完成一个齿槽建模。

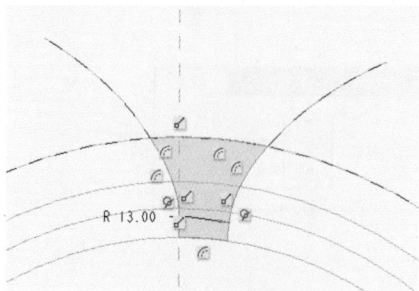

图 3-7-120

图 3-7-121

（14）创建圆角特征

在【模型】选项卡的【工程】组中，单击【倒圆角】按钮，如图 3-7-122 所示。启动倒圆角命令，打开设计面板，【设置】选择【D×D】，单击刚创建的齿根部棱线，设置倒圆角值为 0.5，查看模型，确认无误后单击【确定】按钮 ✔，完成建模，效果如图 3-7-123 所示。

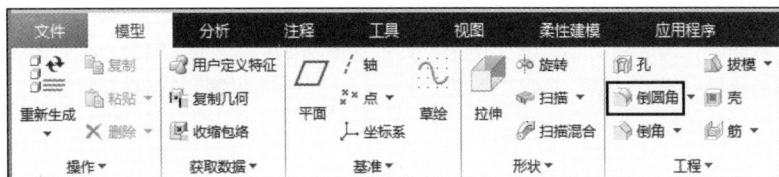

图 3-7-122

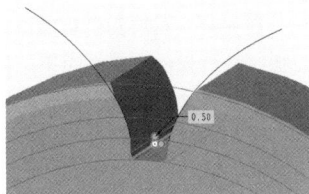

图 3-7-123

（15）阵列齿槽组

按住 Ctrl 键，在模型树中选择前面创建的拉伸齿槽特征和圆角特征，在弹出的快捷工具栏中单击【分组】按钮 🗐，如图 3-7-124 所示。创建一个 LOCAL_GROUP 组 🗐 组LOCAL_GROUP ，如图 3-7-125 所示。

图 3-7-124

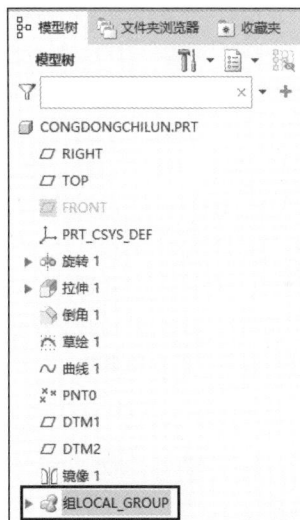

图 3-7-125

在模型树中选择刚创建的 LOCAL_GROUP 特征，单击【模型】选项卡【编辑】组中的【阵列】按钮，在打开的【阵列】设计面板中，在【选择阵列类型】下拉列表中选择【轴】，【集类型设置】的【第一方向】选择齿轮轴线，在【成员数】文本框中输入"20"（齿数），在【成员间的角度】文本框中输入"18.0"（360/20），如图 3-7-126 所示。

查看阵列效果，确认无误后，单击【确定】按钮 ✔，完成齿轮建模，效果如图 3-7-127 所示。

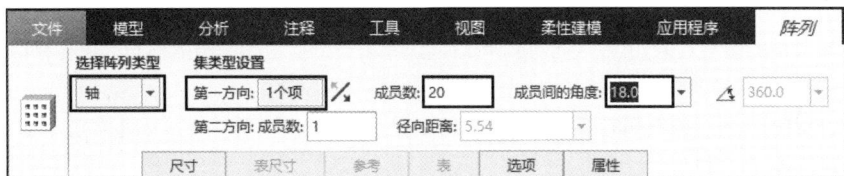

图 3-7-126

图 3-7-127

单击【保存】按钮，将模型保存在工作目录中。

3.7.4　知识点解析

在先前的课堂案例实操环节中，我们明显地观察到基准在零件建模过程中扮演着不可或缺的关键角色。不仅限于零件建模，基准对于创建复杂曲面、精准剖切零件以及确保装配准确性等同样具有重大意义。本节重点聚焦于零件建模环境，深入讲解基准平面、基准轴线、基准点、基准坐标系以及基准曲线等各类基准特征的创建方法和运用场景，以期能提供详尽的知识解析和操作指南。

1. 基准平面

基准平面是三维建模过程中使用频繁且关键的参照要素，它为所有二维草图元素（包括但不限于点、线和面）的创建提供了不可或缺的基础。在建模时，所有这些图形元素需通过在基准平面上精确绘制才能得以实现。此外，基准平面还作为参照依据广泛应用于诸如镜像、阵列、尺寸标注及装配等高级编辑操作中。

系统初始状态下预设了 3 个标准正交基准平面——前视面（FRONT）、顶视面（TOP）和右视面（RIGHT），以及一个默认的基准坐标系（PRT_CSYS_DEF）。然而，根据具体模型设计需求，用户可以自行添加定制的基准平面（如 DTM1、CTM2 等）和基准坐标系（如 CSO、CS1 等）以适应复杂的设计条件。

在零件建模过程中构建一般特征时，若当前模型上不具备适用的参考平面，设计师可灵活地新建基准平面来充当特征截面的草绘载体及其关联的参考平面。理论上讲，基准平面被视为无限延伸的单个面，并具有两侧性，其法线方向既可以指向正向，也可以指向反向。

创建基准平面的方法有以下几种。

（1）使用"点、线、面"创建基准平面

示例操作如下：打开文件"素材>CH03>zhizuo.prt"文件，单击【模型】选项卡【基准】组中的【平面】按钮，系统弹出【基准平面】对话框，如图 3-7-128 所示，对话框中【放置】选项卡处于激活状态，单击模型上边（参照边 1），按住 Ctrl 键选择模型端面（参照面 2），在【偏移】的【旋转】文本框中输入"45.0"，即可看到新创建的基准平面的预览图，单击【确定】按钮，完成基准平面 DTM1 的创建，效果如图 3-7-129 所示。

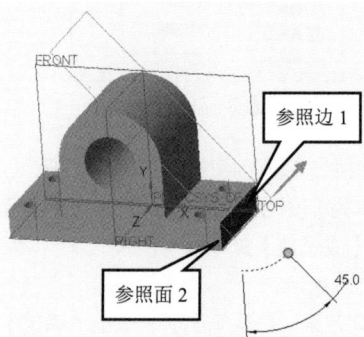

图 3-7-128　　　　　　　　　　　图 3-7-129

对于所选择的【放置】参考中的参考对象如点、线或面，可以通过单击一个参考后单击鼠标右键进行移除、全部移除、信息显示操作，如图 3-7-130 所示。

在所选择的【放置】参考中的参考对象右侧的下拉列表中，可以根据需要选择约束方式，如【穿过】、【法向】、【偏移】或【平行】，如图 3-7-131 所示。

切换至【显示】选项卡，如图 3-7-132 所示，进行法向设置（基准平面方向）和基准平面轮廓的调整。

（2）使用"偏移坐标系"创建基准平面

在"zhizuo.prt"文件中，单击【模型】选项卡【基准】组中的【平面】按钮，系统弹出【基准平面】

对话框，如图 3-7-133 所示，对话框中【放置】选项卡处于激活状态，在绘图区选择基准坐标系作为参考，可以创建一个基准平面，使其垂直于该参考坐标系中的 X 轴（根据需要可在【平移】下拉列表中选择【X】、【Y】、【Z】，以确定基准平面的方向），在【偏移】的【平移】文本框中输入偏离坐标原点的距离 50，单击【确定】按钮，即可看到新创建的基准平面的预览图，如图 3-7-134 所示。单击【确定】按钮，完成基准平面 DTM2 的创建。

图 3-7-130

图 3-7-131

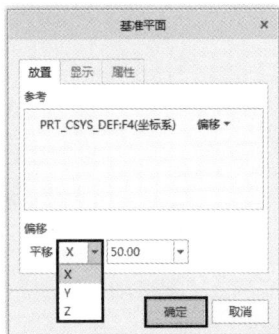

图 3-7-132　　　　图 3-7-133

图 3-7-134

（3）使用"偏移"创建基准平面

在"zhizuo.prt"文件中，单击【模型】选项卡【基准】组中的【平面】按钮，系统弹出【基准平面】对话框，如图 3-7-135 所示，对话框中【放置】选项卡处于激活状态，在绘图区选择一个参考平面（可以是基准平面或立体表面），在【偏移】的【平移】文本框中输入偏移距离 30，单击【确定】按钮，即可创建一个新基准平面，该平面平行于参考平面，并与参考平面的偏距为 30，如图 3-7-136 所示。单击【确定】按钮，完成基准平面 DTM3 的创建。

图 3-7-135

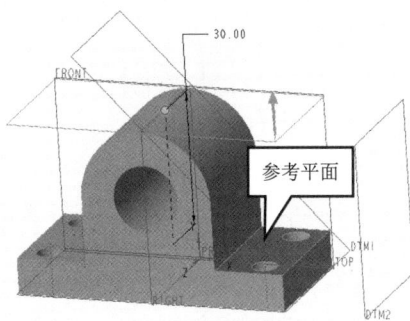

图 3-7-136

2. 基准轴

基准轴可作为创建三维数字模型的参考基准。由基准轴可以创建基准平面、放置其他几何和创建径向阵列或同轴阵列等，同时基准轴线可以确定几何的空间位置，可以作为标注尺寸的参照。

基准轴线可以通过两个基准点创建，也可以通过基准平面或模型表面的交线、轮廓创建。圆柱、回转体等特征在创建时系统会自动产生一个基准轴，根据模型的需求可以随时向模型添加基准轴（A_1、A_2 等）。

常见的创建基准轴的方法有以下 6 种。

（1）通过"边"创建基准轴

单击【模型】选项卡【基准】组中的【轴】按钮，弹出【基准轴】对话框，如图 3-7-137 所示，对话框中的【放置】选项卡处于激活状态，在绘图区选择模型的轮廓作为参考边，在参考对象右侧的下拉列表中选择【穿过】约束，单击【确定】按钮即可完成基准轴创建，如图 3-7-138 所示。

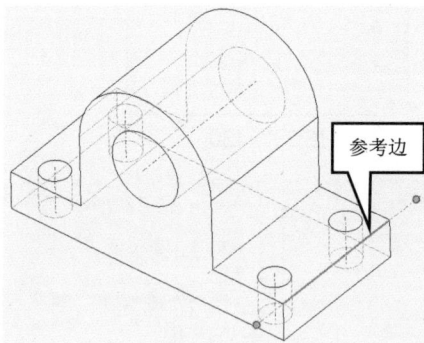

图 3-7-137　　　　　　　　　　图 3-7-138

（2）通过"两点"创建基准轴

单击【模型】选项卡【基准】组中的【轴】按钮，弹出【基准轴】对话框，如图 3-7-139 所示，对话框中的【放置】选项卡处于激活状态，在绘图区选择模型上的顶点 1，按住 Ctrl 键添加选择顶点 2，创建一条过这两个顶点的基准轴，单击【确定】按钮即可完成基准轴创建，如图 3-7-140 所示。

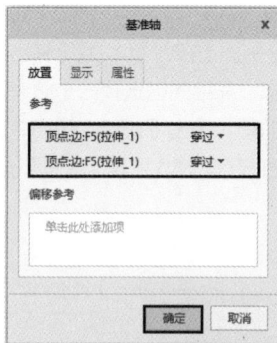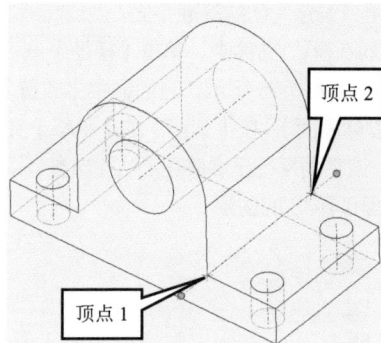

图 3-7-139　　　　　　　　　　图 3-7-140

（3）通过"垂直平面"创建基准轴

单击【模型】选项卡【基准】组中的【轴】按钮，弹出【基准轴】对话框，如图 3-7-141 所示，对话框中的【放置】选项卡处于激活状态，在绘图区选择模型前端面作为参考平面，在参考对象右侧的下拉列表中默认选择【法向】约束；需要依次拖动两个定位控制柄分别选择模型底面和零件侧面作为偏移参考，并在对应的文本框中输入偏移数值，分别是 8 和 30，单击【确定】按钮，即可完成基准轴创建，如图 3-7-142 所示。

图 3-7-141

图 3-7-142

（4）通过"过点且垂直平面"创建基准轴

单击【模型】选项卡【基准】组中的【轴】按钮，，弹出【基准轴】对话框，如图 3-7-143 所示，对话框中的【放置】选项卡处于激活状态，在绘图区（或模型树）选择【RIGHT】基准平面作为参考平面，在参考对象右侧的下拉列表中默认选择【法向】约束；按住 Ctrl 键添加选择零件模型前端面上的顶点作为点参考，单击【确定】按钮即可完成基准轴创建，如图 3-7-144 所示。

图 3-7-143

图 3-7-144

（5）通过"过圆柱"创建基准轴

单击【模型】选项卡【基准】组中的【轴】按钮，，弹出【基准轴】对话框，如图 3-7-145 所示，对话框中的【放置】选项卡处于激活状态，在绘图区选择底座孔回转面，单击【确定】按钮，即可创建通过孔旋转中心的基准轴，如图 3-7-146 所示。

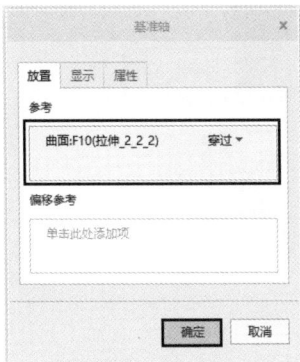

图 3-7-145

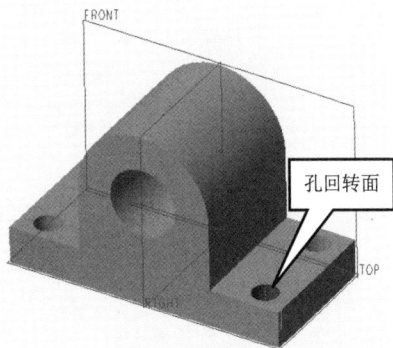

图 3-7-146

（6）通过"两相交平面"创建基准轴

单击【模型】选项卡【基准】组中的【轴】按钮 / ，弹出【基准轴】对话框，如图 3-7-147 所示，对话框中的【放置】选项卡处于激活状态，在绘图区选择底座前端面和【RIGHT】基准平面作为参考平面，单击【确定】按钮即可在两平面相交位置创建基准轴，如图 3-7-148 所示。

图 3-7-147

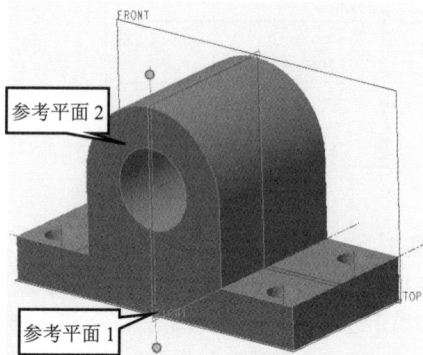

图 3-7-148

3. 基准点

基准点是创建三维数字模型的最基本元素，由点创建线、面，继而创建立体，即三维数字模型。基准点可以作为基准平面、基准轴和曲线的创建参考，也可以作为标注尺寸的参照。根据模型的需求可以随时向模型添加点，默认情况下，Creo 软件将一个基准点显示为叉号×，名称为 PNT0、PNT1、PNT2、…

基准点可以选择模型中的点、线、面作为参考来创建。常见的创建基准点的方法有以下 4 种。

（1）"在曲线/边线上"创建基准点

单击【模型】选项卡【基准】组中的【点】按钮 ×× ，弹出【基准点】对话框，对话框中【放置】选项卡的【参考】选择框处于激活状态，在绘图区选择模型的边线作为参考边。在【基准点】对话框中，先选择基准点的定位方式为【比率】（或【实际值】），输入基准点的定位基准数值即比率值 0.55（或实际长度值 16.5），单击【确定】按钮，即可在参考边上创建基准点 PNT0。采取比率方式创建基准点 PNT0 如图 3-7-149 所示，采取实际值方式创建基准点 PNT0 如图 3-7-150 所示。

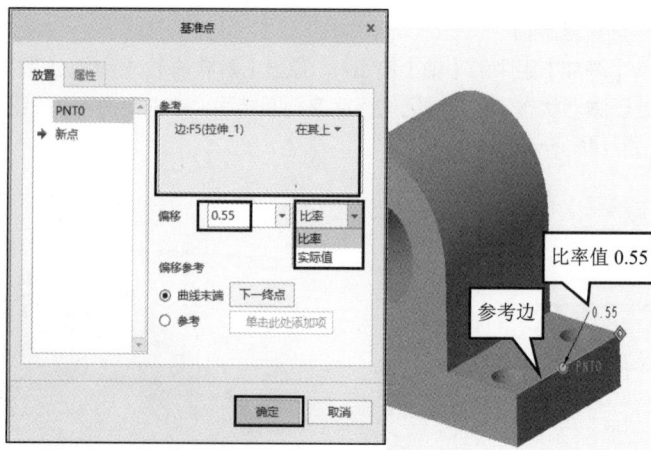

图 3-7-149

（2）使用模型"顶点"创建基准点

单击【模型】选项卡【基准】组中的【点】按钮 ×× ，弹出【基准点】对话框，对话框中【放置】选项卡的

【参考】选择框处于激活状态，在绘图区选择模型顶点作为参考点，系统即在此顶点处产生一个基准点 PNT1，如图 3-7-151 所示，单击【确定】按钮，即可在参考边上创建基准点 PNT1。

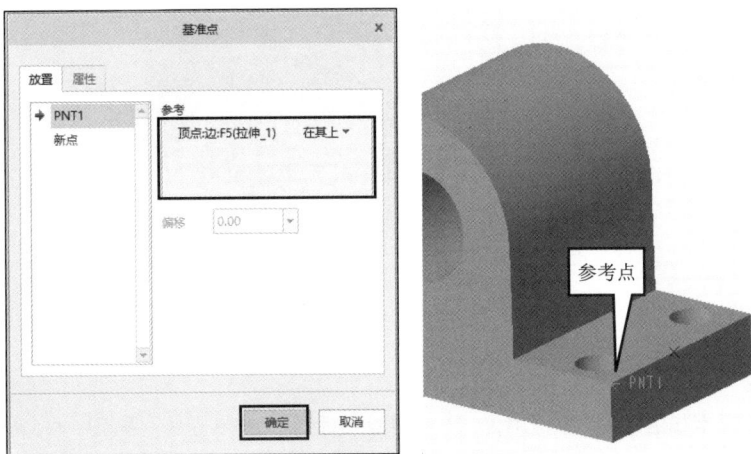

图 3-7-150

图 3-7-151

（3）"过中心点"创建基准点

"过中心点"方法可以在一条弧、一个圆或一个椭圆图元的中心处创建基准点。

单击【模型】选项卡【基准】组中的【点】按钮，弹出【基准点】对话框，如图 3-7-152 所示，对话框中【放置】选项卡的【参考】选择框处于激活状态，在绘图区选择模型中心孔轮廓作为参考边，如图 3-7-153 所示，在【基准点】对话框中参考边右侧的下拉列表中选择【居中】，单击【确定】按钮，即可在参考边上创建基准点 PNT2。

（4）使用"草绘"创建基准点

使用"草绘"创建基准点是在草绘基准曲线的过程中绘制一个基准点。

单击【模型】选项卡【基准】组中的【草绘】按钮，弹出【草绘】对话框，对话框中【放置】选项卡的【草绘平面】选择框处于激活状态，选择【FRONT】基准平面作为草绘平面，单击【草绘】按钮进入草绘环境；在【草绘】选项卡【基准】组中单击【点】按钮，在绘图区的草绘平面中绘制一个点，根据所需点的位置，标注尺寸，如图 3-7-154 所示。单击【确定】按钮，即可创建基准点 PNT3。

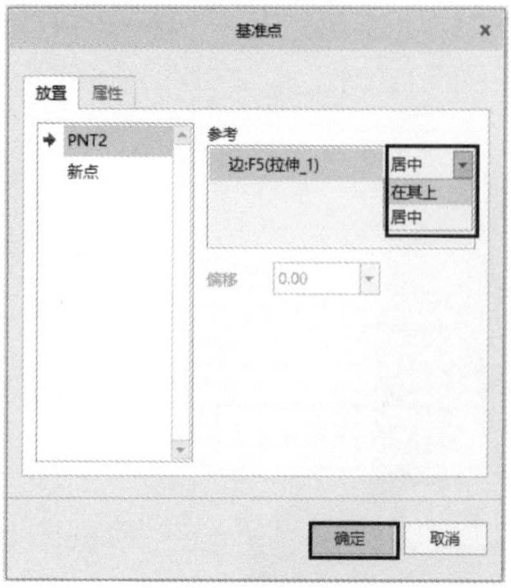

图 3-7-152

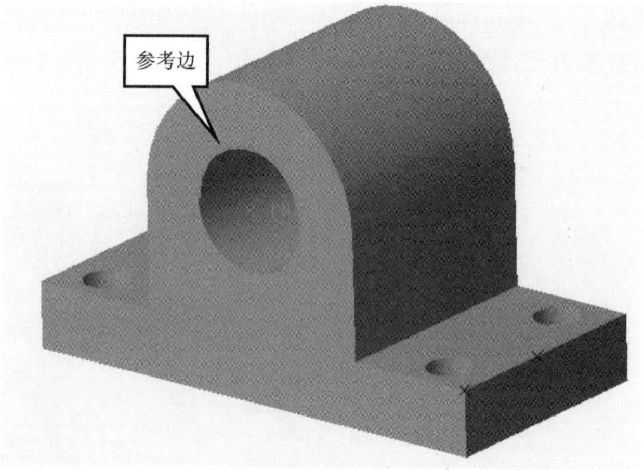

图 3-7-153

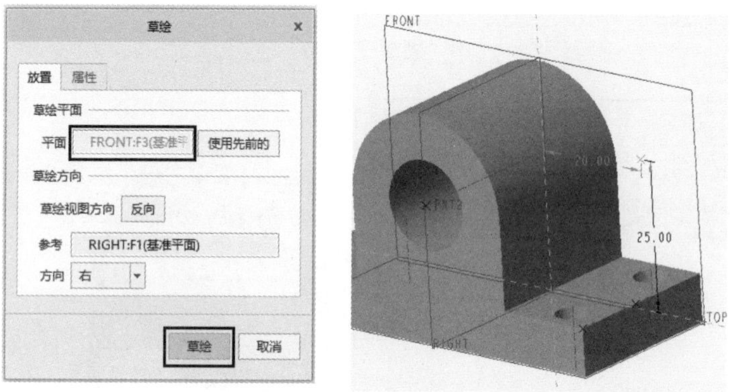

图 3-7-154

4. 基准坐标系

基准坐标系分为笛卡儿坐标系（系统用 x、y、z 表示坐标值）、柱坐标系（系统用 r、θ、Z 表示坐标值）和球坐标系（系统用 r、θ、ϕ 表示坐标值）3 种类型。

Creo 6.0 中多个基准坐标系命名为 CS0、CS1、…，基准坐标系可以添加到模型空间或模型上，可用于定义几何的空间位置，作为模型上几何的定位参考，在装配中建立坐标约束条件，辅助计算零件的质量、质心、和体积等，辅助建立有限元分析时的约束条件，作为模型加工时设定程序的原点等。

创建基准坐标系时，单击【模型】选项卡【基准】组中的【坐标系】按钮 ，弹出【坐标系】对话框，对话框中的【原点】选项卡处于激活状态，选择 3 个相交面（模型的表平面或基准平面均可），这些平面不必正交，其交点成为坐标原点，选定的第一个平面的法向定义一个轴的方向，第二个平面的法向定义另一个轴的大致方向，系统使用右手定则确定第三轴。如图 3-7-155 所示，第一个平面选择模型的前端面（参考平面 1），按住 Ctrl 键选择第二个平面即基准平面【RIGHT】（参考平面 2），按住 Ctrl 键选择第三个平面即模型底面（参考平面 3）。此时系统就创建了新的坐标系，字符 X、Y、Z 所在的方向即相应坐标轴的正方向，单击【确定】按钮完成基准坐标系 CS0 的创建。

修改坐标轴的位置和方向。在【坐标系】对话框中，切换至【方向】选项卡，在该选项卡中可以修改坐标轴的位置和方向，可为第一方向更换坐标轴，也可单击【反向】按钮，实现坐标轴正向与负向互换，如图 3-7-156 所示。

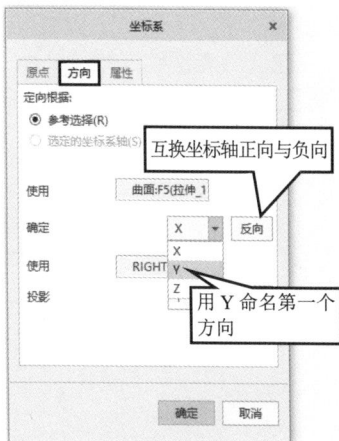

图 3-7-155　　　　　　　　　　　　　　图 3-7-156

5. 基准曲线

基准曲线可用于创建曲面和其他特征，或作为扫描轨迹，在三维数字模型创建中通过点的曲线应用较多。下面介绍两种创建基准曲线的方法：草绘基准曲线及通过点创建基准曲线。

（1）草绘基准曲线

草绘基准曲线的方法与草绘其他特征的方法相同。草绘曲线可以由一个或多个草绘段，以及一个或多个开放或封闭的环组成。但是将基准曲线用于其他特征，通常限定在开放或封闭环的单条曲线（也可以由许多段组成）。

在模型表面创建一条草绘基准曲线，操作步骤如下。

单击【模型】选项卡【基准】组中的【草绘】按钮 ，打开【草绘】对话框，选择草绘平面，单击【草绘】按钮进入草绘环境，单击【绘制样条曲线】按钮 样条，绘制一条样条曲线，单击【确定】按钮 ✔，完成基准曲线，退出草绘环境。效果如图 3-7-157 所示。

（2）通过点创建基准曲线

可以通过空间中的一系列点创建基准曲线，这些点可以是基准点、模型的顶点，以及曲线的端点。现在创建一条通过前期创建的 PNT0、PNT1、PNT2 和 PNT3 的基准曲线，操作步骤如下。

单击【模型】选项卡【基准】组的下拉按钮，在弹出的下拉菜单中单击 ∼ 曲线 后的下拉按钮 ，然后选择 ∼ 通过点的曲线 命令，如图 3-7-158 所示。

图 3-7-157

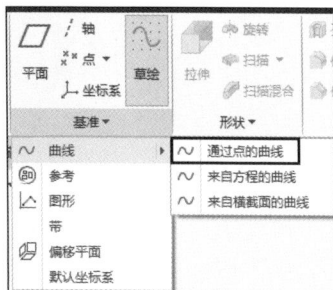

图 3-7-158

系统弹出【曲线：通过点】设计面板，在绘图区依次选取基准点 PNT0、PNT1、PNT2 和 PNT3 为曲线通过的点。

检查图线无误后，单击【曲线：通过点】设计面板中的【确定】按钮✔，完成基准曲线创建，如图 3-7-159
所示。

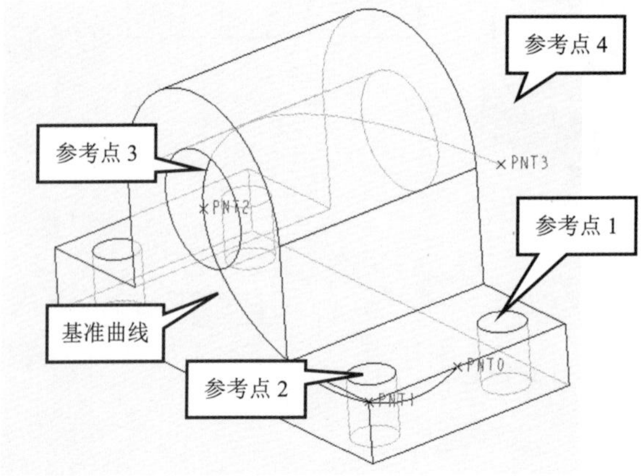

图 3-7-159

3.8 阵列

在建模过程中，通常会遇到零件中需要规律性或对称分布多个相同工程特征的情况（例如孔结构）。此时，
利用阵列等工具进行特征编辑操作是一种高效的设计策略，能够显著提升设计效率并确保零件结构的一致性和
准确性。

阵列工具是按照一定的排列方式对原始特征进行复制。阵列可分为多种，常见的有尺寸阵列、方向阵列、
轴阵列、填充阵列等。接下来，我们将逐一详细介绍这些广泛使用的阵列创建技术及其应用场景。

（1）尺寸阵列

尺寸阵列通过设定一个或多个驱动尺寸来控制阵列元素在指定方向上按照预设增量进行复制排列，从而创
建出具有规律变化特征的阵列。

现通过实际案例中的阵列操作来学习。打开素材>CH03>chicun.prt 文件，阵列操作矩形板上的小圆柱，
如图 3-8-1 所示。

图 3-8-1

创建尺寸阵列时，首先选择要阵列的原始特征即小圆柱，单击【编辑】组中的【阵列】按钮▦，打开【阵
列】设计面板，如图 3-8-2 所示，在【选择阵列类型】中默认选择【尺寸】阵列方式，在【集类型设置】下
方的【第一方向】处于激活状态时，在绘图区选择第一方向的阵列尺寸 25，成员数为 7；单击【第二方向】选
择框，在绘图区选择第二方向的阵列尺寸 20，成员数为 4。单击【尺寸】标签，并在【尺寸】下拉面板中，将

方向 1 阵列尺寸【增量】修改为 40；将方向 2 的阵列尺寸【增量】修改为 50；检查无误后，单击【确定】按钮✔完成特征阵列，如图 3-8-3 所示。

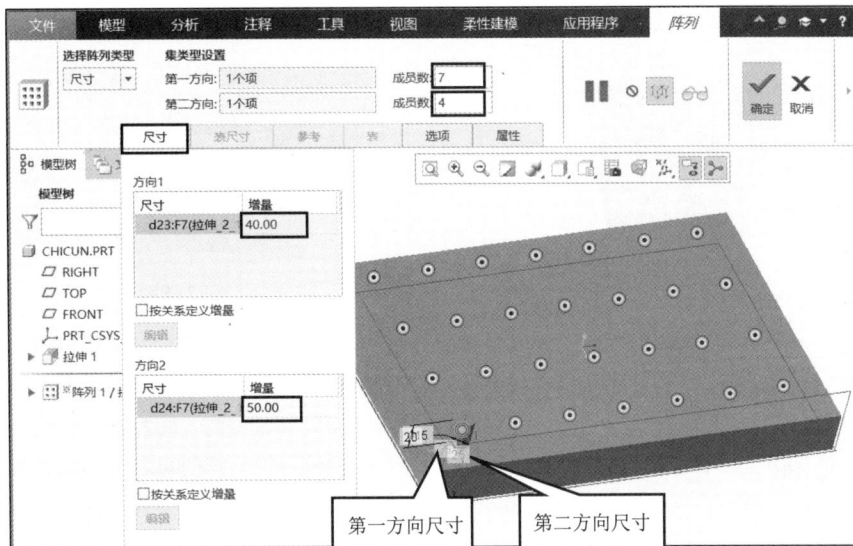

图 3-8-2

如果在【尺寸】下拉面板的【方向 1】中添加一个方向尺寸，如圆柱的高度，需要在激活【方向 1】选择框后，在按住 Ctrl 键的同时选择高度尺寸 20，修改增量为 5，如图 3-8-4 所示。单击【确定】按钮✔，完成阵列，如图 3-8-5 所示。如上操作，可在一个尺寸方向上添加多个方向尺寸，以创建更多样的阵列。

图 3-8-3

图 3-8-4

（2）方向阵列

方向阵列是利用模型中的直角边（平面或直线）或坐标轴作为导向参照，实现按预设方向规律分布的特征或实体阵列。

现通过实际案例中的阵列操作来学习。打开素材>CH03>fangxiang.prt 文件，阵列操作矩形板上的星星特征，如图 3-8-6 所示。

图 3-8-5 　　　　　　　　　　　　　　　　　　　图 3-8-6

创建方向阵列时，选择要阵列的原始特征即小星星，单击【编辑】组中的【阵列】按钮，打开【阵列】设计面板，如图 3-8-7 所示，在【选择阵列类型】下拉列表中选择【方向】选项，单击模型上第一方向的边（或坐标轴），若默认的阵列方向不符合要求，可单击方向调节按钮实现反向，输入阵列数即成员数 6，输入阵列间距 50，单击模型上第二方向的边（或坐标轴），输入成员数 4，输入阵列间距 50，检查阵列点位无误，单击【确定】按钮。完成方向阵列创建，如图 3-8-8 所示。

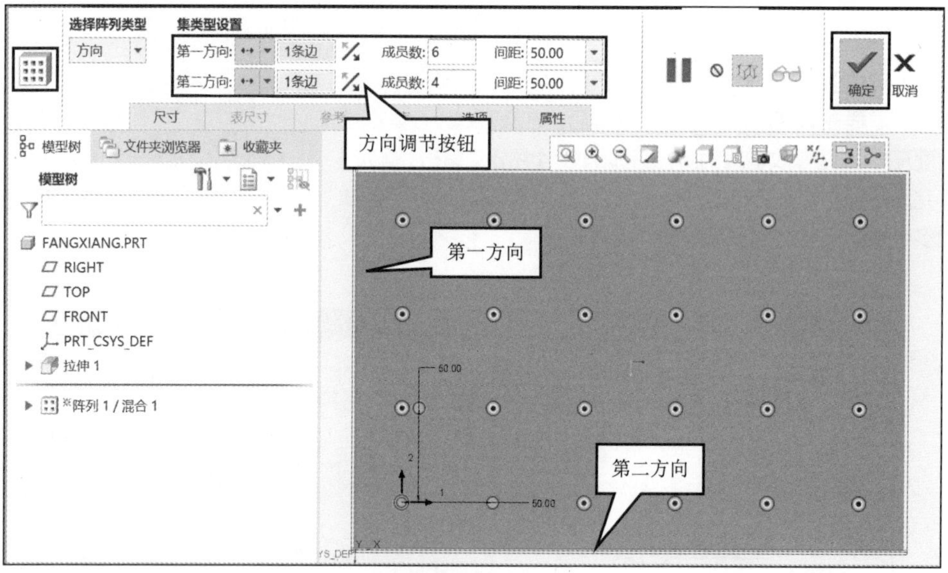

图 3-8-7

（3）轴阵列

轴阵列借助旋转轴或预设基准轴，依据设定的角增量和径向增量，实现特征沿轴线方向的有序复制排列。若在进行轴阵列时进一步引入轴向增量，则可以生成具有螺旋形态特征的复杂阵列结构，即螺旋阵列。

现通过实际案例中的阵列操作来学习。打开素材>CH03>zhouzhenlie01.prt 文件，阵列操作圆形板上的孔特征，如图 3-8-9 所示。

创建轴阵列时，选择要阵列的原始特征即孔，单击【编辑】组中的【阵列】按钮，打开【阵列】设计面板，如图 3-8-10 所示，在【选择阵列类型】下拉列表中选择【轴】选项，在绘图区选择 Y 轴作为基准轴，输入阵列数即成员数 6，设置阵列间的角度为 60°，单击【确定】按钮，完成轴阵列的创建，如图 3-8-11 所示。

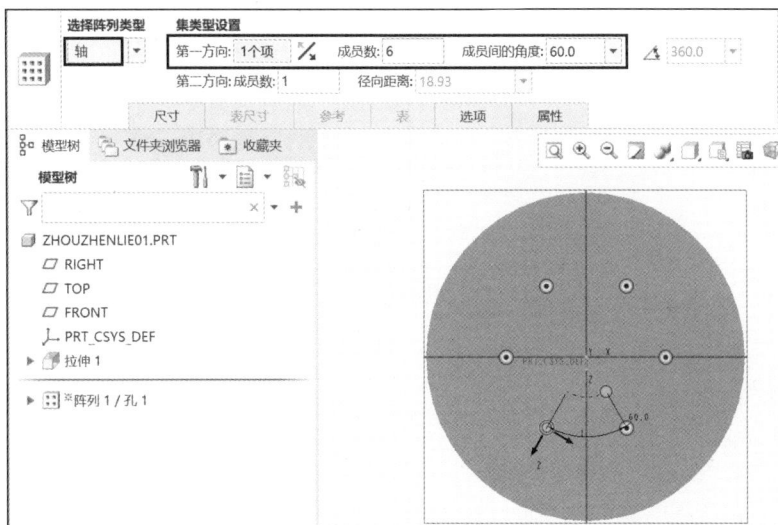

图 3-8-8   图 3-8-9

图 3-8-10

重新定义刚创建的阵列,在模型树中选择刚创建的阵列图标,如图 3-8-12 所示,在弹出的快捷工具栏中单击【编辑定义】按钮,重新打开【阵列】设计面板,如图 3-8-13 所示,在【阵列】设计面板中第二个方向的【成员数】文本框中输入数值 3,【径向距离】文本框中输入数值 15,查看阵列点位无误后,单击【确定】按钮✔,创建的轴阵列如图 3-8-14 所示。

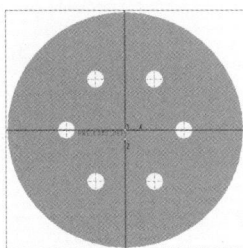

图 3-8-11

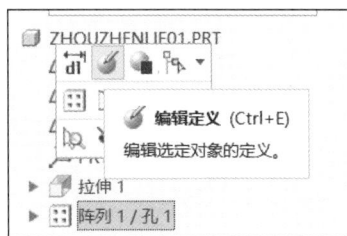

图 3-8-12

打开素材>CH03>zhouxuanzhuan.prt 文件,阵列操作圆形板上的五角星特征。

创建轴阵列时,可以单击【阵列】设计面板的【选项】标签,打开【选项】下拉面板,如图 3-8-15 所示,勾选或取消勾选【跟随轴旋转】复选框来设置阵列特征是否跟随轴旋转。取消勾选【跟随轴旋转】复选框,将不旋转特征,如图 3-8-16 所示;勾选【跟随轴旋转】复选框,将旋转特征,如图 3-8-17 所示。

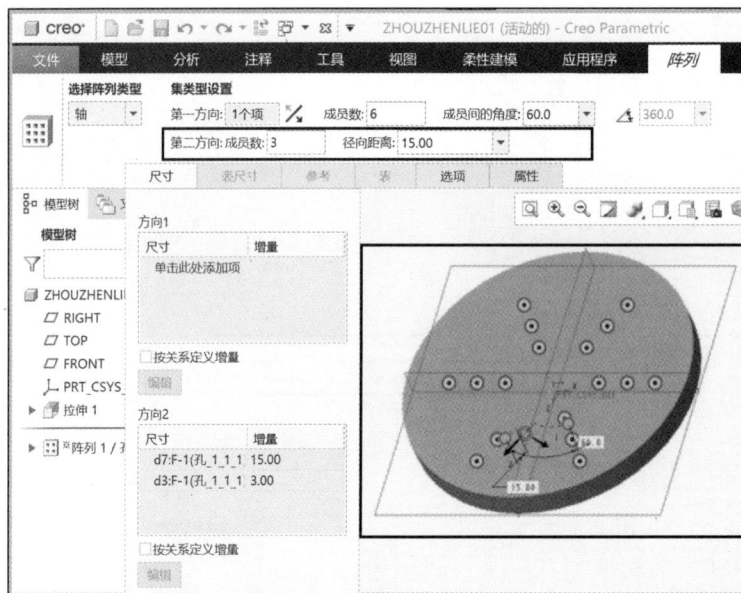

图 3-8-13

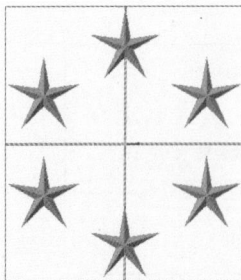

图 3-8-14

图 3-8-15

为阵列特征与旋转轴之间的距离（径向距离）添加增量，并且设置阵列特征随轴旋转，创建的轴阵列为平面螺旋形，如图 3-8-18 所示。

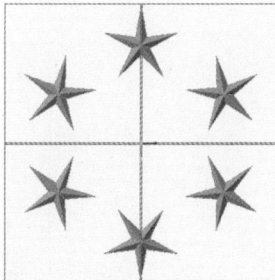

图 3-8-16　　　　　　　　　图 3-8-17　　　　　　　　　图 3-8-18

创建轴阵列时，需要添加阵列特征轴向增量，以创建旋转楼梯为例。练习时可参考文件：素材>CH03>xuanzhuanlouti.prt。

新建零件文件，进入零件建模环境，进行如下操作。

（1）创建旋转楼梯支撑主体。单击【旋转】按钮，选择【FRONT】基准平面作为草绘平面，绘制截面图形，如图 3-8-19 所示。完成旋转特征建模，如图 3-8-20 所示。

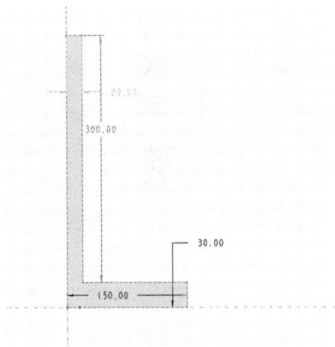

图 3-8-19

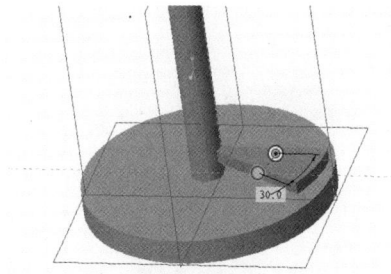

图 3-8-20

（2）创建旋转台阶。单击【旋转】按钮，选择【FRONT】基准平面作为草绘平面，绘制台阶横截面，如图 3-8-21 所示，设置旋转角度为 30°，单击【确定】按钮✔完成台阶建模，如图 3-8-22 所示。

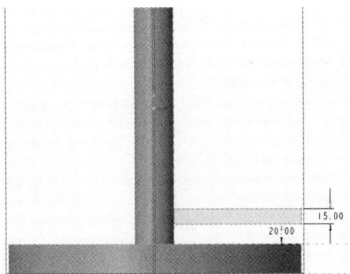

图 3-8-21

图 3-8-22

（3）阵列旋转楼梯。选择刚创建的旋转台阶，单击【阵列】按钮，打开【阵列】设计面板，如图 3-8-23 所示，在【选择阵列类型】下拉列表中选择【轴】选项，选择 Y 轴作为旋转中心轴，输入第一方向阵列数即成员数 15，设置阵列角度为 24°。单击【尺寸】标签，弹出【尺寸】下拉面板，在【方向 1】选项组选择楼梯沿轴向尺寸 20 作为参考，在【增量】文本框中输入尺寸值 20，单击【确定】按钮，完成旋转楼梯阵列，效果如图 3-8-24 所示。

图 3-8-23

（4）填充阵列

填充阵列，是指按照预设的排列规则，将某一特征精确地分布并填充到目标区域内，从而形成连续的、有序的阵列布局。这种阵列方式确保了选定区域被完全覆盖，并且特征之间的相对位置严格遵循所设定的规则。Creo 6.0 提供了 6 种形式的填充阵列，分别是方形、菱形、六边形、同心圆形、沿螺旋线和沿草绘曲线等。填充区域内，特征的间距和旋转角度可进行设置。填充阵列无须考虑初始特征的位置。

现通过实际案例中的阵列操作来学习，以方形填充阵列为例，打开素材>CH03>tianchong.prt 文件，阵列操作矩形板上的心形孔特征。

创建填充阵列时，选择要阵列的原始特征，如图 3-8-25 所示。单击【编辑】组中的【阵列】按钮，弹出【阵列】设计面板，如图 3-8-26 所示，在【选择阵列类型】下拉列表中选择【填充】选项，单击【参考】标签，打开【参考】下拉面板，单击【定义】按钮，弹出【草绘】对话框，选择矩形板上端面作为草绘平面，绘制填充区域草图，如图 3-8-27 所示，在【阵列】设计面板中设置阵列特征中心两两之间的间隔值为 30，设置阵列特征中心到草绘区域边界的距离为 20，设置阵列特征相对原点的旋转角度为 0，查看阵列点位无误后，单击【确定】按钮✔，完成填充阵列的创建，效果如图 3-8-28 所示。

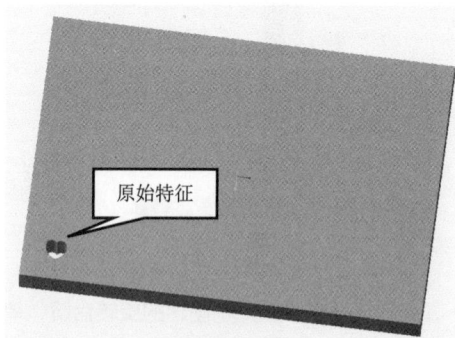

图 3-8-24   图 3-8-25

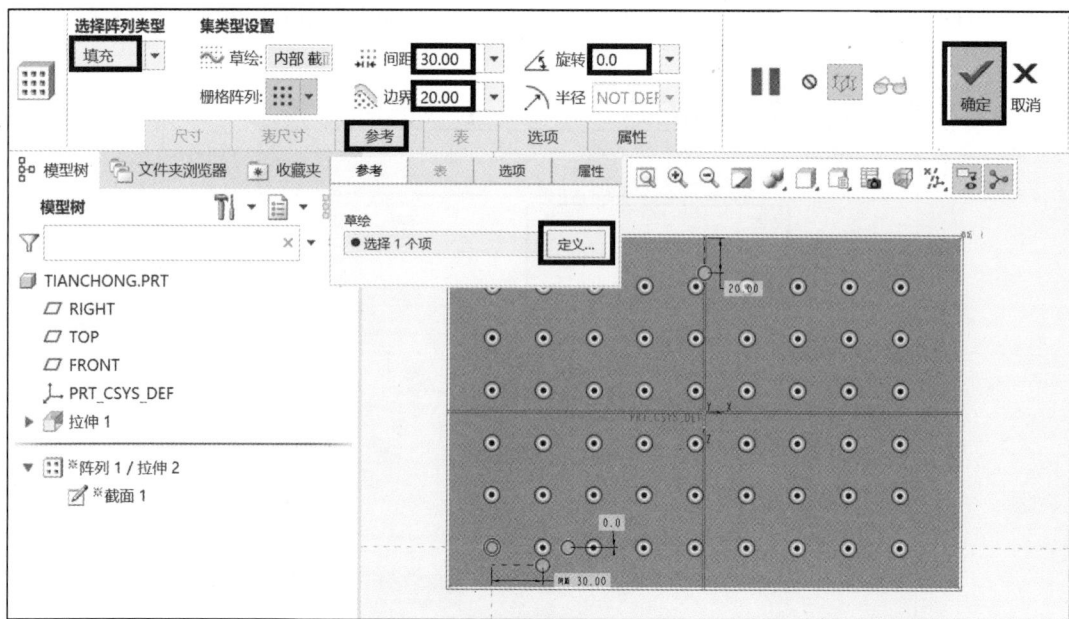

图 3-8-26

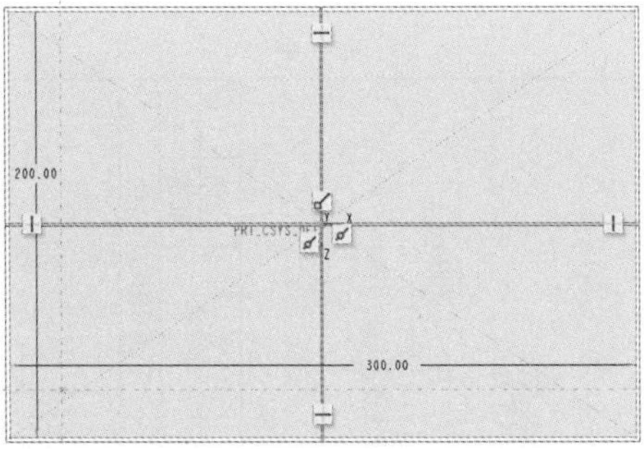

图 3-8-27

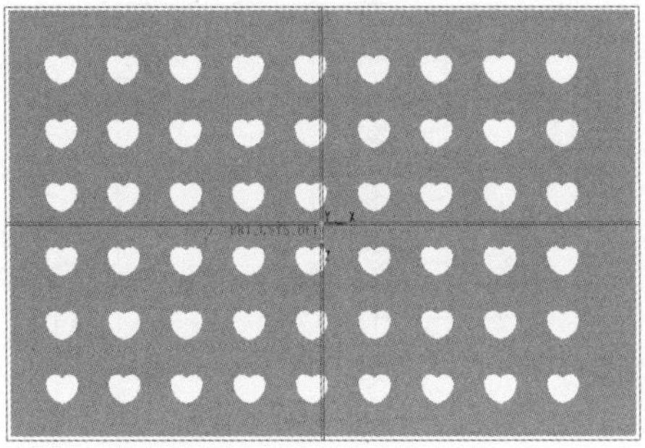

图 3-8-28

📖 提示

在进行阵列操作时有以下注意事项。

● 阵列特征的位置和大小可随设定的关系变化。

● 删除阵列特征时，原始特征也被删掉。如果要保留原始特征，应使用【删除阵列】命令。

● 阵列预览中的黑点代表阵列特征的位置，单击黑点使其变为白点，表示此位置不需要阵列特征。

● 阵列操作只能对单个特征进行。当阵列的特征有多个时，须将这些特征组合在一起进行阵列。

拓展阅读

数字化建模技术已经成为推动企业发展的重要动力，能有效地提升产品设计效率、优化生产过程、增强市场竞争力以及促进企业的创新与发展。例如：中国中车股份有限公司在高速列车的设计制造中，广泛运用了数字化建模技术。通过构建列车的数字化模型，能够在设计阶段就对列车的各项性能进行全面分析，从而确保列车在高速运行时的稳定性和安全性。此外，通过数字化建模实现了列车的轻量化设计，降低生产成本的同时提高了列车的运行效率。再如：三一重工股份有限公司在工程机械领域，通过数字化建模技术实现了产品的快速设计和优化。公司利用数字化建模软件对挖掘机、装载机等工程机械进行精确建模，通过模拟分析找出设计缺陷并进行改进，这不仅提高了产品的设计质量，还缩短了产品的上市时间，增强了市场竞争力。

随着技术的不断进步和应用场景的不断拓展，相信未来数字化建模技术将在更多领域发挥重要作用，为各领域产业的持续发展和创新提供强大支持。

3.9 巩固与练习

1. 根据图 3-9-1、图 3-9-2、图 3-9-3、图 3-9-4 所示手压阀的各零件工程图完成零件建模。

共4页

一、实体造型

①按照各零件图中所注尺寸生成11个零件的实体造型，并做适当润饰；阀体；销钉；开口销4×14；调节螺钉；胶垫；弹簧；阀杆；填料；手柄；螺套；球头。(标准件可用标准件库零件)

②用零件名称作为文件名保存在以考生姓名为名称的文件夹中。

二、曲面造型

按照手压阀中件6弹簧的尺寸要求，制作圆柱压缩弹簧曲面体，将弹簧体作为文件名保存在考生文件夹中。

三、装配

①按照手压阀的装配图，将生成的零件实体和弹簧曲面体装配成手压阀的装配体。

②生成爆炸图，拆卸顺序应与装配顺序相匹配。

③用装配体名称作为文件名保存在考生文件夹中。

四、根据手压阀装配体生成手压阀的二维装配图

①视图，在A3图纸上采用恰当的表达方法和适当的比例，完整、清晰地表达手压阀的装配图。

②标注尺寸，按装配图的要求标注尺寸，尺寸数字为2.5号字。

③技术要求，标注装配图中的序号，填写标题栏和明细栏等，汉字采用仿宋体，3.5号字。

④用装配体名称作为文件名保存在考生文件夹中。

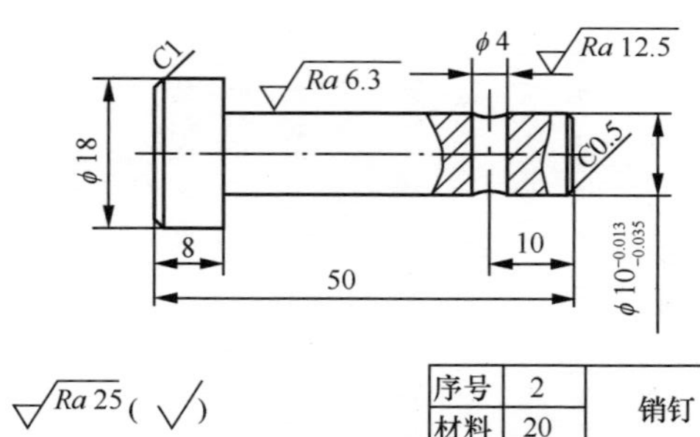

序号	2	销钉	比例	1:1
材料	20		重量	
件数	1	中国图学学会		

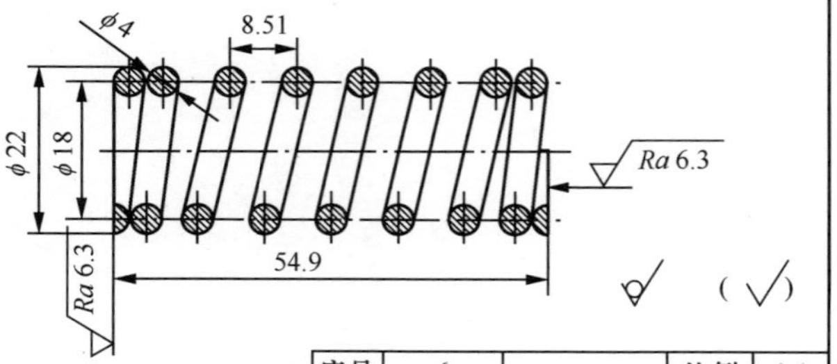

参数要求：
旋向　右
有效圈数 6
支撑圈　2.5
过渡圈　1.5
总圈数　8.5
展开长度 489

序号	6	弹簧	比例	1:1
材料	60CrVA		重量	
件数	1	中国图学学会		

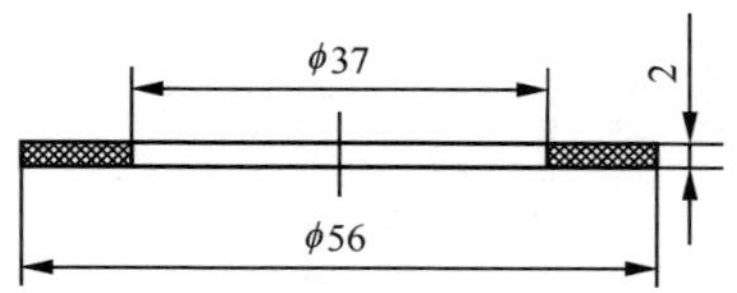

序号	5	胶垫	比例	1:1
材料	橡胶		重量	
件数	1	中国图学学会		

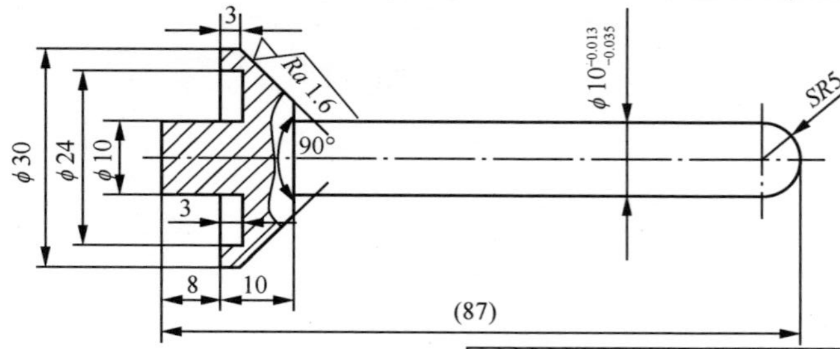

倒棱 C0.2　　Ra 12.5 (√)

序号	7	阀杆	比例	1:1
材料	45		重量	
件数	1	中国图学学会		

第1页

图 3-9-1

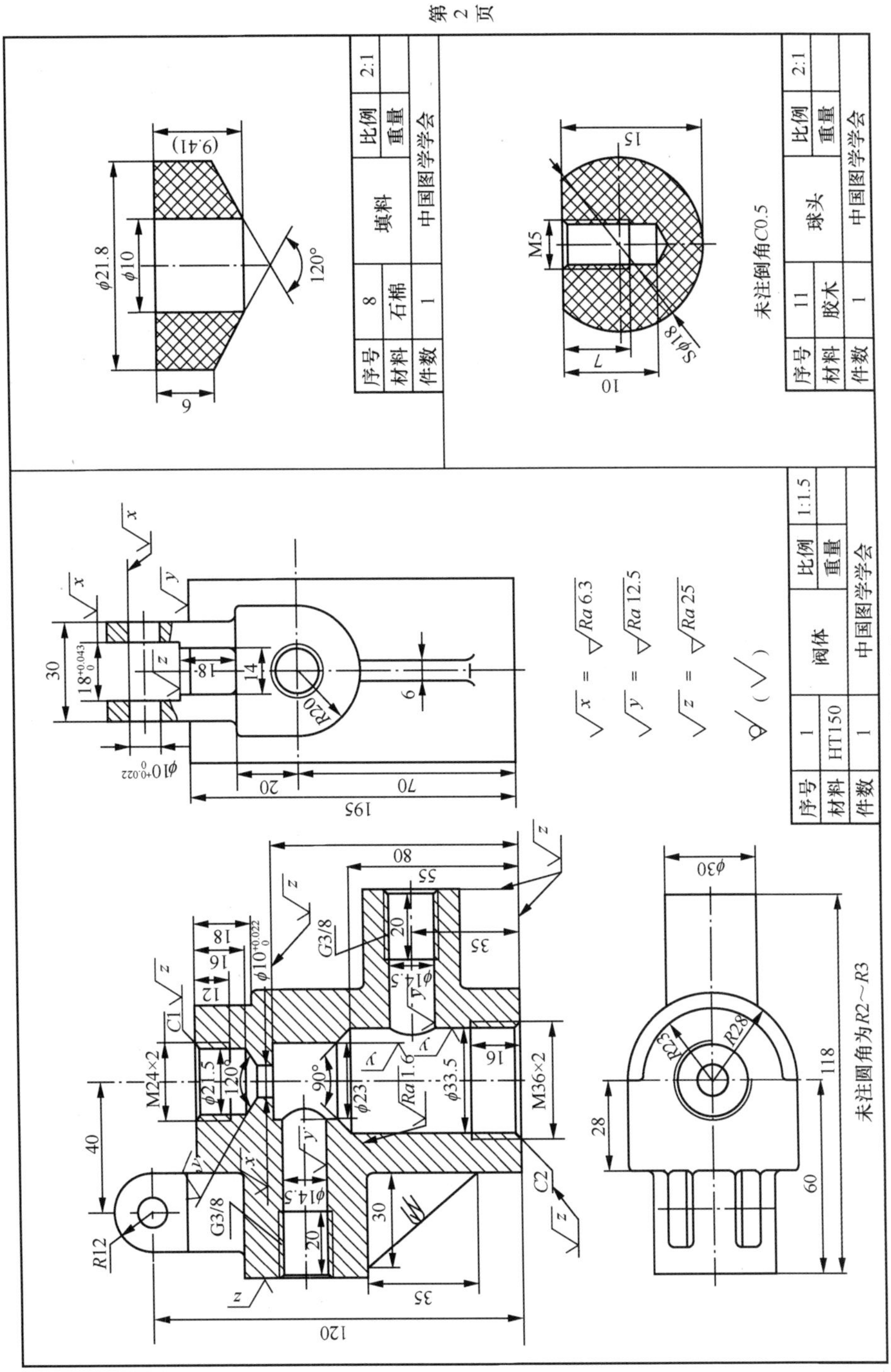

第 2 页

图 3-9-2

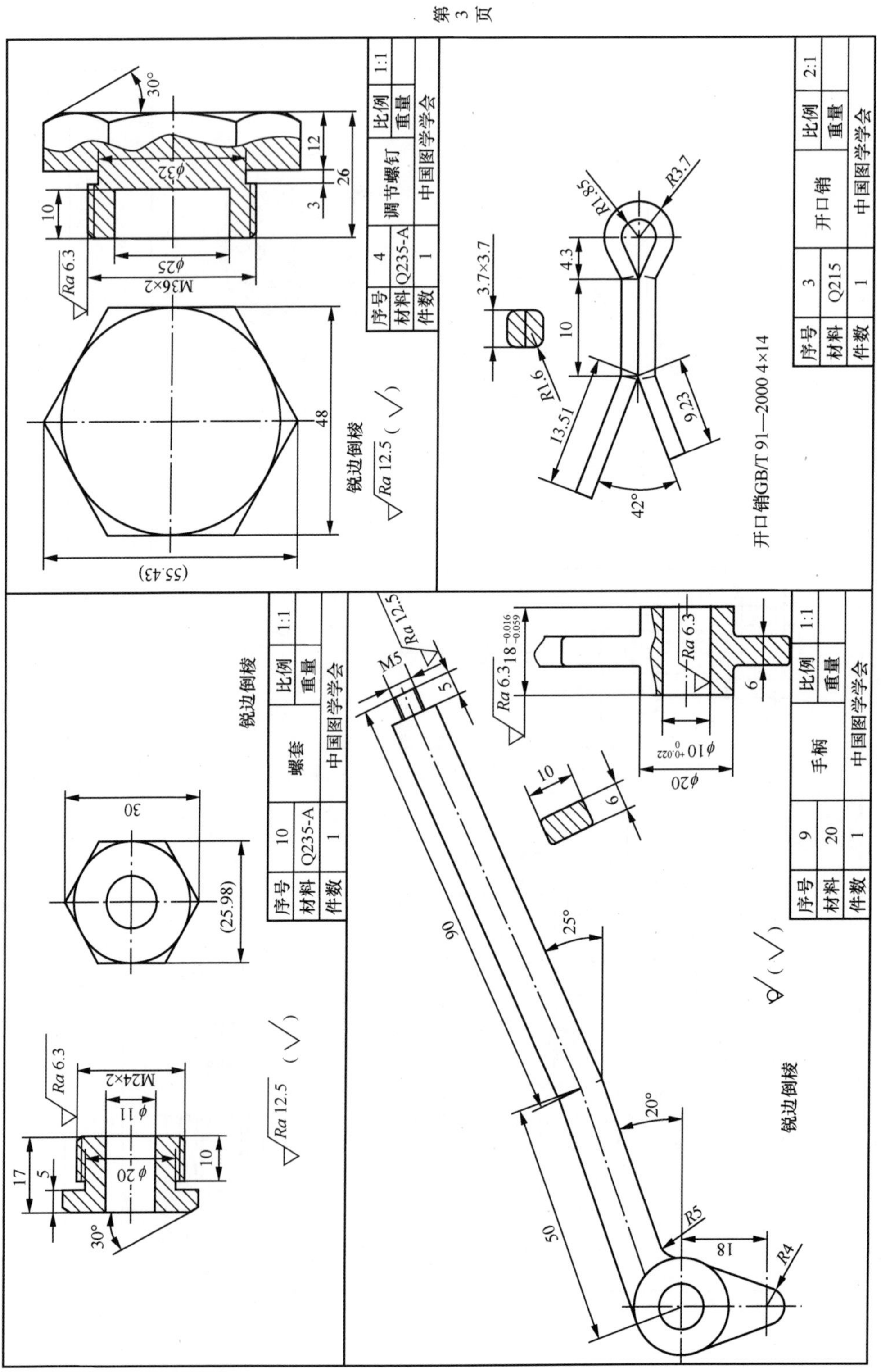
第 3 页
序号 4 调节螺钉 比例 1:1
材料 Q235-A 重量
件数 1 中国图学学会
锐边倒棱
Ra 12.5
Ra 6.3
M36×2
ϕ25
ϕ32
30°
12
26
3
10
48
(55.43)
序号 3 开口销 比例 2:1
材料 Q215 重量
件数 1 中国图学学会
开口销GB/T 91—2000 4×14
3.7×3.7
R1.6
R1.85
R3.7
4.3
10
9.23
13.51
42°
序号 10 螺套 比例 1:1
材料 Q235-A 重量
件数 1 中国图学学会
30
(25.98)
M24×2
ϕ11
ϕ20
17
5
10
30°
序号 9 手柄 比例 1:1
材料 20 重量
件数 1 中国图学学会
M5
5
90
50
25°
20°
R5
R4
18
ϕ20
ϕ10
6

图 3-9-3

第 4 页

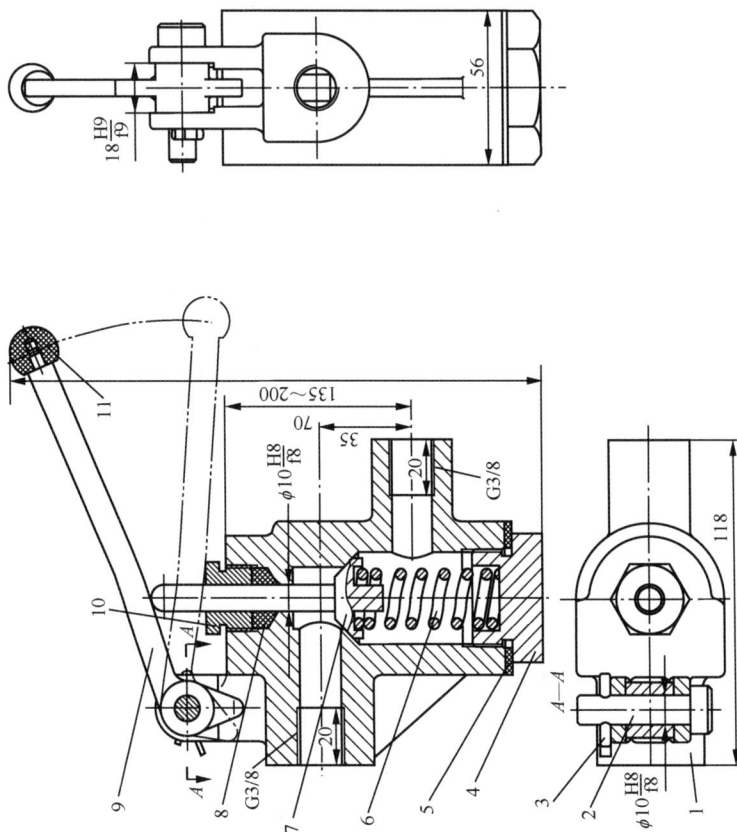

图 3-9-4

手压阀工作原理

手压阀是一种用于管路中接通和阻断液体或气体的手动阀门。当握住球头11向下压阀杆9时，手柄9下压阀杆7，弹簧6被压缩，阀杆7锥面与阀体锥面分离，液体通过；当松开球头11时，弹簧6伸长推动阀杆7上移，阀杆7锥面与阀体1内锥面贴合，阻断液体通过。

11	球头	1	胶木	
10	螺套	1	Q235-A	
9	手柄	1	20	
8	填料	1	石棉	
7	阀杆	1	45	
6	弹簧	1	60CrVA	
5	胶垫	1	橡胶	
4	调节螺钉	1	Q235-A	
3	开口销4×14	1	Q215	GBT 91-2000
2	销钉	1	20	
1	阀体	1	HT150	
序号	名称	数量	材料	备注
	手压阀			
制图		中国图学学会	比例 1:1.5	
审核			重量	

56

18 $\frac{H9}{f9}$

135~200
70
35
$\phi10\frac{H8}{f8}$
20
G3/8

118

A—A
$\phi10\frac{H8}{f8}$
20
G3/8

11
10
9
8
7
6
5
4
3
2
1
A

2. 根据图 3-9-5 所示零件工程图完成零件建模。

图 3-9-5

1. 工程制图绘制要求

①在完整、清晰、准确地表达零件形状结构的前提下，要求选择一组视图数量少、最简洁的表达方法。

②零件图的绘制必须执行最新颁布的国家标准，视图可采用规定的简化画法（尺寸箭头不能采用简化画法）。

2. 试题说明

(1)零件名称：外盖，材料：HT150。

(2)在所绘制的零件图中标注以下形位公差。

①以外盖底面为基准 D，$\phi60H8$ 孔的轴线相对于基准面 D 的垂直度公差为0.01。

②以 $\phi60H8$ 孔的轴心线为基准 E，$M14\times1.5-7H$ 的轴心线相对基准 E 的同轴度公差为0.02。

技术要求

1. 铸件不许有缩孔或砂眼。

2. 铸造圆角 $R2\sim R3$。

3. 未注倒角 $C0.5$。

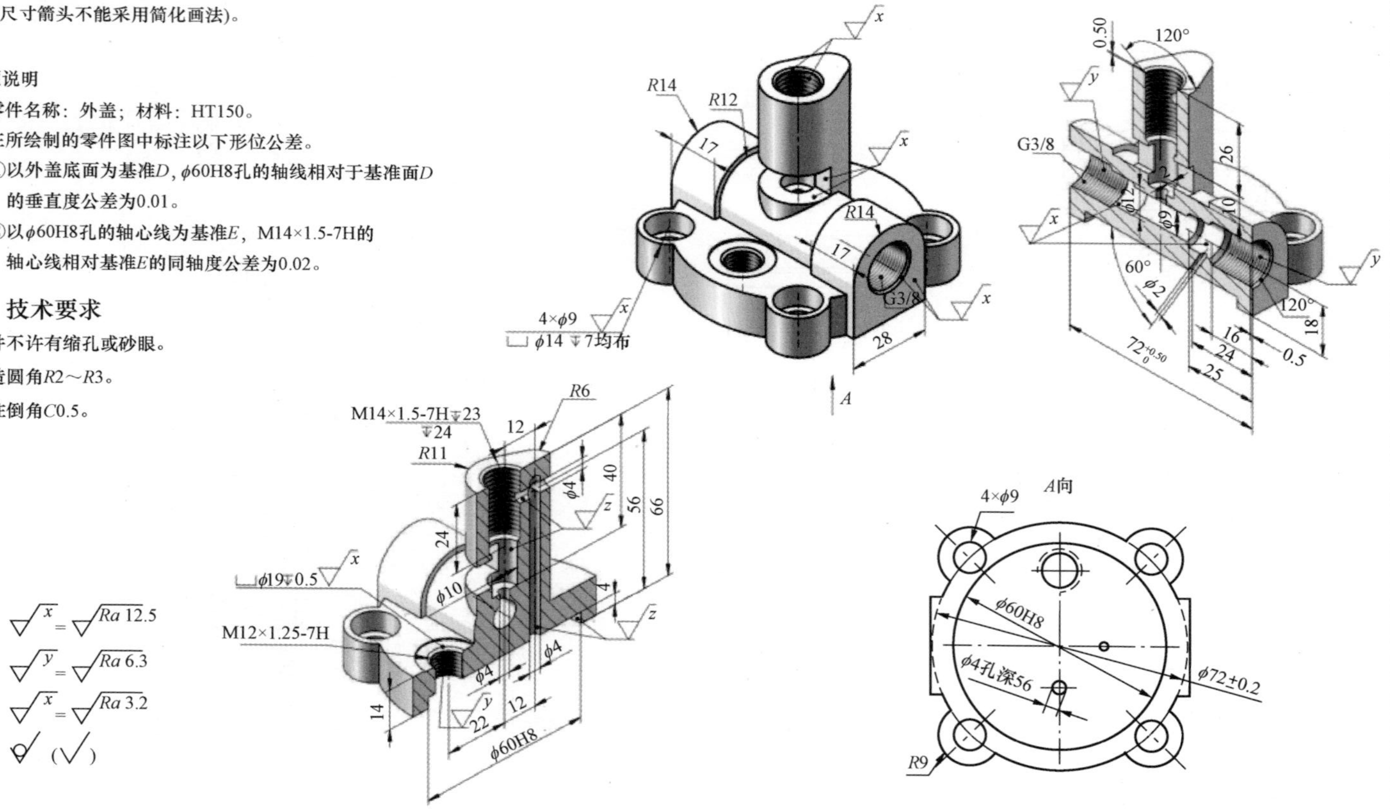

$$\sqrt[x]{\ } = \sqrt{Ra\,12.5}$$
$$\sqrt[y]{\ } = \sqrt{Ra\,6.3}$$
$$\sqrt[z]{\ } = \sqrt{Ra\,3.2}$$
$$\sqrt[?]{\ }\ (\sqrt{\ })$$

模块4
装配设计

04

Creo 6.0 装配设计就是按照一定的约束条件或连接方式,将各零件组装成一个能满足设计功能的整体,以便生成装配体工程图,以及进一步对整个装配结构进行深入的结构强度分析、运动学仿真等操作。

导读:本模块将引导读者通过实际工程案例操作来学习 Creo 6.0 软件的装配设计功能,借助直观的教学步骤,深入浅出地介绍装配设计的完整流程和核心方法。随着模块内容的推进,在本模块后半部分将深入解析装配设计中的关键知识点,确保理论与实践相结合。

通过研读和实践本模块内容,读者不仅能够熟练掌握在 Creo 6.0 装配环境中运用装配约束技术将各个零件精准整合,构建出功能完备的装配体,并进行相应的编辑和调整;同时,还将学会如何灵活地在装配场景下对元件进行移动、旋转等操作,以便准确选定约束参照以指导元件间的有效装配。

此外,本模块着重强调对课堂案例操作的学习和掌握,旨在帮助读者通过实际操练,系统地掌握装配设计的各项技能,从而使其能够独立完成所给定的装配任务,全面提升在 Creo 6.0 环境下的装配设计能力。

知识目标
- 熟悉装配环境
- 熟悉装配约束的概念和种类
- 熟悉各装配约束的使用方法
- 熟悉元件的移动方法
- 熟练掌握组装命令工具操作方法

技能目标
- 熟练掌握导入零件,并使用装配约束进行装配的方法
- 掌握装配体的编辑方法
- 掌握爆炸图的创建和编辑方法

素质目标
- 培养沟通能力和团队协作精神
- 培养爱岗敬业、精益求精的工匠精神
- 培养严谨的工作态度及较强的质量意识

4.1 装配基础

装配就是将加工好的零件按一定的顺序连接到一起,使其成为一部完整的机械产品,实现产品设计的功能。在 Creo 6.0 装配模块中,装配设计被具体化为按预定步骤将各独立零件整合成统一的组合模型操作。一台完整机器的装配称为总装配,而构成整体机器的某一特定结构部分的装配则称为部件装配。Creo 6.0 提供的装配功能即通过设置零件之间的约束来限制零件之间的自由度,从而在虚拟环境中模拟现实生活中复杂机构与零

件之间的装配效果。

4.1.1 基本术语

在装配中常用到以下概念和术语。

1. 装配体

装配体也称组件，是由零件或部件按照一定的约束关系组合而成的零件集合，简称装配。一个装配中往往包括若干个零件或子装配，子装配通常称为子组件。

2. 子装配

子装配本身也是装配，用作元件被装入高一级的装配中。子装配是一个相对概念，任何一个装配可在更高级的装配中用作子装配。例如汽车发动机是装配，同时也可作为汽车装配中的元件。

3. 元件

元件是组成装配的基本单位，每个独立的零件在装配环境下通常作为一个元件来看待。

4. 约束

约束是施加在两个元件上的位置限制条件。在元件上选取的点、线、面，作为执行约束条件的载体，被称为约束参考。根据约束条件数量的不同，元件约束状况分为无约束、部分约束、完全约束。

（1）无约束是指两个零件之间未添加约束条件，每个零件处于自由状态，彼此毫不相关。

（2）部分约束是指两个零件在某个方向的运动尚未被限制。通常在两个零件之间每加入一种约束条件，就会限制一个方向上的相对运动，因此，该方向上两个零件的相对位置就确定了。但是要使两个零件的空间位置全部确定了，根据装配原理，必须限制零件 X 轴、Y 轴、Z 轴这 3 个方向的相对移动和转动。

（3）完全约束是指两个零件在 3 个方向上的相对移动和转动全部被限制。零件处于这种约束状况，其空间位置关系就完全确定了。

4.1.2 装配设计环境

在 Creo 6.0 装配设计中，组装元件的过程实质上是利用其内置的强大装配模块，依据特定的约束条件和连接逻辑，将各个独立零件系统地整合成一个完整的功能性实体的操作过程。

进入 Creo 6.0 软件装配设计环境的步骤如下。

在【主页】选项卡中单击【新建】按钮，弹出【新建】对话框，如图 4-1-1 所示，在【类型】中选择【装配】，在【子类型】中选择【设计】，【文件名】文本框中默认文件名为"asm0001"（系统默认装配文件扩展名".asm"），取消勾选【使用默认模板】复选框，单击【确定】按钮。系统弹出【新文件选项】对话框，如图 4-1-2 所示，在【新文件选项】对话框中选择"mmns_asm_design"（公制）模板，单击【确定】按钮，系统进入装配设计环境。

装配界面中提供了 3 个基准平面，1 个坐标中心。在装配界面【视图】选项卡的【显示】组中单击平面标记显示按钮，可打开装配环境中的基准平面标记显示，如图 4-1-3 所示，3 个基准平面名称分别是 ASM_RIGHT、ASM_TOP、ASM_FRONT，坐标中心名称为 ASM_DEF_CSYS，如图 4-1-4 所示。

与零件建模设计环境相比，装配设计环境中增加了装配设计需要的工具组，在这些工具组中，主要使用的是元件组。【模型】选项卡中的【元件】组提供了用于装配设计的组装、创建、重复、镜像元件、拖动元件等装配工具，如图 4-1-5 所示。

- 【组装】工具：将已有的元件（零件、子装配件等）装配到装配环境中，使用【元件放置】设计面板可将元件完整地约束在装配件中。
- 【创建】工具：可在装配环境中创建不同类型的元件（零件、子装配件等），也可以创建一个空元件。
- 【重复】工具：使用现有的约束信息在装配中添加一个当前选中零件的新模型，但是当选中的零件以【默认】或【固定】约束定位时无法使用此功能。

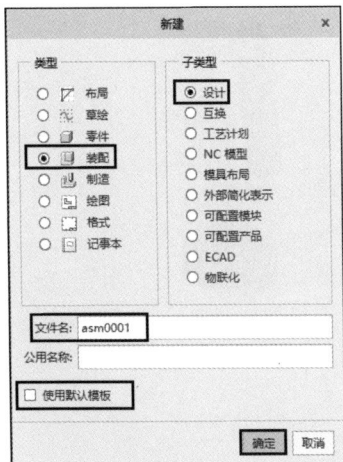

图 4-1-1

图 4-1-2

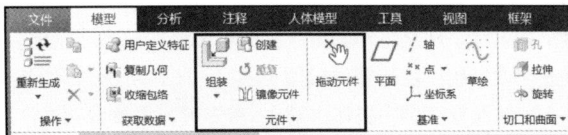

图 4-1-3

图 4-1-4

图 4-1-5

- 【镜像元件】工具：将已装配在装配体中的元件相对于一基准平面进行镜像，进而装配一个新的模型。
- 【拖动元件】工具：可以在装配环境中对元件进行拖动。在允许的运动范围内移动装配文件，可查看装配在装配约束下的工作情况。

4.1.3　设计方法

产品设计主要有两种方法，即自底向上设计（Down-Top Design，也称为顺序设计方法）和自顶向下设计（Top-Down Design，也称模块化设计方法或骨架建模）。在 Creo 6.0 装配设计中可以采用自底向上、自顶向下的设计方法，或两种方法混合使用。

1.　自底向上设计

自底向上设计是一种从局部到整体的设计方法，设计思路是先设计好产品的各个零件，然后将零件进行组装，得到整个装配体。装配完成后再检查各元件的设计是否符合设计要求，是否存在干涉等情况，如果确认需要修改，则分别对元件进行更改，然后在组件中再次进行检测，直到最后完全符合设计要求。自底向上设计方法常用于有现成的产品提供参考且产品系列单一的情况。如图 4-1-6 所示千斤顶的设计中，首先完成千斤顶中螺套、底座、螺杆、绞杠、螺母、顶垫等各元件的三维设计，设计次序不分先后，完成各零件设计后，再将各元件在装配环境中装配成为装配体。

（a）螺套　　　　　　（b）底座　　　　　　（c）螺杆

（d）绞杠　　　　　　（e）螺母　　　　　　（f）顶垫

（g）千斤顶装配体

图 4-1-6

自底向上的设计过程中零部件之间只存在简单的装配关系，不存在设计参数的关联。这种设计思路、方法很容易掌握，应用广泛，但同时这种设计方法因各零件中的设计数据不具有关联性而存在弊端，设计修改只能一个零件一个零件地进行，导致设计修改不便，甚至多次修改还容易引起干涉等问题，零件装配操作也相对烦琐，因而设计效率相对较低。

2. 自顶向下设计

自顶向下的装配设计是一种从整体到局部的设计方法，是顶层设计思想的具体体现。设计思路是首先进行顶层定义和设计，从整体勾画出产品的整体结构关系或创建装配体的二维零件布局关系图，然后根据这些关系或布局逐一设计出产品的零件模型。图 4-1-7 所示为采用自顶向下方法设计活塞的流程（该活塞设计操作将在 4.6.2 节的课堂案例中具体讲解），首先进行主体骨架设计，再进行骨架元件 1 设计、骨架元件 2 设计、骨架元件 3 设计，从而完成活塞装配体。各元件间的装配关系在设计过程中就已经确定，同时保存文件后，装配体中的各元件也分别以零件保存在工作目录中。

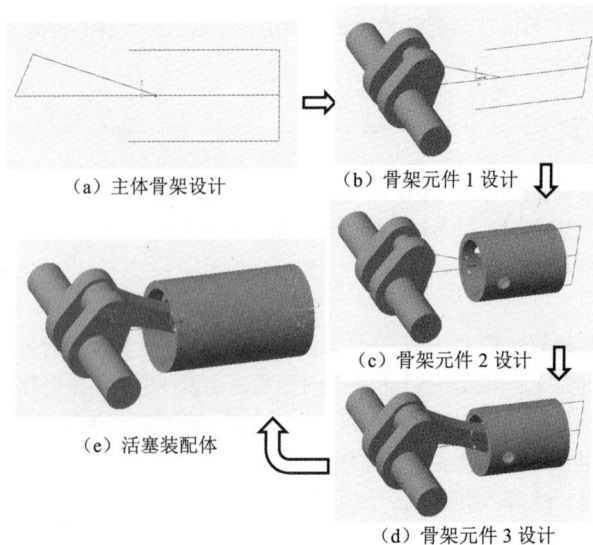

（a）主体骨架设计　　　　　　（b）骨架元件 1 设计

（e）活塞装配体　　　　　　（c）骨架元件 2 设计

（d）骨架元件 3 设计

图 4-1-7

自顶向下设计数据从原理布局向装配结构传递，然后向零件传递，零件与零件之间也能进行数据传递，保证了装配结构的整体数据关联性。

4.2 组装元件

在装配模块中，组装元件实质上是一个通过运用适当的装配约束逻辑，将独立的零件和子组件插入装配工作环境中，并按照预设的装配关系精心拼接，最终整合构建出完整组件的过程。

接下来我们将通过生动的课堂案例，深入浅出地介绍在实际装配过程中如何有效地执行组装元件操作。

4.2.1 课堂案例 夹紧卡爪部件装配设计

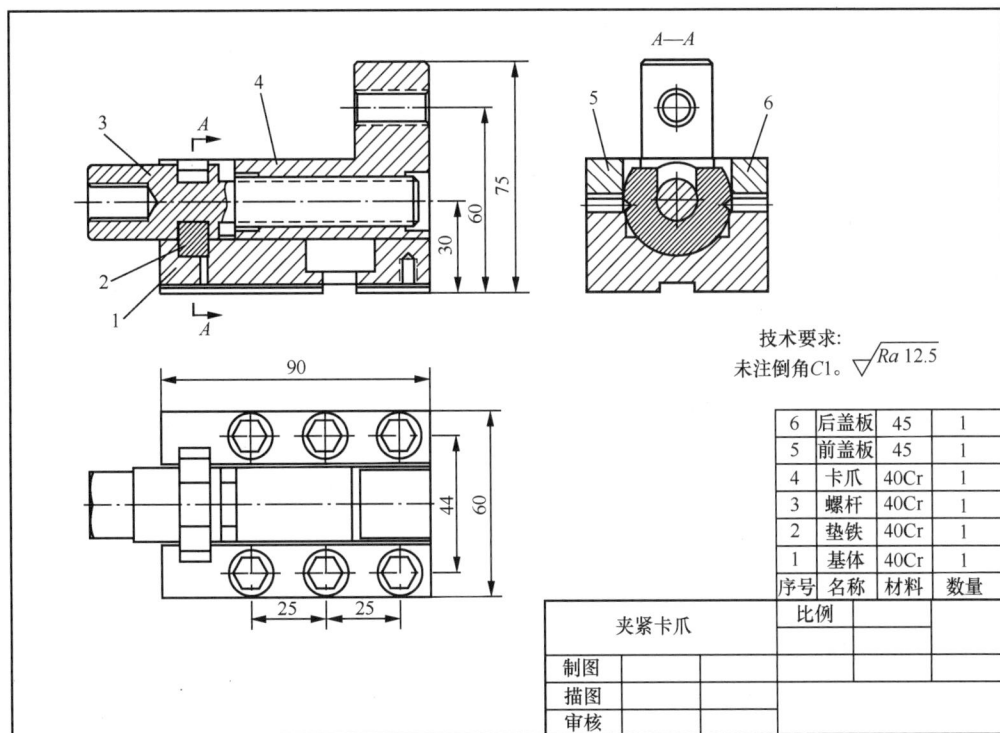

1. 任务下达

根据图 4-2-1 所示夹紧卡爪部件装配工程图，完成装配体各元件组装操作。

图 4-2-1

2. 任务解析

夹紧卡爪部件是组合夹具，在机床上用来夹紧工件，它由基体、卡爪、螺杆、垫铁、前（后）盖板等零件组成，如图 4-2-2（a）所示。卡爪底部与基体通过凹槽相配合，螺杆的外螺纹与卡爪的内螺纹相连接，而螺杆的缩颈处被垫铁卡住，使它只能在垫铁中转动，而不能沿轴向移动。垫铁用 2 个螺钉固定在基体的弧形槽内。为了防止卡爪脱出基体，前、后 2 块盖板用 6 个内六角圆柱头压紧螺钉连接在基体上。当用扳手旋转螺杆时，梯形螺纹传动使卡爪在基体内沿螺杆轴向移动，以便夹紧卡爪夹紧或松开工件。

本任务需要在新创建的装配文件中，利用约束将已创建好的夹紧卡爪部件的各元件模型组装到组件中，完成夹紧卡爪部件的装配设计，装配完成后效果如图 4-2-2（b）所示。

螺杆　后盖板　卡爪　垫铁　前盖板　基体

（a）　　　　　　　　　　（b）

图 4-2-2

3. 任务实施

打开 Creo6.0 软件，在【主页】选项卡中单击【选择工作目录】按钮，在弹出的对话框中，选择"CH04>装配素材>夹紧卡爪"文件夹，单击【确定】按钮，如图 4-2-3 所示。

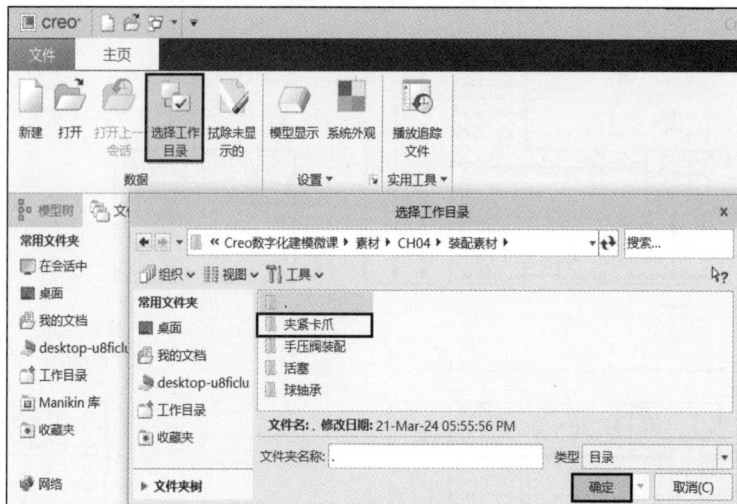

图 4-2-3

（1）创建装配文件

在【主页】选项卡中单击【新建】按钮，系统弹出【新建】对话框，如图 4-2-4 所示，在【类型】中选择【装配】，在【子类型】中选择【设计】，在【文件名】文本框中输入"jiajinkazhua"，取消勾选【使用默认模板】复选框，单击【确定】按钮。系统弹出【新文件选项】对话框，如图 4-2-5 所示，选择"mmns_asm_design"（公制）模板，单击【确定】按钮，创建一个文件名为"jiajinkazhua"的装配文件。

（2）组装基体元件

在装配界面【模型】选项卡的【元件】组中单击【组装】按钮，系统弹出【打开】对话框，默认进入"夹紧卡爪"工作目录，单击"jiti.prt"，单击【打开】按钮，如图 4-2-6 所示。

基体元件出现在绘图区，系统弹出【元件放置】设计面板。"jiti.prt"基体元件是夹紧卡爪部件装配的首个元件，在【元件放置】设计面板中单击【放置】标签，在弹出的下拉面板的【约束类型】下拉列表中选择【默认】选项，使基体元件的 3 个基准平面即 RIGHT、TOP、FRONT 及坐标中心 PRT_CSYS_DEF 与装配空间的 ASM_RIGHT、ASM_TOP、ASM_FRONT 及坐标中心 ASM_DEF_CSYS 分别重合，单击【确定】按钮，如图 4-2-7 所示，完成基体元件组装。

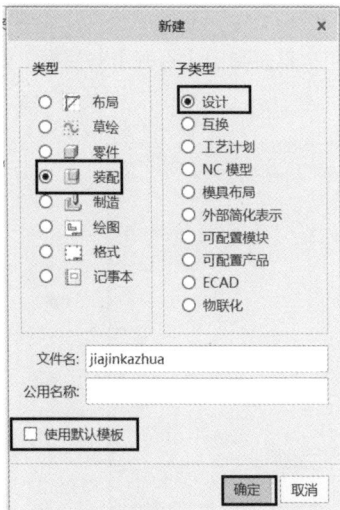

图 4-2-4

图 4-2-5

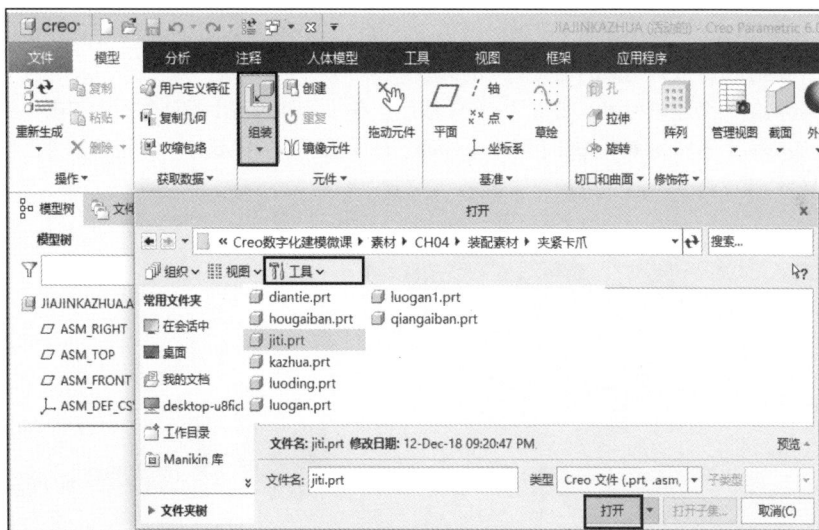

图 4-2-6

图 4-2-7

183

（3）组装垫铁元件

在装配界面【模型】选项卡的【元件】组中单击【组装】按钮，系统弹出【打开】对话框，如图 4-2-8 所示，单击"diantie.prt"，单击【打开】按钮。

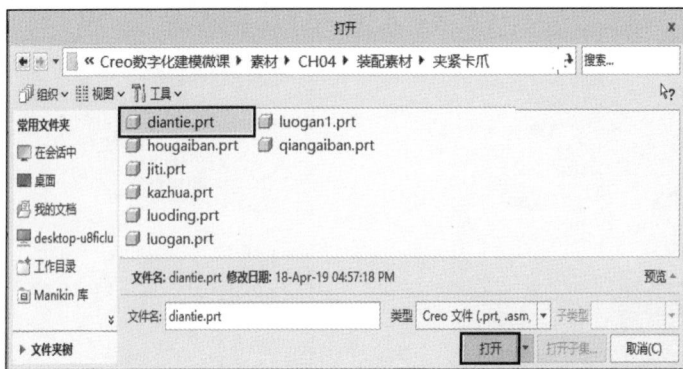

图 4-2-8

垫铁元件出现在绘图区，系统弹出【元件放置】设计面板。使用 3D 拖动器移动和调整垫铁元件在装配空间的位置和姿态，便于进行放置约束的相关参考的选取。

为垫铁元件添加第一个放置约束，如图 4-2-9 所示，在【元件放置】设计面板中单击【放置】标签，在下拉面板的【约束类型】下拉列表中选择【居中】选项，在绘图区中选择基体中的圆弧凹槽面和垫铁外圆柱面作为装配体和元件约束参考，此时约束状况显示为"部分约束"。

图 4-2-9

为垫铁添加第二个装配约束，在【放置】下拉面板中单击【新建约束】，如图 4-2-10 所示，在【约束类型】下拉列表中选择【重合】选项，如图 4-2-11 所示；选择垫片的端面和基体圆弧凹槽端面作为装配体和元件约束参考，如图 4-2-12 所示，此时约束状况显示为"完全约束"。此时的垫铁只能沿轴线做旋转运动，其他运动自由度均被约束。

若此时垫铁的姿态不符合装配要求，需要使用约束调整，为垫铁添加第三个装配约束。在【放置】下拉面板中单击【新建约束】，在【约束类型】下拉列表中选择【平行】选项，如图 4-2-13 所示；选择垫片的端面和基体上端面作为元件和装配体约束参考，如图 4-2-14 所示。单击【确定】按钮✓完成垫铁元件的组装，此时垫铁保持上端面与基体上端面平齐，不能旋转，效果如图 4-2-15 所示。

图 4-2-10

图 4-2-11

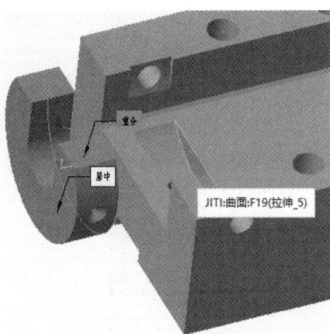

图 4-2-12

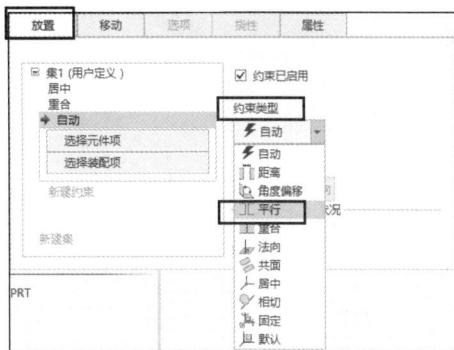

图 4-2-13

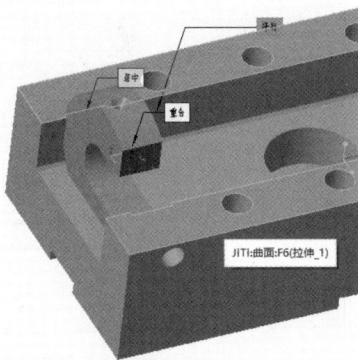

图 4-2-14

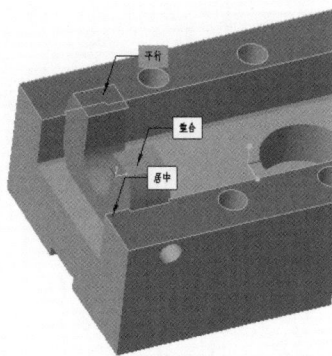

图 4-2-15

（4）组装螺杆元件

在装配界面【模型】选项卡的【元件】组中，单击【组装】按钮，系统弹出【打开】对话框，如图 4-2-16 所示，单击 "luogan.prt"，单击【打开】按钮。

螺杆元件出现在绘图区，系统弹出【元件放置】设计面板。

为螺杆添加第一个装配约束，如图 4-2-17 所示，在【元件放置】设计面板中单击【放置】标签，在下拉面板的【约束类型】下拉列表中选择【居中】选项。

在绘图区中，如图 4-2-18 所示，选择螺杆的柱面和垫铁的圆弧面作为元件和装配体约束参考，添加居中约束后的效果如图 4-2-19 所示。

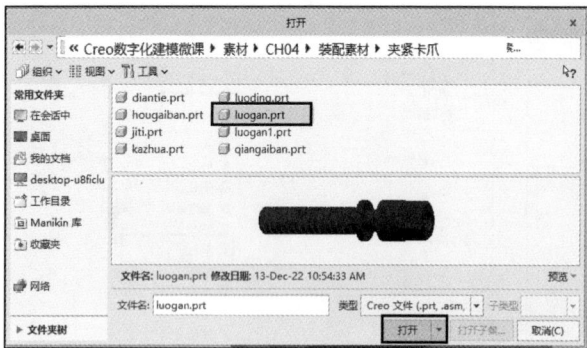

图 4-2-16

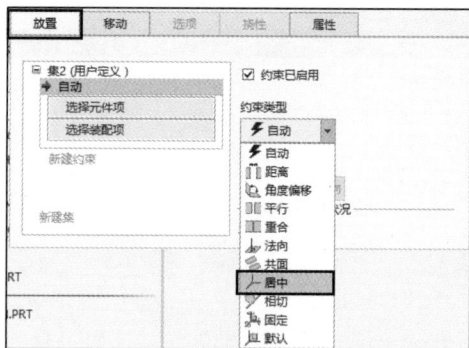

图 4-2-17

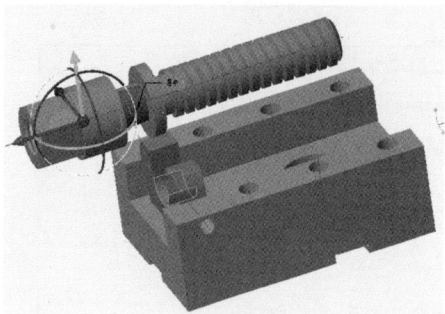

图 4-2-18

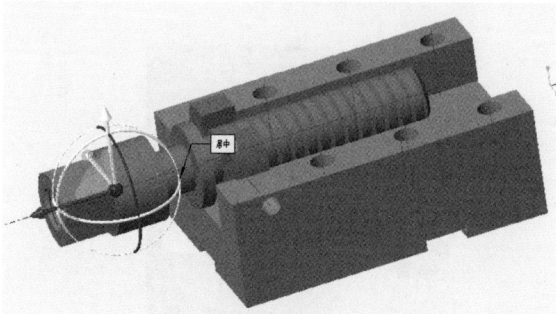

图 4-2-19

为螺杆添加第二个装配约束，如图 4-2-20 所示，在【放置】下拉面板中单击【新建约束】，在【约束类型】下拉列表中选择【重合】选项，如图 4-2-21 所示。

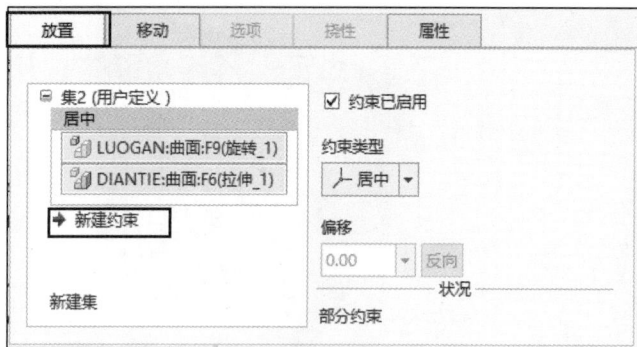

图 4-2-20

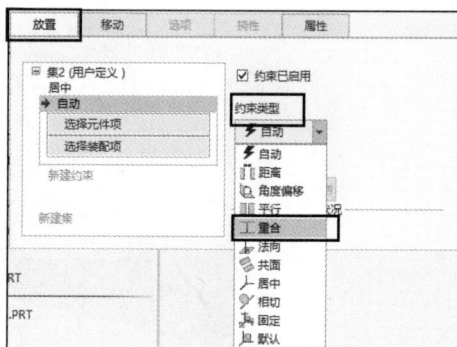

图 4-2-21

在绘图区中，如图 4-2-22 所示，单击轴肩端面及垫铁端面作为元件和装配体约束参考，添加重合约束后的效果如图 4-2-23 所示。此时约束状况显示为"完全约束"，单击【确定】按钮✓完成螺杆元件的装配。

（5）组装卡爪元件

在装配界面【模型】选项卡的【元件】组中，单击【组装】按钮，系统弹出【打开】对话框，如图 4-2-24 所示，单击"kazhua.prt"，单击【打开】按钮。

卡爪元件出现在绘图区，系统弹出【元件放置】设计面板。为便于进行放置约束相关参考的选取，可以使用 3D 拖动器移动和调整卡爪元件在装配空间的位置和姿态（关于 3D 拖动器移动的操作和用法将在 4.4 节详细讲解）。

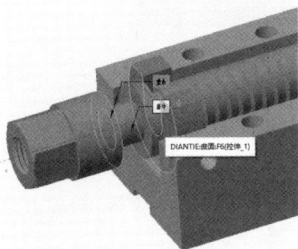

图 4-2-22

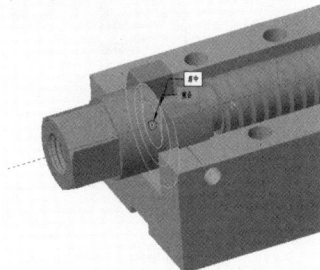

图 4-2-23

为卡爪元件添加第一个装配约束，如图 4-2-25 所示，在【元件放置】设计面板中单击【放置】标签，在下拉面板的【约束类型】下拉列表中选择【重合】选项。

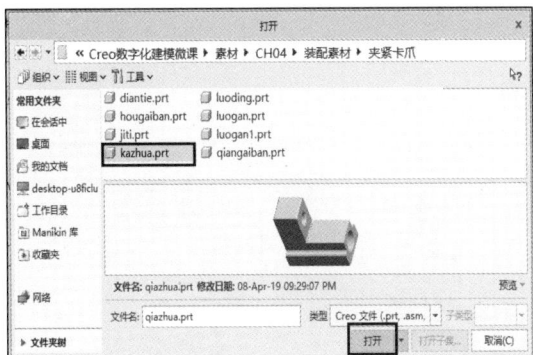

图 4-2-24

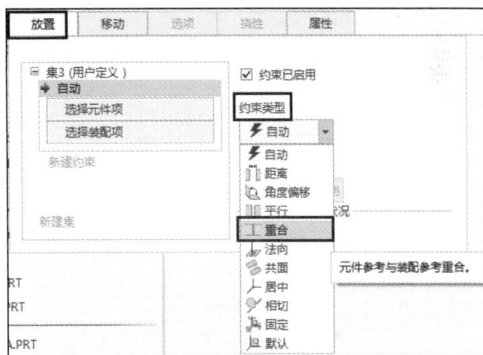

图 4-2-25

在绘图区中，如图 4-2-26 所示选择卡爪的螺纹孔的轴线和螺杆的轴线作为元件和装配体约束参考，添加重合约束后的效果如图 4-2-27 所示。

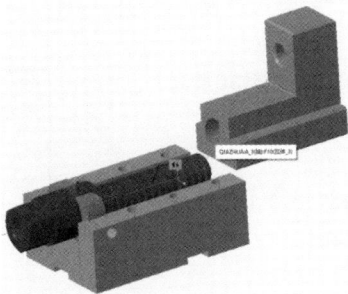

图 4-2-26

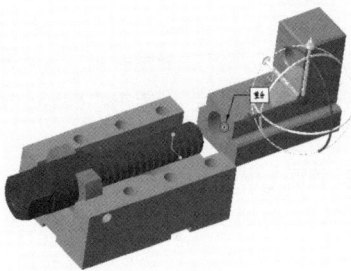

图 4-2-27

为卡爪元件添加第二个装配约束，如图 4-2-28 所示，在【放置】下拉面板中单击【新建约束】，在【约束类型】下拉列表中选择【平行】选项，如图 4-2-29 所示。

如图 4-2-30 所示，单击卡爪上端面和基体上端面作为元件和装配体约束参考，完成第二个装配约束添加。

为卡爪元件添加第三个装配约束，在【放置】下拉面板中单击【新建约束】，在【约束类型】下拉列表中选择【距离】选项，如图 4-2-31 所示，在【偏移】文本框中输入 20，如图 4-2-32 所示。

图 4-2-28

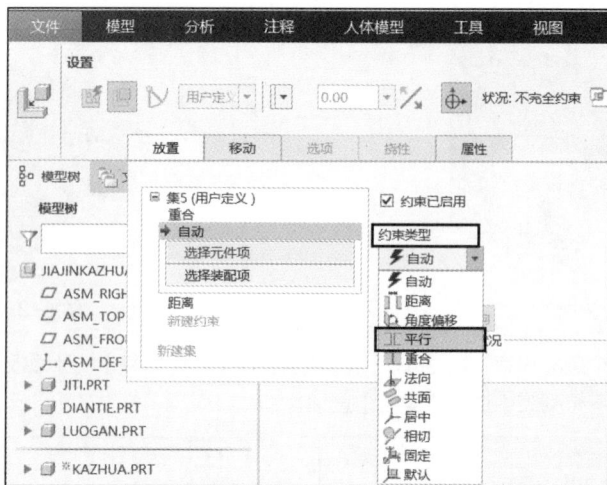

图 4-2-29

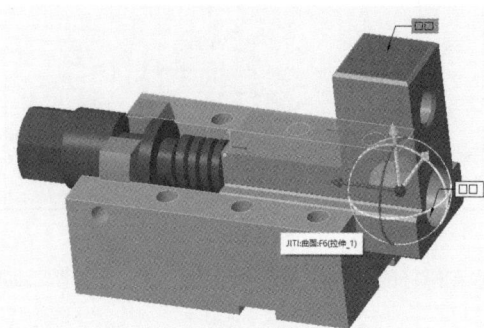

图 4-2-30

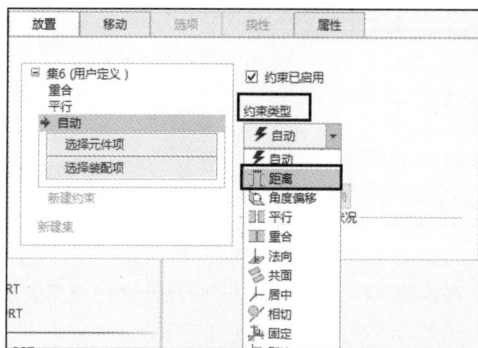

图 4-2-31

如图 4-2-33 所示，单击卡爪前端面和基体前端面作为元件和装配体约束参考，此时约束状况显示为"完全约束"，单击【确定】按钮✓完成卡爪的组装。

（6）组装前盖板元件

在装配界面【模型】选项卡的【元件】组中，单击【组装】按钮，系统弹出【打开】对话框，如图 4-2-34 所示，单击"qiangaiban.prt"，单击【打开】按钮。

图 4-2-32

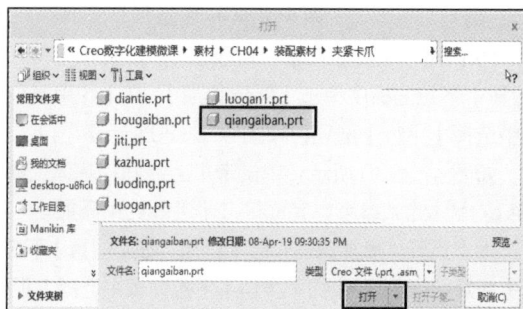

图 4-2-33

图 4-2-34

前盖板元件出现在绘图区，系统弹出【元件放置】设计面板。

为前盖板元件添加第一个装配约束，如图 4-2-35 所示，在【元件放置】设计面板中单击【放置】标签，在下拉面板的【约束类型】下拉列表中选择【重合】选项。

在绘图区中，如图 4-2-36 所示，选择前盖板的下底面和基体的上端面作为元件和装配体约束参考，添加重合约束后的效果如图 4-2-37 所示，此时约束状况显示为"部分约束"。

为前盖板元件添加第二个装配约束，在【放置】下拉面板中单击【新建约束】，在【约束类型】下拉列表中选择【重合】选项，如图 4-2-38 所示。

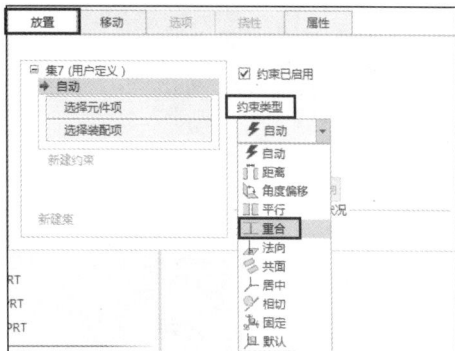

图 4-2-35

图 4-2-36

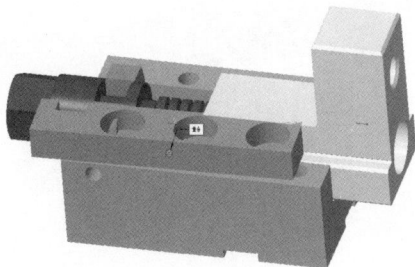

图 4-2-37

在绘图区中，如图 4-2-39 所示，选择盖板的轴线和基体孔的轴线作为元件和装配体约束参考，添加此约束后的效果如图 4-2-40 所示。

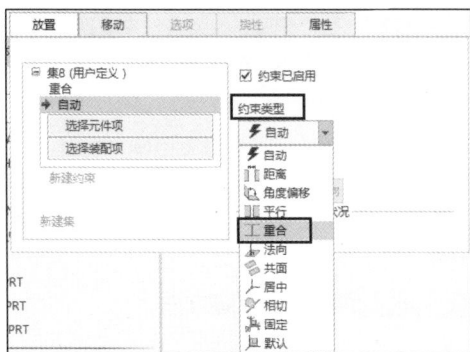

图 4-2-38

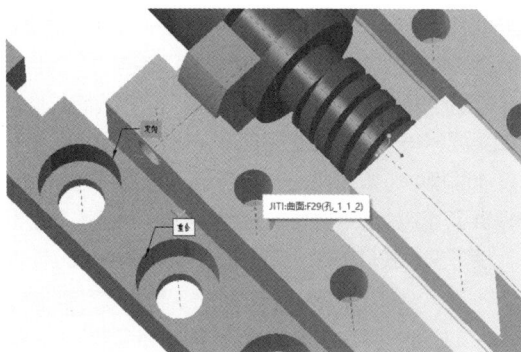

图 4-2-39

为前盖板元件添加第三个装配约束，在【放置】下拉面板中单击【新建约束】，在【约束类型】下拉列表中选择【重合】选项，如图 4-2-41 所示。

在绘图区中，如图 4-2-42 所示，选择盖板的轴线和基体孔的轴线作为约束参考。此时约束状况显示为"完全约束"，单击【确定】按钮 ✓ 完成前盖板的装配。

（7）组装后盖板元件

后盖板元件和前盖板元件的装配方法及步骤相同，装配过程略。完成后盖板装配后的效果如图 4-2-43 所示。保存文件，夹紧卡爪部件装配完成。

189

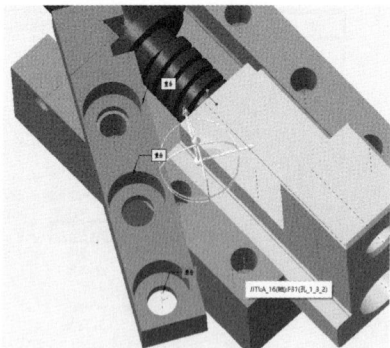

图 4-2-40

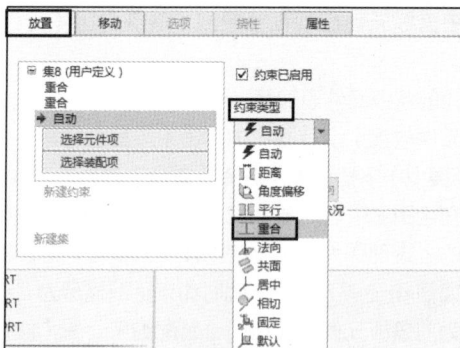

图 4-2-41

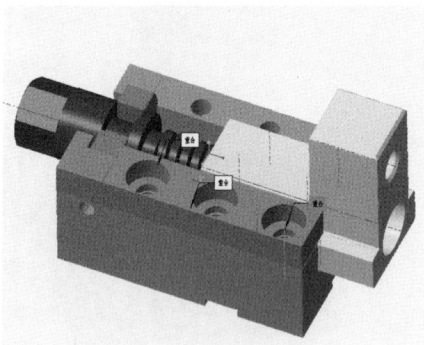

图 4-2-42

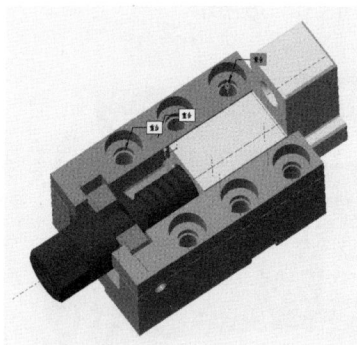

图 4-2-43

4.2.2　知识点解析

　　装配操作过程是依照一定的顺序将各零件装配成组合模型的过程。零件装配过程中最基本的要求就是各零件之间必须满足特定的位置关系，这通过在两个零件之间不同的几何对象上添加不同的约束条件来实现。具体装配时，需要依次指定约束类型和约束参考，将零件逐个组装到装配体中，通常情况下，每个零件的位置要完全确定需要多个装配约束。对于大型的机器装备，可以先将元件装配为结构相对完整的部件，再将部件装配为整机。

　　如果要将一个元件在空间定位，可根据装配要求限制其在 X、Y、Z 3 个轴向的平移和旋转。在【元件放置】设计面板中，如图 4-2-44 所示，单击【放置】标签，在【放置】下拉面板中，显示元件放置的约束信息。系统提供了 11 种约束类型，分别是自动、距离、角度偏移、平行、重合、法向、共面、居中、相切、固定、默认。接下来，我们将深入剖析每一种约束类型的具体应用场景及其使用方法。

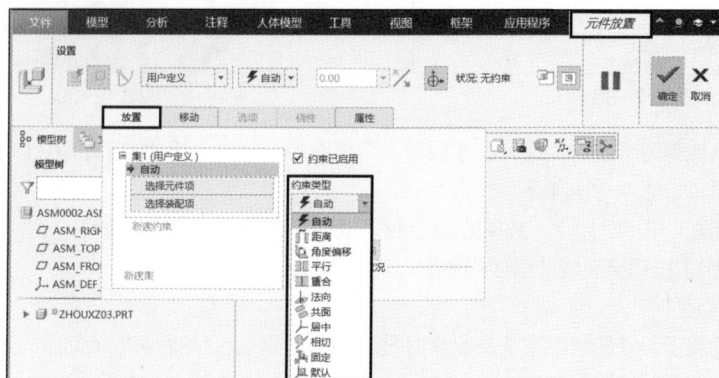

图 4-2-44

1. 自动约束

使用自动约束时，只需要选取元件和装配约束参考，由系统根据所选择参考，判断用户意图，自动设置适当的约束，如图 4-2-45 所示。

2. 距离约束

距离约束可使两个装配元件中的平面或基准平面互相平行，通过输入间距值控制平面之间的距离。约束参考为平面或基准平面，如图 4-2-46 所示。

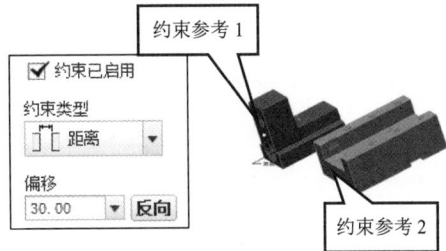

图 4-2-45   图 4-2-46

3. 角度偏移约束

角度偏移用于约束两个元件中的两个平面之间的角度，如图 4-2-47 所示；也可以用于约束边与边、边与面之间的角度，但需要在创建角度偏移约束前创建一个约束，用于指定角度中心。约束参考可以选择模型表面、基准平面、边或基准轴线。

4. 平行约束

平行约束可使两个装配元件中的平面或基准平面互相平行，忽略二者之间的距离，也可以约束两条直线平行。约束参考可以选择直线、平面或基准平面，如图 4-2-48 所示。

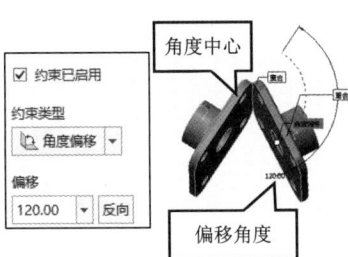 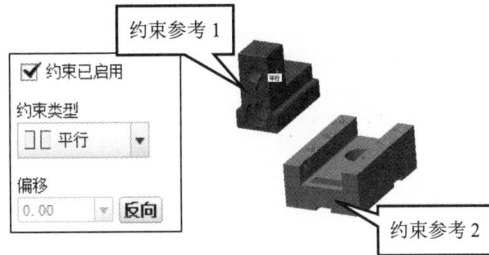

图 4-2-47   图 4-2-48

5. 重合约束

重合约束可以使两个元件上的两个点、面、线重合，使两个平面重合时可以切换装配方向，使两个平面法向相同或相反。可以选择回转曲面、平面、直线及轴线作为参考，但是参考需为同一类型。对于两个回转曲面，重合约束使二者轴线重合，如图 4-2-49 所示。

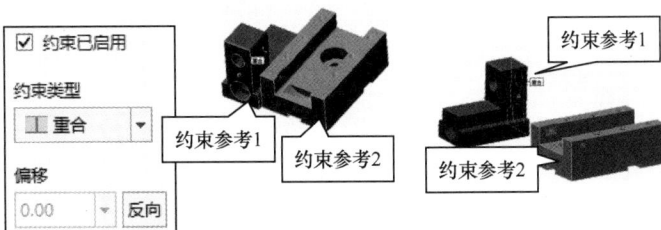

（a）参考平面法向相同   （b）参考平面法向相反

图 4-2-49

6. 法向约束

法向约束使元件参考与装配参考相互垂直，如图 4-2-50 所示，可以选择直线、平面等作为装配约束的参考。

7. 共面约束

共面约束使元件参考与装配参考共面，如图 4-2-51 所示。可以选择直线、轴线等作为参考。

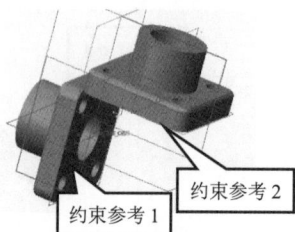

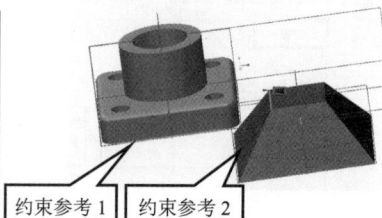

图 4-2-50

图 4-2-51

8. 居中约束

居中约束使元件参考与装配参考同心，如图 4-2-52 所示，选择两个回转曲面作为参考，使二者轴线重合。

9. 相切约束

相切约束控制两个曲面在切点处的接触，如图 4-2-53 所示。参考为两个曲面，或曲面与平面。

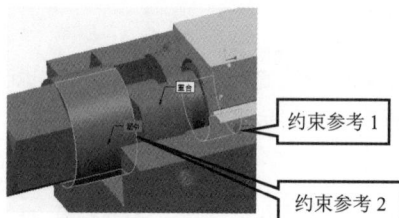

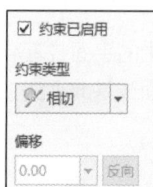

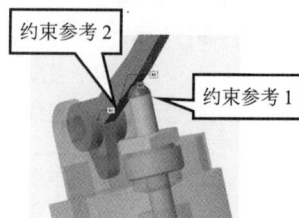

图 4-2-52

图 4-2-53

10. 固定约束

固定约束如图 4-2-54 所示。该约束将被移动或封装的元件固定在当前位置，常用于装配模型中的第一个元件的装配。

11. 默认约束

默认约束如图 4-2-55 所示。该约束将元件的默认坐标系与装配体的默认坐标系重合，主要用于添加到装配体中的第一个元件的定位。

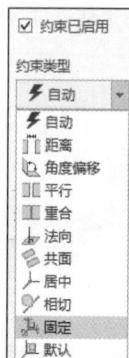

图 4-2-54

图 4-2-55

4.3 装配体编辑

在装配流程中，用户能够对当前工作环境中的零部件或组件进行多元化的编辑处理。比如，为了提升装配效率，可以实现同一元件的重复装配以及通过阵列方式进行大规模布局复制。同时，针对装配体内部结构的清晰展示和操作便利性，支持对元件执行隐藏/恢复显示及隐含/取消隐含等控制功能，以便于更直观地观察装配体内部构造及其装配过程。

接下来，我们将通过课堂案例深入浅出地介绍并实践这些常见的装配编辑操作方法。

4.3.1 课堂案例 压紧螺钉阵列装配

压紧螺钉阵列
装配

1. 任务下达

本案例将继续完成卡爪部件装配设计，将螺钉组装到夹紧卡爪部件（在 4.2.1 节的课堂案例夹紧卡爪部件装配设计中完成的部件）装配体中，如图 4-3-1 所示。

（a）　　　　　　　　　　　　　　　（b）

图 4-3-1

2. 任务解析

在夹紧卡爪部件中，固定夹紧卡爪的盖板需要 6 个内六角圆柱螺钉，6 个螺钉分别对应安装在基体上部的 6 个螺纹孔中，排列有规律，孔中心距离可参考工程图。

实施装配时可以先装配一个螺钉，再使用元件阵列操作，阵列完成 6 个螺钉的装配。

3. 任务实施

（1）组装第一个螺钉元件

打开 Creo6.0 软件，在【主页】选项卡中单击【选择工作目录】按钮，在弹出的对话框中选择"CH04>装配素材>夹紧卡爪"文件夹，单击【确定】按钮。

在快速访问工具栏中单击【打开】按钮 ，打开 4.2.1 节创建的"jiajinkazhua"装配文件。

在装配界面【模型】选项卡的【元件】组中，单击【组装】按钮，如图 4-3-2 所示，系统弹出【打开】对话框，单击"luoding.prt"，单击【打开】按钮。

螺钉元件出现在绘图区，系统弹出【元件放置】设计面板。

为螺钉元件添加第一个装配约束，在【元件放置】设计面板中单击【放置】标签，如图 4-3-3 所示，在下拉面板【约束类型】下拉列表中选择【重合】选项。如图 4-3-4 所示，在绘图区中选择螺钉的轴线和基体上安装孔的轴线，添加约束后的效果如图 4-3-5 所示。

为螺钉元件添加第二个装配约束，在【放置】下拉面板中单击【新建约束】，在【约束类型】下拉列表中选择【重合】选项，如图 4-3-6 所示。在绘图区中，如图 4-3-7 所示，选择螺钉头部的下底面和后盖板沉孔端面，添加此约束后的效果如图 4-3-8 所示。单击【确定】按钮✔完成第一个螺钉元件的装配。

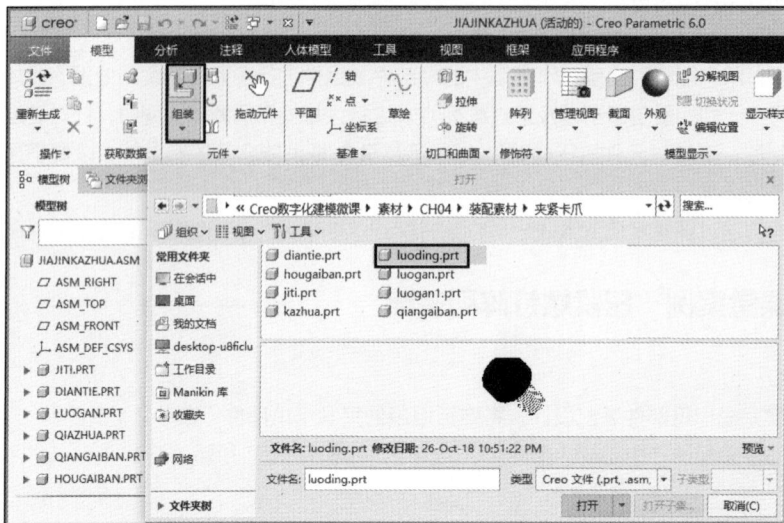

图 4-3-2

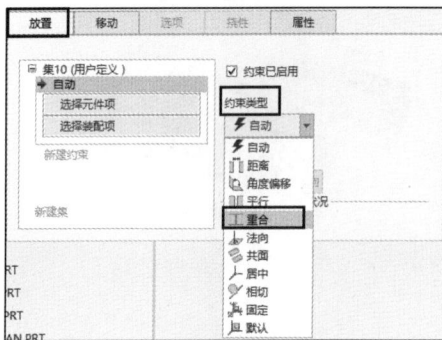

图 4-3-3

图 4-3-4

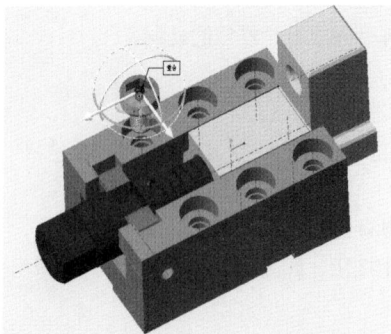

图 4-3-5

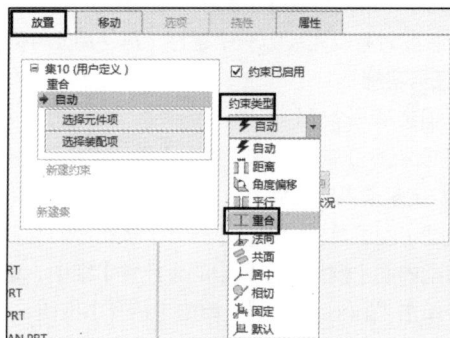

图 4-3-6

（2）阵列装配螺钉

在装配界面的模型树中单击装配好的第一个螺钉元件，在弹出的快捷工具栏中单击【阵列】按钮▦，打开【阵列】设计面板，如图 4-3-9 所示，【选择阵列类型】选择【方向】，第一方向参照选择基体的长边，在【成员数】文本框中输入 3，在【间距】文本框中输入 25，第二方向选择基体的短边，在【成员数】文本框中输入

2，在【间距】文本框中输入 44。数据参照夹紧卡爪装配工程图尺寸，如图 4-2-1 所示，单击【确定】按钮✓
完成阵列。

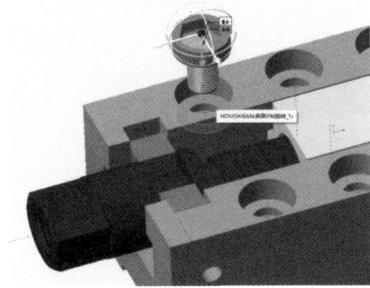

图 4-3-7

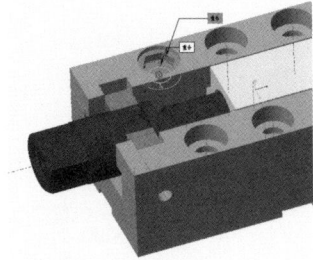

图 4-3-8

通过阵列装配高效地完成了夹紧卡爪装配体中压紧螺钉的装配操作，如图 4-3-10 所示。单击【保存】按
钮💾，将文件保存到工作目录"夹紧卡爪"文件夹中。

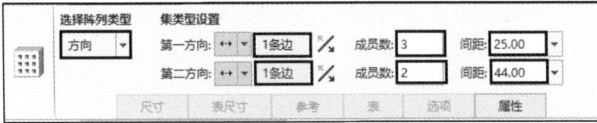

图 4-3-9

图 4-3-10

4.3.2 知识点解析

在装配过程中，可对当前环境中的元件或组件进行
各种编辑操作，对元件进行激活、打开、编辑定义、编
辑参考、隐含、恢复、阵列、隐藏和显示等操作，以
提高装配效率。下面具体介绍各命令的操作。首先打
开"CH04>装配素材>夹紧卡爪>jiajinkazhua.asm"
文件。

1. 激活

激活工具的主要功能是启用选定的模型元素以供
编辑。在装配文件的模型树中选中待激活的元件，如文
件名为"LUOGAN.PRT"的螺杆，系统将弹出快捷工
具栏，如图 4-3-11 所示，单击【激活】按钮◇，该
元件将在装配环境中进入激活状态，从而允许用户在当
前环境中对该元件进行特征创建、添加、修改等各项操

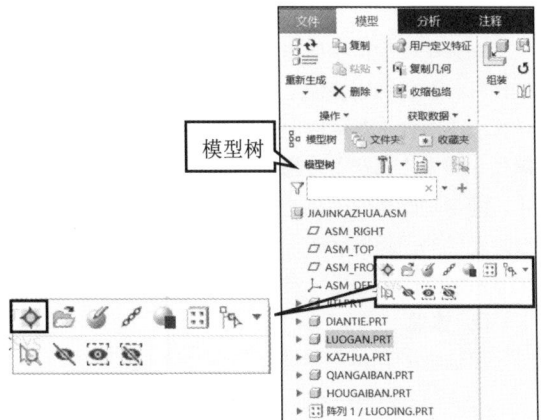

图 4-3-11

作。此时，在模型树中，该元件图标会显示相应的激活标识，如图 4-3-12 所示。

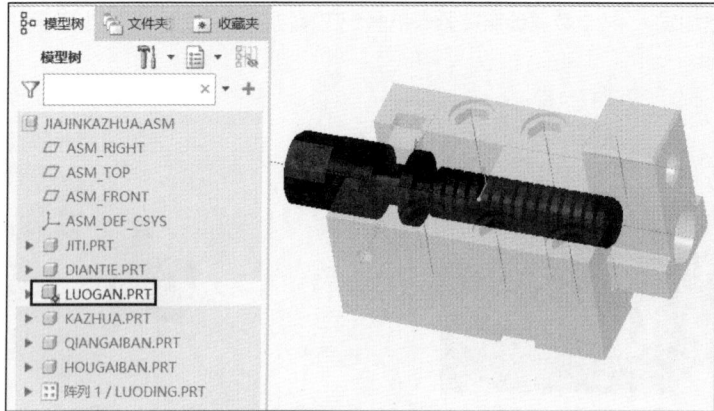

图 4-3-12

2. 打开

打开工具旨在实现选定模型在新窗口中的独立展示与编辑。当用户在装配模型树中选中目标元件，例如名为"LUOGAN.PRT"的螺杆时，系统将弹出快捷工具栏，如图 4-3-13 所示。单击该工具栏中的【打开】按钮 后，所选元件模型将在新的窗口中被打开，并允许用户在此独立环境中对元件进行创建、编辑等操作。

3. 编辑定义

编辑定义在装配环境中的功能是编辑选定对象的装配定义。在装配模型树中选择待编辑定义的元件，例如文件名为"LUOGAN.PRT"的螺杆，系统弹出快捷工具栏，如图 4-3-14 所示，单击【编辑定义】按钮 ，将在装配环境中进入该元件装配的预定义状态，可以对该元件进行装配的重新定义。

4. 编辑参考

在装配模型树中选择需要编辑参考的元件，例如文件名为"LUOGAN.PRT"的螺杆，系统弹出快捷工具栏，如图 4-3-15 所示，单击【编辑参考】按钮 ，系统弹出【编辑参考】对话框，如图 4-3-16 所示，对话框中显示出该元件的原始参考，可逐一在对话框中选择原始参考，对其重新选择参考。

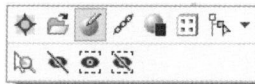

图 4-3-13

图 4-3-14

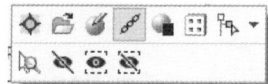

图 4-3-15

5. 隐含

在装配模型树中单击需要隐含的元件，例如文件名为"LUOGAN.PRT"的螺杆，系统弹出快捷工具栏，如图 4-3-17 所示，单击【隐含】按钮 ，系统弹出【隐含】对话框，如图 4-3-18 所示，提示突出显示的特征和元件将被隐含。单击【确定】按钮，元件将在绘图区中隐含掉，不再显示。在装配环境中，隐含功能类似于将元件或组件从进程中暂时删除，而执行恢复操作可随时解除元件的已隐含状态，将元件恢复至原来的状态。通过隐含操作不仅可以简化复杂装配体，而且可缩短系统再生时间。

6. 恢复

已隐含的元件在绘图区不显示，但该模型元件的文件名仍存在于模型树中，如图 4-3-19 所示，并且文件名前有黑色方块标记。单击模型树中已隐含元件的文件名，例如文件名为"LUOGAN.PRT"的螺杆，系统弹出快捷工具栏，如图 4-3-19 所示，单击【恢复】按钮 ，元件将在绘图区中显示，恢复至原来的状态。

图 4-3-16

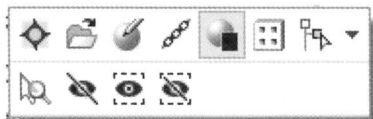

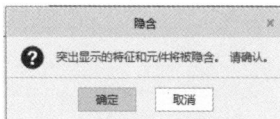

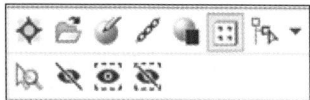

图 4-3-17　　　　　　　　　　图 4-3-18　　　　　　　　　　图 4-3-19

7. 阵列

阵列在装配环境中可实现元件的阵列装配。在装配模型树中单击需要阵列的元件，例如文件名为"LUOGAN.PRT"的螺杆，系统弹出快捷工具栏，如图 4-3-20 所示，单击【阵列】按钮，打开【阵列】设计面板，可对元件进行阵列操作，详细操作参考课堂案例。

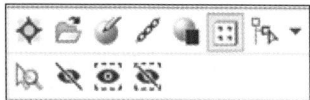

图 4-3-20

8. 隐藏和显示

隐藏和显示功能用于隐藏和显示选定的特征、元件和层。在装配模型树中单击待隐藏的特征、元件和层，系统弹出快捷工具栏，如图 4-3-21 所示，单击【隐藏】按钮，可隐藏选定的特征、元件和层。该特征、元件和层的图标在模型树中以灰色显示，如图 4-3-22 所示。

在模型树中选择已隐藏的灰色显示的特征、元件和层的图标，系统弹出快捷工具栏，如图 4-3-23 所示，单击【显示】按钮，可显示选定的特征、元件和层，该特征、元件和层的图标在模型树中将再次以彩色显示。

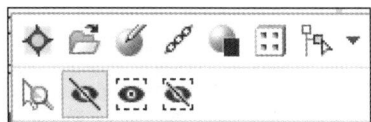

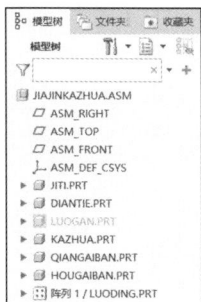

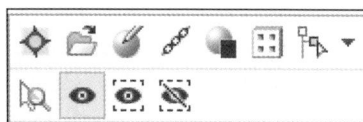

图 4-3-21　　　　　　　　　　图 4-3-22　　　　　　　　　　图 4-3-23

9. 仅显示选定项

仅显示选定项功能是指仅显示选定的对象，隐藏所有其他类型的对象。在装配模型树中单击需要显示的对象，系统弹出快捷工具栏，如图 4-3-24 所示，单击【仅显示选定项】按钮，在绘图区仅显示选定对象，其他对象均隐藏且在模型树中以灰色显示，如图 4-3-25 所示。

10. 隐藏选定项

隐藏选定项功能是指仅隐藏选定的对象，显示所有其他类型的对象。在装配模型树中单击需要隐藏的对象，系统弹出快捷工具栏，如图 4-3-26 所示，单击【隐藏选定项】按钮，在绘图区选定对象隐藏，且其图标在模型树中以灰色显示。

图 4-3-24　　　　　　　　　　图 4-3-25　　　　　　　　　　图 4-3-26

4.4 移动元件

在装配过程中，元件插入装配环境时的初始位置与姿态由系统自动设定。运用移动元件功能，可移动和旋转元件，灵活调整其与整体装配体间的相对位置关系，便于找准并设置放置基准。

接下来，在课堂案例操作中，将具体介绍在实际装配过程中如何有效地运用移动元件功能，达到高效组装的目的。

4.4.1 课堂案例 手压阀装配设计

1. 任务下达

在完成模块 3 的零件设计的基础上，根据手压阀装配图完成手压阀的装配设计，如图 4-4-1 所示。

手压阀装配
设计 1

手压阀装配
设计 2

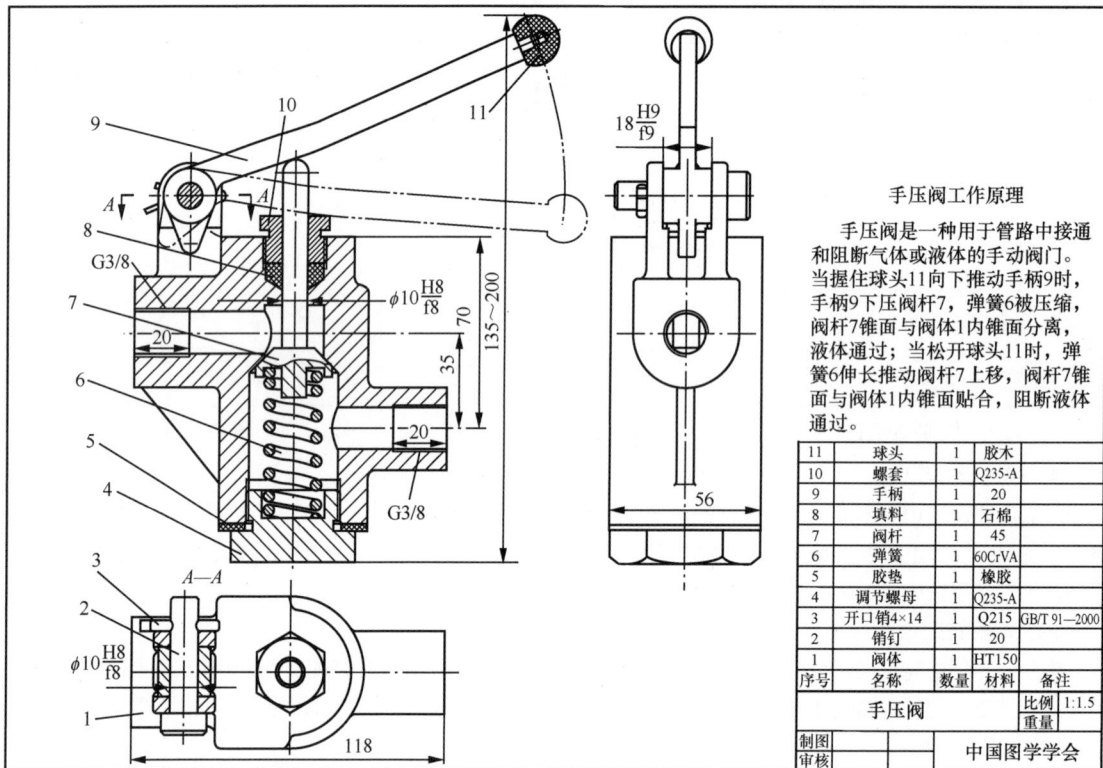

手压阀工作原理

手压阀是一种用于管路中接通和阻断气体或液体的手动阀门。当握住球头11向下推动手柄9时，手柄9下压阀杆7，弹簧6被压缩，阀杆7锥面与阀体1内锥面分离，液体通过；当松开球头11时，弹簧6伸长推动阀杆7上移，阀杆7锥面与阀体1内锥面贴合，阻断液体通过。

11	球头	1	胶木	
10	螺套	1	Q235-A	
9	手柄	1	20	
8	填料	1	石棉	
7	阀杆	1	45	
6	弹簧	1	60CrVA	
5	胶垫	1	橡胶	
4	调节螺母	1	Q235-A	
3	开口销4×14	1	Q215	GB/T 91—2000
2	销钉	1	20	
1	阀体	1	HT150	
序号	名称	数量	材料	备注
手压阀			比例	1:1.5
			重量	
制图		中国图学学会		
审核				

图 4-4-1

2. 任务解析

手压阀的工作原理基于力学传递与弹簧复位机制：当用户施加向下的力于手柄时，阀杆受力向下移动，压缩内置弹簧并使得入口和出口联通；反之，当释放手柄时，弹簧借助回复力推动阀杆回位，使阀杆向上紧密闭合阀门部件，进而切断入口至出口联通状态。

在结构上，手压阀主要由若干核心组件构成，包括阀体、阀杆、弹簧、调节螺母、螺套以及手柄等，如图 4-4-2（a）所示。教学中，我们以预先设计完成的各阀体零部件三维模型为基础，运用精准的约束关系和装配逻辑，有序地将这些零件组装到一个完整的组件内，从而展示手压阀的实际装配过程和构造细节，如图 4-4-2（b）所示。

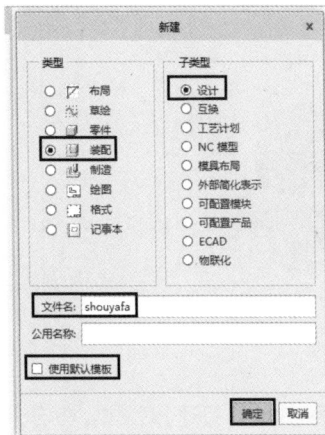

图 4-4-2

3. 任务实施

打开 Creo6.0 软件，如图 4-4-3 所示，在【主页】选项卡中单击【选择工作目录】按钮，在弹出的对话框中选择"CH04>装配素材>手压阀"文件夹，单击【确定】按钮。

图 4-4-3

（1）创建装配文件

在【主页】选项卡中单击【新建】按钮，系统弹出【新建】对话框，如图 4-4-4 所示，在【类型】中选择【装配】，在【子类型】中选择【设计】，在【文件名】文本框中输入"shouyafa"，取消勾选【使用默认模板】复选框，单击【确定】按钮。系统弹出【新文件选项】对话框，如图 4-4-5 所示，选择"mmns_asm_design"（公制）模板，单击【确定】按钮。完成装配文件的创建，系统进入装配环境。

图 4-4-4   图 4-4-5

（2）组装阀体元件

在装配界面【模型】选项卡的【元件】组中，单击【组装】按钮，系统弹出【打开】对话框，默认进入"手压阀"工作目录，单击"fati.prt"，单击【打开】按钮，如图 4-4-6 所示。

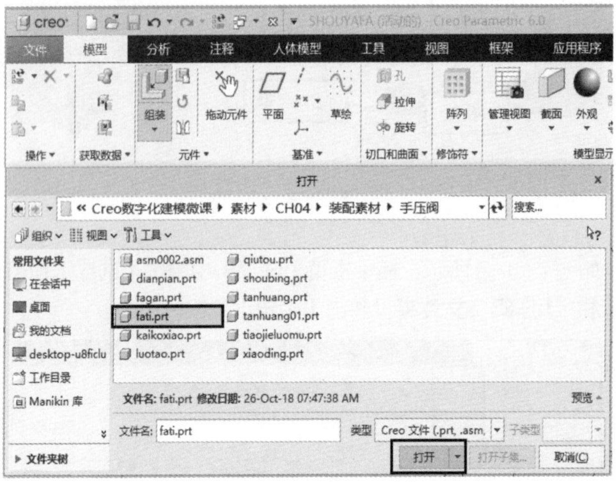

图 4-4-6

阀体元件出现在绘图区，系统弹出【元件放置】设计面板。

阀体元件是手压阀的首个元件，可在【元件放置】设计面板中单击【放置】标签，如图 4-4-7 所示，设置【约束类型】为【默认】，此时约束状况显示为"完全约束"，单击【确定】按钮，使阀体元件的 3 个基准平面即 RIGHT、TOP、FRONT 及坐标中心 PRT_CSYS_DEF 与装配环境中的 ASM_RIGHT、ASM_TOP、ASM_FRONT 及坐标中心 ASM_DEF_CSYS 分别重合。完成阀体元件的组装。

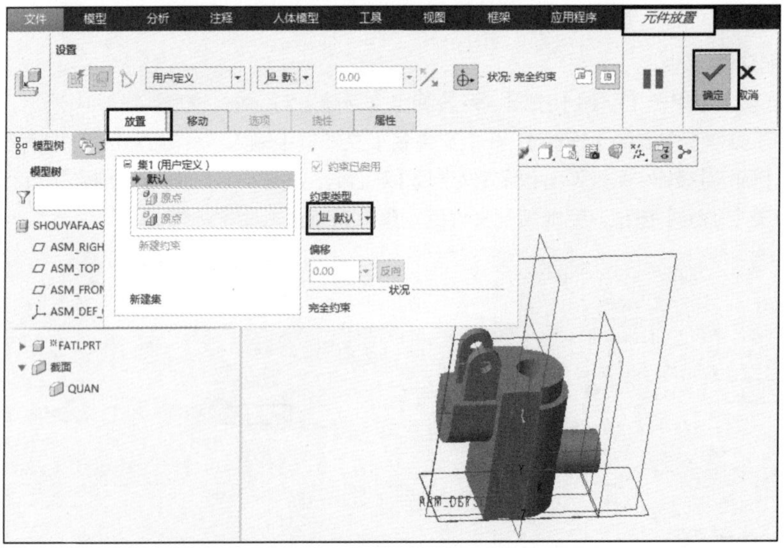

图 4-4-7

（3）组装胶垫元件

在装配界面【模型】选项卡的【元件】组中，单击【组装】按钮，系统弹出【打开】对话框，单击"jiaodian.prt"，单击【打开】按钮。

　　胶垫出现在绘图区，系统弹出【元件放置】设计面板。观察胶垫在装配空间的位置，通过在模型视图中单击并拖动 3D 拖动器中心球，可以移动和调整装配空间内未完全约束的元件的位置和姿态，这样可以更方便地选择放置约束所需的参考元素。

　　为胶垫添加第一个装配约束，如图 4-4-8 所示，在【元件放置】设计面板单击【放置】标签，在下拉面板中，【约束类型】选择【重合】，在绘图区中选择阀体下端面和胶垫上端面作为装配体和元件约束参考，如图 4-4-9（a）所示。此时约束状况显示为"部分约束"。

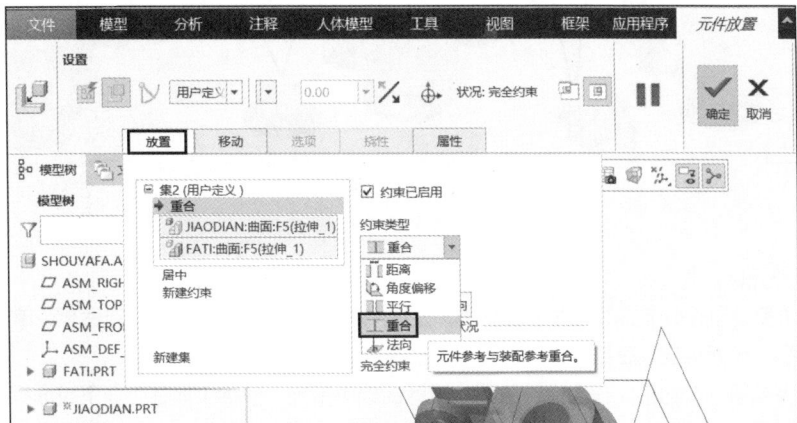

图 4-4-8

　　为胶垫添加第二个装配约束，在【放置】下拉面板中单击【新建约束】，【约束类型】选择【重合】，分别选择阀体的轴线及胶垫的轴线作为装配体和元件约束参考，如图 4-4-9（b）所示。此时约束状况显示为"完全约束"，单击【确定】按钮，完成手压阀胶垫的组装，效果如图 4-4-9（c）所示。

（a）　　　　　　　　　　　　（b）　　　　　　　　　　　　（c）

图 4-4-9

（4）组装调节螺母元件

　　在装配界面【模型】选项卡的【元件】组中，单击【组装】按钮，弹出【打开】对话框，单击"tiaojieluomu.prt"，单击【打开】按钮。调节螺母元件出现在绘图区，系统弹出【元件放置】设计面板。

　　为调节螺母添加第一个约束，在【元件放置】设计面板中单击【放置】标签，【约束类型】选择【重合】，在绘图区中选择胶垫下端面和调节螺母端面作为装配体和元件约束参考，如图 4-4-10（a）所示。此时约束状况显示为"部分约束"。

　　📖 提示

　　在绘图区中通过单击 3D 拖动器中心球、环或面，并拖动鼠标指针来移动或旋转元件，可以调整元件在装配空间的位置和姿态，以便更好地定位至装配位置，便于选择约束参考。

为调节螺母添加第二个约束，在【放置】下拉面板中单击【新建约束】，【约束类型】选择【重合】，选择阀体的轴线和调节螺母的轴线作为装配体和元件约束参考，如图 4-4-10（b）所示，此时约束状况显示为"完全约束"，单击【确定】按钮，完成手压阀调节螺母元件的装配，效果如图 4-4-10（c）所示。

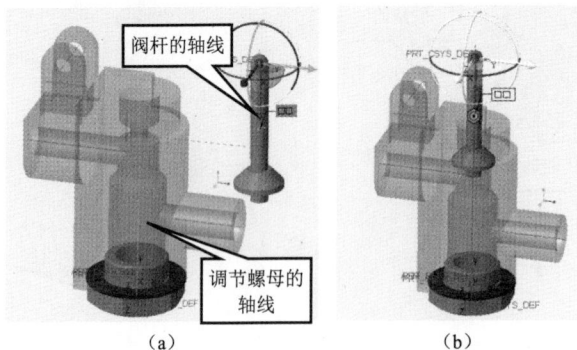

图 4-4-10

（5）组装阀杆元件

在装配界面【模型】选项卡的【元件】组中，单击【组装】按钮，弹出【打开】对话框，单击"fagan.prt"，单击【打开】按钮。该元件出现在绘图区，系统弹出【元件放置】设计面板。

为阀杆元件添加第一个约束，在【元件放置】设计面板中单击【放置】标签，在下拉面板中，【约束类型】选择【重合】，在绘图区中选择阀杆的轴线和调节螺母的轴线，如图 4-4-11（a）所示，添加此约束后的装配效果如图 4-4-11（b）所示，此时约束状况显示为"部分约束"。

为阀杆元件添加第二个约束，在【放置】下拉面板中单击【新建约束】，【约束类型】选择【距离】，在绘图区单击 3D 拖动器中心球并拖动鼠标指针来移动阀杆元件沿轴向平移，便于选择参考曲面。如图 4-4-12（a）所示，在绘图区中选择阀杆下端面，然后选择阀体下端调节螺母的内平面，在【距离】文本框中输入 40。添加此约束后的装配效果如图 4-4-12（b）所示，此时约束状况显示为"完全约束"，单击【确定】按钮，完成手压阀阀杆的装配。

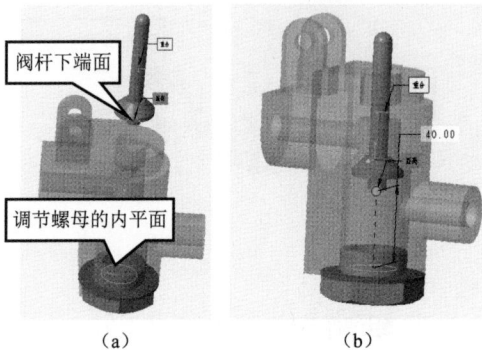

图 4-4-11　　　　　　　　　　　　　　　　图 4-4-12

📖 提示

如果调节螺母内平面不易选择，可将鼠标指针放置在平面所在位置，单击鼠标右键，弹出【从列表拾取】对话框，在对话框中依次试选，直到待选平面呈绿色显示，即表示被选中。

（6）组装弹簧元件

弹簧元件被装配在阀体内部的中空结构内，其下端面紧密贴合于调节螺母的内平面。然而，在实际装配过程中，由于空间限制和视觉遮挡，选取适当的装配约束参考较为困难。为简化操作并优化装配过程，可以采取隐藏"FATI.PRT"阀体元件操作，即在模型树中，首先选择"FATI.PRT"元件，按住 Ctrl 键添加选择 "FAGAN.PRT"元件，随后在弹出的快捷工具栏中单击【隐藏】按钮，如图 4-4-13 所示。通过这一操作，阀体、阀杆在装配环境的三维模型视图中将暂时不显示，同时在模型树中以灰色标识表示已隐藏，具体效果如图 4-4-14 所示。这样更方便组装内部元件的操作。

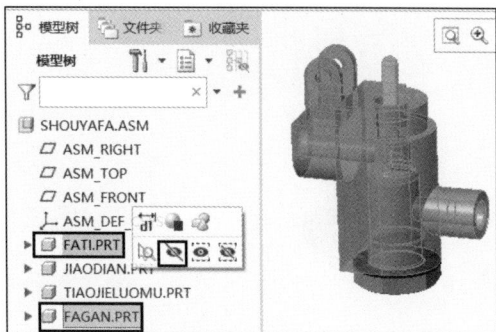

图 4-4-13

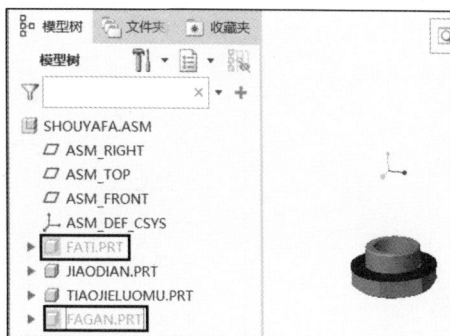

图 4-4-14

在装配界面【模型】选项卡的【元件】组中，单击【组装】按钮，系统弹出【打开】对话框，单击 "TANHUANG.PRT"，单击【打开】按钮。该元件出现在绘图区，系统弹出【元件放置】设计面板。

为弹簧元件添加第一个约束，在【元件放置】设计面板中单击【放置】标签，在下拉面板中，【约束类型】选择【重合】，在绘图区中选择弹簧轴线和调节螺母的轴线作为约束参考，如图 4-4-15（a）所示，此时约束状况显示为"部分约束"，添加第一个约束后的效果如图 4-4-15（b）所示。

为弹簧元件添加第二个约束，在【放置】下拉面板中单击【新建约束】，【约束类型】选择【重合】，在绘图区中选择调节螺母的内平面和弹簧 TOP 面作为约束参考，如图 4-4-15（c）所示。此时约束状况显示为"完全约束"，单击【确定】按钮，完成手压阀弹簧元件的组装，如图 4-4-15（d）所示。

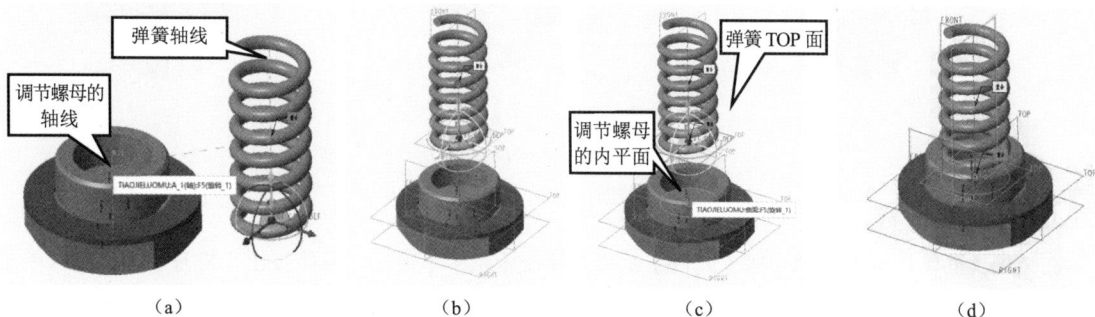

（a）　　　　　　　　（b）　　　　　　　　（c）　　　　　　　　（d）

图 4-4-15

（7）组装螺套元件

在模型树中单击灰色显示的"FATI.PRT"，在弹出的快捷工具栏中单击【显示】按钮，使手压阀阀体在装配环境的绘图区重新显示出来，如图 4-4-16 所示。通过类似的操作，使"FAGAN.PRT"元件重新显示。

在装配界面【模型】选项卡的【元件】组中，单击【组装】按钮，系统弹出【打开】对话框，单击 "LUOTAO.PRT"，单击【打开】按钮。该元件出现在绘图区，系统弹出【元件放置】设计面板。

为螺套元件添加第一个约束，在【元件放置】设计面板中单击【放置】标签，在下拉面板中，【约束类型】

选择【重合】，在绘图区中选择阀体上端面和螺套端面作为约束参考，如图 4-4-17（a）所示，此时约束状况显示为"部分约束"。

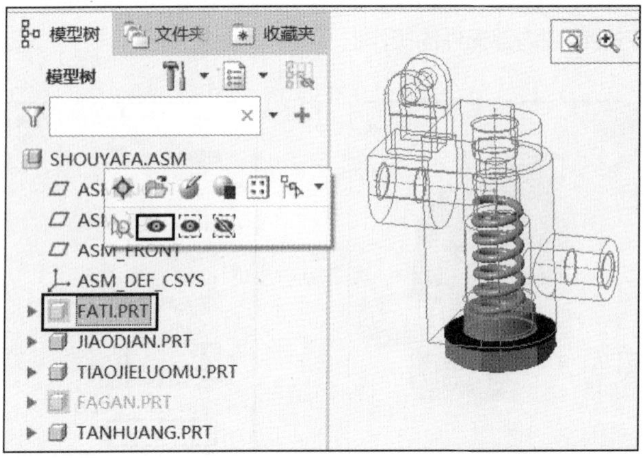

图 4-4-16

为螺套元件添加第二个约束，在【放置】下拉面板中单击【新建约束】，【约束类型】选择【居中】，在绘图区中选择阀体孔轴线和螺套轴线作为约束参考，如图 4-4-17（b）所示，此时约束状况显示为"完全约束"。单击【确定】按钮完成手压阀螺套的装配，如图 4-4-17（c）所示。

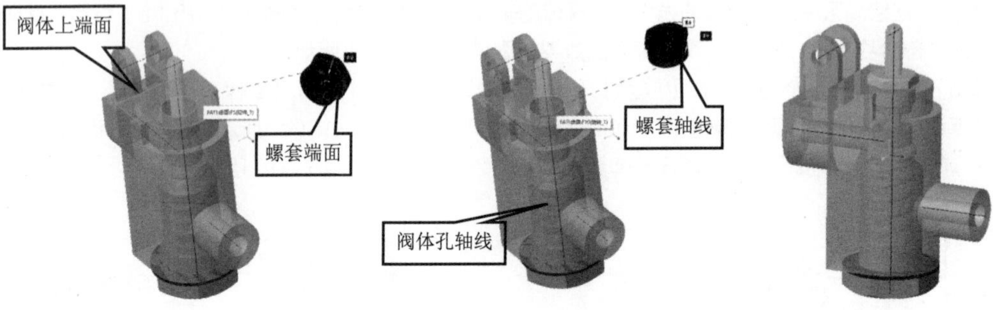

（a）　　　　　　　　　　　（b）　　　　　　　　　　　（c）

图 4-4-17

（8）组装手柄元件

在装配界面【模型】选项卡的【元件】组中，单击【组装】按钮，系统弹出【打开】对话框，单击 "SHOUBING.PRT"，单击【打开】按钮。该元件出现在绘图区，系统弹出【元件放置】设计面板。

为手柄元件添加第一个约束，在【元件放置】设计面板中单击【放置】标签，在下拉面板中，【约束类型】选择【重合】，在绘图区中选择凸耳孔轴线和手柄孔轴线作为约束参考，如图 4-4-18（a）所示。添加第一个约束后的效果如图 4-4-18（b）所示，此时约束状况显示为"部分约束"。

为手柄元件添加第二个约束，在【放置】下拉面板中单击【新建约束】，【约束类型】选择【重合】，在绘图区中选择手柄中心面和阀体中心面作为约束参考，如图 4-4-18（c）所示。添加第二个约束后的效果如图 4-4-18（d）所示，此时约束状况显示为"完全约束"，手柄只可以绕转轴转动。

为限定手柄的位置，添加约束使手柄下曲面与阀杆顶端球面相切，在【放置】下拉面板中单击【新建约束】，【约束类型】选择【相切】，在绘图区中选择手柄下端面与阀杆顶端球面作为约束参考，如图 4-4-19（a）所示。添加【相切】约束后的效果如图 4-4-19（b）所示，单击【确定】按钮完成手压阀手柄的装配。

（a）　　　　　（b）　　　　　（c）　　　　　（d）

图 4-4-18

（a）　　　　　　　　　　　　　（b）

图 4-4-19

（9）组装球头元件

在装配界面【模型】选项卡的【元件】组中，单击【组装】按钮，系统弹出【打开】对话框，单击"QIUTOU.PRT"，单击【打开】按钮。该元件出现在绘图区，系统弹出【元件放置】设计面板。

为球头元件添加第一个约束，在【元件放置】设计面板中单击【放置】标签，在下拉面板中，【约束类型】选择【重合】，在绘图区中选择手柄端面和球头端面作为约束参考，如图4-4-20（a）所示。此时约束状况显示为"部分约束"。

为球头元件添加第二个约束，在【放置】下拉面板中单击【新建约束】，【约束类型】选择【重合】，在绘图区中选择手柄端圆柱轴线和球头孔轴线作为约束参考，如图 4-4-20（b）所示，此时约束状况显示为"完全约束"。单击【确定】按钮完成手柄球头的装配，效果如图4-4-20（c）所示。

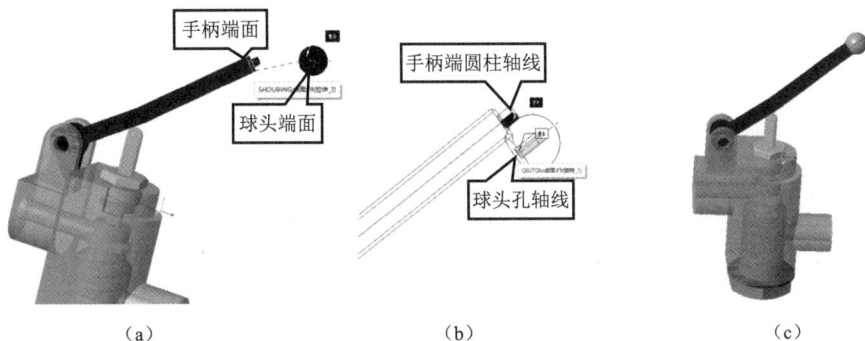

（a）　　　　　　（b）　　　　　（c）

图 4-4-20

（10）组装销钉元件

在装配界面【模型】选项卡的【元件】组中，单击【组装】按钮，系统弹出【打开】对话框，单击"XIAODING.PRT"零件，单击【打开】按钮。该元件出现在绘图区，系统弹出【元件放置】设计面板。

为销钉添加第一个约束，在【元件放置】设计面板中单击【放置】标签，在下拉面板中，【约束类型】选

205

择【重合】，在绘图区中选择阀体凸耳端面和销钉端面作为约束参考，如图 4-4-21（a）所示。此时约束状况显示为"部分约束"。

为销钉添加第二个约束，在【放置】下拉面板中单击【新建约束】，【约束类型】选择【重合】，在绘图区选择阀体孔轴线和销钉轴线作为约束参考，如图 4-4-21（b）所示。装配效果如图 4-4-20（c）所示，此时约束状况显示为"完全约束"，单击【确定】按钮完成手压阀销钉的装配。

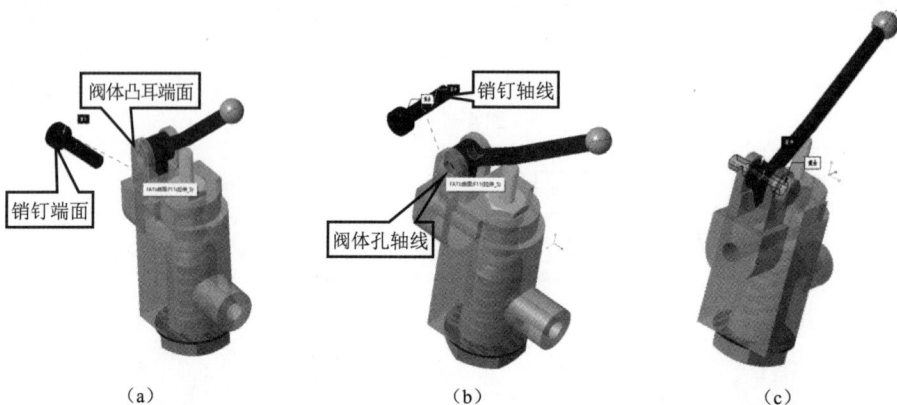

图 4-4-21

（11）组装开口销元件

在装配界面【模型】选项卡的【元件】组中，单击【组装】按钮，系统弹出【打开】对话框，单击"KAIKOUXIAO.PRT"，单击【打开】按钮。该元件出现在绘图区，系统弹出【元件放置】设计面板。

为开口销元件添加第一个约束，在【元件放置】设计面板中单击【放置】标签，在下拉面板中，【约束类型】选择【居中】，在绘图区中选择销钉柱面上孔曲面和开口销圆柱曲面作为约束参考，如图 4-4-22（a）所示，此时约束状况显示为"部分约束"。

为开口销元件添加第二个约束，在开始添加约束之前，需要调整开口销的姿态。单击 3D 拖动器按钮，使其处于激活状态，单击并拖动 3D 拖动器中心球以移动开口销元件，单击并拖动 3D 拖动器转动环，可以旋转元件，将开口销移动到图 4-4-22（b）所示位置，在【放置】下拉面板中单击【新建约束】，【约束类型】选择【固定】，完成约束设置后的效果如图 4-4-22（c）所示。此时约束状况显示为"完全约束"，单击【确定】按钮完成手压阀开口销的装配。

保存文件，手压阀装配完成。

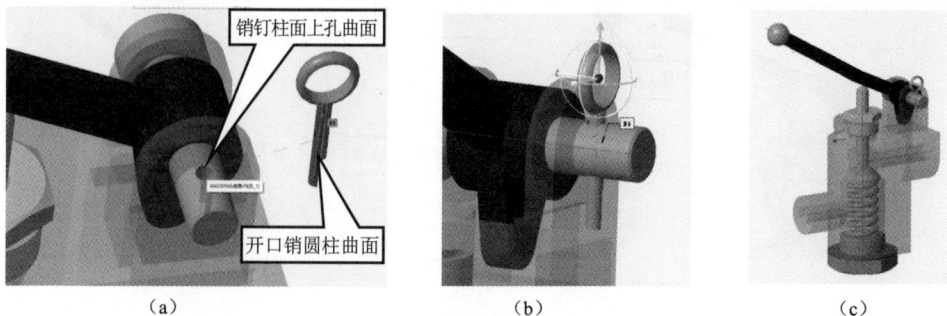

图 4-4-22

4.4.2 知识点解析

通过手压阀装配设计的实际操作演示，读者可深刻理解装配过程中元件插入装配环境时位置和姿态的不确定性。位置和姿态的不确定性在设置装配约束时易造成参考选择困难。因此，准确调整元件的位置和姿态是装配环节的关键步骤。为了提升装配效率，经验丰富的设计者通常会选择启用【自动】约束功能，系统会依据选定参考的性质和位置智能判断并应用相应的约束类型。

Creo 6.0 装配环境提供了 3 种主要方法对元件进行位置移动和姿态旋转操作：一是通过移动面板进行控制；二是利用 3D 拖动器直观操作；三是采用快捷键进行快速调整。设计者可根据个人习惯和实际需求，灵活选用适合自己的方法。

1. 移动面板

在装配环境中，单击【组装】按钮，选择需要装配的零件后，系统弹出【元件放置】设计面板，单击【移动】标签，【移动】下拉面板中提供了定向模式、平移、旋转、调整 4 种运动类型，可移动正在装配的元件，如图 4-4-23 所示，根据需要选择合适的移动方式。

图 4-4-23

2. 3D 拖动器

Creo 6.0 装配环境的【元件放置】设计面板提供了 3D 拖动器按钮，如图 4-4-24 所示，单击 3D 拖动器按钮，可以控制显示和隐藏 3D 拖动器，在 3D 拖动器处于显示状态时，可以通过 3D 拖动器快速平移和旋转零件，以便将其调整到合适的位置进行装配。

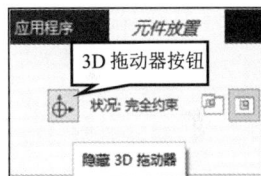

图 4-4-24

在装配环境中，可以通过【元件放置】设计面板中的 3D 拖动器来粗调装配元（部）件的位置。单击 3D 拖动器按钮，即可显示附着在零件上的 3D 拖动器，将鼠标指针靠近拖动器中心（或轴、环），拖动器中心（或轴、环）将高亮显示，此时单击拖动器中心（或轴、环），如图 4-4-25 所示，即可实现元（部）件的移动或旋转。

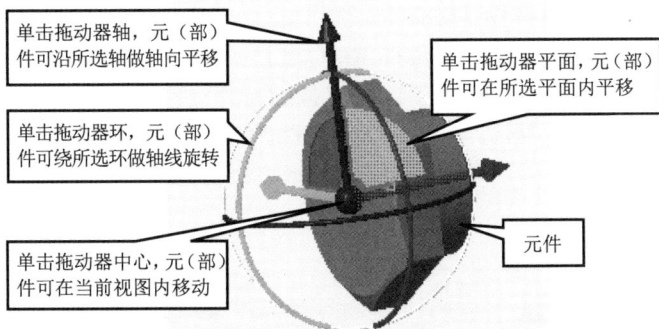

图 4-4-25

3. 使用快捷键

在装配环境中，为了实现待装配元（部）件的快速定位，可采用快捷键 Ctrl+Alt 配合鼠标按键进行粗略调整。

- Ctrl+Alt+鼠标右键，可对部件进行平面内的平移。

- Ctrl+Alt+鼠标中键，用户可以任意角度旋转待装配部件。
- Ctrl+Alt+鼠标左键，部件可按照一定增量进行倾斜偏转。

通过这套快捷键，设计者可在不显示拖动器的情况下，高效、灵活地调整待装配部件的位置与姿态。

📖 **提示**

若零件已预先施加了约束条件，在应用上述移动和旋转方法时，模型仅能在未受约束的自由度方向上进行调整。

4.5 分解视图

分解视图又称为爆炸视图，就是将装配体中的各个元件沿着直线或坐标轴移动或旋转，使各个元件从装配体中分解出来，装配体处于分解状态。分解状态对于表达各个元件的相对位置十分有帮助，因而常用于表达装配体的装配过程和结构组成。

手压阀装配体
分解视图

4.5.1 课堂案例 手压阀装配体分解视图

1. 任务下达

创建手压阀装配体分解视图，对 4.4.1 节中完成的手压阀装配体创建分解视图，并截屏保存图片。

2. 任务解析

手压阀装配体由多个独立元件构成，为了清晰展示各个组成部件的精确形态构造及其相互间的装配关系，我们运用分解视图技术对其进行深度剖析。具体操作上，首先借助分解视图工具对手压阀装配体进行细致的分层拆解，随后采用编辑位置功能对手动阀内部各元件的位置关系进行精细调节与优化布局，并可使用创建修饰偏移线，表达分解元件移动路径，使得整个装配体中每个元件的形状结构及其装配逻辑得到更直观且详尽的呈现。

3. 任务实施

（1）打开"CH04>装配素材>手压阀>shouyafa.asm"装配文件。

（2）创建分解视图。

单击【模型显示】组的【分解视图】按钮 🔛，系统会将装配体中的各元件自动分解，生成默认的分解视图，如图 4-5-1 所示。

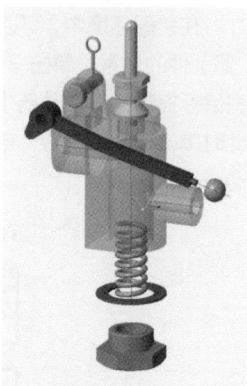

在分解视图状态下，单击【模型显示】组的【编辑位置】按钮 🔛，系统自动打开【分解工具】设计面板，在设计面板上放置了【平移】按钮 🔛、【旋转】按钮 🔛 和【视图平面】按钮 🔛，如图 4-5-2 所示。选择要移动的元件，移动图标附着在元件上，将鼠标指针靠近移动方向轴，该轴将高亮显示，此时拖动鼠标指针将实现元件移动，如图 4-5-3 所示。

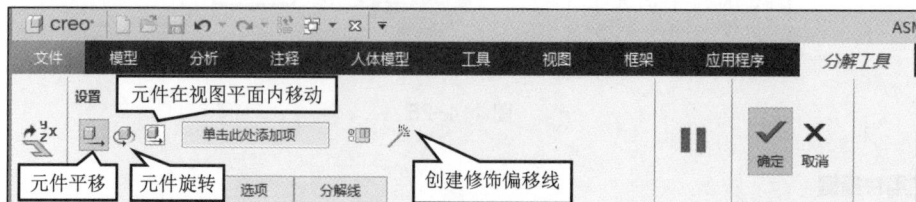

图 4-5-1

图 4-5-2

在【分解工具】设计面板中，单击【创建修饰偏移线】按钮 ✏️，系统自动打开【修饰偏移线】对话框，依次选择两个有约束关系的元件，在两个元件间创建修饰偏移线，以说明分解元件的移动情况，如图 4-5-4 所示。手压阀分解视图及修饰线如图 4-5-5 所示。

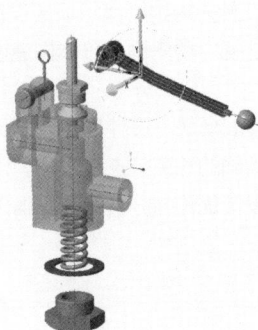

图 4-5-3

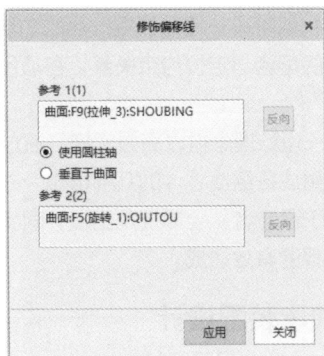

图 4-5-4

图 4-5-5

（3）取消分解视图。

当装配体处于分解状态时，【模型显示】组中的【分解视图】按钮处于激活状态，再次单击该按钮，可以取消分解状态，回到装配体正常装配状态。

4.5.2 知识点解析

从以上的课堂案例可以看出，通过对装配体分解后的分解视图，可以更好地观察模型的结构和装配关系。组件装配完成后，在【模型显示】组中单击【分解视图】按钮，可以启动分解工具。操作要点如下。

1. 创建默认分解视图

在【模型显示】组中单击【分解视图】按钮，启动分解工具后，系统会把装配体分解为一个一个的零件显示，各个零件位置由系统自动分配。此时形成的分解视图即默认分解视图。

2. 编辑位置

默认分解视图往往不能很好地表达设计效果，需要进一步编辑。单击【编辑位置】按钮，打开【分解工具】设计面板，可使用平移、旋转等工具对各个元件进行空间位置编辑。

3. 创建修饰偏移线

单击【分解工具】设计面板中的【创建修饰偏移线】按钮，系统弹出【修饰偏移线】对话框，选择参照创建偏移修饰线，以说明分解元件的移动路径。修饰偏移线用来表示各个元件的对齐位置，一般由 3 条线组成，两端分别为两个元件的特征曲线，中线为在装配视图中添加的中间线。通过对修饰偏移线的编辑可以在分解视图中重新定位元件。

4. 取消分解

取消对模型的分解，恢复到分解前的模型状态。

📖 提示

分解视图仅在视觉上分解装配件的外观，装配件的约束关系不会改变。

装配过程就是在装配中建立各元件之间的连接关系。它是通过一定的配对关联条件在元件之间建立相应的约束关系，从而确定元件在整体装配中的位置。在装配中，元件的几何实体是被装配引用而不是复制，整个装配元件都保持关联性，不管如何编辑元件，如果其中的元件被修改，则引用它的装配元件会自动更新，以反映元件的变化。

4.6 自顶向下设计

自顶向下的设计理念贯穿产品开发初期阶段，旨在依据产品的功能需求，预先构建产品的顶层设计框架，详尽规划组件与零件、零件与零件之间的配合与定位约束关系。在项目启动之初，便先确立总体构造设计，随后展开具体细节设计。

在三维设计软件 Creo 6.0 中，这一设计理念得以高效实施。通过应用装配模块，设计者首先搭建起装配模型的整体框架，继而在该框架内逐个生成各组成零件的几何形态，并通过精确的约束与连接设定，使得零件间形成有序而紧密的关系。此过程有利于设计者从全局视角出发，同步进行设计优化与分析验证，确保所有零部件之间的一致性、协调性以及设计目标的有效达成。

4.6.1 课堂案例一 球轴承装配设计

本课堂案例以典型的自顶向下设计理念为基础，从球轴承这一装配体的整体架构出发，逐步细化至对组成轴承体的每一个零部件进行详细设计。在装配环境中，各元件采用实体建模的方式逐一构建，这一过程确保了各零部件之间的约束条件和连接关系，从而展现自顶向下设计思路在整体装配设计中的具体应用。

球轴承装配
设计 1

球轴承装配
设计 2

1．任务下达

根据图 4-6-1 所示球轴承工程图样，在装配环境中以自顶向下方式完成球轴承装配体设计。

图 4-6-1

2．任务解析

球轴承作为一种常见的滚动轴承，其主体结构主要包括滚珠、内圈、外圈以及保持架这四大核心元件。滚珠位于内、外钢圈之间，并依靠保持架来维持滚珠之间精确的相对位置。

在三维建模设计阶段，遵循球轴承的实际构造特性，首先根据保持架的具体形态和所在位置进行建模，确保保持架模型的准确性。紧接着，创建单个滚珠模型，进一步利用阵列功能复制多个滚珠，以此实现滚珠部分的完整建模。随后，运用旋转命令分别生成轴承的内圈和外圈模型。经过以上步骤，最终完成球轴承装配体的整体设计与构建。

3．任务实施

首先在"装配素材"文件夹中创建一个名称为"球轴承"的空文件夹，如图 4-6-2 所示。打开 Creo 6.0

软件，在【主页】选项卡中单击【选择工作目录】按钮，在弹出的对话框中选择建立好的"球轴承"文件夹，单击【确定】按钮。

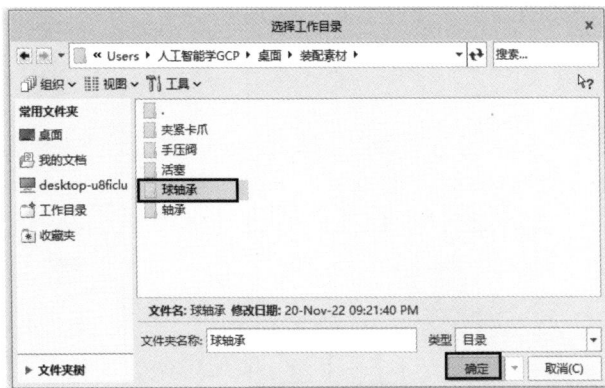

图 4-6-2

（1）创建装配文件

在【主页】选项卡中单击【新建】按钮，系统弹出【新建】对话框，如图 4-6-3 所示，在对话框的【类型】中选择【装配】，在【子类型】中选择【设计】，在【文件名】文本框中输入"zhoucheng"，取消勾选【使用默认模板】复选框，单击【确定】按钮。

系统弹出【新文件选项】对话框，如图 4-6-4 所示，在对话框中选择"mmns_asm_design"（公制）模板，单击【确定】按钮，完成"zhoucheng.asm"装配文件的创建，系统进入装配环境。

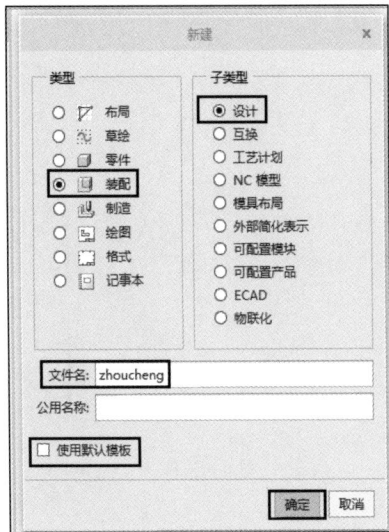

图 4-6-3

图 4-6-4

（2）创建保持架元件

在装配界面的【模型】选项卡的【元件】组中，单击【创建】按钮，系统弹出【创建元件】对话框，如图 4-6-5 所示，【类型】选择【零件】，【子类型】选择【实体】，在【文件名】文本框中输入"baochijia"，单击【确定】按钮；系统弹出【创建选项】对话框，如图 4-6-6 所示，在【创建方法】中选择【创建特征】单选项，单击【确定】按钮，保持架元件图标出现在模型树中，且处于激活状态，如图 4-6-7 所示。

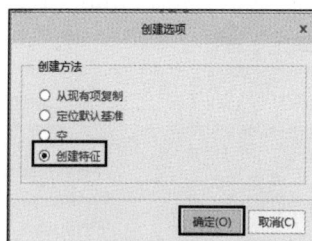

图 4-6-6

图 4-6-5

图 4-6-7

① 创建空心球。单击【模型】选项卡【形状】组中的【旋转】按钮，打开【旋转】设计面板，单击【放置】标签，在弹出的下拉面板中单击【定义】按钮，在弹出的【草绘】对话框中，将 ASM_FRONT 作为草绘平面，单击【草绘】按钮，如图 4-6-8 所示。单击【草绘视图】按钮 🖳，绘制草绘截面，如图 4-6-9 所示，单击【确定】按钮 ✔，保存草绘并退出。查看空心球旋转特征预览图形，如图 4-6-10 所示。确认无误后单击【确定】按钮 ✔，完成建模。

图 4-6-8

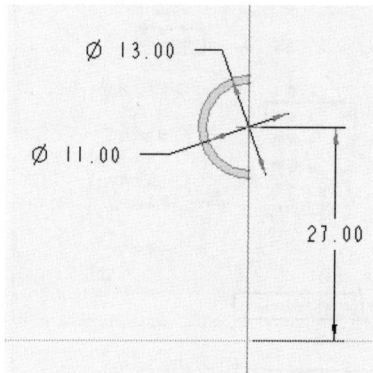

图 4-6-9

② 阵列空心球。完成空心球旋转特征创建后，单击模型树中保持架元件图标 🖳 BAOCHIJIA.PRT 前的下拉按钮 ▾，可以看到刚创建的空心球旋转特征，如图 4-6-11 所示。单击该旋转特征，在【模型】选项卡的【编辑】组中单击【阵列】按钮。

系统弹出【阵列】设计面板，如图 4-6-12 所示，【选择阵列类型】选择【轴】，【第一方向】选择 Z 轴，修改阵列成员数为 9，成员间的角度为 40°。单击【确定】按钮 ✔，完成空心球阵列。

③ 创建连接板。使用拉伸工具创建连接板，选择 ASM_FRONT 作为草绘平面，绘制截面，如图 4-6-13 所示。拉伸方式选择 🖽（对称拉伸），深度值为 1，单击【确定】按钮，连接板创建完成，效果如图 4-6-14 所示。

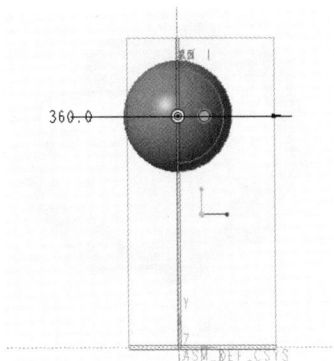

图 4-6-10

图 4-6-11

图 4-6-12

④ 阵列连接板。参考空心球的阵列方法，选择刚创建的连接板拉伸特征，【选择阵列类型】选择【轴】，【第一方向】选择 Z 轴，修改阵列成员数为 9，成员间的角度为 40°，单击【确定】按钮 ✓。效果如图 4-6-15 所示。

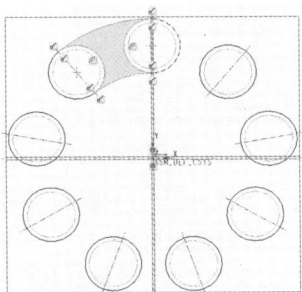

图 4-6-13

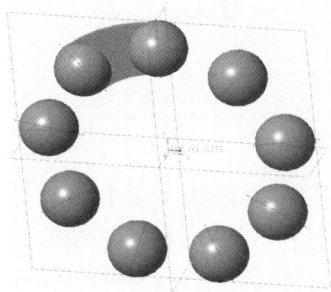

图 4-6-14

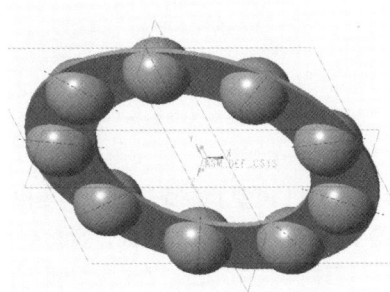

图 4-6-15

创建拉伸移除特征，单击【模型】选项卡【形状】组中的【拉伸】按钮，在【拉伸】设计面板中单击【移除材料】按钮，选择 ASM_FRONT 作为草绘平面，根据工程图尺寸，绘制截面，如图 4-6-16 所示。选择拉伸方式为 ⊟（对称拉伸），深度保证两侧球体均被移除，查看模型，确认无误后单击【确定】按钮 ✓，完成建模，效果如图 4-6-17 所示。

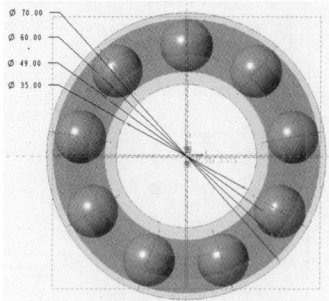

图 4-6-16

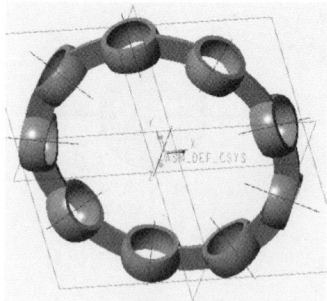

图 4-6-17

保持架元件创建完成，需要激活装配体。操作如下，在模型树中单击装配文件图标 ZHOUCHENG.ASM，在弹出的快捷工具栏中单击【激活】按钮◇，激活装配设计环境，保持架作为一个元件存在于装配体中。

（3）创建滚珠元件

在装配界面的【模型】选项卡的【元件】组中，单击【创建】按钮，系统弹出【创建元件】对话框，如图 4-6-18 所示，【类型】选择【零件】，【子类型】选择【实体】，在【文件名】文本框中输入"gunzhu"，单击【确定】按钮。系统弹出【创建选项】对话框，如图 4-6-19 所示，【创建方法】选择【创建特征】，单击【确定】按钮。滚珠元件图标出现在模型树中，且处于激活状态，如图 4-6-20 所示。

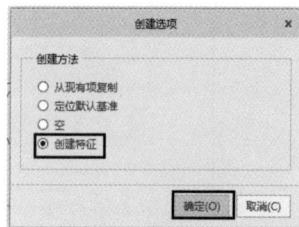

图 4-6-19

![图4-6-18 创建元件对话框界面]

图 4-6-18

图 4-6-20

单击【模型】选项卡【形状】组中的【旋转】按钮，打开【旋转】设计面板，选择 ASM_FRONT 作为草绘平面，绘制滚珠草绘截面，如图 4-6-21 所示。单击【确定】按钮后完成一个滚珠的创建。

在模型树中单击"ZHOUCHENG.ASM"图标 ZHOUCHENG.ASM，在弹出的快捷工具栏中单击【激活】按钮◇。激活装配体，刚创建好的滚珠作为一个元件存在于装配体中，如图 4-6-22 所示。

（4）阵列滚珠元件

在模型树中单击滚珠元件图标 GUNZHU.PRT，在弹出的快捷工具栏中单击【阵列】按钮，如图 4-6-23 所示。系统打开【阵列】设计面板，在【选择阵列类型】中选择【轴】，在【集类型设置】的第一个方向中选择 Z 轴，在设计面板中修改成员数为 9，成员间角度为 40°。单击【确定】按钮，完成滚球的阵列。每一个滚珠作为一个元件存在于装配体中，如图 4-6-24 所示。

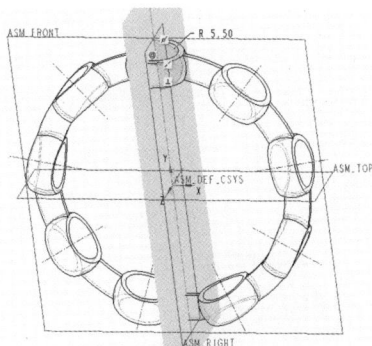

图 4-6-21

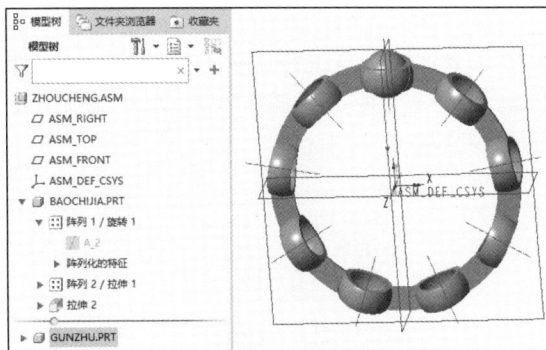

图 4-6-22

图 4-6-23

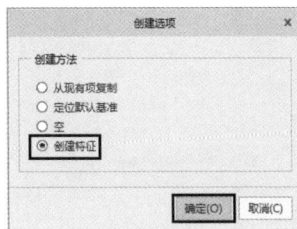

图 4-6-24

（5）创建轴承内圈元件

在装配界面【模型】选项卡的【元件】组中，单击【创建】按钮，系统弹出【创建元件】对话框，如图 4-6-25 所示，【类型】选择【零件】，【子类型】选择【实体】，在【文件名】文本框中输入"neiquan"，单击【确定】按钮；系统弹出【创建选项】对话框，如图 4-6-26 所示，其中【创建方法】选择【创建特征】，单击【确定】按钮。内圈元件图标出现在模型树中，且处于激活状态，如图 4-6-27 所示。

图 4-6-26

图 4-6-25

图 4-6-27

单击【模型】选项卡【形状】组中的【旋转】按钮，打开【旋转】设计面板，选择 ASM_RIGHT 作为草绘平面，ASM_FRONT、ASM_TOP 作为草绘参照，如图 4-6-28 所示，绘制内圈的草绘截面，单击【确定】按钮 ✔，保存草绘并退出。查看模型，确认无误后在【旋转】设计面板单击【确定】按钮 ✔，完成内圈元件的创建，如图 4-6-29 所示。

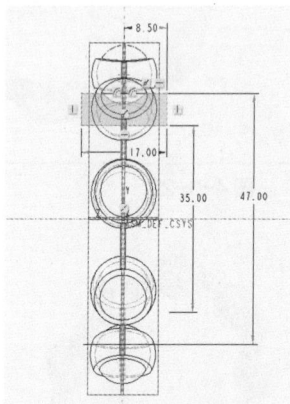

图 4-6-28

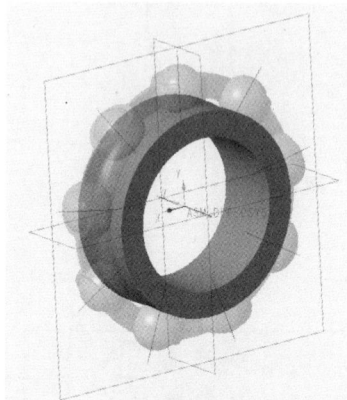

图 4-6-29

在模型树中单击"ZHOUCHENG.ASM"图标 📄 ZHOUCHENG.ASM ，在弹出的快捷工具栏中单击【激活】按钮 ✧。激活装配设计环境，刚创建好的内圈作为一个元件存在于装配体中。

（6）创建轴承外圈元件

在装配界面的【模型】选项卡的【元件】组中，单击【创建】按钮，系统弹出【创建元件】对话框，如图 4-6-30 所示，其中【类型】选择【零件】，【子类型】选择【实体】，在【文件名】文本框中输入"waiquan"，单击【确定】按钮；系统弹出【创建选项】对话框，如图 4-6-31 所示，其中【创建方法】选择【创建特征】，单击【确定】按钮。外圈元件图标出现在模型树中，且处于激活状态，如图 4-6-32 所示。

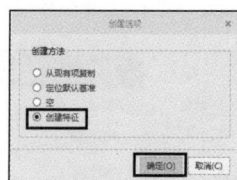

图 4-6-31

图 4-6-30

图 4-6-32

单击【模型】选项卡【形状】组中的【旋转】按钮，打开【旋转】设计面板，选择 ASM_RIGHT 作为草绘平面，ASM_FRONT、ASM_TOP 作为草绘参照，绘制外圈草绘截面，如图 4-6-33 所示。单击【确定】

按钮✔，保存草绘并退出。查看模型，确认无误后在【旋转】设计面板单击【确定】按钮✔，完成外圈元件的创建，如图 4-6-34 所示。

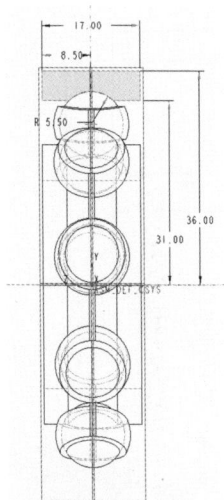

图 4-6-33

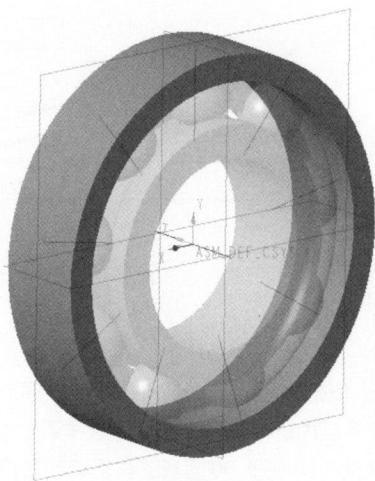

图 4-6-34

在模型树中单击"ZHOUCHENG.ASM"图标 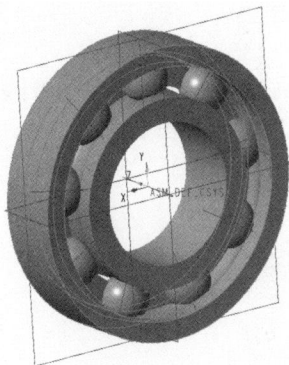 ZHOUCHENG.ASM ，在弹出的快捷工具栏中单击【激活】按钮◈。激活装配设计环境，刚创建好的外圈作为一个元件存在于装配体中。至此完成球轴承整体装配设计，如图 4-6-35 所示。单击【保存】按钮，球轴承装配文件及各元件的零件文件均被保存在工作目录中，如图 4-6-36 所示。

图 4-6-35

图 4-6-36

4.6.2　课堂案例二　活塞部件设计

本案例采用 Creo 自顶向下设计方式，设计从整体产品架构出发，逐步细化至零部件级别。在装配环境中预先定义结构布局、尺寸及约束关系，并基于此生成下级组件。设计者可创建并编辑骨架模型，同时确保各部件间具有明确的关联性与约束驱动设计。这种方法可有效减少设计冲突与干涉问题，有助于保持设计意图的一致性和实现模块化设计重用，极大地提升复杂产品设计的效率与质量。

活塞部件设计 1　　活塞部件设计 2　　活塞部件设计 3

1. 任务下达

根据活塞的运动机构简图，如图 4-6-37 所示，以自顶向下设计方式完成活塞部件设计。

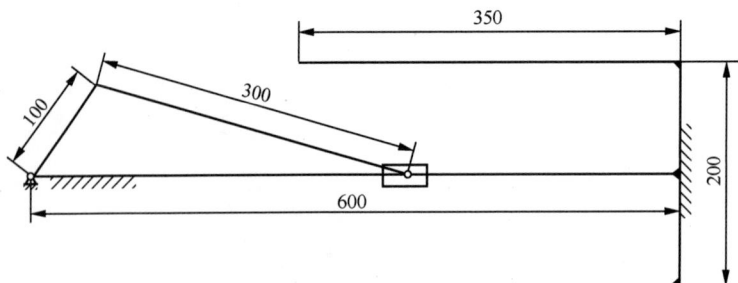

图 4-6-37

2. 任务解析

活塞机构如图 4-6-38 所示，当曲轴转动时，通过连杆的传递作用，活塞在气缸内进行有规律的往复直线运动。活塞巧妙地运用了曲柄滑块机构原理，将活塞的往复移动转换为发动机所需的旋转运动。依据提供的活塞运动机构简图，设计流程首先从构建该机构的主体骨架模型开始，进而设计并完成活塞、连杆以及相关配合件等所有运动构件。

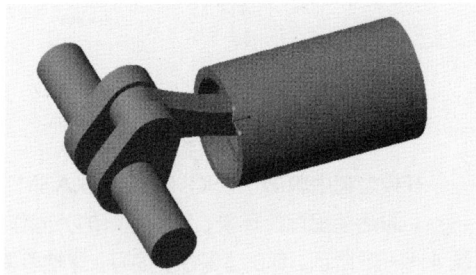

图 4-6-38

3. 任务实施

首先创建一个空文件夹，修改文件名为"活塞设计"。打开 Creo 6.0 软件，在【主页】选项卡中单击【选择工作目录】按钮，在弹出的对话框中选择建立好的"活塞设计"文件夹，单击【确定】按钮。

（1）创建装配文件

在【主页】选项卡中单击【新建】按钮，系统弹出【新建】对话框，如图 4-6-39 所示，【类型】选择【装配】，【子类型】选择【设计】，输入文件名为"huosai"，取消勾选【使用默认模板】复选框，单击【确定】按钮。

系统弹出【新文件选项】对话框，如图 4-6-40 所示，选择"mmns_asm_design"（公制）模板，单击【确定】按钮。完成"huosai"装配文件的创建，系统进入装配设计环境。

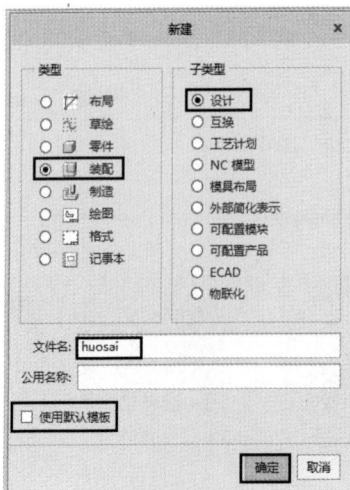

图 4-6-39

图 4-6-40

（2）创建骨架模型

在装配界面【模型】选项卡的【元件】组中，单击【创建】按钮，系统弹出【创建元件】对话框，如图 4-6-41 所示，【类型】选择【骨架模型】，【子类型】选择【运动】，文件名默认为 "MOTION_SKEL_0001"，单击【确定】按钮；系统弹出【创建选项】对话框，如图 4-6-42 所示，在【创建方法】中选择【从现有项复制】单选项，将【复制自】下方文本框中的内容修改为 mmns_asm_design.asm，单击【确定】按钮。

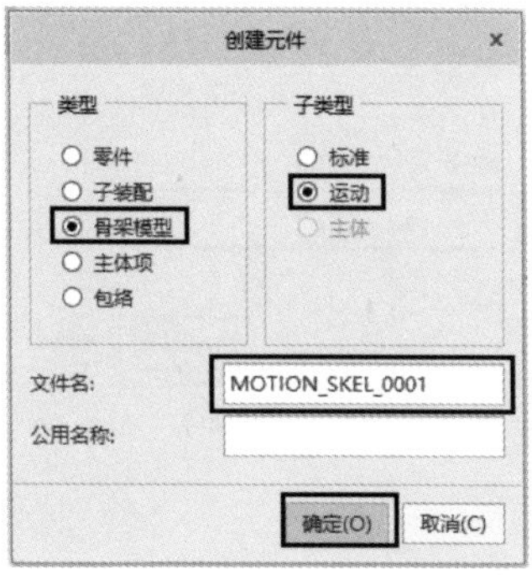

图 4-6-41

图 4-6-42

组件模型树中生成了一个文件名为 "MOTION_SKEL_0001" 的运动骨架模型，如图 4-6-43 所示，单击该模型图标，在弹出的快捷工具栏中单击【激活】按钮，激活骨架模型，进入骨架环境。

在【模型】选项卡【基准】组中单击【草绘】按钮，选择 ASM_FRONT 基准平面作为草绘平面，绘制草绘图形，如图 4-6-44 所示，单击【确定】按钮，保存草绘并退出。

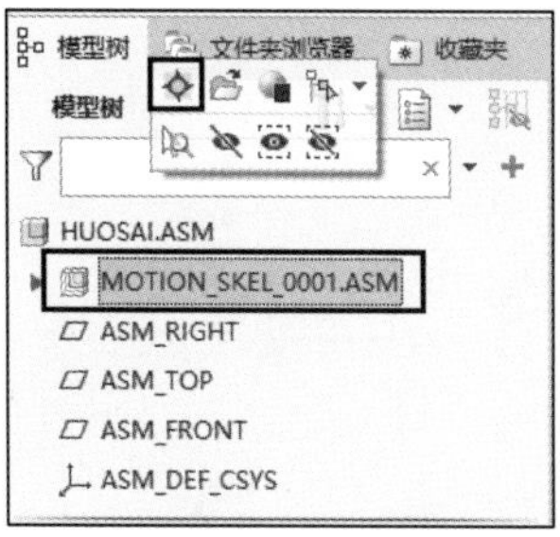

图 4-6-43

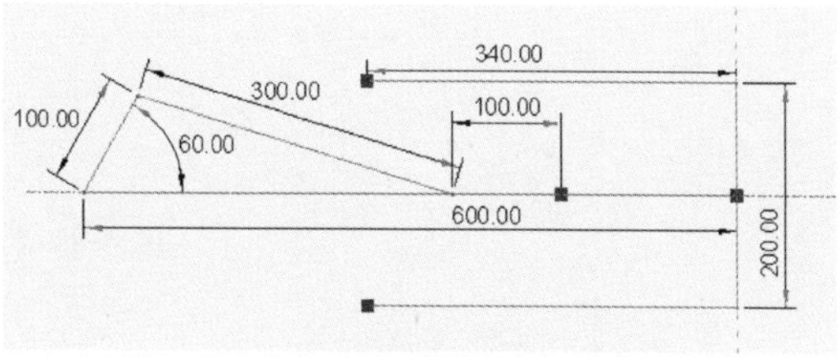

图 4-6-44

（3）创建主体骨架——BODY_SKEL_0001

在【模型】选项卡的【元件】组中，单击【创建】按钮，系统弹出【创建元件】对话框，如图 4-6-45 所示，【类型】选择【骨架模型】，【子类型】选择【主体】，文件名默认为 "BODY_SKEL_0001"，单击【确定】按钮；系统弹出【创建选项】对话框，如图 4-6-46 所示，在对话框的【创建方法】中选择【从现有项复制】单选项，将【复制自】下方文本框中的内容修改为 mmns_part_solid.prt，单击【确定】按钮。系统弹出【主体定义】对话框，如图 4-6-47 所示，【链】选择项处于激活状态，在绘图区中选择长度为 600 的线段（可在其附近右击选择【从列表中拾取】，在弹出的【从列表中拾取】对话框中选择长度为 600 的线段），在【主体定义】对话框中单击【确定】按钮。

（4）创建主体骨架——BODY_SKEL_0002

在装配界面【模型】选项卡的【元件】组中，单击【创建】按钮，系统弹出【创建元件】对话框，【类型】选择【骨架模型】，【子类型】选择【主体】，文件名默认为 "BODY_SKEL_0002"，单击【确定】按钮，如图 4-6-48 所示；系统弹出【创建选项】对话框，如图 4-6-49 所示，在对话框的【创建方法】中选择【从现有项复制】单选项，将【复制自】下方文本框中的内容修改为 mmns_part_solid.prt，单击【确定】按钮。系统弹出【主体定义】对话框，如图4-6-50所示，【链】选择项处于激活状态，在绘图区中选择长度为100的线段，在【主体定义】对话框中单击【更新】按钮，再单击【确定】按钮。

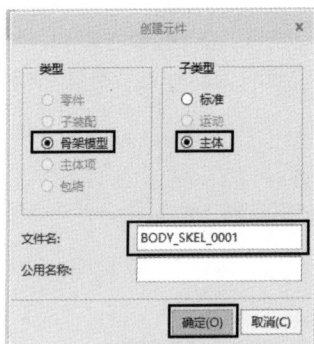

图 4-6-45

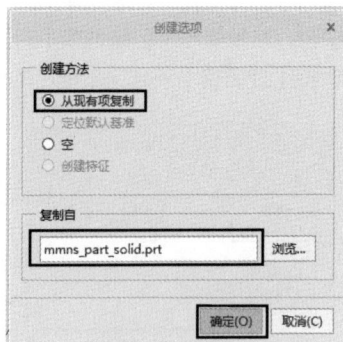

图 4-6-46

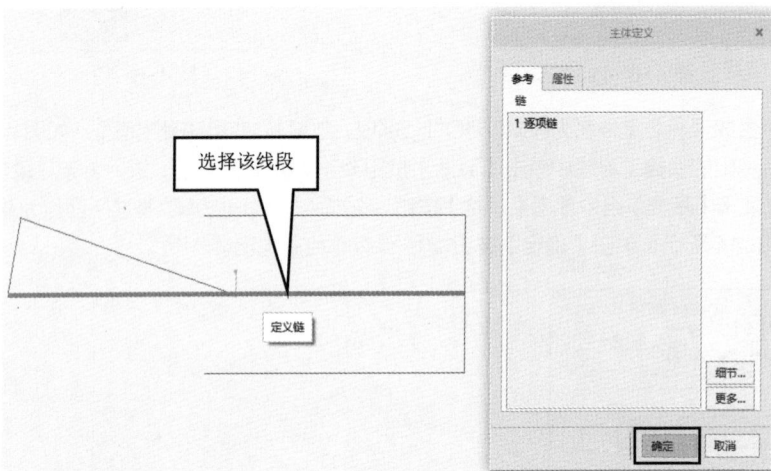

图 4-6-47

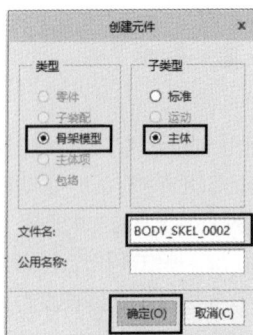

图 4-6-48

图 4-6-49

（5）创建主体骨架——BODY_SKEL_0003

在装配界面【模型】选项卡的【元件】组中，单击【创建】按钮，系统弹出【创建元件】对话框，如图4-6-51所示，【类型】选择【骨架模型】，【子类型】选择【主体】，文件名默认为"BODY_SKEL_0003"，单击【确定】按钮；系统弹出【创建选项】对话框，如图4-6-52所示，在对话框的【创建方法】中选择【从现有项复制】单选项，将【复制自】下方文本框中的内容修改为mmns_part_solid.prt，单击【确定】按钮。系统弹出

【主体定义】对话框，如图 4-6-53 所示，【链】选择项处于激活状态，在绘图区选择长度为 300 的线段，在【主体定义】对话框中单击【更新】按钮，再单击【确定】按钮。

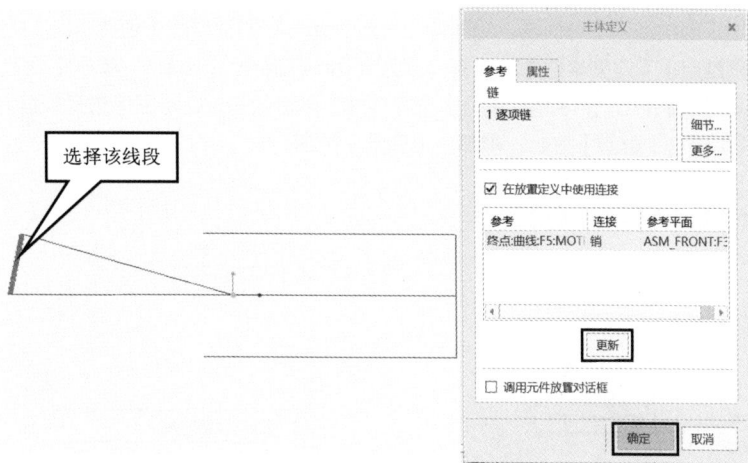

图 4-6-50

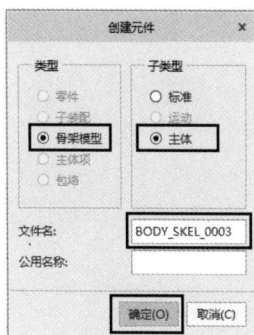

图 4-6-51

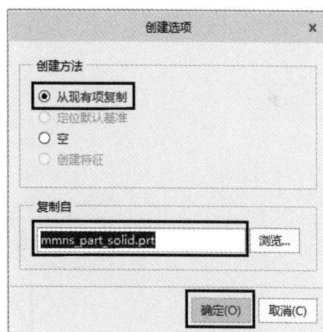

图 4-6-52

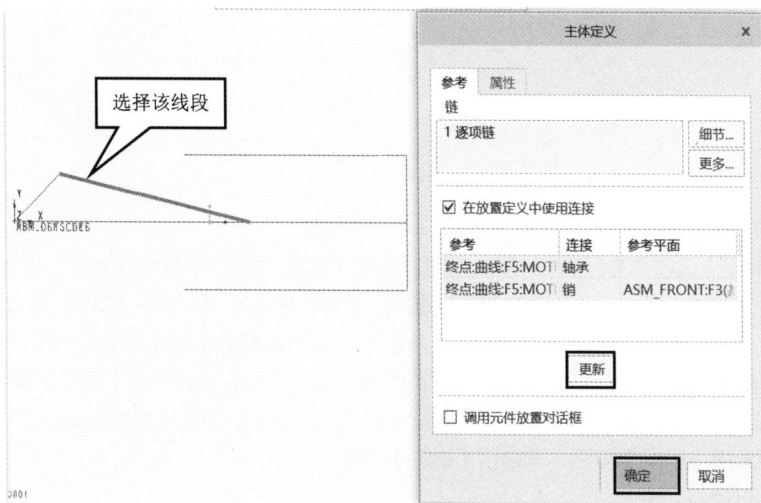

图 4-6-53

221

（6）创建主体骨架——BODY_SKEL_0004

在装配界面【模型】选项卡的【元件】组中，单击【创建】按钮，系统弹出【创建元件】对话框，如图 4-6-54 所示，【类型】选择【骨架模型】，【子类型】选择【主体】，文件名默认为"BODY_SKEL_0004"，单击【确定】按钮；系统弹出【创建选项】对话框，如图 4-6-55 所示，在对话框的【创建方法】中选择【从现有项复制】单选项，将【复制自】下方文本框中的内容修改为 mmns_part_solid.prt，单击【确定】按钮。系统弹出【主体定义】对话框，如图 4-6-56 所示，【链】选择项处于激活状态，在绘图区选择长度为 100 的线段，在【主体定义】对话框中单击【更新】按钮，再单击【确定】按钮。

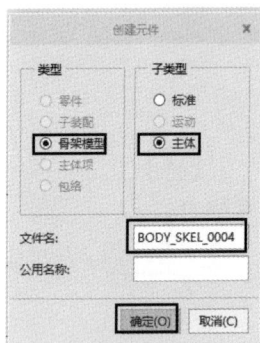

图 4-6-54

图 4-6-55

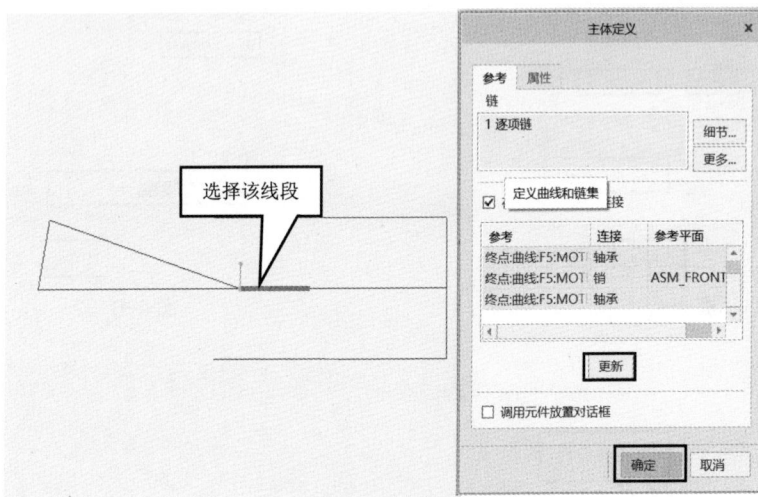

图 4-6-56

（7）创建主体骨架——BODY_SKEL_0005

在装配界面【模型】选项卡的【元件】组中，单击【创建】按钮，系统弹出【创建元件】对话框，如图 4-6-57 所示，【类型】选择【骨架模型】，【子类型】选择【主体】，文件名默认为"BODY_SKEL_0005"，单击【确定】按钮；系统弹出【创建选项】对话框，如图 4-6-58 所示，在对话框的【创建方法】中选择【从现有项复制】单选项，将【复制自】下方文本框中的内容修改为 mmns_part_solid.prt，单击【确定】按钮。系统弹出【主体定义】对话框，如图 4-6-59 所示，【链】选择项处于激活状态，在绘图区选择表示缸体的 U 形线段，在【主体定义】对话框中单击【更新】按钮，再单击【确定】按钮。

（8）验证骨架运动

在装配界面【模型】选项卡的【元件】组中，单击【拖动元件】按钮，系统弹出【拖动】和【选择】对话框，如图 4-6-60 所示。单击主体骨架 2，并缓慢移动鼠标指标，观察骨架运动是否正确。如果运动正确，即成功创建了运动骨架和主体骨架。

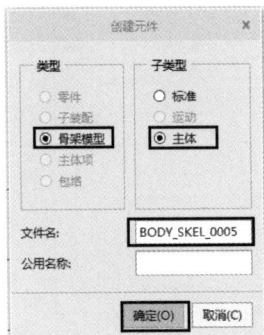

图 4-6-57

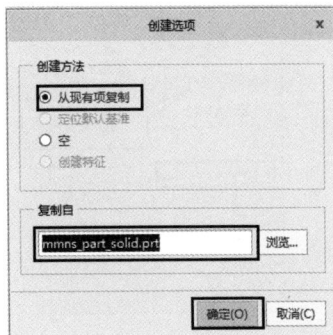

图 4-6-58

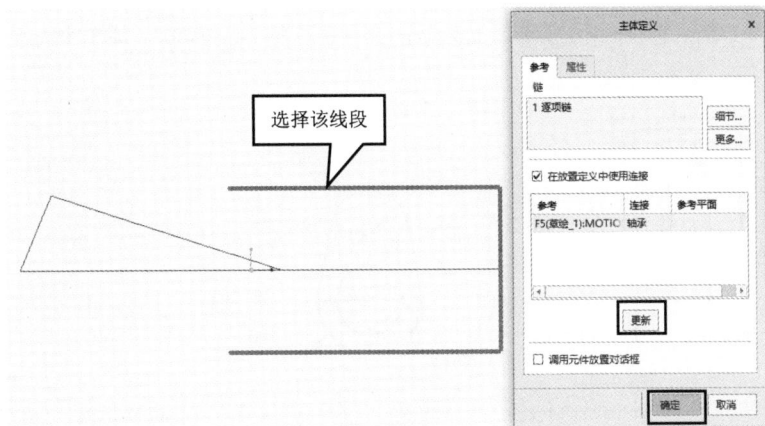

图 4-6-59

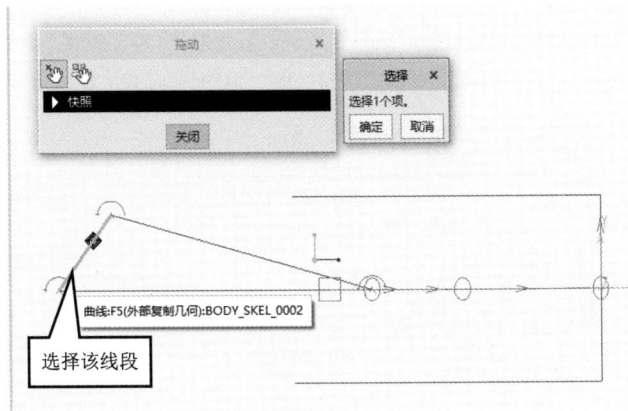

图 4-6-60

在组件模型树中单击"HUOSAI.ASM"图标 HUOSAI.ASM，在弹出的快捷工具栏中单击【激活】按钮，如图 4-6-61 所示，进入"HUOSAI.ASM"装配环境。

（9）创建曲轴元件

根据曲轴工程图，如图 4-6-62 所示，创建骨架模型中的曲轴元件。

223

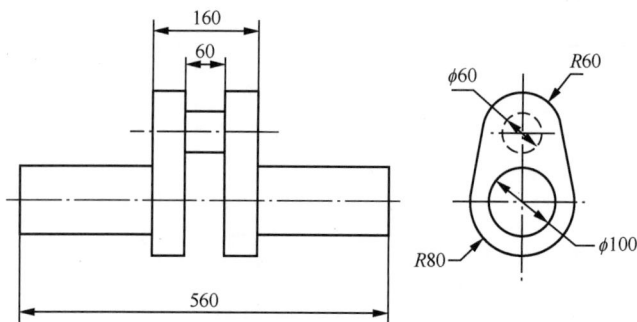

图 4-6-61

在装配界面【模型】选项卡的【元件】组中，单击【创建】按钮，系统弹出【创建元件】对话框，如图 4-6-63 所示，【类型】选择【零件】，【子类型】选择【实体】，文件名改为"quzhou"，单击【确定】按钮。

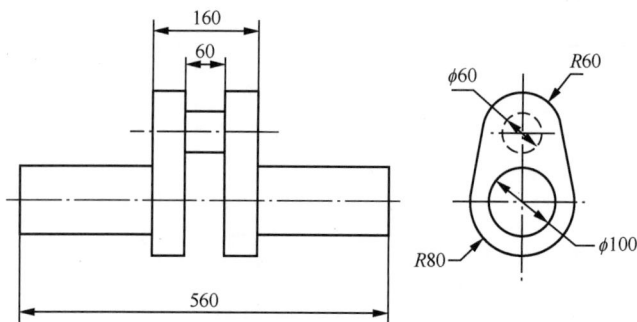

图 4-6-62

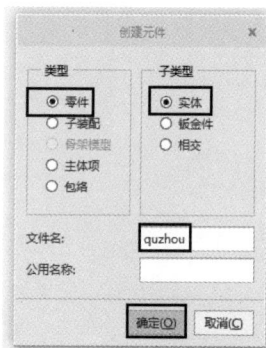

图 4-6-63

系统弹出【创建选项】对话框，如图 4-6-64 所示，在对话框的【创建方法】中选择【从现有项复制】单选项，将【复制自】下方文本框中的内容修改为 mmns_part_solid.prt，在【放置】中勾选【将元件附加到主体】复选框，单击框后的箭头按钮 ，在绘图区中单击"BODY_SKEL_0002"主体骨架，单击【确定】按钮。

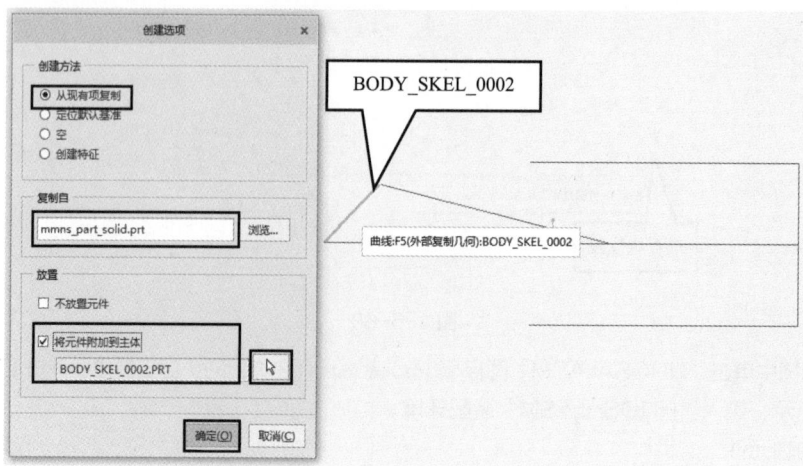

图 4-6-64

在模型树中单击刚创建的"QUZHOU.PRT"元件，在弹出的快捷工具栏中单击【激活】按钮 ◆，在该零件环境中，创建该零件各特征。

① 创建拉伸特征 1。在【模型】选项卡的【形状】组中单击【拉伸】按钮，打开【拉伸】设计面板，单击【实心】按钮，深度值为 160，以"ASM.FRONT"为草绘平面，绘制草绘图形（注意：两个圆心与主体骨架线段的两个端点重合），如图 4-6-65 所示，单击【确定】按钮完成草绘。在【拉伸】设计面板中单击【确定】按钮完成拉伸特征 1 创建，如图 4-6-66 所示。

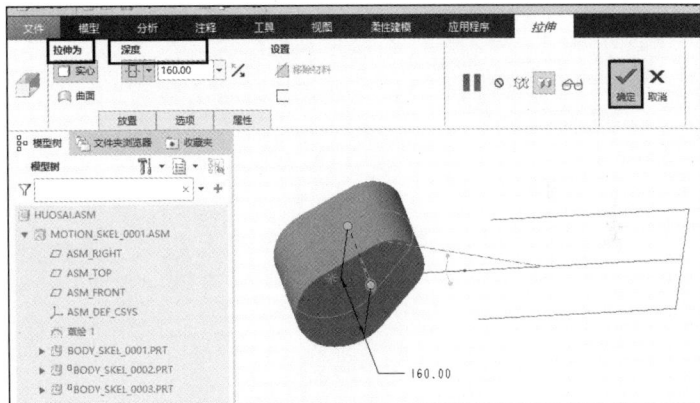

图 4-6-65   图 4-6-66

② 创建拉伸特征 2。在【模型】选项卡的【形状】组中单击【拉伸】按钮，打开【拉伸】设计面板，单击【实心】按钮，拉伸方式选择 ⊟（对称位伸），在【深度】文本框中输入 60，单击【移除材料】按钮，以"ASM.FRONT"为草绘平面，绘制草绘图形（注意：此草绘图形只需能完全包容拉伸特征 1 的轮廓即可），如图 4-6-67 所示。在【拉伸】设计面板中单击【确定】按钮，完成拉伸特征 2 创建，如图 4-6-68 所示。

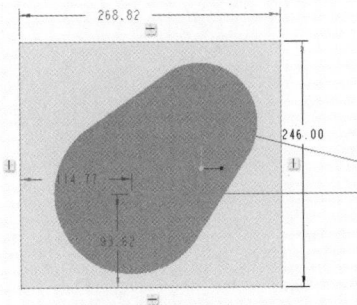
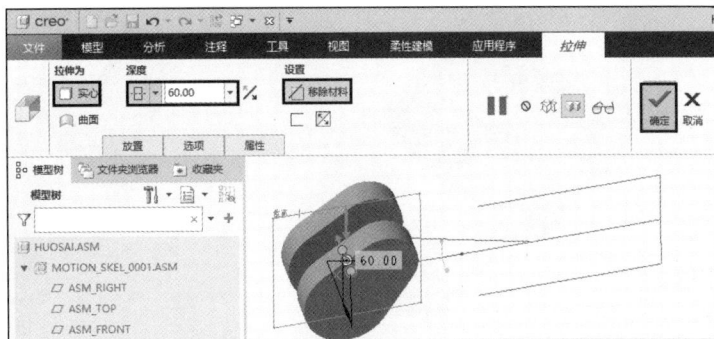

图 4-6-67   图 4-6-68

③ 创建拉伸特征 3。在【模型】选项卡的【形状】组中单击【拉伸】按钮，打开【拉伸】设计面板，单击【实心】按钮，拉伸方式选择 ⊟（对称拉伸），深度值为 60，以"ASM_FRONT"为草绘平面，绘制草绘图形（注意圆心位置），如图 4-6-69 所示，在【拉伸】设计面板中单击【确定】按钮，完成拉伸特征 3 创建，如图 4-6-70 所示。

④ 创建拉伸特征 4。在【模型】选项卡的【形状】组中单击【拉伸】按钮，打开【拉伸】设计面板，单击【实心】按钮，深度值为 200，以拉伸特征 1 的端面为草绘平面，如图 4-6-71 所示。绘制草绘图形，如图 4-6-72 所示。在【拉伸】设计面板中单击【确定】按钮，完成拉伸特征 4 创建，如图 4-6-73 所示。使用相同的方法（或使用镜像工具），完成另一侧圆柱的创建，完成曲轴零件的创建，如图 4-6-74 所示。

曲轴元件创建完成，在组件模型树中单击"HUOSAI.ASM"图标 🖿 HUOSAI.ASM，在弹出的快捷工具栏中单击【激活】按钮 ◆，激活装配设计环境，曲轴零件作为一个元件存于装配体中。

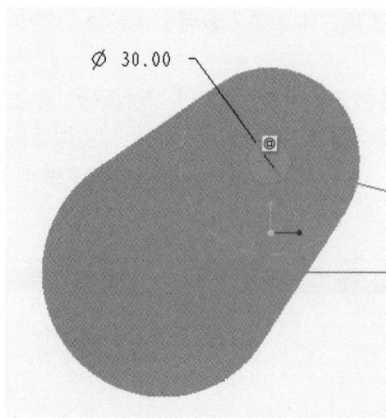

图 4-6-69

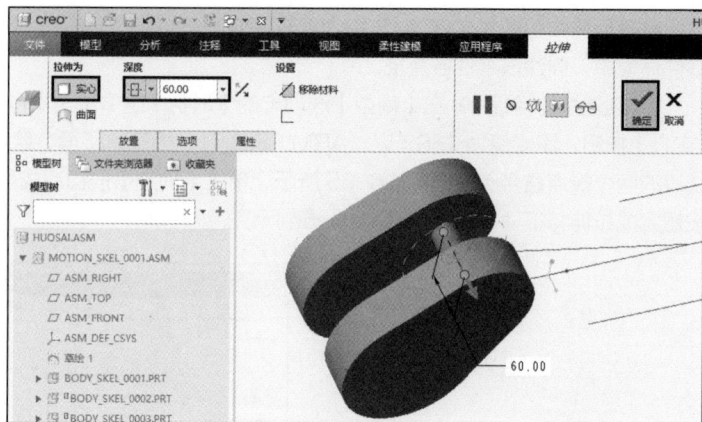

图 4-6-70

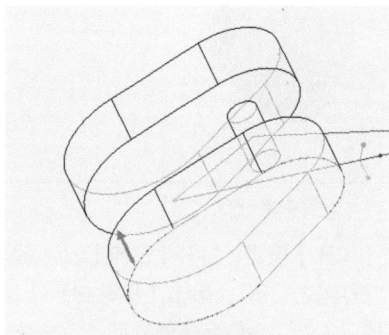

图 4-6-71

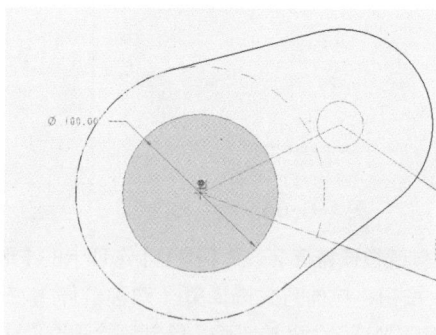

图 4-6-72

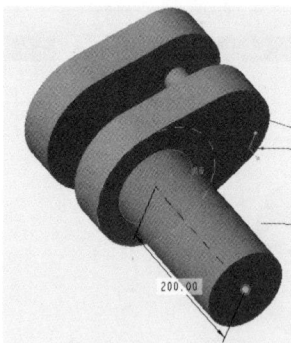

图 4-6-73

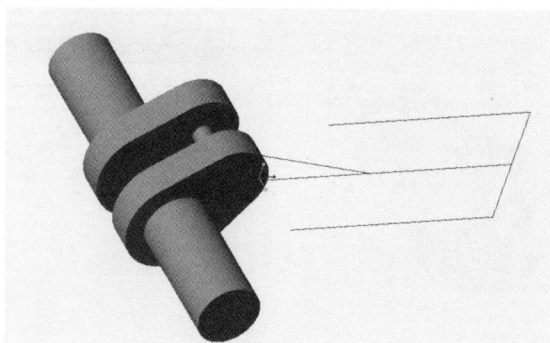

图 4-6-74

（10）创建活塞元件

根据活塞零件工程图，如图 4-6-75 所示，完成骨架模型中活塞元件的创建。

在装配界面【模型】选项卡的【元件】组中，单击【创建】按钮，系统弹出【创建元件】对话框，如图 4-6-76 所示，【类型】选择【零件】，【子类型】选择【实体】，文件名改为"huosai"，单击【确定】按钮；系统弹出【创建选项】对话框，如图 4-6-77 所示，在对话框的【创建方法】中选择【从现有项复制】单选项，将【复制自】下方文本框中的内容修改为 mmns_part_solid.prt，在【放置】中勾选【将元件附加到主体】复选框，单击框后的箭头按钮 ，在绘图区中单击"BODY_SKEL_0004"主体骨架，单击【确定】按钮。

在模型树中单击刚创建的"HUOSAI.PRT"元件，在弹出的快捷工具栏中单击【激活】按钮 ，在该零件环境中，创建活塞零件各特征。

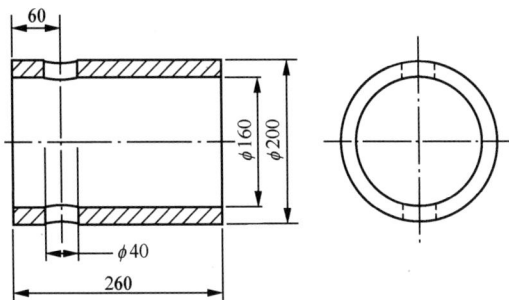

图 4-6-75

图 4-6-76

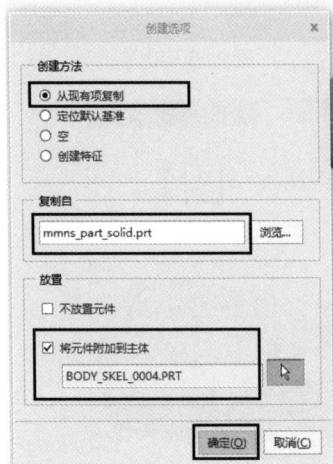

BODY_SKEL_0004

图 4-6-77

① 创建旋转特征。在【模型】选项卡的【形状】组中单击【旋转】按钮，打开【旋转】设计面板，在【作为】选项中选择【实心】，旋转角度值为 360°，以"ASM.FRONT"为草绘平面，绘制草绘图形（注意："60"尺寸的一个端点与主体骨架线段的交点重合），如图 4-6-78 所示。完成草绘，单击【确定】按钮，在【旋转】设计面板中单击【确定】按钮，完成旋转特征创建，如图 4-6-79 所示。

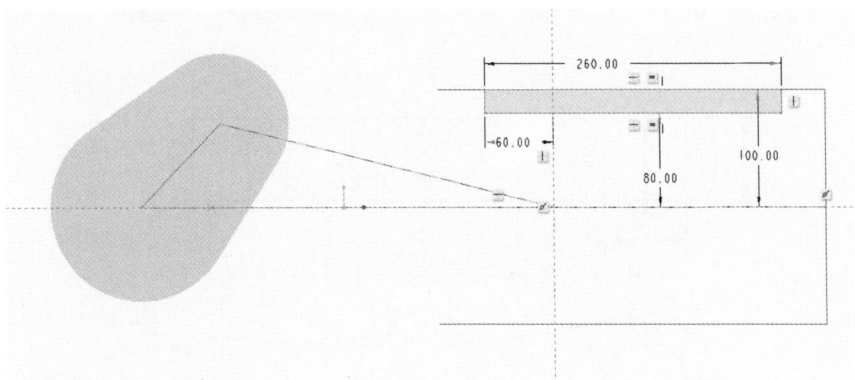

图 4-6-78

② 创建拉伸特征。在【模型】选项卡的【形状】组中单击【拉伸】按钮，打开【拉伸】设计面板，在【拉伸为】选项中选择【实心】，拉伸方式选择 ⊞（对称拉伸），拉伸深度穿透圆柱壁即可，单击【移除材料】按钮。

以"ASM.FRONT"为草绘平面，绘制草绘图形（注意：草绘直径 40 的圆的圆心在两骨架交点处），如图 4-6-80 所示。完成草绘，单击【确定】按钮。调整拉伸深度的控制手柄，使两侧的圆柱壁完全被移除，如图 4-6-81 所示，在拉伸设计面板中单击【确定】按钮完成拉伸特征，完成活塞零件的创建。

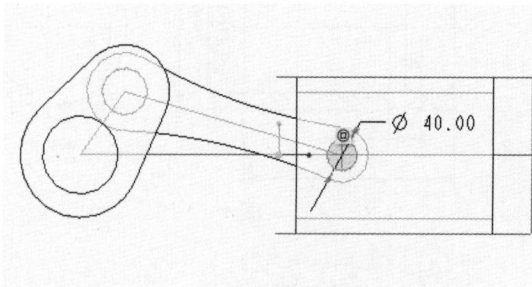

图 4-6-79　　　　　　　　　　　　　　图 4-6-80

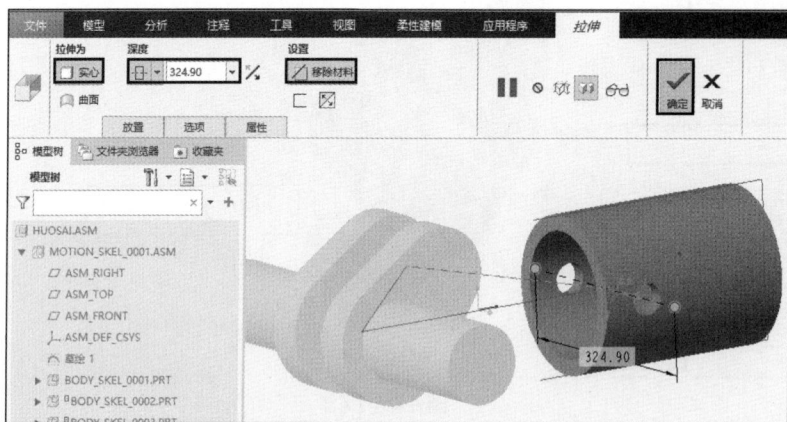

图 4-6-81

活塞零件创建完成，在组件模型树中单击"HUOSAI.ASM"图标 HUOSAI.ASM，在弹出的快捷工具栏中单击【激活】按钮 ◇，激活装配设计环境，活塞零件作为一个元件存在于装配体中。

（11）创建连杆元件

根据连杆零件工程图，如图 4-6-82 所示，完成骨架模型中连杆元件零件的创建。

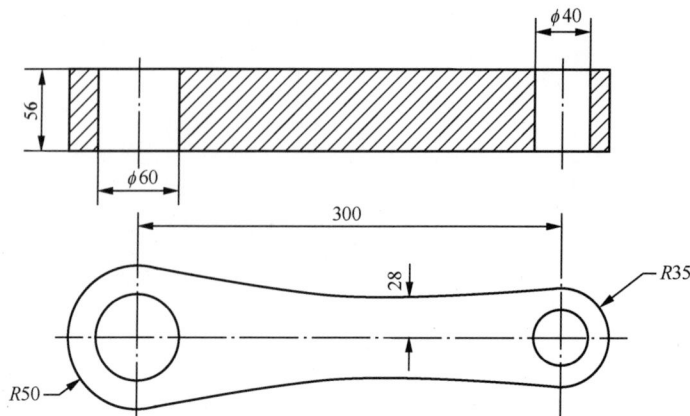

图 4-6-82

在装配界面【模型】选项卡的【元件】组中，单击【创建】按钮，系统弹出【创建元件】对话框，如图 4-6-83 所示，【类型】选择【零件】，【子类型】选择【实体】，文件名改为"liangan"，单击【确定】按钮；系统弹出【创建选项】对话框，如图 4-6-84 所示，在对话框的【创建方法】中选择【从现有项复制】单选项，将【复制自】下方文本框中的内容修改为 mmns_part_solid.prt，在【放置】中勾选【将元件附加到主体】复选框，单击框后的箭头按钮 ，在绘图区中单击"BODY_SKEL_0003"主体骨架，单击【确定】按钮。

在模型树中单击刚创建的"LIANGAN.PRT"元件，在弹出的快捷工具栏中单击【激活】按钮 ，进入该零件环境中，创建该零件各特征。

创建拉伸特征，在【模型】选项卡的【形状】组中单击【拉伸】按钮，打开【拉伸】设计面板，在【拉伸为】选项中选择【实心】，拉伸方式为 （对称拉伸），深度值改为 56，以"ASM_FRONT"为草绘平面，绘制草绘图形（注意：两个圆心与主体骨架线段的两个端点重合），如图 4-6-85 所示。完成草绘，单击【确定】按钮。在【拉伸】设计面板中单击【确定】按钮，完成拉伸特征创建，完成连杆零件的创建，如图 4-6-86 所示。

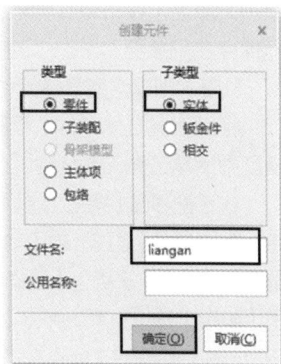

图 4-6-83

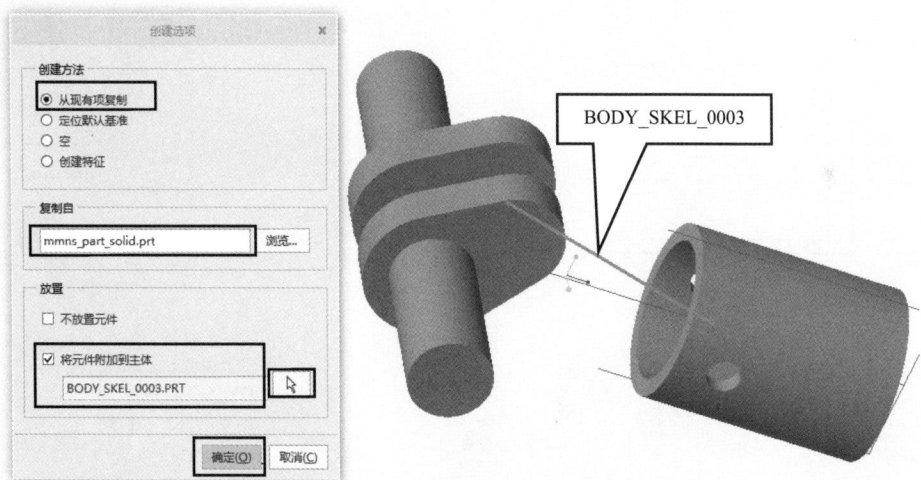

图 4-6-84

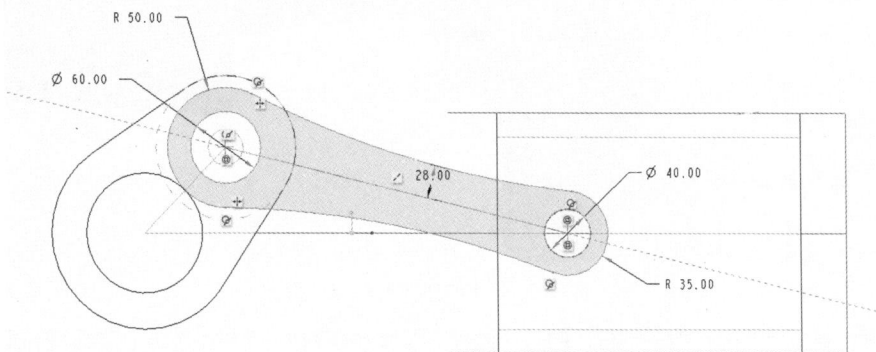

图 4-6-85

连杆零件创建完成，在组件模型树中单击"HUOSAI.ASM"图标 HUOSAI.ASM，在弹出的快捷工具栏中

单击【激活】按钮◈，激活装配设计环境，连杆零件作为一个
元件存在于装配体中。

（12）创建活塞缸体元件

根据活塞缸体零件工程图，如图 4-6-87 所示，完成骨架
模型中活塞缸体元件创建。

在装配界面【模型】选项卡的【元件】组中，单击【创建】按
钮，系统弹出【创建元件】对话框，如图 4-6-88 所示，【类型】
选择【零件】，【子类型】选择【实体】，文件名改为"gangti"，单
击【确定】按钮；系统弹出【创建选项】对话框，如图 4-6-89
所示，在对话框的【创建方法】中选择【从现有项复制】单选项，
将【复制自】下方文本框中的内容修改为 mmns_part_solid.prt，
在【放置】中勾选【将元件附加到主体】复选框，单击框后的

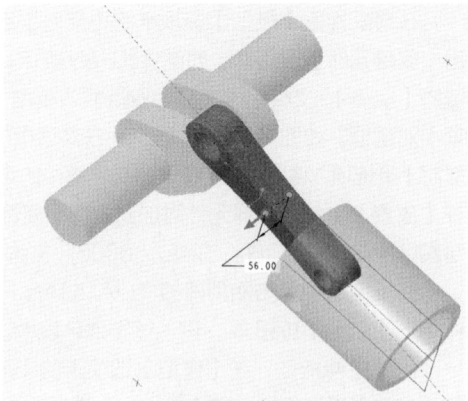

图 4-6-86

箭头按钮 ▶，在绘图区中单击"BODY_SKEL_0005"主体骨架，单击【确定】按钮。

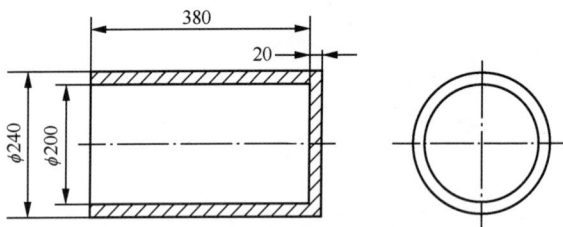

图 4-6-87

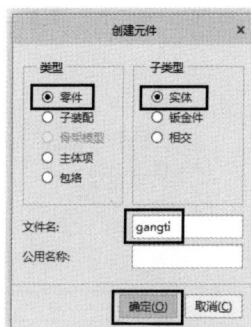

图 4-6-88

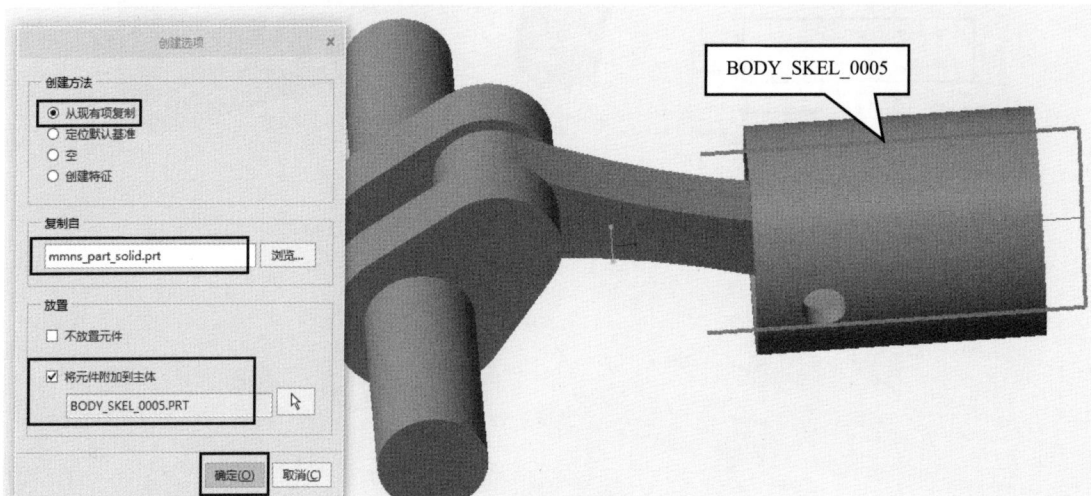

图 4-6-89

在模型树中单击刚创建的"GANGTI.PRT"元件，在弹出的快捷工具栏中单击【激活】按钮◈，进入该
零件环境中，创建该零件各特征。

创建旋转特征，在【模型】选项卡的【形状】组中单击【旋转】按钮，打开【旋转】设计面板，在【作为】
选项中选择【实心】，旋转角度值为 360°，以"ASM_FRONT"为草绘平面，绘制草绘图形（注意缸体零件

与活塞零件的配合），如图 4-6-90 所示。完成草绘，单击【确定】按钮。在【旋转】设计面板中单击【确定】
按钮，完成缸体元件的创建，如图 4-6-91 所示。

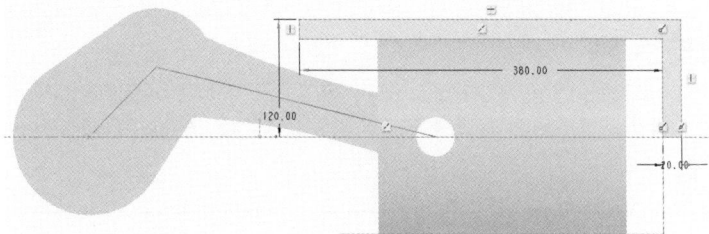

图 4-6-90

图 4-6-91

活塞缸体零件创建完成，在组件模型树中单击"HUOSAI.ASM"图标 HUOSAI.ASM，在弹出的快捷工具
栏中单击【激活】按钮 ，激活装配设计环境，活塞缸体零件作
为一个元件存在于装配体中。

（13）验证装配体运动

在装配界面【模型】选项卡的【元件】组中，单击【拖动元
件】按钮 ，系统弹出【拖动】和【选择】对话框，如图 4-6-92
所示，单击曲轴元件，并移动鼠标指针，观察活塞装配的各元件
运动关系是否正确。

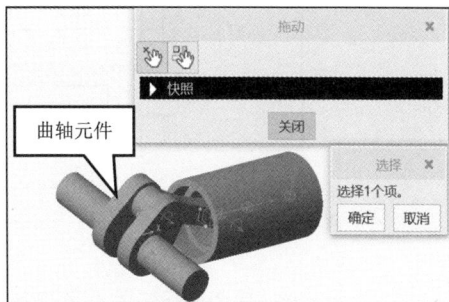

通过本次实践操作，读者能够深入理解并亲身践行 Creo 6.0
软件自顶向下的设计方法，从宏观布局到微观细节逐步构建产品
模型。为进一步满足现代工业对产品快速迭代更新及技术创新的

图 4-6-92

需求，可深入学习关联设计技术的进阶应用、多层次参数化建模策略以及跨领域协同设计等高阶内容，从而助
力全面掌握这一战略级设计方法，实现高效、精准的产品开发。

拓展阅读

在中国机械制造行业中，大国工匠与先进装配工艺的成功实践，是中国制造业从精密零部件加工到复杂系
统装配高水准能力与敬业精神的有力展现。其中，深海探索利器——"蛟龙"号载人潜水器的首席装配钳工技
师顾秋亮，以高超技艺和坚毅精神，攻克一系列技术难题，带领团队高效完成了潜水器的精密组装与严苛海试，
生动演绎了新时代大国工匠的风采。顾秋亮的事迹深刻启示我们，无论职位高低，只要我们怀抱热情、锐意进
取、勇挑重担，平凡的岗位也能孕育出卓越成就。

顾秋亮的事迹生动诠释了，无论是精密零件的深加工，还是复杂系统的精细装配，都离不开工匠们扎实的专业技能、持久的创新思维以及严谨的工作作风。这些奋战在不同岗位的工匠与工程师，凭借他们在各自领域的杰出贡献，强有力地推动着我国从制造大国稳步迈向制造强国的新征程。

4.7 巩固与练习

1. 根据所给 4 个零件的尺寸，如图 4-7-1 所示，完成零件建模，完成千斤顶装配，并将装配体按国家标准完成装配工程图打印。

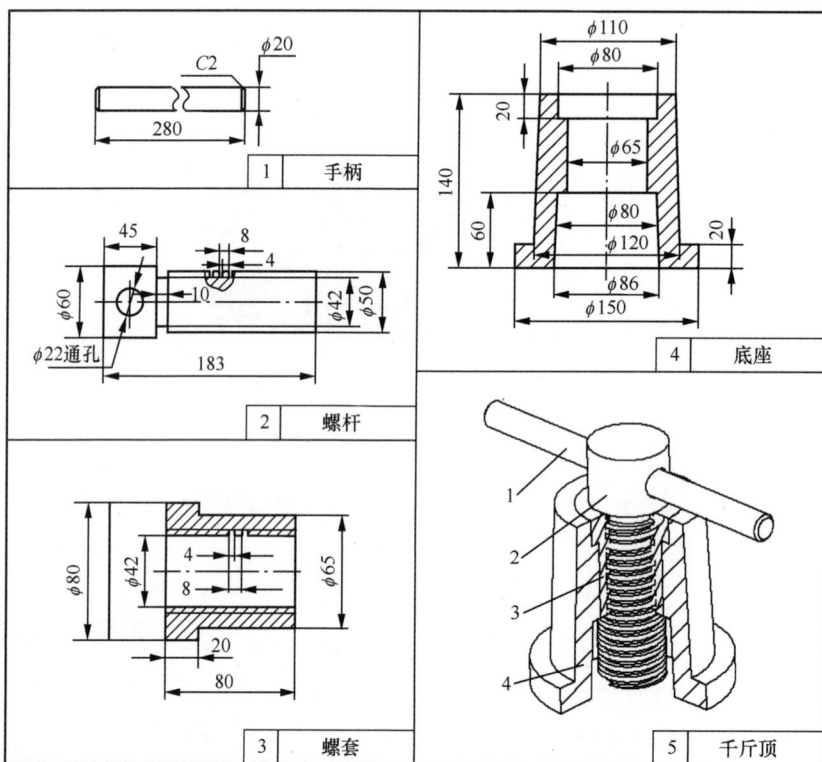

图 4-7-1

2. 工业机器人吸盘装配如图 4-7-2 所示。根据所给 3 个零件的尺寸，如图 4-7-3～图 4-7-5 所示，完成零件建模；完成工业机器人吸盘组件装配（装配体中其余零件模型，可在素材库中直接取用）。

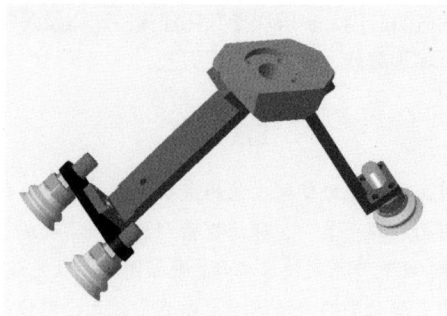

图 4-7-2

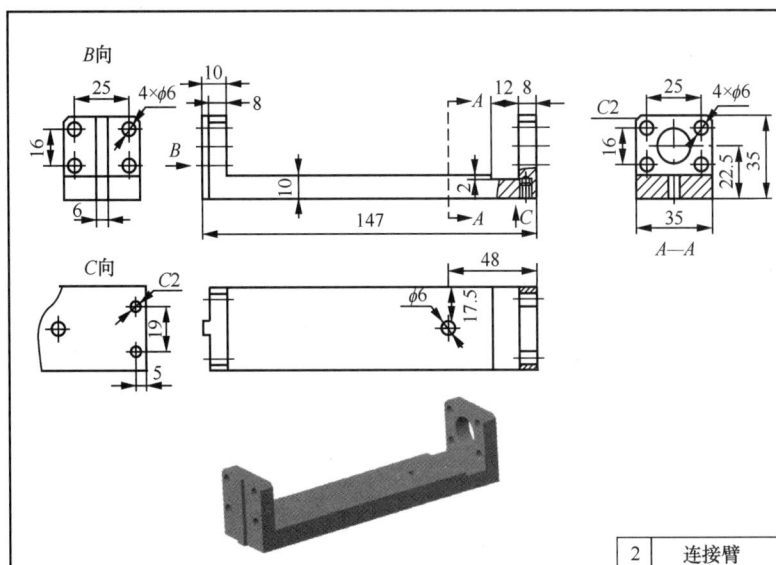

B向

φ6
48
6
24
16

B向

30
6
φ5.5
φ4.5
φ10
40
B

4×φ18
φ24
φ50
A
A
69
20
20

1　支撑座

图 4-7-3

B向
25
4×φ6
10
8
16
6
B
147
10
A
A
12 8
C
C2
25
4×φ6
16
22.5
35
35
A—A

C向
C2
19
5

48
φ6
17.5

2　连接臂

图 4-7-4

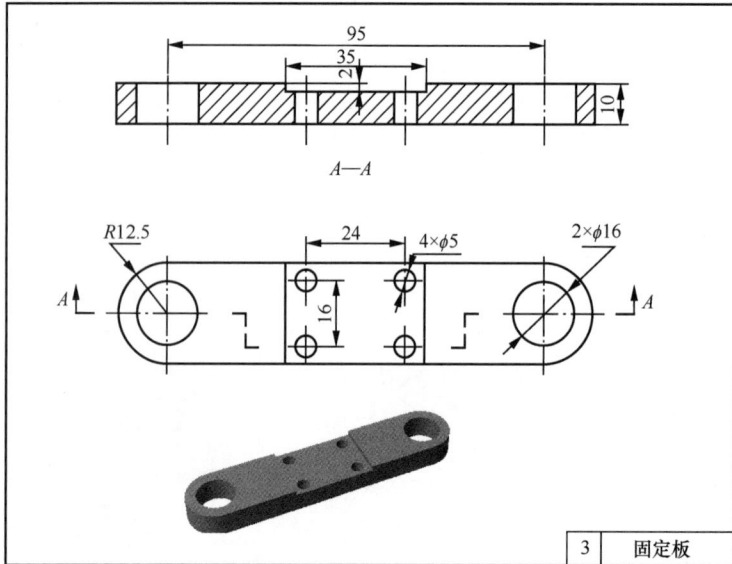

图 4-7-5

3. 将素材中提供的虎钳的三维零件模型根据装配关系完成装配，如图 4-7-6 所示，再生成分解视图，如图 4-7-7 所示。

图 4-7-6

图 4-7-7

4. 将素材中提供的齿轮泵的三维零件模型根据装配关系完成装配，如图 4-7-8 所示，最后生成分解视图，如图 4-7-9 所示。并将分解视图以.jpg 格式保存。

图 4-7-8

图 4-7-9

5. 根据图 4-7-10 和图 4-7-11，完成"手动快换接头"中各零件建模、装配及工程图设计。

根据所给"手动快换接头"中的零件图，创建各零件三维模型，将零件组装成装配体，并生成三维装配工程图(通用.dwg格式)，其中A型气管接头(10)需根据装配连接关系自行设计。

具体内容如下：

1. 简答填空题请在卡伦特系统上作答；
2. 按零件序号，创建所有零件的三维模型(例如：1.stp格式)；
3. 按工作原理简图(见下图)进行装配，提交三维装配体模型(命名为ZPT.stp)；
4. 对A型气管接头(10)进行结构设计，提交A4工程图(比例2.5:1)(命名为10.dwg)；
5. 创建包含所有零件的A3二维装配图(比例4:1)并提交(命名为ZPTZ.dwg)。

A型气管接头(10)设计要求如下：

（1）根据快换接头工作原理，按连接关系合理设计符合功能要求的A型气管接头(10)；
（2）对所设计的A型气管接头二维零件工程图并标注尺寸(比例4:1)；
（3）A型气管接头的加工表面粗糙度选用Ra3.2μm和Ra6.3μm两种规格。

工作原理：(参见如下简图)

手动快换接头是一种主要用于空气配管、气动工具的快速接头，在使用过程中A型气管接头10插入座体1，用其端面顶开封闭簧7，实现左右气路导通，使用钢球3对A型气管接头10进行轴向固定，防止接头在高压气体作用下产生松脱，同时为防止气体泄漏，A型气管接头10与密封圈6形成密封结构。

文件提交要求：

1. 文件名请使用零件序号如1、2、3等进行命名，装配体与装配图使用指定的名称进行命名；
2. 只需提交包含所有零件的装配体模型(.stp/.step格式)、工程图与装配图(AutoCAD通用.dwg格式)。
3. 若需提交交源文件(零部件及装配体，格式不做特殊要求，如：.sldprt、.prt、.ipt、.iam、.sldasm、.asm等均可)。

其他注意事项：

1. 标准件可以使用软件中自带的标准件库资源，也可以按比例画法自建；
2. 部分零件图中对工艺结构、表面结构要求和几何公差要求做了省略与简化。

技术要求

1. 零件安装前清洗干净，去毛刺。
2. 装配后需检查，接口部件连接无卡滞、无松动。

序号	名称	数量	材料	备注
10	A型气管接头	1	45	
9	B型气管接头	1	45	
8	宝塔弹簧	1	65	
7	封闭簧	1	45	
6	密封圈	1	橡胶	
5	复位压紧弹簧	1	65	
4	移动套	1	GCr15	
3	钢球	5	45	Sφ3
2	固定环	1	60	圆环φ1.2
1	座体	1	45	

图4-7-10

235

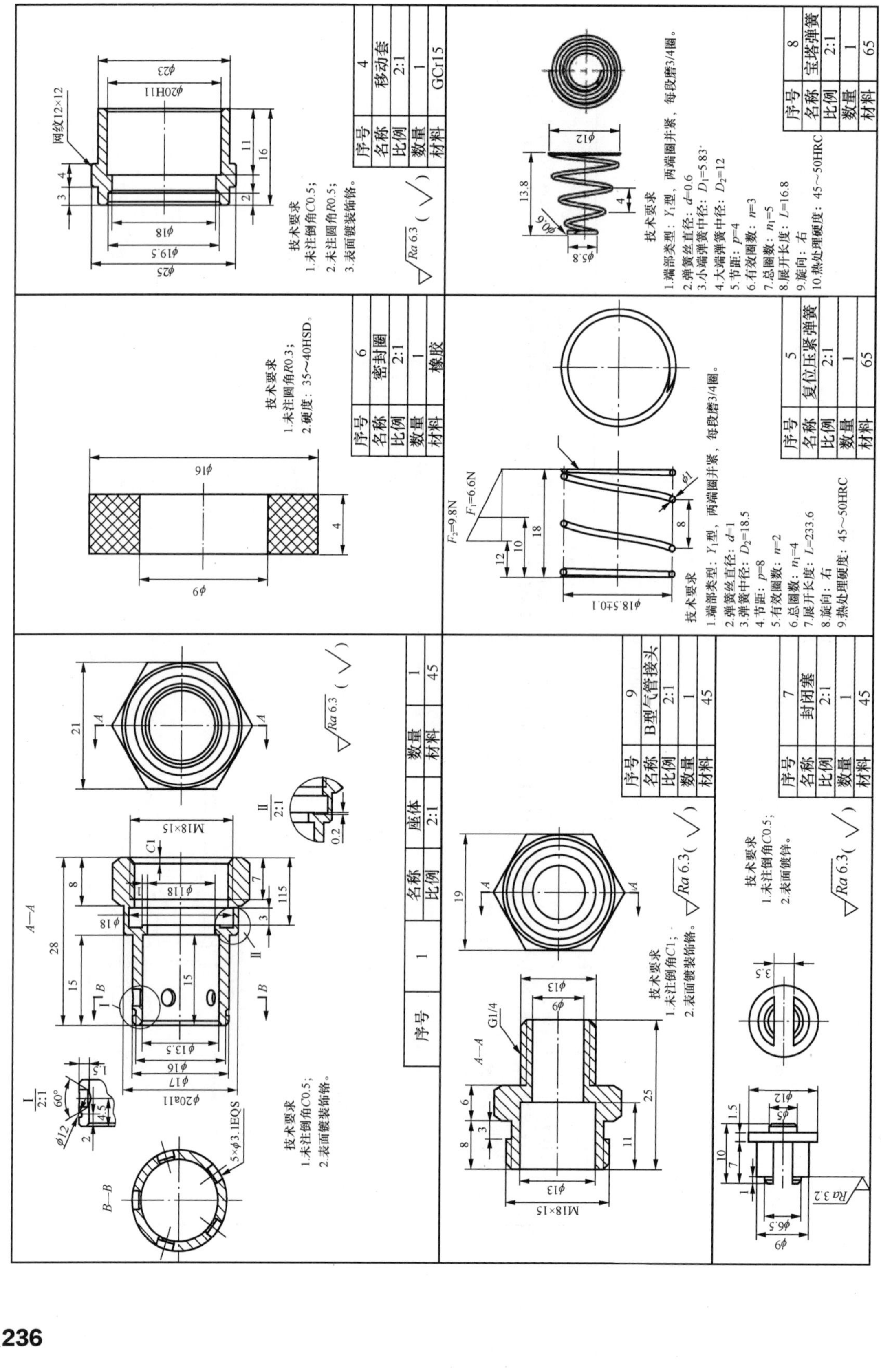

图 4-7-11

模块5
工程图设计

05

工程图在工程界扮演着至关重要的角色，它是表达设计意图、记录创新构思灵感、交流技术思想的重要工具之一，也是现代工业生产中不可或缺的技术资料。Creo 6.0 的绘图模块提供了强大的工程图设计功能，用户可以利用这些功能来创建基于三维模型的工程图。这样的设计方式确保了工程图与实际设计的一致性，使得工程图能够详尽地反映零件的结构、尺寸和技术要求等重要信息。

此外，Creo 6.0 软件还提供了与其他 CAD 系统的接口命令，用户能够方便地进行文件的输出和输入。这种跨系统的接口功能使得用户可以在不同的 CAD 环境中进行协作和信息共享，促进了工程设计过程中的合作与交流，提高了工作效率和准确性。

导读：本模块重点介绍创建工程图、模块设置、创建格式文件、绘制工程图视图、视图编辑以及工程图标注等内容。通过学习这些内容，读者能够熟练掌握 Creo 6.0 中工程图的创建和编辑技术，为实际设计工作提供有力支持。

知识目标

- 了解工程图环境的相关术语
- 熟悉创建工程图视图的方法
- 熟悉编辑工程图视图和标注方法

技能目标

- 掌握工程图的设计思路
- 能够正确创建工程图视图
- 能够正确编辑和标注工程图

素质目标

- 增强学生的劳动意识
- 培养学生爱岗敬业的精神
- 培养学生的质量意识与工匠精神

5.1 Creo 6.0 工程图环境

在 Creo 6.0 中创建工程图文件时，需要指定对应的三维模型，按照实际使用要求配置绘图环境，并根据项目标准或企业规范，选择合适的图纸模板或自定义图纸格式，包括图纸大小、标题栏信息、图框、边框等元素。

5.1.1 创建工程图

可以直接通过新建命令，选择绘图类型进入工程图界面。在快速访问工具栏或者【主页】选项卡中，单击【新建】按钮，打开【新建】对话框，在【类型】中选择【绘图】，在【文件名】文本框中输入文件名或采用系统预设的文件名，单击【确定】按钮，如图 5-1-1 所示。

如果用户没有打开任何零件、钣金件或组件，【默认模型】选项组的文本框中显示"无"，如图 5-1-2 所示，此时需要单击【浏览】按钮，通过【打开】对话框选择指定路径的模型，此时也可以不设置【默认模型】，在【绘图】界面下用户创建第一个视图时，系统会自动打开选择模型文件的对话框，要求用户选择模型文件；如果同时打开了多个零件和组件，系统会以最后激活的零件或组件作为模型文件。

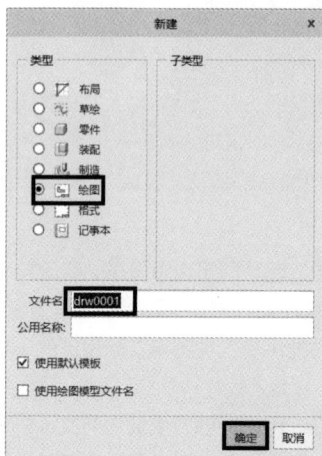

图 5-1-1

图 5-1-2

【指定模板】选项组共有【使用模板】、【格式为空】、【空】3 个单选项可以选择。

如果选择【使用模板】单选项，【新建绘图】对话框下方【模板】选项组中的列表可供用户选择，用户也可单击【浏览】按钮，通过【打开】对话框选择指定路径的模板。单击【确定】按钮后，系统会自动创建工程图，其中包含 3 个视图：主视图、仰视图和侧视图。【使用模板】单选项要求选择模型文件后才能单击【确定】按钮。

如果选择【格式为空】单选项，【新建绘图】对话框下方会出现【格式】选项组，用户可以单击【浏览】按钮选择已创建好的格式文件，如图 5-1-3 所示，但是系统不会自动创建视图。【格式为空】单选项要求选择格式文件后才能单击【确定】按钮。

如果选择【空】单选项，【新建绘图】对话框下方会出现【方向】和【大小】两个选项组，如图 5-1-4 所示，其中【方向】选项组用来设置图纸的摆放方向，包括【纵向】、【横向】和【可变】；【大小】选项组用来设置图纸的大小，包括标准大小和自定义大小，在【纵向】和【横向】方向下，只能定义标准大小，在【可变】方向下，才可以自定义图纸大小。

图 5-1-3

图 5-1-4

这里以【格式为空】为例，选择"jzdx-a4.frm"格式，完成设置后，在【新建绘图】对话框中单击【确定】按钮，系统进入已创建图框、标题栏的工程图界面，工程图界面主要由快速访问工具栏、选项卡、标题栏、导航区、绘图区、状态栏等几部分组成，如图 5-1-5 所示。

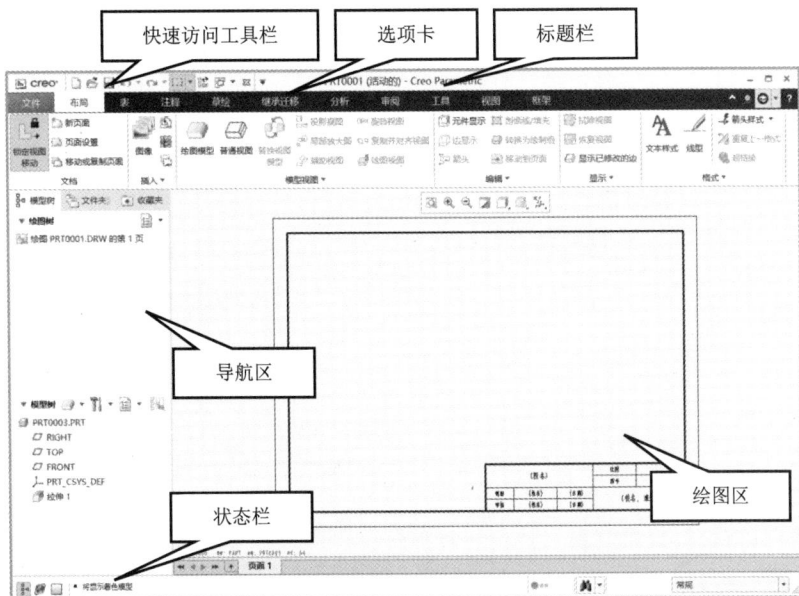

图 5-1-5

5.1.2 工程图环境设置

绘制和阅读工程图时必须严格遵守《技术制图》和《机械制图》国家标准的有关规定。在 Creo 6.0 中创建一个新的工程图后，需要对工程图环境进行设置，主要的设置选项和作用如表 5-1-1 所示。

表 5-1-1　工程图环境的主要设置选项和作用

序号	选项	值	作用
1	text_height	3.5	设置新创建注释默认文本高度
2	projection_type	First_angle	我国制图标准采用第一象限视角投影法
3	draw_arrow_length	3.500000	设置指引线箭头的长度
4	draw_arrow_width	1.000000	设置指引线箭头的宽度
5	witness_line_delta	2.000000	设置尺寸界线在尺寸引线箭头上的延伸量
6	default_lindim_text_orientation	parallel_to_and_above_leader	设置线性尺寸的默认文本方向
7	default_diadim_text_orientation	above_extended_elbow	设置直径尺寸的默认文本方向
8	drawing_units	mm	设置所有绘图参数的单位
9	line_style_standard	std_iso	控制绘图中的线显示标注

下面以修改绘图详细信息选项"drawing_units"为例，具体操作步骤如下。

（1）进入工程图工作界面后，单击【文件】/【准备】/【绘图属性】命令，如图 5-1-6 所示，弹出【绘图属性】窗口。

（2）在【绘图属性】窗口中单击【详细信息选项】对应的【更改】按钮，如图 5-1-7 所示。

（3）弹出【选项】对话框，在【选项】对话框中找到"drawing_units"，或在【选项】文本框中输入"drawing_units"，单击【查找】按钮，在相应的【值】下拉列表中选择"mm"，单击【添加/更改】按钮，如图 5-1-8 所示。

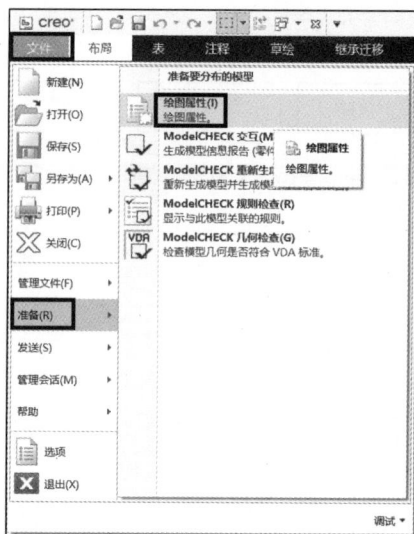

图 5-1-6

图 5-1-7

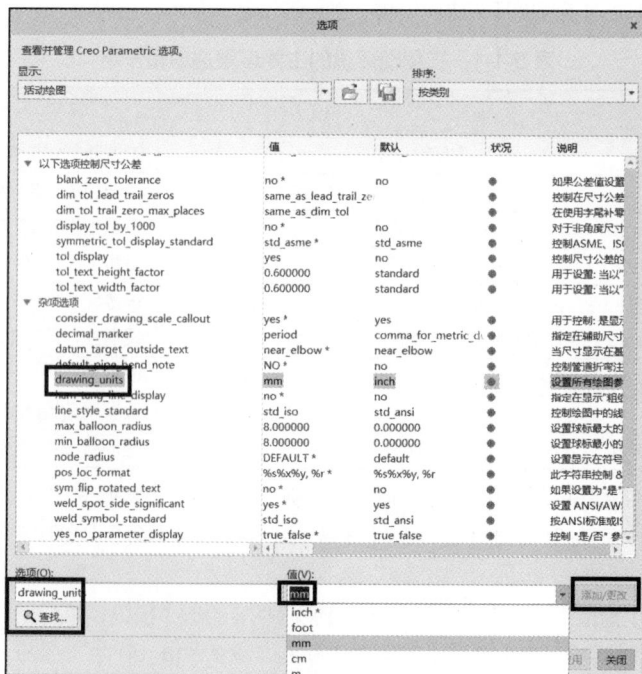

图 5-1-8

（4）所有详细信息选项修改完成后，单击【选项】对话框中的【保存】按钮 🖫，弹出【另存为】对话框，选择存放路径，单击【确定】按钮保存当前显示的配置文件为副本，以便后续工程图调用此配置文件，如图 5-1-9 所示。

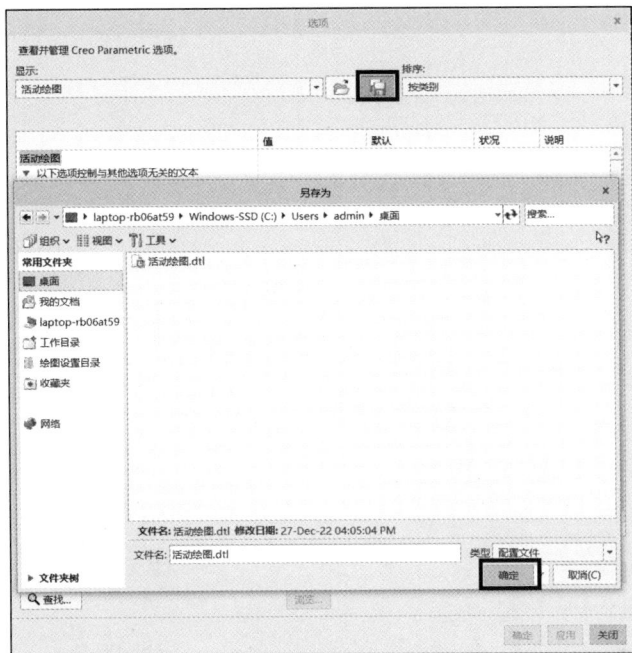

图 5-1-9

（5）在【绘图属性】窗口中单击【关闭】按钮，完成"drawing_units"的更改，如图 5-1-10 所示。

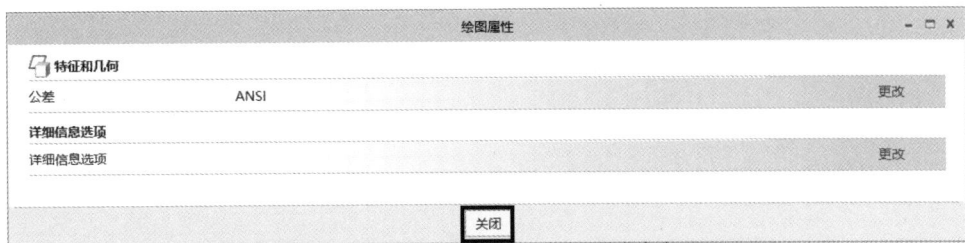

图 5-1-10

5.1.3　创建格式文件

在 Creo 6.0 的绘图模块中，用户可以根据自己的需求设计图框，以满足工程图绘制的要求。软件提供了两种格式文件：定义格式（.frm）和定义绘图（.drw）。设计图框时，优先选择定义格式（.frm），因为它可以方便后续的重复调用和快速替换，而不需要重新绘制。下面以图 5-1-11 所示的 jzdx-a4.frm 格式文件为例，介绍格式文件的创建方法，具体操作步骤如下。

创建格式文件

（1）在快速访问工具栏或者【主页】选项卡中，单击【新建】按钮 🗋，打开【新建】对话框，在【类型】中选择【格式】，在【文件名】文本框中输入"jzdx-a4"，单击【确定】按钮，如图 5-1-12 所示。

（2）弹出【新格式】对话框，选择【指定模板】为【空】，【方向】为【横向】，【标准大小】为【A4】，单击【确定】按钮，如图 5-1-13 所示。

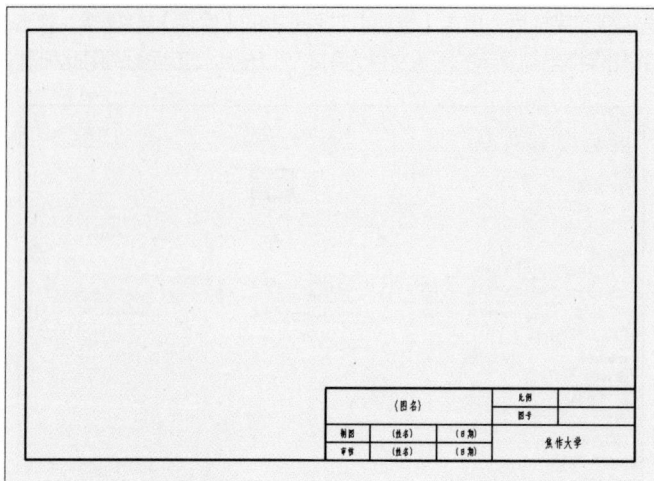

图 5-1-11

图 5-1-12

图 5-1-13

进入格式工作界面，如图 5-1-14 所示。

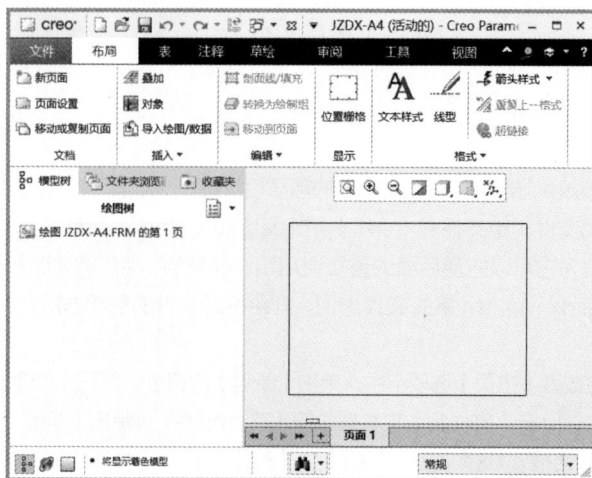

图 5-1-14

（3）单击【文件】/【准备】/【绘图属性】命令，弹出【绘图属性】窗口，按照 5.1.2 节所述的方法设置符合要求的绘图环境。

（4）切换到【草绘】选项卡，单击【偏移边】按钮 ，弹出【偏移操作】菜单管理器，选择【链图元】选项，按住 Ctrl 键，依次选择 A4 图框的 4 条边，或者框选 A4 图框的 4 条边，单击【确定】按钮，出现图 5-1-15 所示的箭头，表示偏移的方向向外，与欲偏移方向相反，因此输入 4 条边偏移值为-10，如图 5-1-16 所示，偏移结果如图 5-1-17 所示。

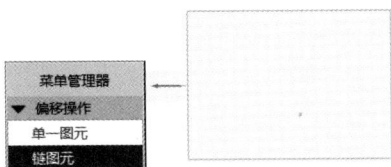

图 5-1-15

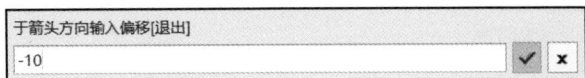

图 5-1-16

（5）切换到【表】选项卡，单击【表】选项卡中的【插入表】按钮 ，弹出【插入表】对话框，如图 5-1-18 所示，在【方向】中单击【向左且向上】按钮 ，设置表尺寸列数为 5、行数为 4，行高度为 8，列宽度为 30，单击【确定】按钮，弹出【选择点】对话框，如图 5-1-19 所示，单击【选择顶点】按钮 ，然后选择图 5-1-20 所示的交点作为表格的定位原点。

（6）在【选择点】对话框中单击【确定】按钮，将 4 行 5 列表格插入图纸的右下角，设置列宽从左到右依次为 20、30、25、30 和 35，具体方法是选中一列，单击【高度和宽度】按钮 ，弹出【高度和宽度】对话框，如图 5-1-21 所示，在列宽度文本框中输入相应数值，单击【确定】按钮，重复操作即可完成列宽的修改，如图 5-1-22 所示。

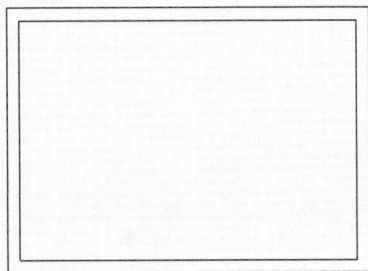

图 5-1-17

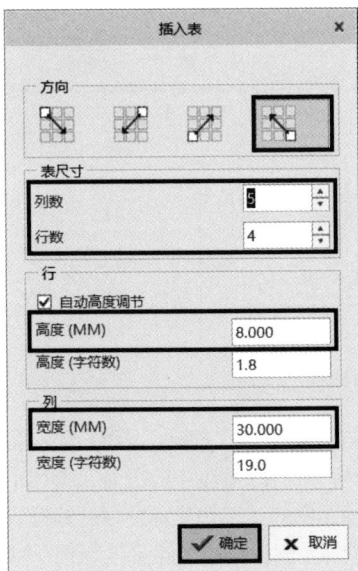

图 5-1-18

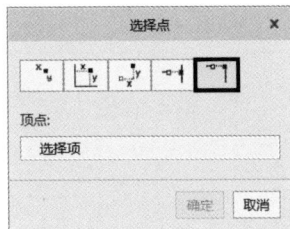

图 5-1-19

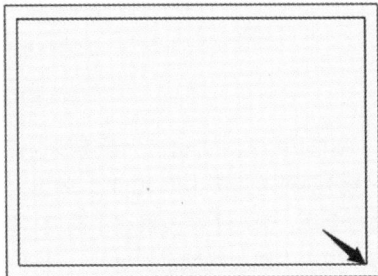

图 5-1-20

（7）按住 Ctrl 键，依次选择要合并的单元格，或者从左向右框选要合并的单元格，单击【合并单元格】

按钮 ▦，完成单元格的合并，重复操作即可完成单元格的合并，如图 5-1-23 所示。

（8）双击要添加文本的单元格，输入各单元格的文本，如图 5-1-24 所示。

（9）框选所有单元格中的文字，单击【表】选项卡中的【文本样式】按钮 A，弹出【文本样式】对话框，设置字体为"ChangFangSong"，字符高度为 3.5，【水平】为【中心】，【竖直】为【中间】，单击【确定】按钮，完成文本样式设置，如图 5-1-25 所示。

（10）选择"（图名）"单元格，将其字体高度设置为 4.5，可修改校名为"焦作大学"，其余不变，如图 5-1-26 所示。

图 5-1-21

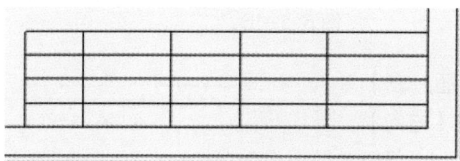

图 5-1-22

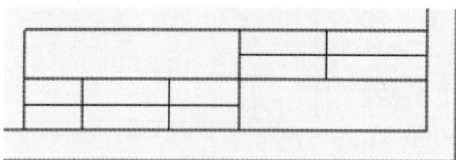

图 5-1-23

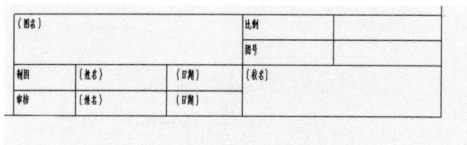

图 5-1-24

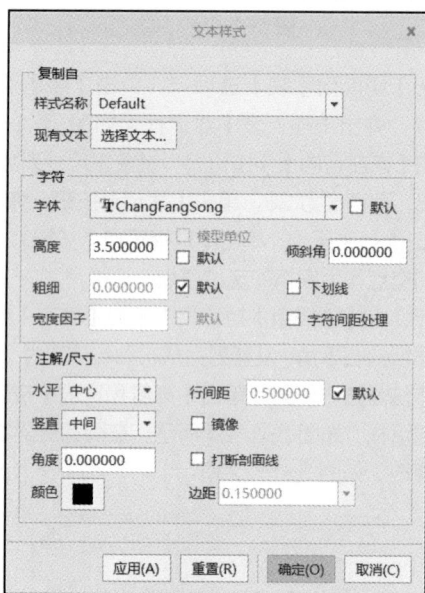

图 5-1-25

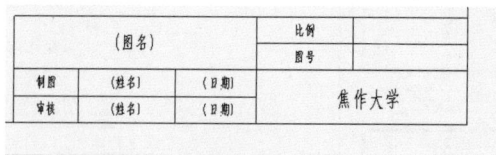

图 5-1-26

（11）图框和标题栏外框应为粗实线，在【草绘】选项卡中单击【偏移边】按钮 ▯，将右侧的图框线和下侧的图框线分别向内偏移 140 和 32，单击【拐角】按钮 ⊣ 进行修剪，单击【线型】按钮 ✐，弹出【线型】菜单管理器对话框，选择【修改直线】选项，按住 Ctrl 键，依次选择图框的 4 条边和标题栏的外框，单击【确定】按钮，弹出【修改线型】对话框，修改线型宽度为 0.7，将该 A4 图框模板文件保存为.frm 格式，效果如图 5-1-27 所示。

根据上述格式文件的制作方法，还可制作 A0、A1、A2、A3 图框，将其作为模板文件，方便随时调用。

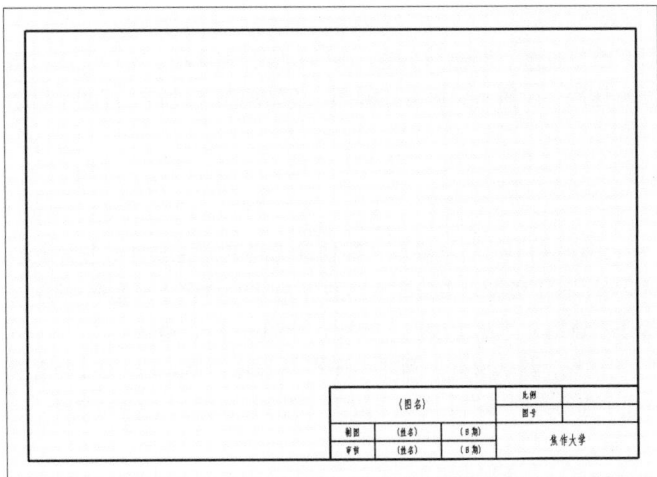

图 5-1-27

5.2 创建工程图视图

在 Creo 6.0 中，创建工程图时可以使用多种类型的视图来精确和清晰地展示零件、钣金件或组件的设计细节。工程图视图的主要类型有普通视图、投影视图、轴测图、剖视图、局部放大图、辅助视图和旋转视图等，用户可以根据实际需求，选择合适的视图类型，最终生成满足工程规范和技术要求的二维工程图纸。

创建手柄工程图
视图

5.2.1 课堂案例 创建手柄工程图视图

1. 任务下达

创建图 5-2-1 所示的手柄工程图视图。

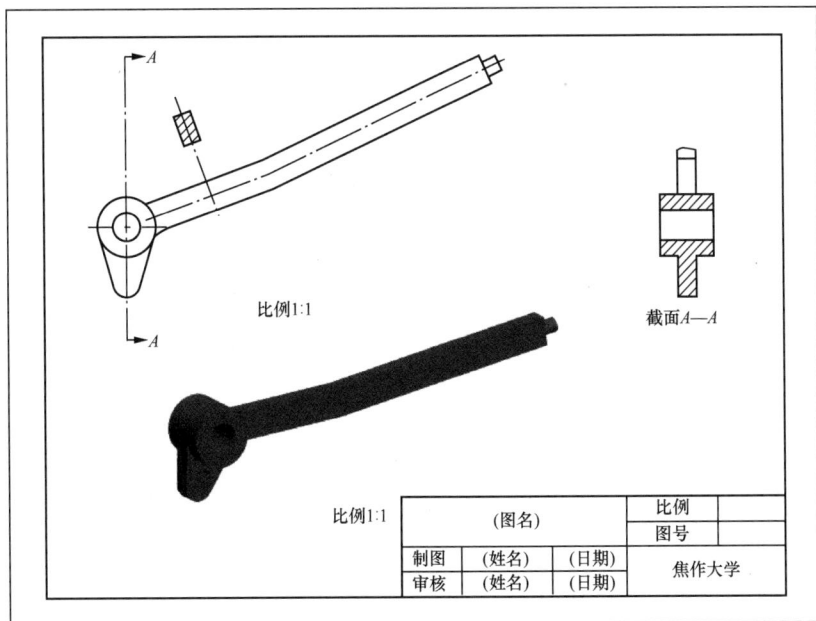

图 5-2-1

2．任务解析

手柄工程图视图主要包含主视图、局部剖视图、旋转视图和轴测图。主视图通过普通视图工具绘制；局部剖视图通过投影视图工具创建后，设置可见区域和截面；旋转视图通过旋转视图工具绘制；轴测图通过普通视图创建后根据需要设定其方向。

3．任务实施

（1）新建绘图文件

① 打开已建好的"shoubing.prt"三维模型，在快速访问工具栏或者【主页】选项卡中，单击【新建】按钮 🗋，打开【新建】对话框，在【类型】中选择【绘图】，在【文件名】文本框中输入文件名称"shoubing"，取消勾选【使用默认模板】复选框，单击【确定】按钮，如图 5-2-2 所示。

② 弹出【新建绘图】对话框，默认模型为刚才打开的"shoubing.prt"，在【指定模板】选项组中选择【格式为空】单选项，在【格式】选项组中单击【浏览】按钮，选择已创建好的格式文件"jzdx-a4.frm"，单击【确定】按钮，如图 5-2-3 所示。

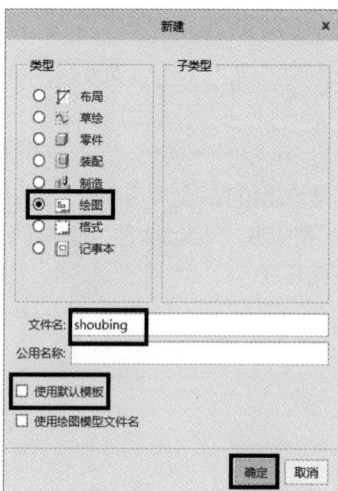

图 5-2-2

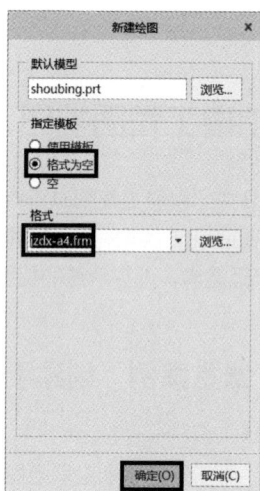

图 5-2-3

进入绘图工作界面，如图 5-2-4 所示。

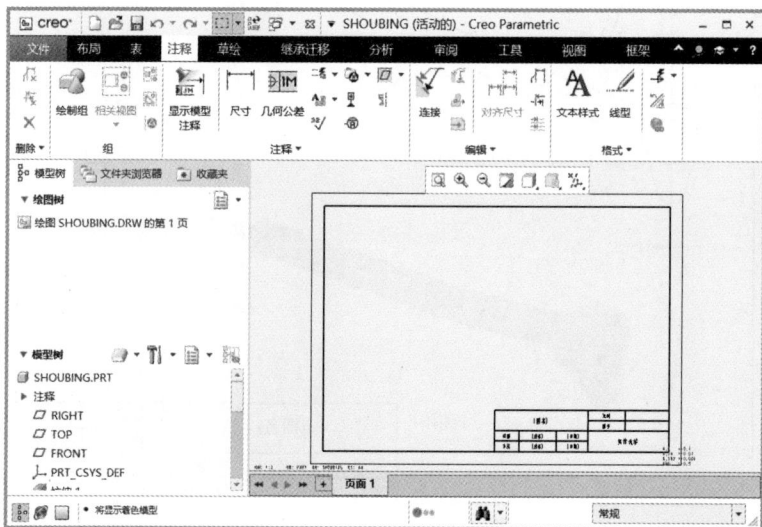

图 5-2-4

（2）工程图环境设置

单击【文件】/【准备】/【绘图属性】命令，弹出【绘图属性】窗口，按照前面所述的方法设置符合要求的绘图环境。

（3）插入普通视图

① 单击【布局】选项卡【模型视图】选项组中的【普通视图】按钮 ，弹出【选择组合状态】对话框，选择【无组合状态】，单击【确定】按钮，如图 5-2-5 所示。

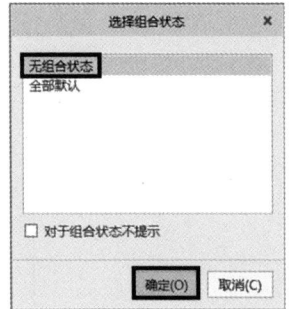

② 在绘图区单击绘图视图的中心点，确定视图的放置位置，此时在绘图区显示三维模型并弹出【绘图视图】对话框，如图 5-2-6 所示。

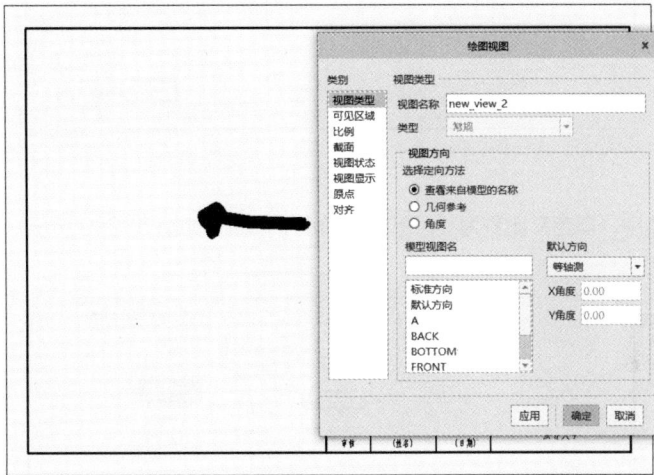

图 5-2-5

图 5-2-6

③ 在【视图类型】类别下，双击【模型视图名】列表框中的【FRONT】，或单击【FRONT】，然后单击【应用】按钮，更改视图的方向，如图 5-2-7 所示。

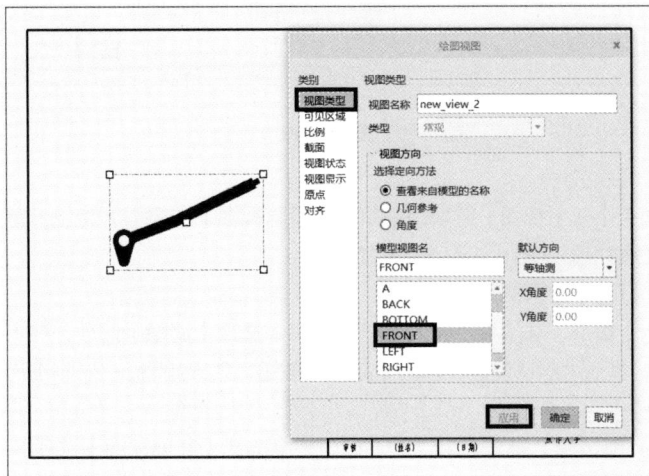

图 5-2-7

④ 单击【视图显示】类别，从【显示样式】下拉列表中选择【消隐】选项，从【相切边显示样式】下拉

列表中选择【无】选项，其他为默认设置，单击【应用】按钮，如图 5-2-8 所示。

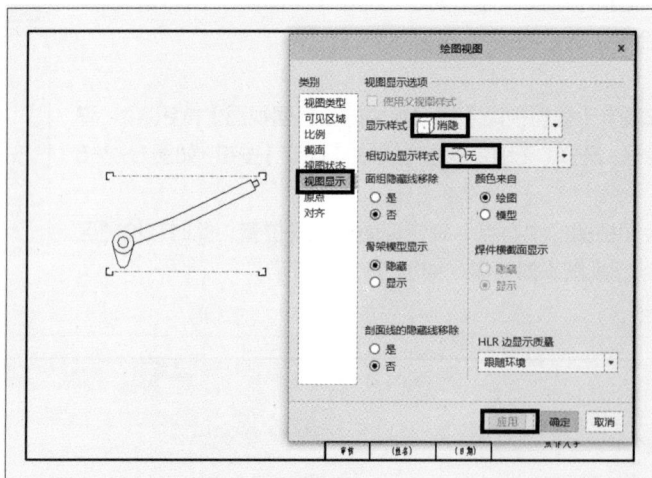

图 5-2-8

⑤ 单击【比例】类别，自定义比例为 1，单击【确定】按钮，如图 5-2-9 所示。

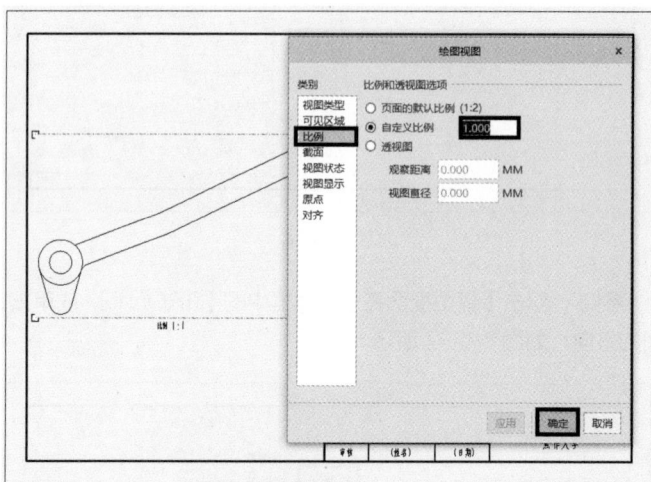

图 5-2-9

（4）插入投影视图

① 在【布局】选项卡【模型视图】选项组中单击【投影视图】按钮，将鼠标指针移动至父视图投影欲放置位置处，单击即可创建投影视图，如图 5-2-10 所示。

② 双击投影视图，打开【绘图视图】对话框。

③ 单击【视图显示】类别，在【显示样式】下拉列表中选择【消隐】选项，在【相切边显示样式】下拉列表中选择【无】选项，其他为默认设置，单击【应用】按钮，效果如图 5-2-11 所示。

（5）创建局部视图

单击【可见区域】类别，在【视图可见性】下拉列表中选择【局部视图】选项，在视图上选取几何参考点，以"X"为标记，然后以标记为中心，单击鼠标左键沿某一方向依次选取点，自动连成样条曲线，单击鼠标中键完成局部视图的边界线绘制，如图 5-2-12 所示，单击【确定】按钮，完成局部视图的创建，如图 5-2-13 所示。

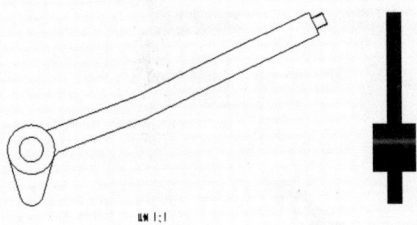

图 5-2-10

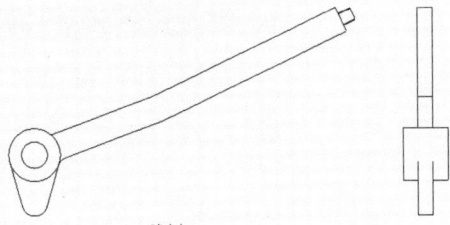

图 5-2-11

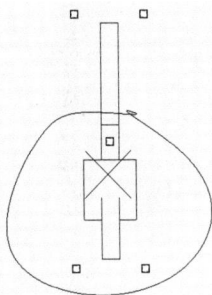

图 5-2-12

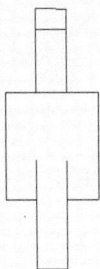

图 5-2-13

（6）创建剖视图

① 在工程图界面导航区模型树下，右击 "SHOUBING.PRT"，在弹出的快捷菜单中选择【打开】命令，进入零件工作界面，如图 5-2-14 所示。

② 单击【视图】选项卡中的【管理视图】按钮，打开【视图管理器】对话框，切换到【截面】选项卡，在【新建】下拉列表中选择【平面】选项，输入截面名称 "A"，如图 5-2-15 所示，并按 Enter 键。

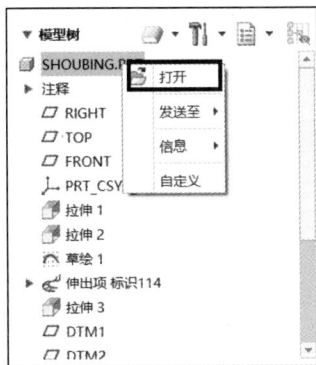

图 5-2-14

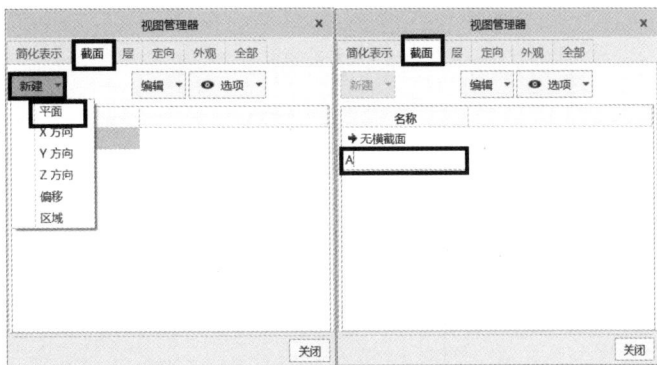

图 5-2-15

③ 打开【截面】设计面板，选择【RIGHT】基准平面，单击【确定】按钮，完成截面 *A* 的创建，如图 5-2-16 所示。

④ 返回工程图环境，在【视图】选项卡下单击【激活】按钮，双击【投影视图】，打开【绘图视图】对话框，在【截面】类别下选择【2D 横截面】，单击 "+" 按钮，选择 "A" 截面，剖切区域为【完整】，单击【确定】按钮，如图 5-2-17 所示。

⑤ 完成全剖视图的创建，如图 5-2-18 所示。

⑥ 单击全剖视图，然后右击，弹出快捷菜单，在快捷菜单中选择【添加箭头】命令，如图 5-2-19 所示。

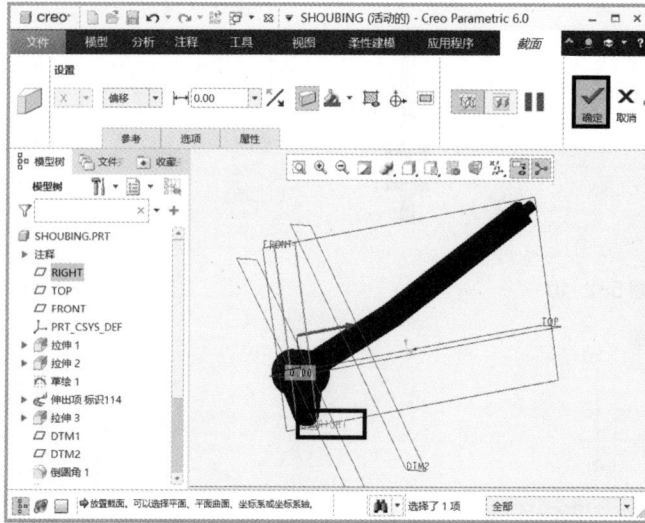

图 5-2-16

图 5-2-17

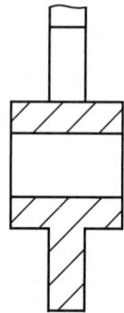

截面A—A

图 5-2-18

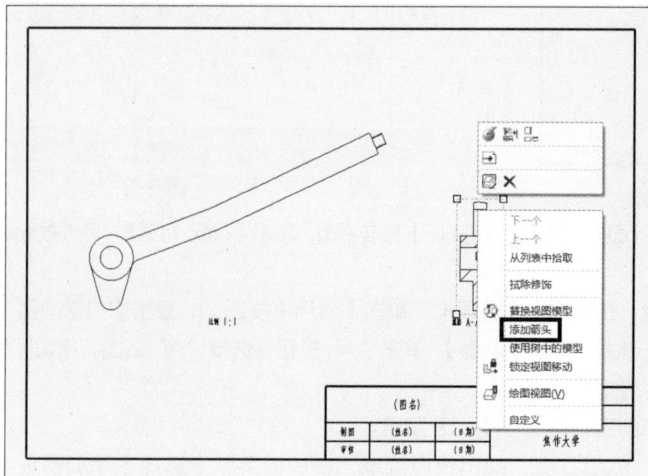

图 5-2-19

⑦ 将鼠标指针移动到左视图上，单击鼠标左键，添加全剖视图剖切箭头，如图 5-2-20 所示。

（7）创建旋转视图

① 按照上述创建截面 *A* 的方法创建截面 *B*，如图 5-2-21 所示。

② 单击【布局】选项卡【模型视图】选项组中的【旋转视图】按钮，系统提示"选择旋转截面的父视图"，选取要剖切的父视图，选取后视图虚线加亮显示，如图 5-2-22 所示。

③ 在绘图区欲放置的位置单击放置旋转视图，弹出【绘图视图】对话框，在【视图类型】类别下，在【横截面】下拉列表中选择已经创建好的截面"B"，单击【确定】按钮，如图 5-2-23 所示。

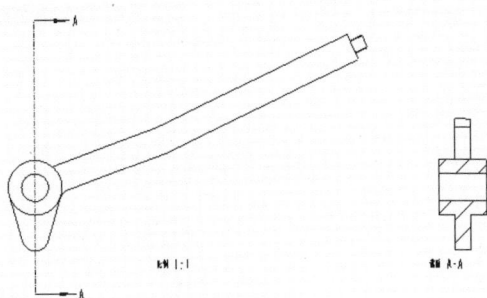

图 5-2-20

图 5-2-21

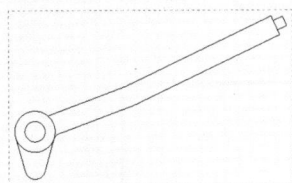

图 5-2-22

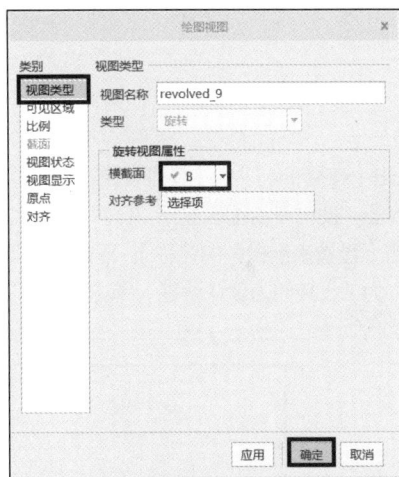

图 5-2-23

④ 将旋转视图调整到欲放置的位置，如图 5-2-24 所示。

（8）创建 3D 视图

① 进入手柄零件模式，单击【视图】选项卡中的【管理视图】按钮，打开【视图管理器】对话框，切换到【定向】选项卡，单击【新建】命令，新建方向"A"，按 Enter 键，单击【编辑】下拉列表中的【重新定义】选项，如图 5-2-25 所示。

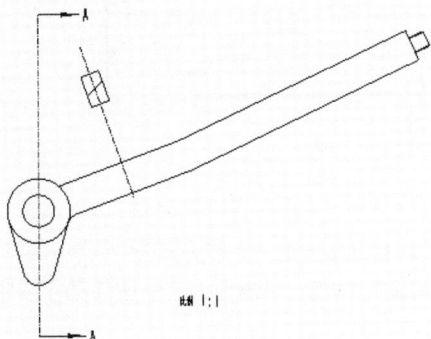

图 5-2-24

图 5-2-25

② 弹出【视图】对话框，调整三维模型图到合适位置，单击【确定】按钮，完成方向"A"的创建，如图 5-2-26 所示。

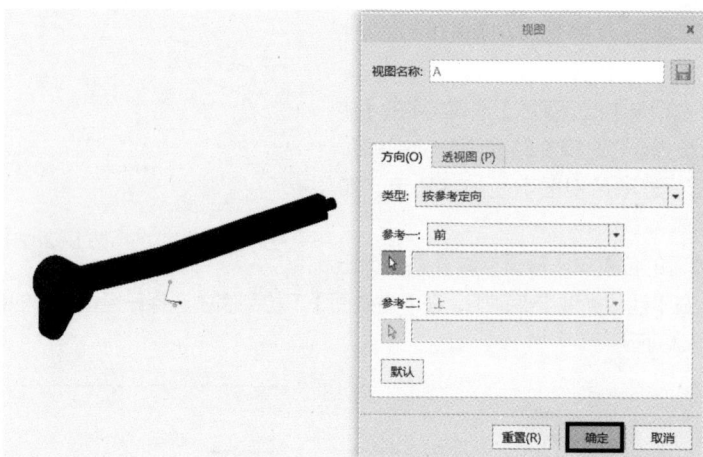

图 5-2-26

③ 单击【布局】选项卡【模型视图】选项组中的【普通视图】按钮，在绘图区右下角欲放置位置单击放置 3D 视图，此时在绘图区显示 3D 模型并弹出【绘图视图】对话框，在【视图类型】类别下，默认选择定向方法中的【查看来自模型的名称】，双击【模型视图名】列表框中的"A"，切换到【比例】类别，设置"自定义比例"为 1，其他为默认设置，单击【确定】按钮，完成 3D 视图的创建，如图 5-2-27 所示。

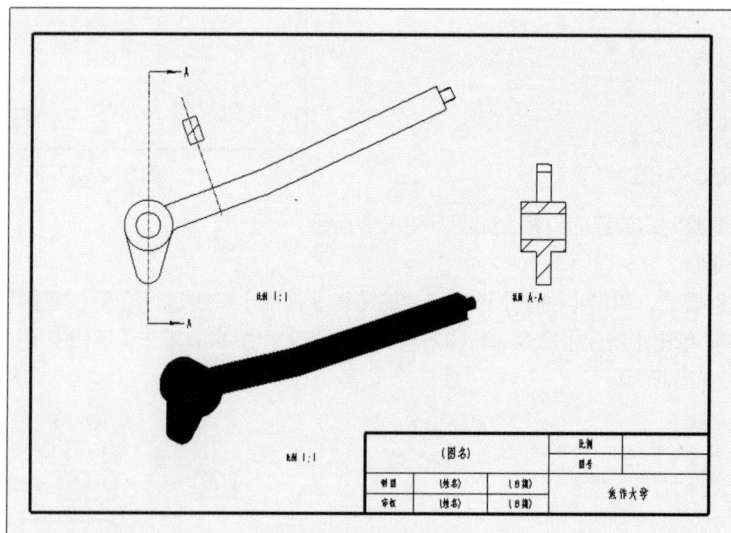

图 5-2-27

（9）调整视图位置

① 单击【布局】选项卡【文档】选项组中的【锁定视图移动】按钮，取消其选中状态，即可解除锁定。

② 使用鼠标指针选择要移动的视图，拖动视图至合适的位置，单击【锁定视图移动】按钮，重新锁定。

③ 双击剖面线，修改剖面线间距，效果如图 5-2-28 所示。

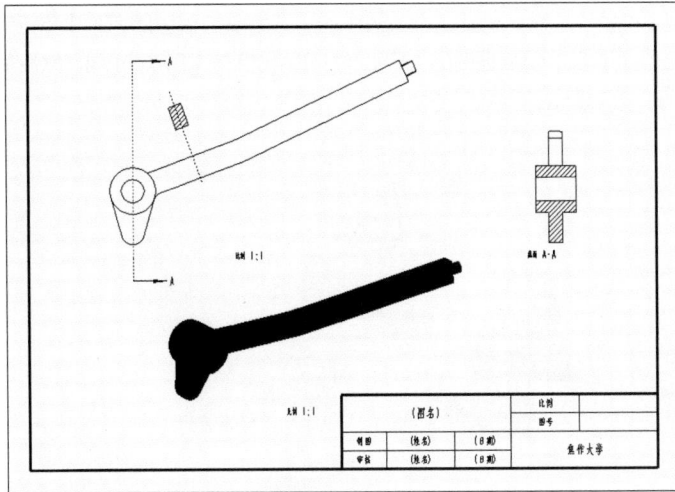

图 5-2-28

5.2.2 知识点解析

1. 创建普通视图

普通视图通常是工程图创建的第一个视图，用户可以根据设计要求对该视图进行比例缩放和旋转，以清晰表达模型的特征。

（1）单击【布局】选项卡【模型视图】选项组中的【普通视图】按钮，弹出【选择组合状态】对话框，选择【无组合状态】，单击【确定】按钮，如图 5-2-29 所示。

（2）在绘图区欲放置的位置单击绘图视图的中心点，确定视图的放置位置，此时在绘图区显示三维模型并弹出【绘图视图】对话框，如图 5-2-30 所示。

图 5-2-29

图 5-2-30

（3）在【视图类型】类别下，默认选择定向方法中的【查看来自模型的名称】单选项，通常第一个普通视图为主视图，双击【模型视图名】列表框中的【FRONT】，或单击【FRONT】，然后单击【应用】按钮，更改视图的方向，如图 5-2-31 所示。

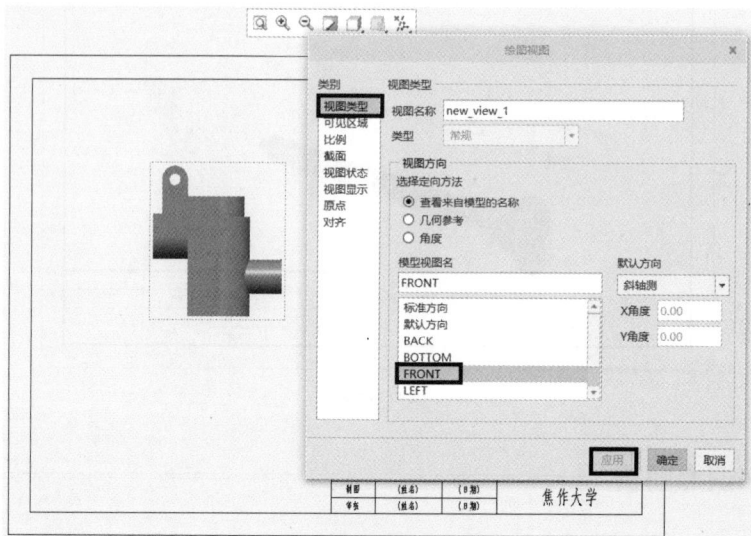

图 5-2-31

也可选择定向方法中的【几何参考】单选项，使用来自绘图中预览模型的几何参考进行定向，这里可选择 TOP 基准平面向上，FRONT 基准平面向前，定义普通视图的方向，如图 5-2-32 所示。

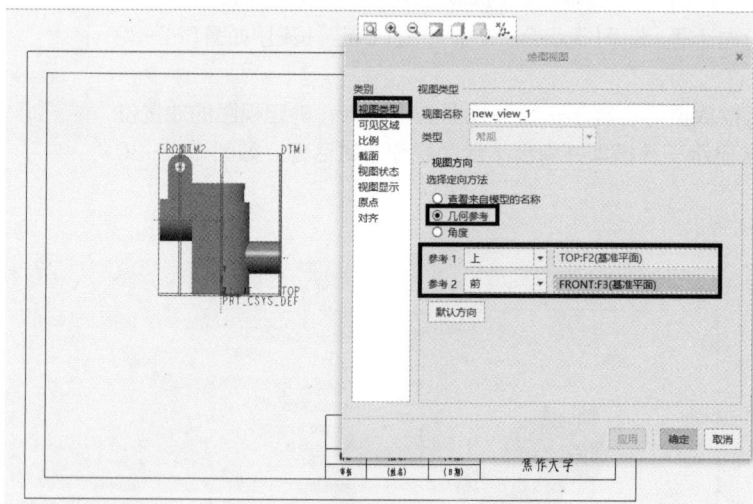

图 5-2-32

（4）单击【视图显示】类别，在【显示样式】下拉列表中选择【消隐】选项，在【相切边显示样式】下拉列表中选择【无】选项，其他为默认设置，单击【应用】按钮，完成视图显示设置，如图 5-2-33 所示。

（5）单击【比例】类别，选择【页面的默认比例】单选项，单击【确定】按钮，完成普通视图的创建，如图 5-2-34 所示。

（6）如需重新定义视图，将鼠标移动到"普通视图"上，双击"普通视图"，重新打开【绘图视图】对话框，或者单击"普通视图"，在弹出的快捷工具栏中选择【属性】命令，重新打开【绘图视图】对话框，如图 5-2-35 所示。

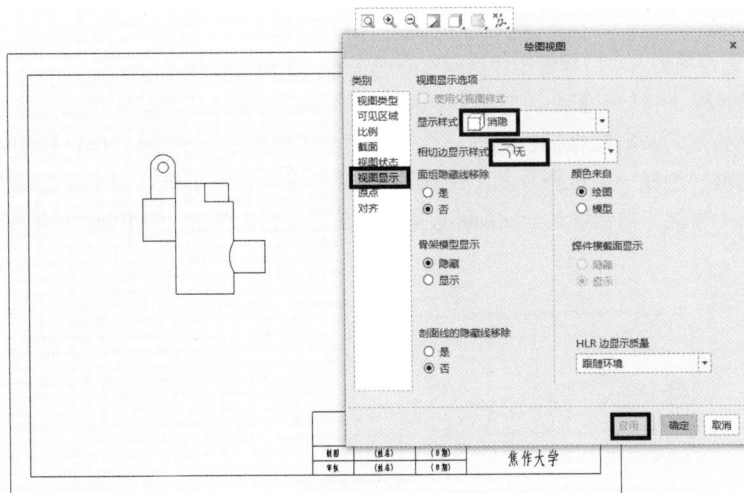

图 5-2-33

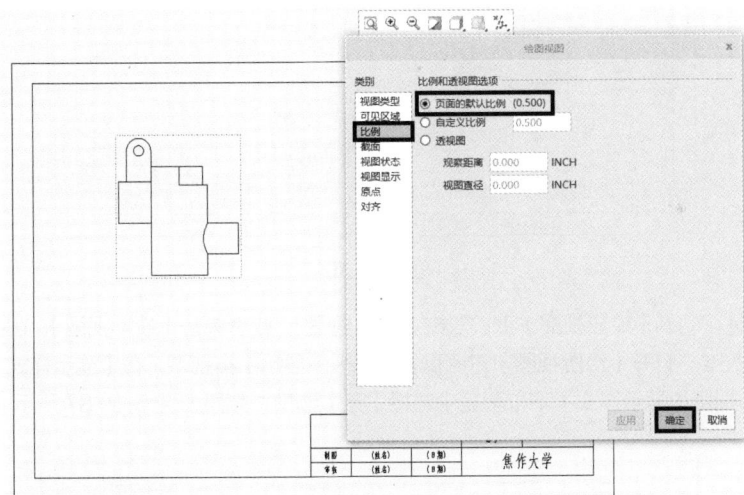

图 5-2-34

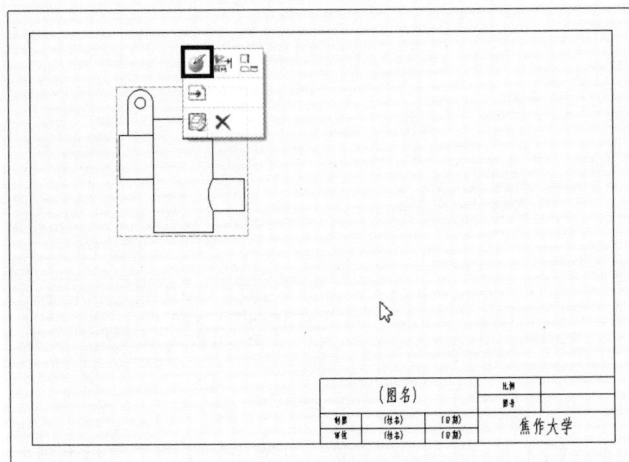

图 5-2-35

2. 创建投影视图

投影视图是由普通视图沿水平或者垂直方向投影产生的，普通视图作为父视图。

（1）将鼠标指针移动到父视图上，单击鼠标左键，在弹出的快捷工具栏中单击【投影视图】按钮，在父视图的水平或垂直方向跟随鼠标指针出现一个矩形框（代表投影），将鼠标指针移动到父视图下方欲放置位置单击鼠标左键，创建一个投影视图（俯视图）；或者在【布局】选项卡【模型视图】选项组中单击【投影视图】按钮品，将鼠标指针移动至父视图投影的欲放置位置处单击，即可创建投影视图，如图5-2-36所示。

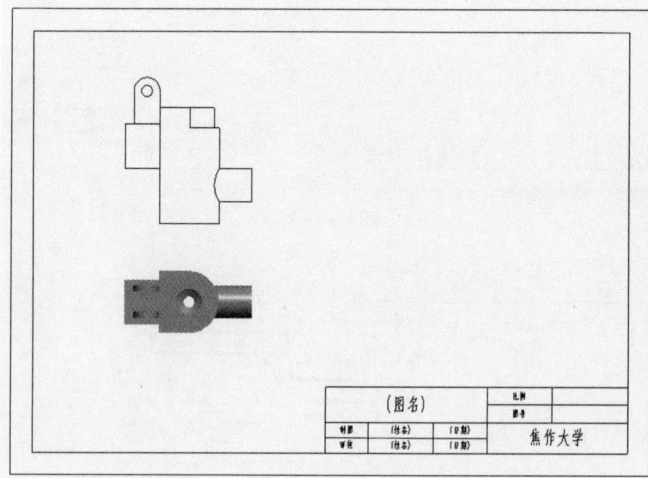

图 5-2-36

（2）将鼠标指针移动到【投影视图】上，双击【投影视图】，或者单击【投影视图】，在弹出的快捷工具栏中选择【属性】命令 ✍ ，打开【绘图视图】对话框，在【视图显示】类别下，在【显示样式】下拉列表中选择【消隐】选项，在【相切边显示样式】下拉列表中选择【无】选项，效果如图5-2-37所示。

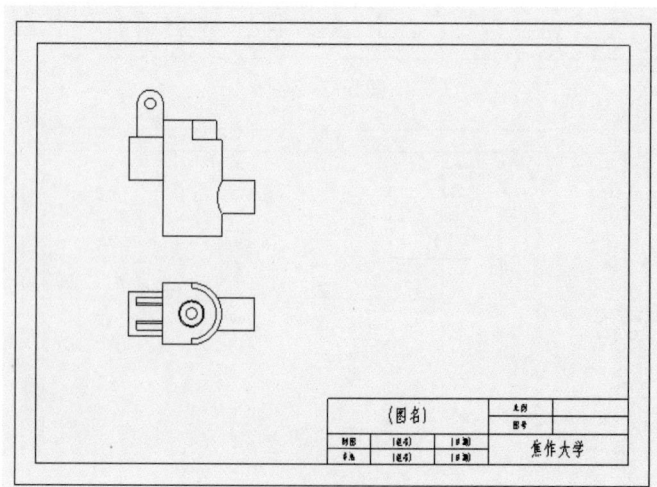

图 5-2-37

（3）将鼠标指针移动到父视图上，单击鼠标左键，在弹出的快捷工具栏中单击【投影视图】按钮，将鼠标指针移动到父视图右侧欲放置位置，单击鼠标左键创建一个投影视图（左视图）；将鼠标指针移动到该【投影视图】上，双击【投影视图】，打开【绘图视图】对话框，在【视图显示】类别下，在【显示样式】下拉列表中选择【消隐】选项，在【相切边显示样式】下拉列表中选择【无】选项，效果如图 5-2-38 所示。

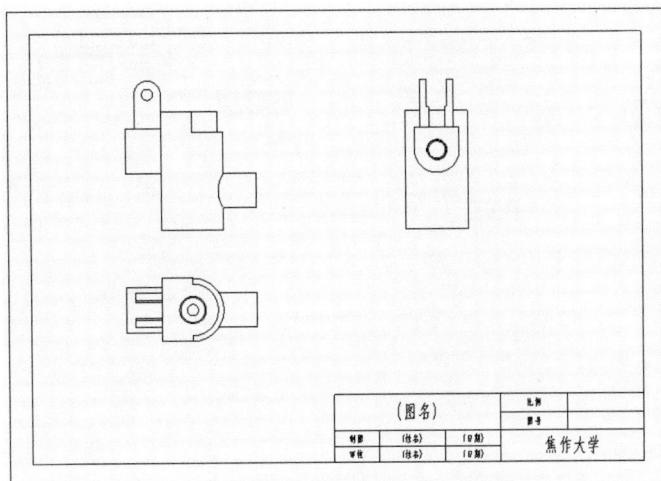

图 5-2-38

3. 创建轴测图

轴测图又称为立体视图，常作为辅助样图，用来说明产品结构，如图 5-2-39 所示。单击【布局】选项卡【模型视图】选项组中的【普通视图】按钮，在绘图区右下角欲放置位置单击放置轴测图，弹出【绘图视图】对话框，在【视图类型】类别下，默认选择定向方法中的【查看来自模型的名称】单选项，双击【模型视图名】列表框中的【默认方向】，默认方向选择【等轴测】，如图 5-2-40 所示；然后单击【视图显示】类别，在【显示样式】下拉列表中选择【消隐】选项，在【相切边显示样式】下拉列表中选择【无】选项，单击【确定】按钮，如图 5-2-41 所示。

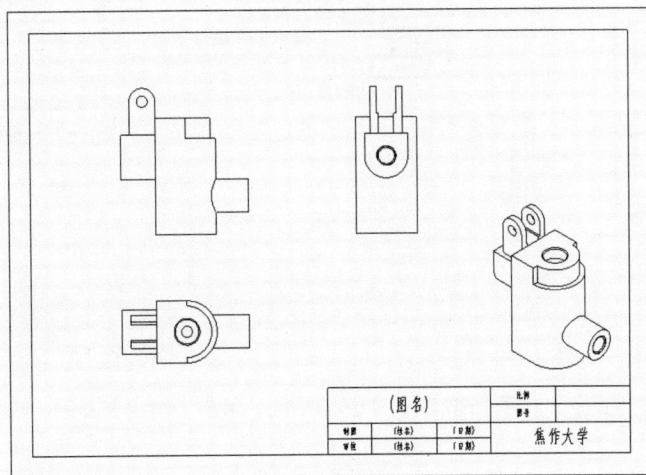

图 5-2-39

4. 创建剖视图

模型内部结构复杂，普通视图上显示的虚实线杂乱，很难分析出视图的内部结构，剖视图可以直观地表达模型内部的结构，剖视图通常可以分为全剖视图、半剖视图、局部剖视图、旋转剖视图和 3D 剖视图等。

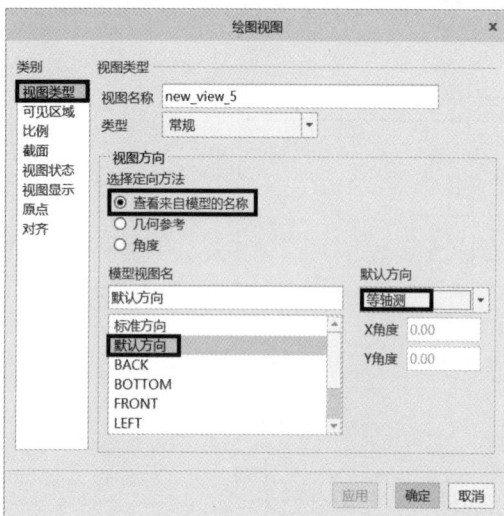

图 5-2-40

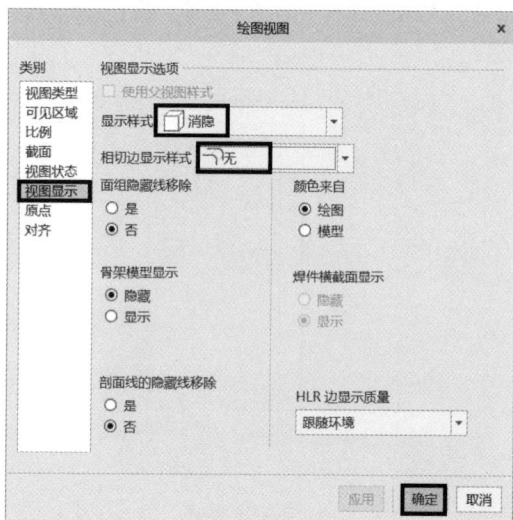

图 5-2-41

（1）全剖视图

全剖视图即通过某一平面作为剖面且平面将模型进行完全剖切所呈现的模型内部视图。为了清晰地表达手压阀阀体的内部结构，将手压阀阀体的主视图更改为全剖视图。

① 在工程图界面导航区模型树下，右击"FATI.PRT"，在弹出的快捷菜单中选择【打开】命令，如图 5-2-42 所示，进入零件工作界面。

② 单击【视图】选项卡中的【管理视图】按钮，打开【视图管理器】对话框，切换到【截面】选项卡，在【新建】下拉列表中选择【平面】选项，输入截面名称"A"，如图 5-2-43 所示，并按 Enter 键。

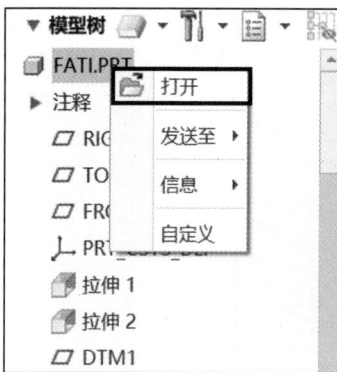

图 5-2-42

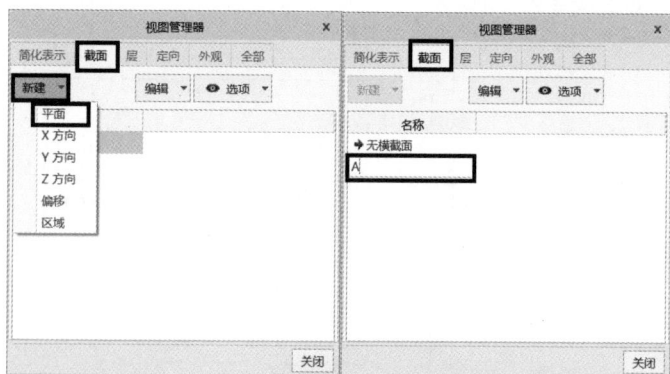

图 5-2-43

③ 打开【截面】设计面板，选择【FRONT】基准平面，单击【确定】按钮，如图 5-2-44 所示，完成截面 A 的创建。

④ 返回工程图环境，在【视图】选项卡下单击【激活】按钮，双击主视图，打开【绘图视图】对话框，在【截面】类别下，选择【2D 横截面】，单击"+"按钮，选择"A"截面，剖切区域为【完整】，单击【确定】按钮，如图 5-2-45 所示。

完成全剖视图的创建，如图 5-2-46 所示。

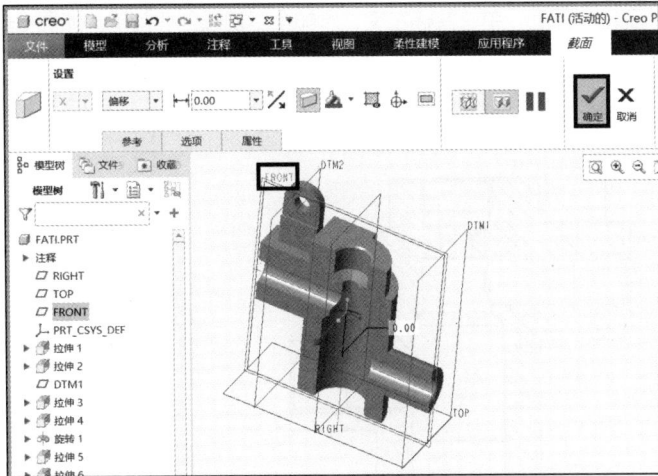

图 5-2-44

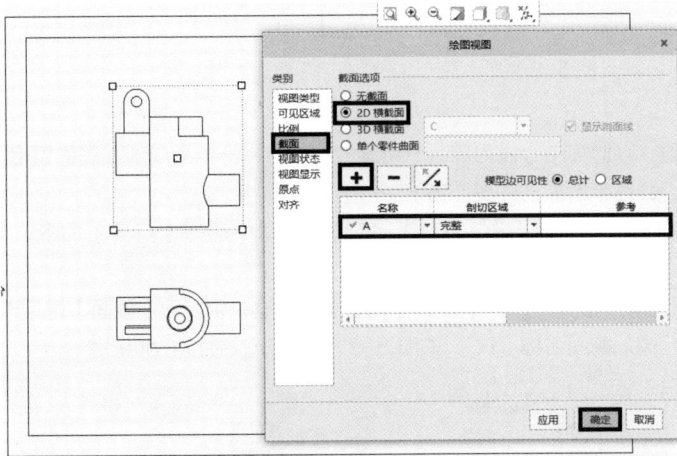

图 5-2-45

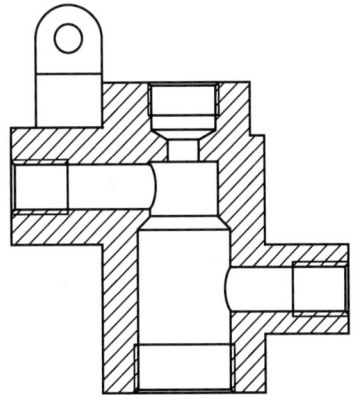

截面*A—A*

图 5-2-46

⑤ 单击全剖视图，然后右击，弹出快捷菜单，在快捷菜单中选择【添加箭头】命令，如图 5-2-47 所示。

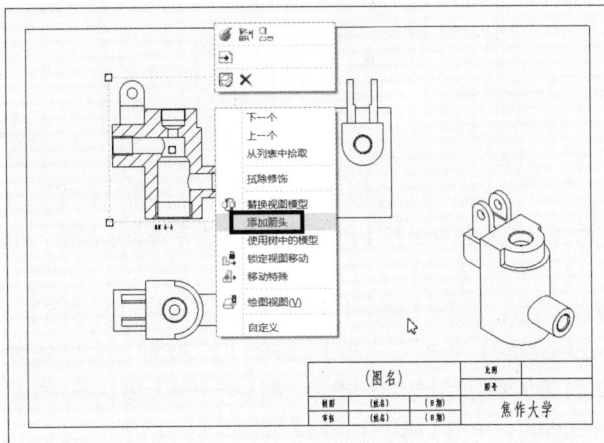

图 5-2-47

⑥ 将鼠标指针移动到左视图上，单击鼠标左键，添加全剖视图剖切箭头，如图 5-2-48 所示。

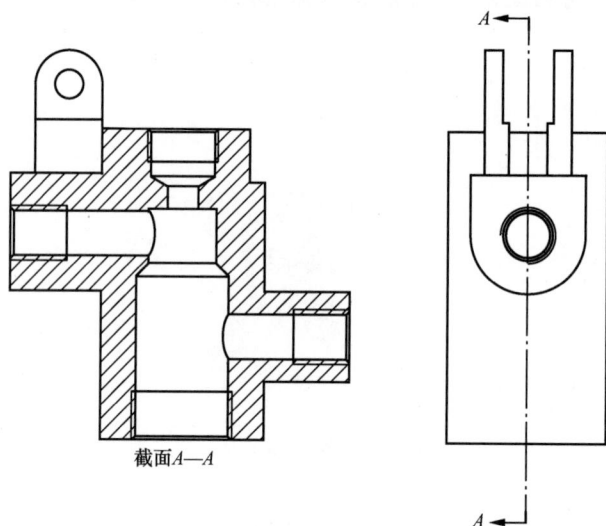

截面 *A—A*

图 5-2-48

（2）半剖视图

半剖视图是当模型左右对称或有需要时，以对称中心线为界，一半画成视图，另一半画成剖视图的组合图形。下面以将左视图更改为半剖视图为例，介绍半剖视图的操作方法。

① 在工程图界面导航区模型树下，右击"FATI.PRT"，在弹出的快捷菜单中选择【打开】命令，如图 5-2-49 所示，进入零件工作界面。

② 单击【视图】选项卡中的【管理视图】按钮，打开【视图管理器】对话框，切换到【截面】选项卡，在【新建】下拉列表中选择【平面】选项，输入截面名称"D"，如图 5-2-50 所示，并按 Enter 键。

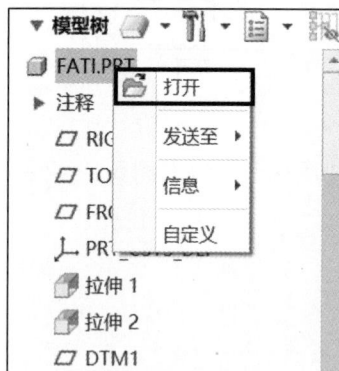

图 5-2-49

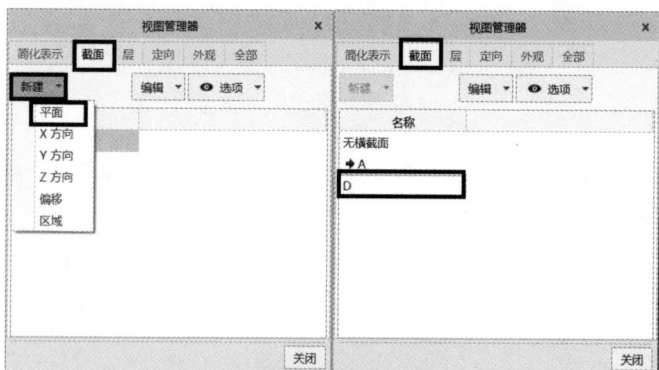

图 5-2-50

③ 打开【截面】设计面板，选择【RIGHT】基准平面，单击【确定】按钮，如图 5-2-51 所示，完成截面 *D* 的创建。

④ 返回工程图环境，在【视图】选项卡下单击【激活】按钮，双击【左视图】，打开【绘图视图】对话框，在【截面】类别下，选择【2D 横截面】，单击"+"按钮，选择"D"截面，剖切区域为【半倍】，选择【FRONT】基准平面作为参考平面，此时在左视图上出现剖切箭头，箭头方向表示剖切侧，如果要更改剖切箭头的方向，在左视图左右两侧空白处单击即可，单击【确定】按钮，如图 5-2-52 所示。

完成半剖视图的创建，如图 5-2-53 所示。

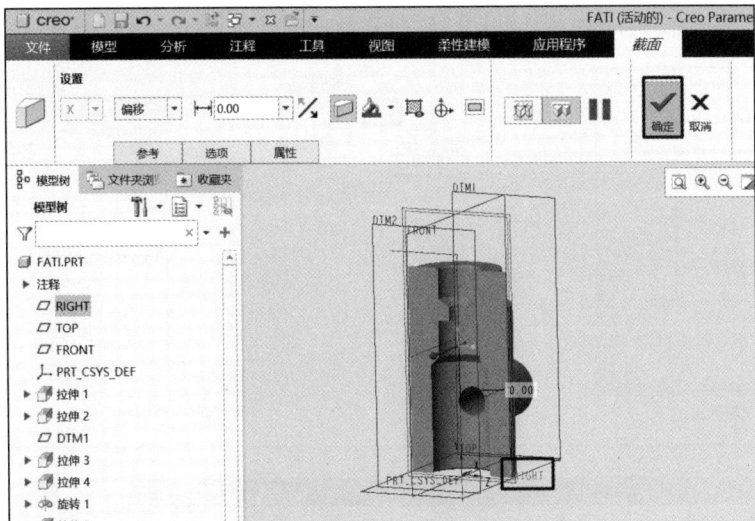

图 5-2-51

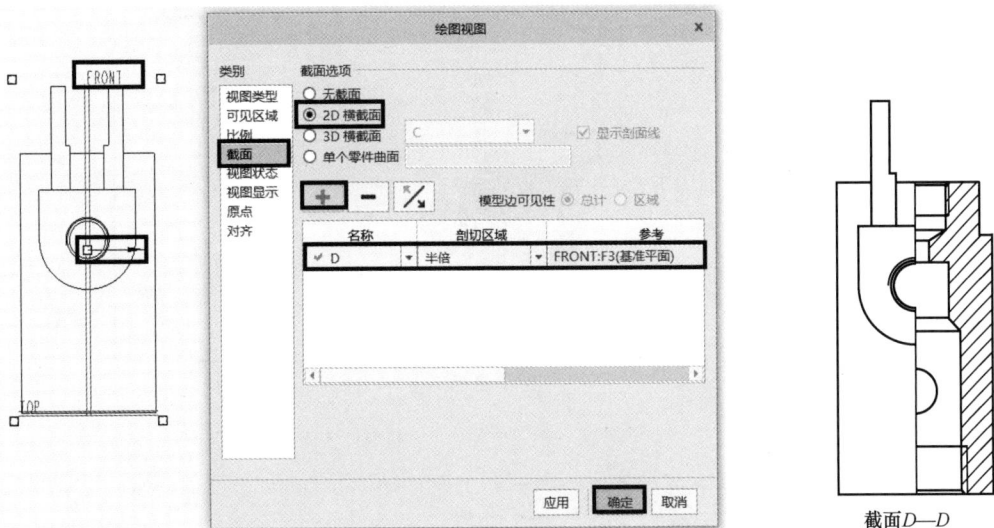

图 5-2-52

截面 D—D

图 5-2-53

（3）局部剖视图

局部剖视图即只在圈定的范围内显示剖视图。下面将左视图两吊耳处更改为局部剖视图。

① 在工程图界面导航区模型树下，右击"FATI.PRT"，在弹出的快捷菜单中选择【打开】命令，如图 5-2-54 所示，进入零件模式。

② 单击【视图】选项卡中的【管理视图】按钮📊，打开【视图管理器】对话框，切换到【截面】选项卡，在【新建】下拉列表中选择【平面】选项，输入截面名称"B"，如图 5-2-55 所示，并按 Enter 键。

③ 打开【截面】设计面板，选择"DTM2"基准平面，单击【确定】按钮，如图 5-2-56 所示，完成截面 B 的创建。

④ 返回工程图环境，在【视图】选项卡下单击【激活】按钮☑，双击【左视图】，打开【绘图视图】对话框，在【截面】类别下，选择【2D 横截面】，单击"+"按钮，选择"B"截面，剖切区域为【完整】，单击【应用】按钮，显示出完整截面，以便后续选择局部区域，将剖切区域更改为【局部】，选取局部剖视图的中心点，以"X"为标记，然后以标记为中心，单击鼠标左键沿某一方向依次选取点，这些点自动连成样条曲线，单击

鼠标中键完成局部剖视图的边界线绘制，单击【确定】按钮，如图 5-2-57 所示。

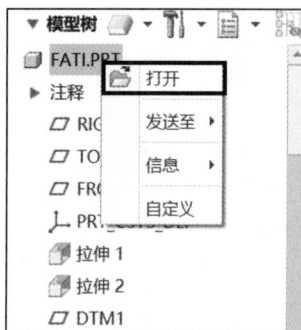

图 5-2-54

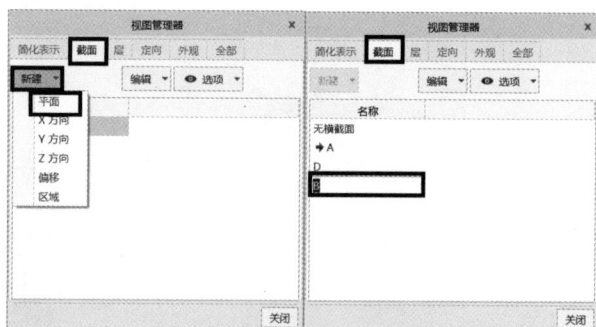

图 5-2-55

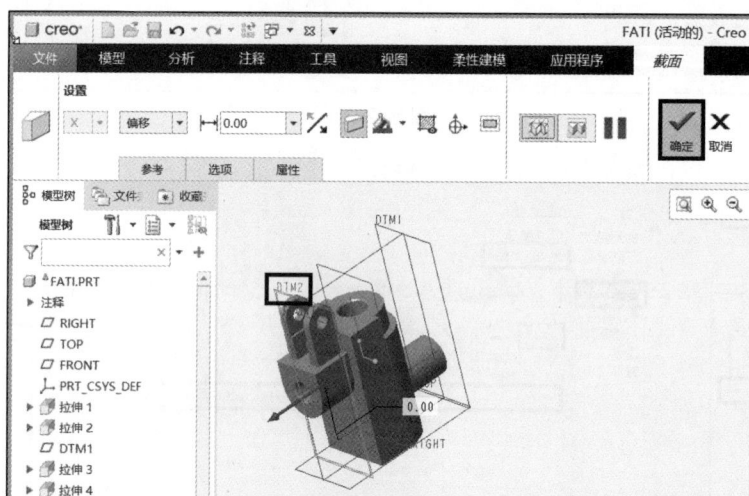

图 5-2-56

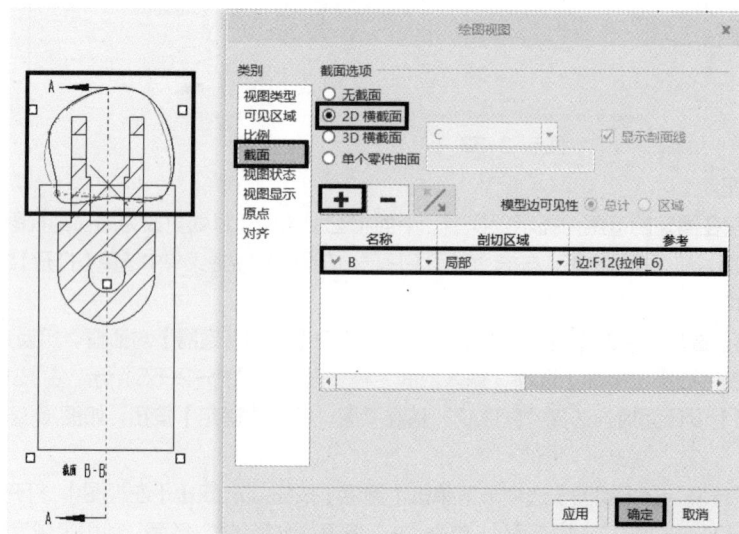

图 5-2-57

完成局部剖视图的创建，如图 5-2-58 所示。

（4）旋转剖视图

旋转剖视图是用两个相交的剖切平面剖开零件，以表达具有回转轴零件的内部结构，两剖切平面的交线与回转轴重合。下面以法兰零件为例创建旋转剖视图，如图 5-2-59 所示。

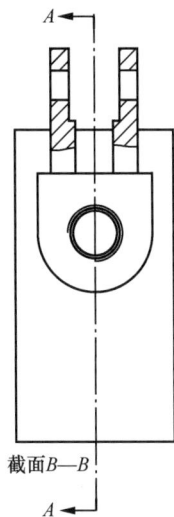
图 5-2-58

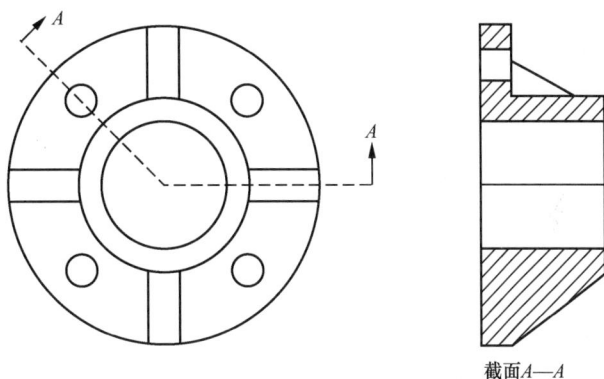
图 5-2-59

① 在工程图界面导航区模型树下，右击"FALAN.PRT"，在弹出的快捷菜单中选择【打开】命令，如图 5-2-60 所示，进入零件工作界面。

② 单击【视图】选项卡中的【管理视图】按钮 ，打开【视图管理器】对话框，切换到【截面】选项卡，在【新建】下拉列表中选择【偏移】选项，输入截面名称"A"，如图 5-2-61 所示，并按 Enter 键。

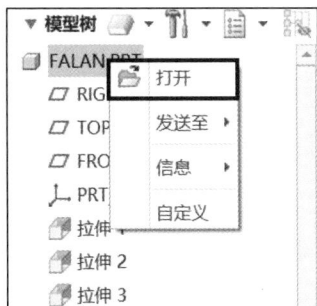
图 5-2-60

图 5-2-61

③ 打开【截面】设计面板，单击【草绘】标签，在弹出的【草绘】下拉面板中单击【定义】按钮，选择【TOP】基准平面作为草绘平面，如图 5-2-62 所示，进入草绘工作界面。

④ 单击【草绘视图】按钮 ，使草绘平面与屏幕平行，单击【线链】按钮，绘制图 5-2-63 所示的两条线段，单击【确定】按钮，完成草绘截面，如果修剪方向不正确，在【截面】设计面板上单击【反向】按钮，改变方向，单击【确定】按钮，完成截面的创建，如图 5-2-64 所示。

⑤ 返回工程图环境，在【视图】选项卡下单击【激活】按钮 ，单击【布局】选项卡【模型视图】选项组中的【投影视图】按钮 ，将鼠标指针移动到主视图右侧，单击放置左视图，双击【左视图】，打开【绘图视图】对话框，在【截面】类别下，选择【2D 横截面】，单击"+"按钮，选择"A"截面，剖切区域为【全

部(对齐)】，参考选择左视图的轴线，单击【应用】按钮，如图 5-2-65 所示。

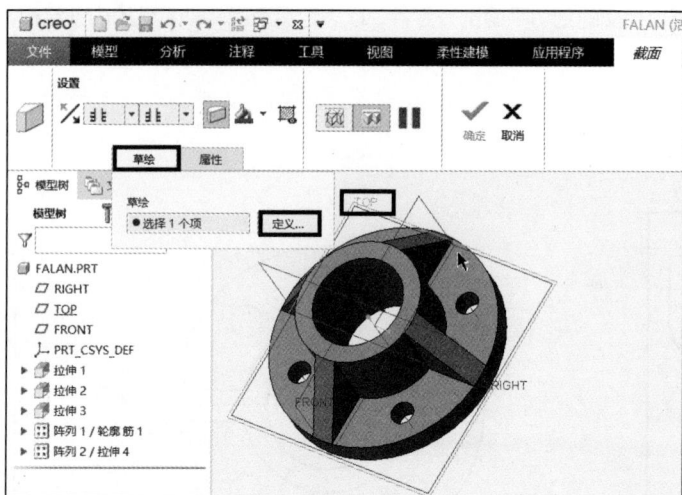

图 5-2-62

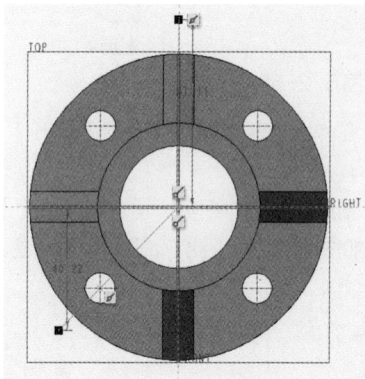

图 5-2-63

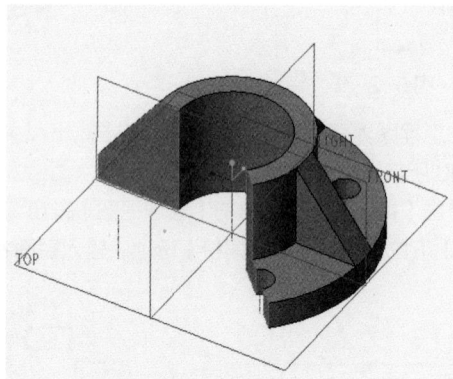

图 5-2-64

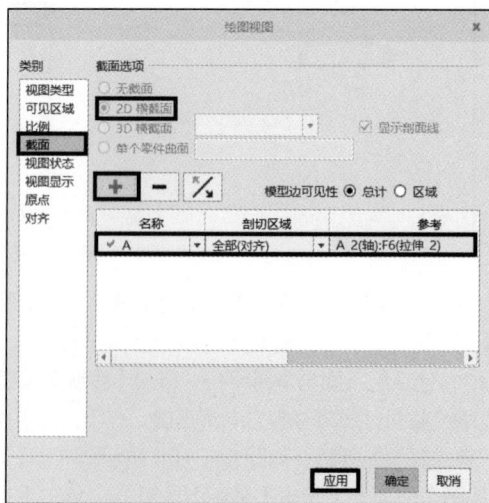

图 5-2-65

⑥ 单击【视图显示】类别，在【显示样式】下拉列表中选择【消隐】选项，在【相切边显示样式】下拉

列表中选择【无】选项，单击【确定】按钮，右击左视图，弹出快捷菜单，选择【添加箭头】命令，如图 5-2-66 所示，单击主视图，添加剖切箭头，完成旋转剖视图的创建。

（5）3D 剖视图

3D 剖视图即只在轴测图的基础上进行剖切，能够更加清晰地表达模型的内部结构和外部形状。下面将轴测图更改为 3D 剖视图。

① 在工程图界面导航区模型树下，右击 "FATI.PRT"，在弹出的快捷菜单中选择【打开】命令，如图 5-2-67 所示，进入零件工作界面。

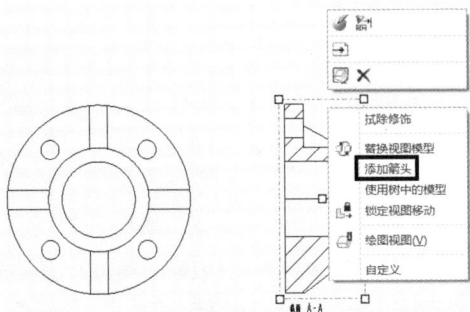

图 5-2-66

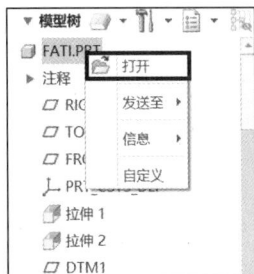

图 5-2-67

② 单击【视图】选项卡中的【管理视图】按钮，打开【视图管理器】对话框，切换到【截面】选项卡，在【新建】下拉列表中选择【区域】选项，输入截面名称 "C"，如图 5-2-68 所示，并按 Enter 键。

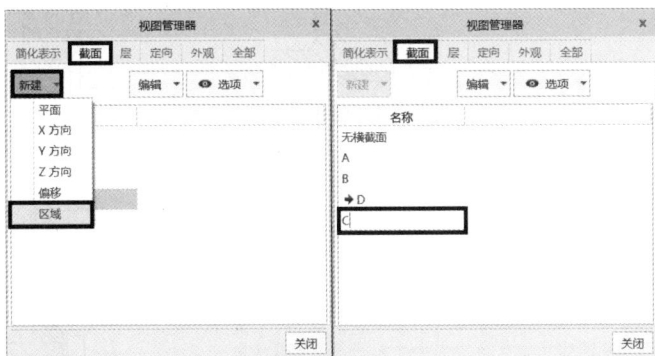

图 5-2-68

③ 弹出【C】对话框，选择【FRONT】基准平面，出现剖切箭头，根据需要单击【更改方向】按钮，如图 5-2-69 所示，单击【确定】按钮，完成截面 C 的创建。

④ 返回工程图环境，在【视图】选项卡下单击【激活】按钮，双击【轴测图】，打开【绘图视图】对话框，在【截面】类别下，选择【3D 横截面】，选择 "C" 截面，单击【确定】按钮，如图 5-2-70 所示。

完成 3D 剖视图的创建，如图 5-2-71 所示。

5. 创建局部放大图

局部放大图是指新建一个视图以放大显示模型中的部分视图，其中，在父视图中显示参照注释和放大图边界。下面绘制带轮的局部放大图，如图 5-2-72 所示。

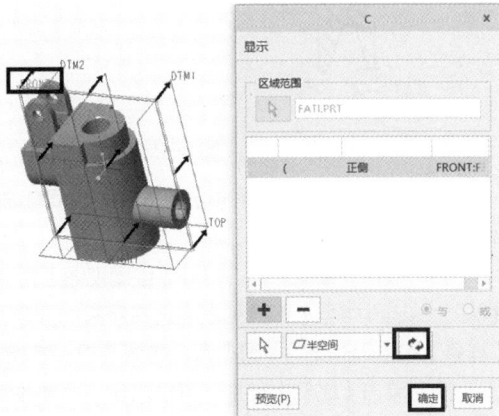

图 5-2-69

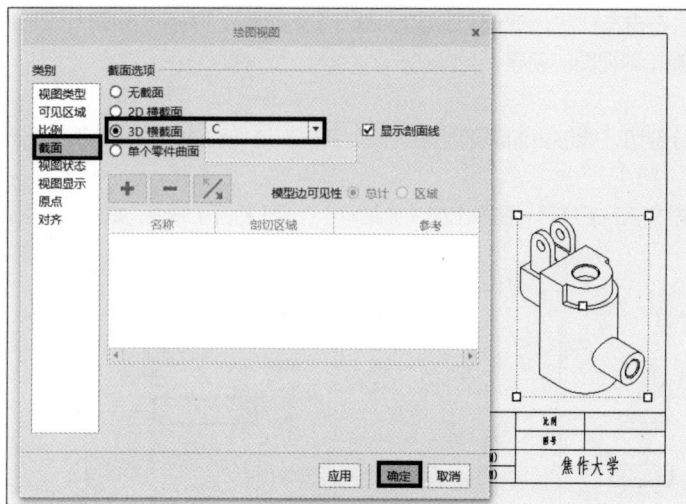

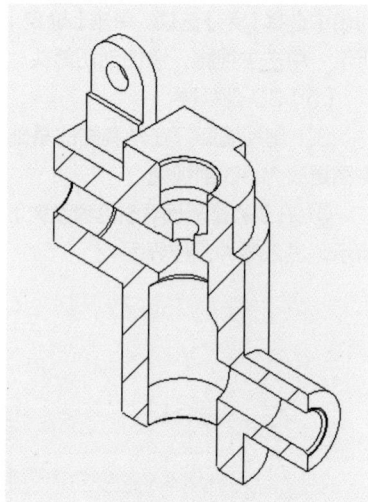

图 5-2-70　　　　　　　　　　　　　　图 5-2-71

（1）单击【布局】选项卡【模型视图】选项组中的【局部放大图】按钮，选取要在局部放大图中放大的父视图中的中心点，以"X"为标记，然后以标记为中心，单击鼠标左键沿某一方向依次选取点，这些点自动连成样条曲线，单击鼠标中键完成局部放大图的边界线绘制，通常显示为一个圆和视图名称，如图 5-2-73 所示。

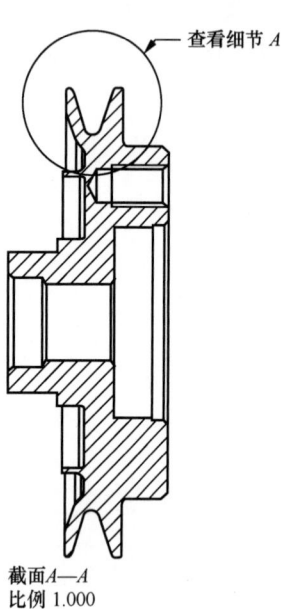

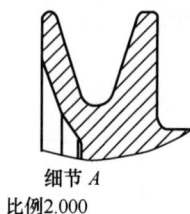

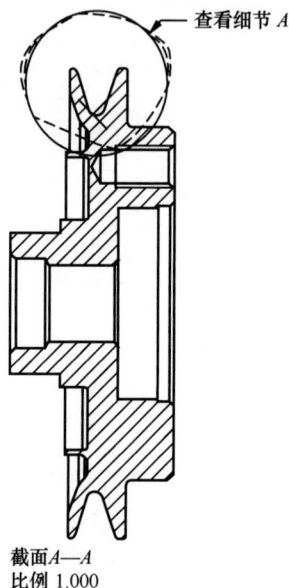

图 5-2-72　　　　　　　　　　　　　　图 5-2-73

（2）在绘图区欲放置的位置单击放置局部放大图，并标注视图名称和缩放比例，如图 5-2-74 所示。

（3）双击局部放大图，打开【绘图视图】对话框，在【视图类型】类别下，在【父项视图上的边界类型】下拉列表中选择所需的选项，如【圆】、【椭圆】、【水平/竖直椭圆】、【样条】和【ASME 94 圆】等，如图 5-2-75 所示。

（4）单击【比例】类别，可以自定义局部放大图的缩放比例，本案例设置比例为 2，单击【确定】按钮，如图 5-2-76 所示，完成设置。

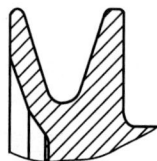

图 5-2-74

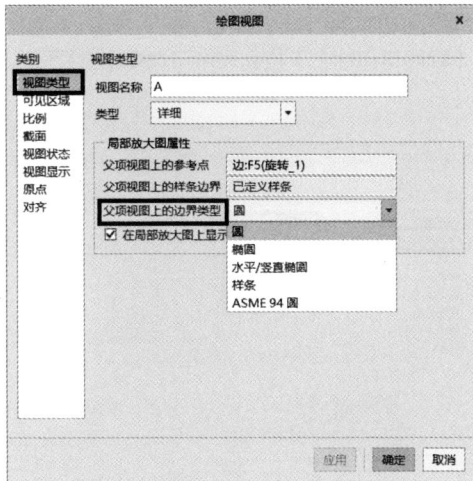

图 5-2-75

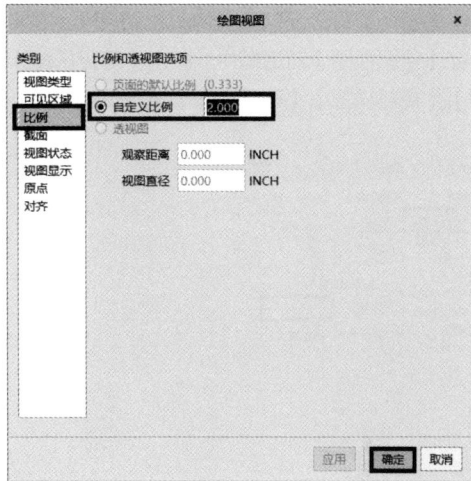

图 5-2-76

6. 创建辅助视图

辅助视图是沿着零件上某个斜面投影生成的,而一般投影视图是正投影,当正投影视图表达不清楚零件的结构时,可以采用辅助视图。下面创建弯板零件辅助视图,如图 5-2-77 所示。

（1）单击【布局】选项卡【模型视图】选项组中的【辅助视图】按钮 ⬚,在要创建辅助视图的图中选择边、轴或曲面,在投影方向出现一个辅助视图的框,如图 5-2-78 所示。

（2）将此框移动到欲放置的位置,单击放置辅助视图,双击辅助视图,打开【绘图视图】对话框,修改【视图显示】即可。

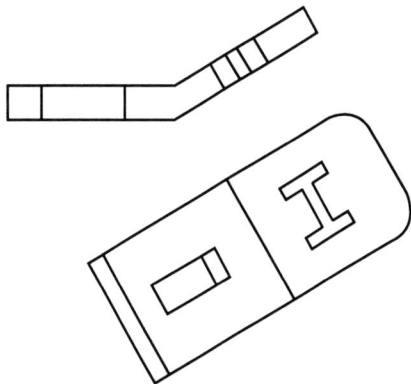

图 5-2-77

7. 创建旋转视图

旋转视图是将现有的视图的一个剖面绕切割平面投影旋转 90°,旋转视图包含一条旋转轴线。下面以三角支柱为例创建一个旋转视图,如图 5-2-79 所示。

（1）单击【布局】选项卡【模型视图】选项组中的【旋转视图】按钮 ⬚,系统提示"选择旋转截面的父视图",选取要剖切的父视图,选取后视图虚线加亮显示,如图 5-2-80 所示。

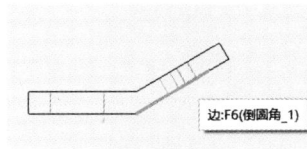

图 5-2-78

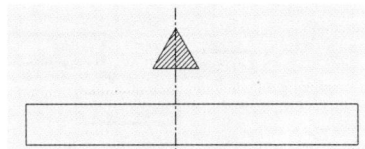

图 5-2-79

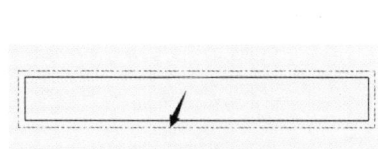

图 5-2-80

（2）在绘图区欲放置的位置单击放置旋转视图,弹出【绘图视图】对话框,在【视图类型】类别下,在【横截面】下拉列表中选择已经创建好的截面"B",单击【确定】按钮,如图 5-2-81 所示。

（3）将旋转视图调整到欲放置的位置,完成旋转视图的创建。

8. 编辑绘图视图

当创建好绘图视图时,可根据工程图的设计要求来更改视图的显示,如修改视图的可见区域、锁定与移动视图、修改视图剖面线和删除视图等。

（1）修改视图的可见区域

在工程图设计的过程中,经常遇到一些对称的零件、细长的零件,为了能够合理地表达模型的结构,节省图纸的幅面，又可以反映零件的形状和尺寸，在实际绘图中经常采用全视图、半视图、局部视图、破断视图。

在【绘图视图】对话框中，单击【可见区域】类别，在【视图可见性】下拉列表中可选择【全视图】、【半视图】、【局部视图】、【破断视图】选项，如图 5-2-82 所示。

图 5-2-81

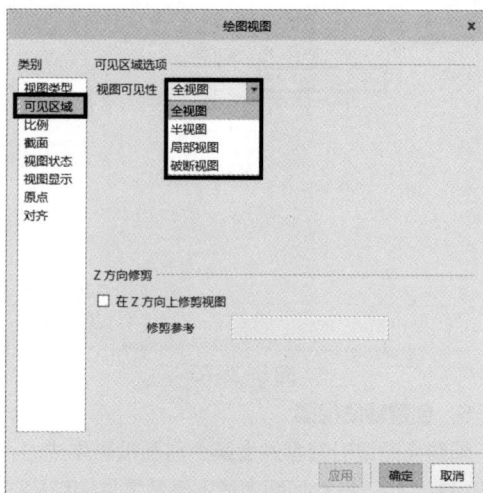

图 5-2-82

① 全视图。

全视图是完整地显示整个视图。在【可见区域】类别下，在【视图可见性】下拉列表中选择【全视图】选项，单击【确定】按钮，完成全视图，如图 5-2-83 所示。

② 半视图。

半视图是显示切割参考平面的一侧。在【可见区域】类别下，在【视图可见性】下拉列表中选择【半视图】选项，选择

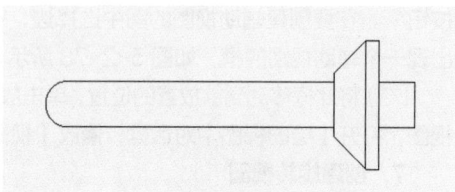

图 5-2-83

【TOP】基准平面作为参考平面，单击【保持侧】按钮，切换要显示的部分，单击【确定】按钮，如图 5-2-84 所示，完成半视图，如图 5-2-85 所示。

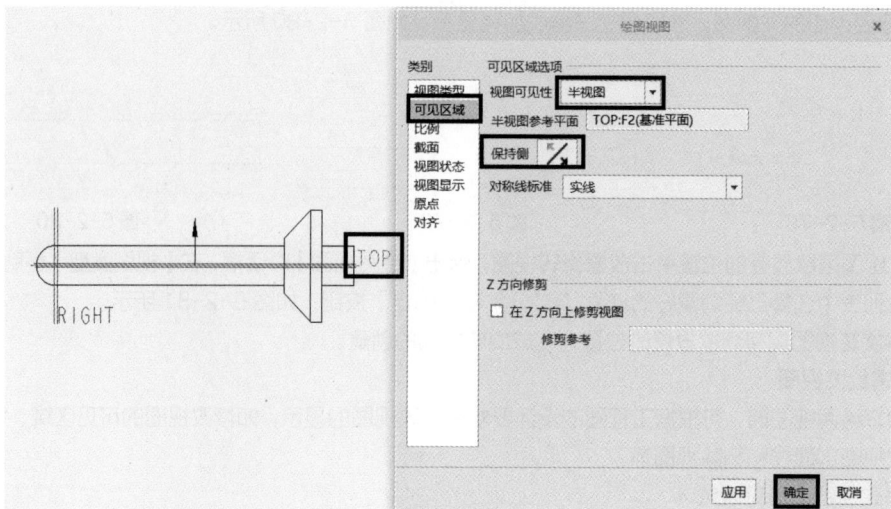

图 5-2-84

③ 局部视图。

局部视图是显示封闭边界内的视图部分，删除其他的部分。在【可见区域】类别下，在【视图可见性】下拉列表中选择【局部视图】选项，在视图上选取几何参考点，以"X"为标记，然后以标记为中心，单击鼠标左键沿某一方向依次选取点，这些自动连成样条曲线，单击鼠标中键完成局部视图的边界线绘制，单击【确定】按钮，如图 5-2-86 所示，完成局部视图，如图 5-2-87 所示。

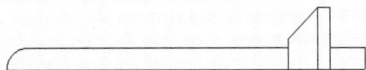

图 5-2-85

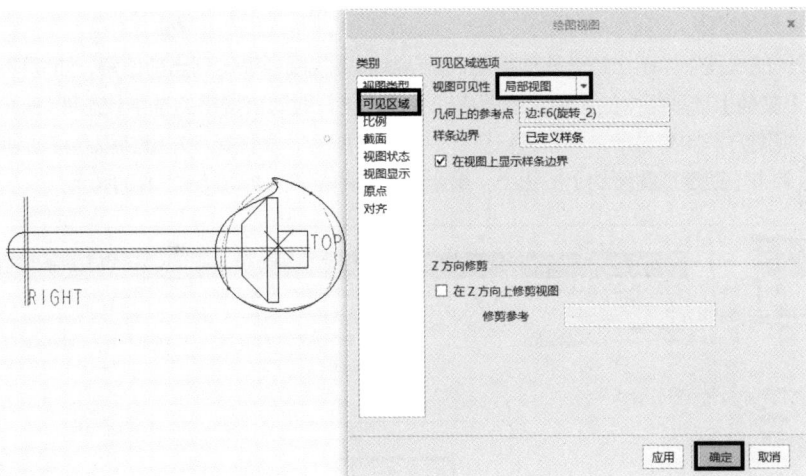

图 5-2-86

④ 破断视图。

破断视图是移除两个选定点或多个选定点之间的部分视图，并将剩余的部分视图合拢到一个指定距离内。在【可见区域】类别下，在【视图可见性】下拉列表中选择【破断视图】选项，单击【+】按钮，选择【第一破断线】和【第二破断线】，破断线样式可选择【直】、【草绘】等，本案例选择【草绘】，单击【确定】按钮，如图 5-2-88 所示，完成破断视图，在取消锁定视图移动的状态下，移动破断视图，可修改两个破断部分之间的距离，如图 5-2-89 所示。

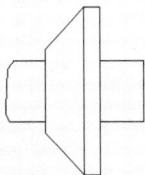

图 5-2-87

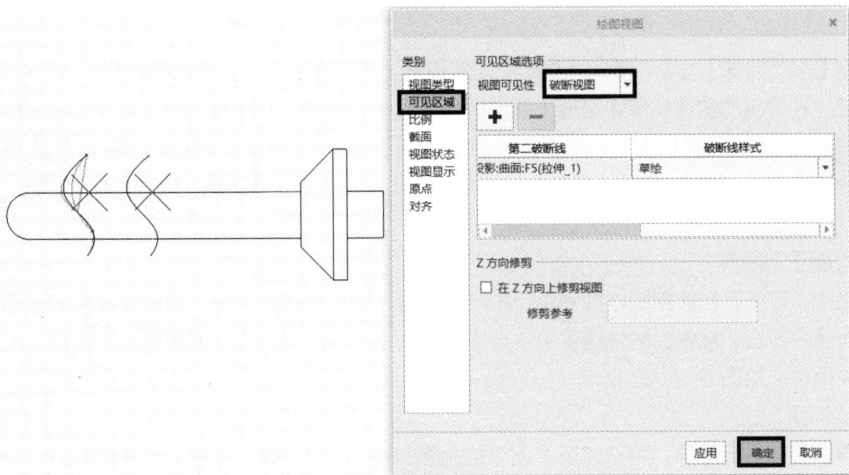

图 5-2-88

269

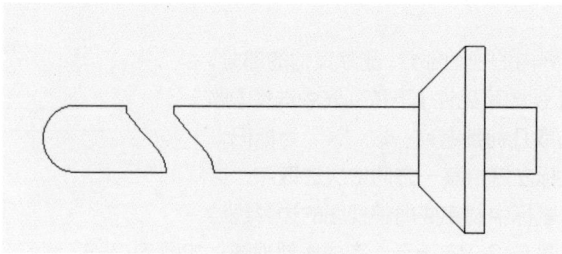

图 5-2-89

（2）锁定与移动视图

在工程图设计的过程中为防止意外移动视图，默认状态下视图被锁定到当前位置，如需移动视图，可单击【布局】选项卡【文档】选项组中的【锁定视图移动】按钮，取消该按钮的选中状态即可解除锁定，单击所要移动的视图，视图方框加亮显示，并且鼠标指针变为十字形，长按鼠标左键将视图移动到欲放置的位置，视图移动完毕后单击【锁定视图移动】按钮，重新锁定视图位置，如图 5-2-90 所示。

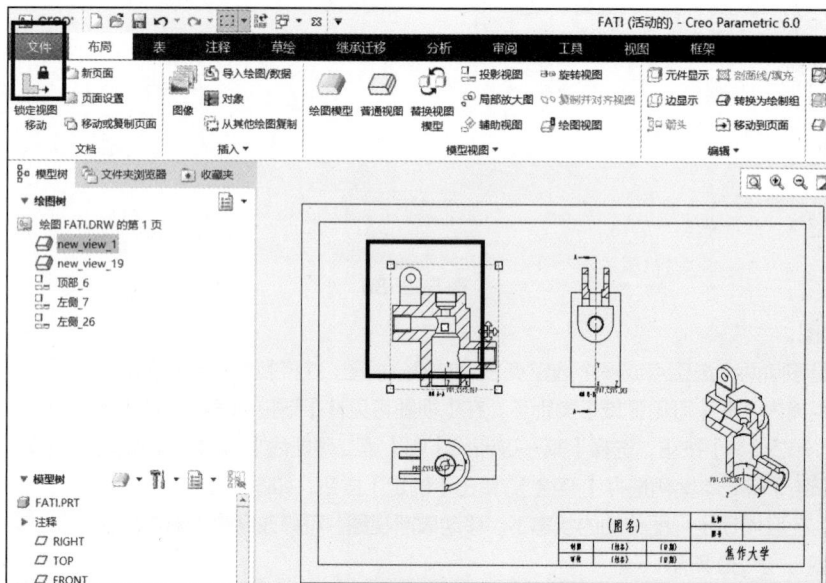

图 5-2-90

也可使用【移动特殊】命令，精确地移动视图的位置。在取消锁定视图移动的状态下，选中要移动的视图，单击鼠标右键，在弹出的快捷菜单中选择【移动特殊】命令，如图 5-2-91 所示，打开【移动特殊】对话框，类型包括【输入 X 和 Y 坐标】、【将对象移动到由相对于 X 和 Y 偏移所定义的位置】、【将对象捕捉到图元的指定参考点上】、【将对象捕捉到指定顶点】等，单击【确定】按钮，精确地移动视图，如图 5-2-92 所示。

（3）修改视图剖面线

在剖视图中，可修改视图剖面线的间距、角度、偏距、线样式和颜色等。双击剖视图的剖面线，或选定所要修改的剖面线并右击，从弹出的快捷菜单中选择【属性】命令，弹出【修改剖面线】菜单，可进行修改视图剖面线的相关操作，如图 5-2-93 所示。

（4）删除视图

要对创建的视图进行删除，可选定所要删除的视图，按 Delete 键，或右击所要删除的视图，在弹出的快捷菜单中选择【删除】命令即可。如果删除父视图，那么投影视图会被一起删除。

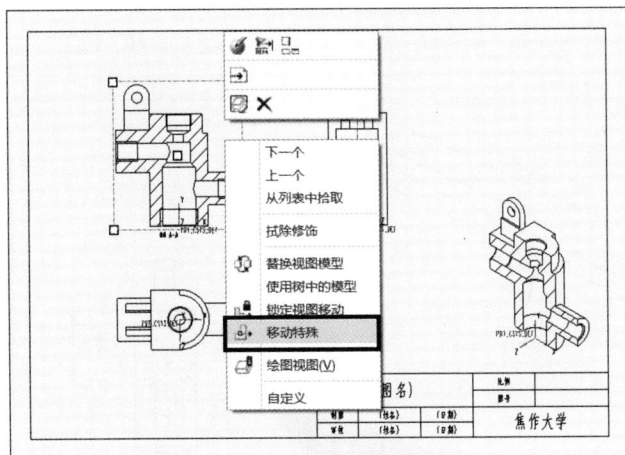

图 5-2-91

图 5-2-92

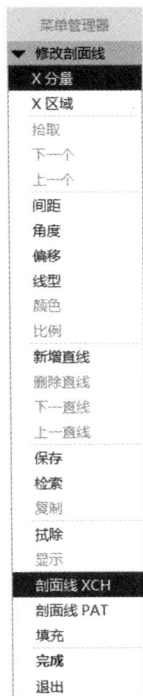

图 5-2-93

5.3 工程图标注

工程图标注可以创建和编辑多种类型的尺寸和符号，主要包括显示模型注释、创建尺寸、创建几何公差、创建纵坐标尺寸和插入注解等，工程图标注功能主要集中于【注释】选项卡中，如图 5-3-1 所示。

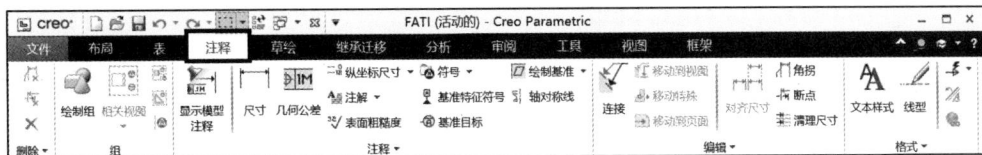

图 5-3-1

5.3.1 课堂案例 手柄工程图标注

手柄工程图标注

1. 任务下达

标注图 5-3-2 所示的手柄工程图。

2. 任务解析

工程图视图绘制完成后，需要对工程图视图进行标注，主要包括标注尺寸、表面粗糙度、注释，以及编辑标题栏等。

3. 任务实施

（1）显示基准轴

在【注释】选项卡中，单击【注释】选项组中的【显示模型注释】按钮，打开【显示模型注释】对话框，切换到【显示模型基准】选项卡，单击主视图，同时【显示模型注释】对话框中以列表形式显示所有轴线，选中要显示的轴线，单击【应用】按钮，如图 5-3-3 所示。用同样的方法，显示投影视图的轴线，如图 5-3-4 所示。

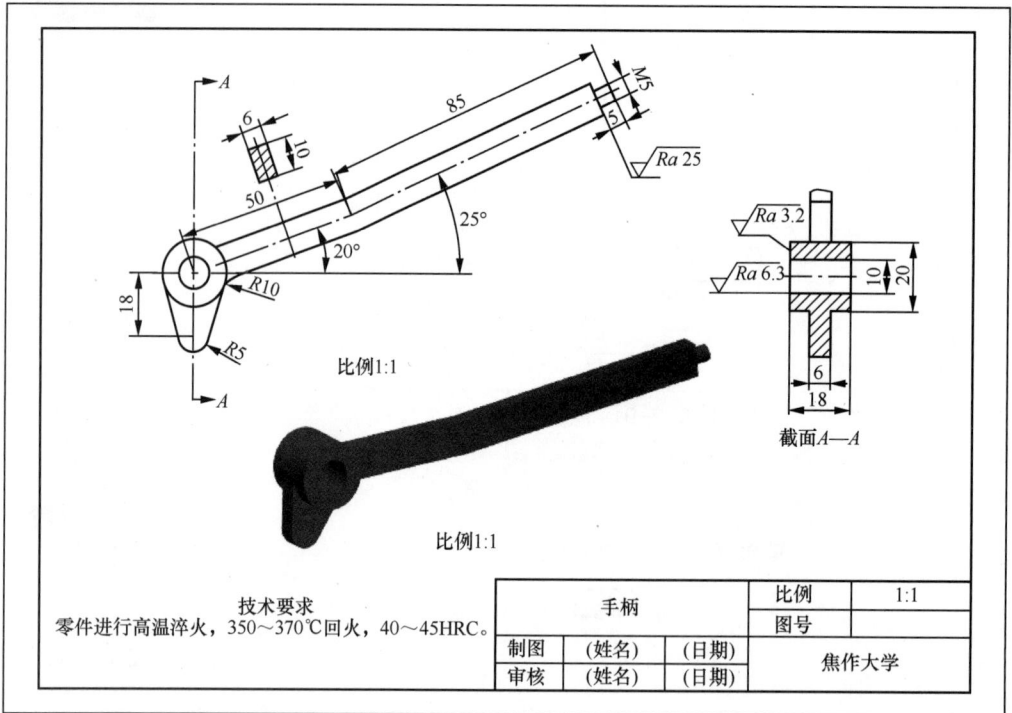

图 5-3-2

图 5-3-3

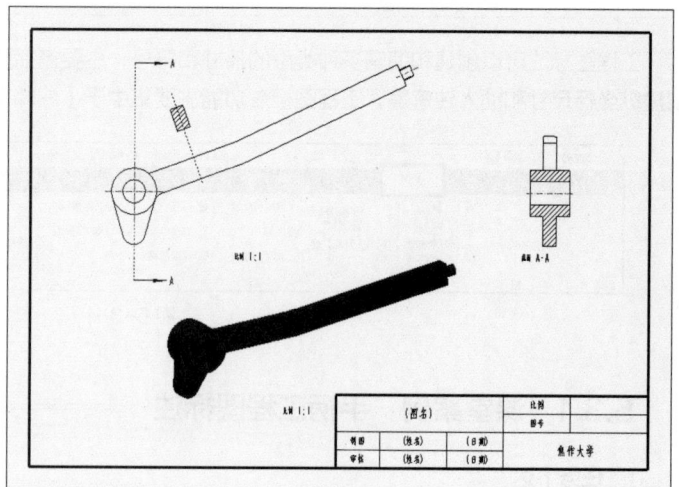

图 5-3-4

（2）创建辅助线

① 创建主视图的辅助线，在【草绘】选项卡中，单击【草绘】选项组中的【线】按钮，弹出【捕捉参考】对话框，单击【选择参考】按钮，选择 2 条参考直线，单击鼠标中键结束选择参考，如图 5-3-5 所示。

② 绘制 2 条与参考线重合的直线段，单击鼠标中键结束绘制。双击其中一条直线段，弹出【修改线型】对话框，设置线型为"双点划线"，单击【应用】按钮后单击【关闭】按钮，如图 5-3-6 所示。用同样的方法，修改另一条直线段线型，修改后的辅助线如图 5-3-7 所示。

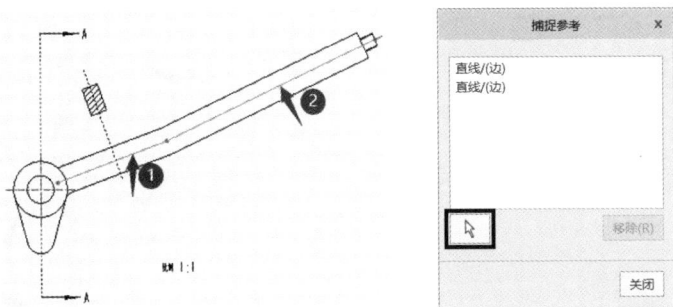

图 5-3-5

图 5-3-6

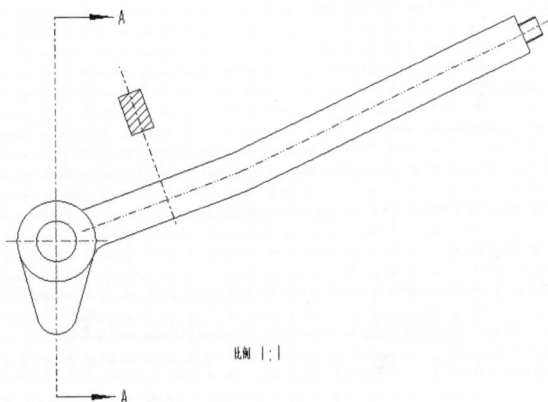

图 5-3-7

（3）标注尺寸

① 单击【注释】选项卡中的【尺寸】按钮⊢→|，弹出【选择参考】对话框，默认为"选择图元"，按住 Ctrl 键，在视图中依次选择图 5-3-8 所示的 2 条参考边，移动鼠标指针，然后在尺寸目标位置单击鼠标中键即可完成尺寸 18 的标注。此时系统仍处于尺寸标注状态，按照前面所讲述的尺寸标注方法，完成其余尺寸的标注，并将尺寸拖动到合适位置。

② 尺寸编辑。双击手柄端部螺纹尺寸 5，弹出【尺寸】设计面板，单击【尺寸文本】按钮，如图 5-3-9 所示，弹出【尺寸文本】对话框，在前缀文本框中输入"M"，单击【关闭】按钮，如图 5-3-10 所示，即可将图中尺寸 5 更改为 M5，如图 5-3-11 所示。

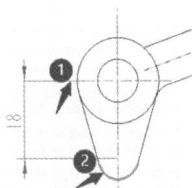

图 5-3-8

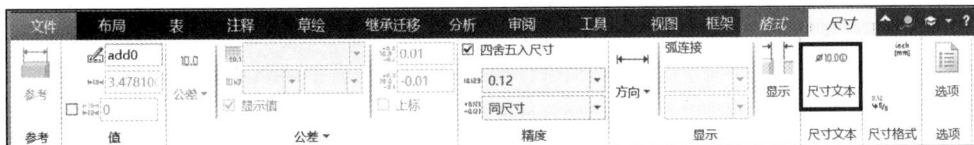

图 5-3-9

📖 提示

在工程图中，所有的模型视图都是关联的，如果修改了任意一个视图中的驱动尺寸，系统会自动更新其他关联的视图，而且工程图和它所关联的三维模型、钣金件或组件等也会自动更新。同样，在模型中修改尺寸或某些特征也会关联到工程图，从而使设计过程更加便捷，保证了设计的准确性。

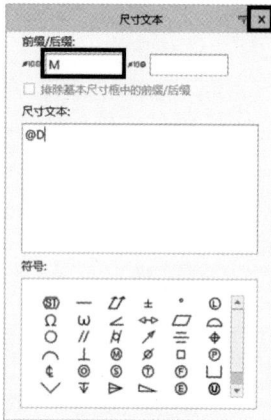

图 5-3-10

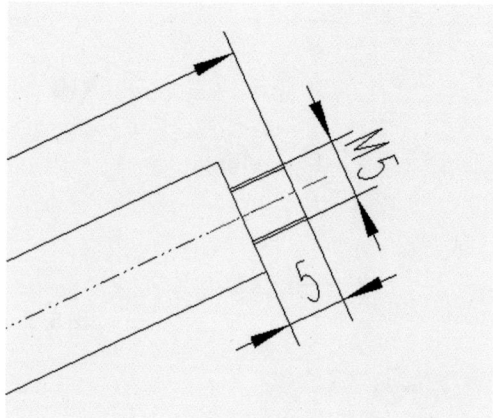

图 5-3-11

（4）标注表面粗糙度

单击【注释】选项卡中的【表面粗糙度】按钮 ✓，弹出【表面粗糙度】对话框，单击【浏览】按钮，选择合适的表面粗糙度符号，并设置好放置类型、可变文本等参数。

（5）标注注解

① 单击【注释】选项卡中的【独立注解】按钮 ▲≣，弹出【选择点】对话框，默认为"在绘图上选择一个自由点"，在绘图区合适位置处单击指定注解的放置位置。

② 输入注解内容（即技术要求），在【格式】选项卡中进行编辑，字体选择"ChangFangSong"。

③ 在绘图区空白位置单击，完成注解，如图 5-3-12 所示。

技术要求
零件进行高温淬火，350～370℃回火，40～45HRC。

图 5-3-12

（6）编辑标题栏

在【注释】选项卡功能模式下，双击要修改的单元格，填写相关内容，按照同样的方法，逐个完成标题栏的修改，完成的工程图如图 5-3-2 所示。

5.3.2 知识点解析

在工程图标注中，尺寸类型包括显示模型驱动尺寸和手动标注从动尺寸。在 Creo 6.0 中，由于参数化和各模块相关性的设计概念，工程图中保存了三维模型的驱动尺寸、几何公差、模型符号、轴和模型基准等参数信息。在默认状态下，工程图不显示这些参数信息，但用户可以根据设计需要选择性地显示和隐藏相关参数信息。此外，用户还可以在工程图中修改参数信息，并且这些修改会反映到三维模型图上。然而，驱动尺寸等参数信息不能被删除。

手动标注从动尺寸是指用户在工程图中手动添加的尺寸，用于进一步说明模型，以满足工程图的设计要求。手动标注的尺寸不能被修改或用于控制模型特征及尺寸，但可以被覆盖或删除，以适应设计的变化或修改。

这两种尺寸类型在工程图标注中起着不同的作用，用户可以根据需要选择合适的标注方式，以确保工程图的准确性和完整性。

1. 显示模型驱动尺寸

在【注释】选项卡中，单击【注释】选项组中的【显示模型注释】按钮 ，打开【显示模型注释】对话框，包括显示模型尺寸、显示模型几何公差、显示模型注释、显示表面粗糙度、显示模型符号和显示模型基准，如选中【显示模型尺寸】按钮 ，在工程图中选择整个主视图或选择主视图的一部分（这里选择主视图主阀芯螺纹），主视图中选中模块的驱动尺寸会显示出来，同时【显示模型注释】对话框中以列表形式显示所有尺寸，可从【类型】下拉列表中选择【全部】、【驱动尺寸注释元素】、【所有驱动尺寸】、【强驱动尺寸】、【从动尺寸】、【参考尺寸】或【纵坐标尺寸】进行尺寸筛选，然后在尺寸列表中选择性勾选复选框，显示相应尺寸，也可单击按钮 全选显示，单击按钮 全部清除显示，如图 5-3-13 所示。

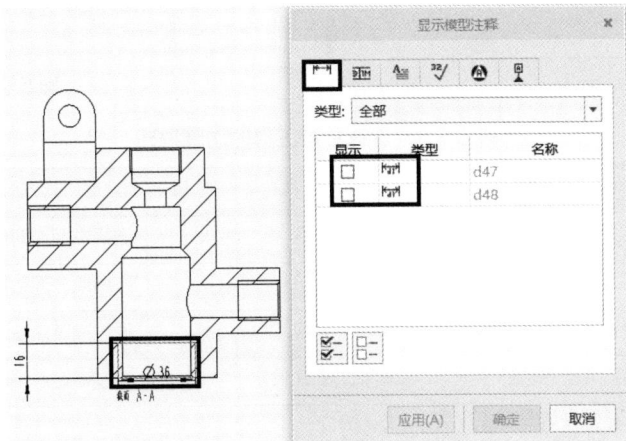

图 5-3-13

选中【显示模型基准】按钮 ，在主视图中选中模块的轴线显示出来，同时【显示模型注释】对话框中以列表形式显示所有轴线，如图 5-3-14 所示。

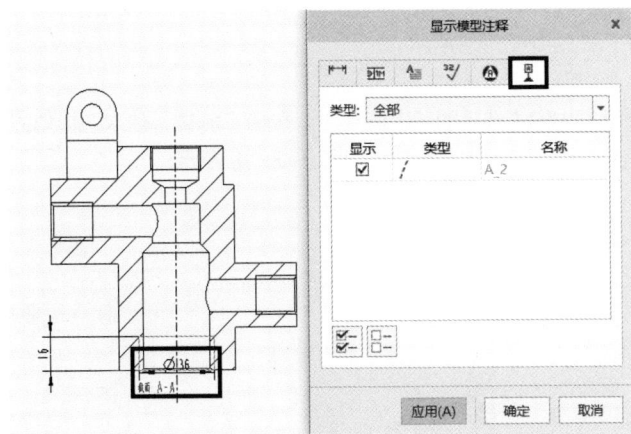

图 5-3-14

2. 手动标注从动尺寸

手动标注从动尺寸可以创建尺寸、纵坐标尺寸、参考尺寸、Z-半径尺寸等，也可以标注几何公差、表面粗糙度和注解等，常用的标注工具按钮集中于【注释】选项卡的【注释】选项组中，如图 5-3-15 所示。

（1）创建尺寸

在【注释】选项卡中，单击【注释】选项组中的【尺寸】按钮 ，打开【选择参考】对话框，如图 5-3-16

所示。在该对话框中单击所需的工具并选择相应的参考来进行尺寸标注，【选择参考】对话框中主要参考工具的功能如表 5-3-1 所示。

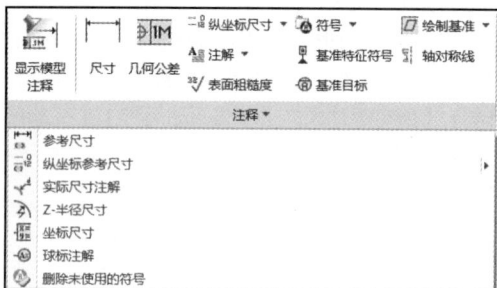

图 5-3-15

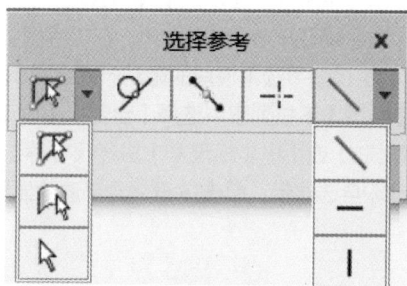

图 5-3-16

表 5-3-1　选择参考工具的功能说明

序号	工具	功能说明	序号	工具	功能说明
1		选择图元	6		选择由两个对象定义的相交
2		选择曲面	7		在两点之间绘制虚线
3		选择参考	8		通过指定点绘制水平虚线
4		选择圆弧或圆的切线	9		通过指定点绘制竖直虚线
5		选择边或图元的中点			

手动创建尺寸时，根据所选择的参考和图元，来标注线段长度、角度、直径/半径和设置尺寸公差等。

① 标注线段长度

单击【选择参考】对话框中的【选择图元】按钮，单击选择所要标注的线段，然后在尺寸目标位置单击鼠标中键即可完成标注，或按住 Ctrl 键，依次选择该线段的两个端点，移动鼠标指针，然后在尺寸目标位置单击鼠标中键即可完成标注，如图 5-3-17 所示。

② 标注角度

单击【选择参考】对话框中的【选择图元】按钮，按住 Ctrl 键，依次选择角的两条边，移动鼠标指针，然后在尺寸目标位置单击鼠标中键即可完成标注，如图 5-3-18 所示。

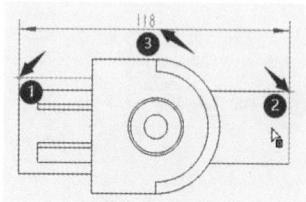

图 5-3-17

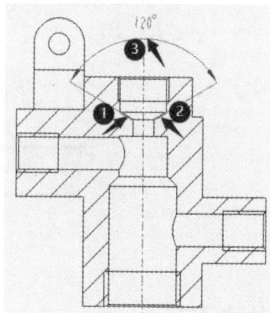

图 5-3-18

③ 标注半径/直径

单击【选择参考】对话框中的【选择图元】按钮，单击所要标注的圆弧，然后长按鼠标右键弹出快捷菜单，可切换直径、半径、角度和弧长，选择其中一种，移动鼠标指针，然后在尺寸目标位置单击鼠标中键即可完成标注，如图 5-3-19 所示。

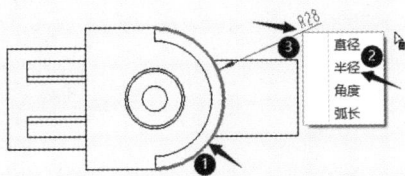

图 5-3-19

④ 设置尺寸公差

在工程图中对于配合尺寸，通常需要标注尺寸公差，绘图详细信息中选项【tol_display】用于控制尺寸公差的显示，其默认值为"no"，表示不显示尺寸公差；如果要显示尺寸公差，需要将值改为"yes"，如图 5-3-20 所示。

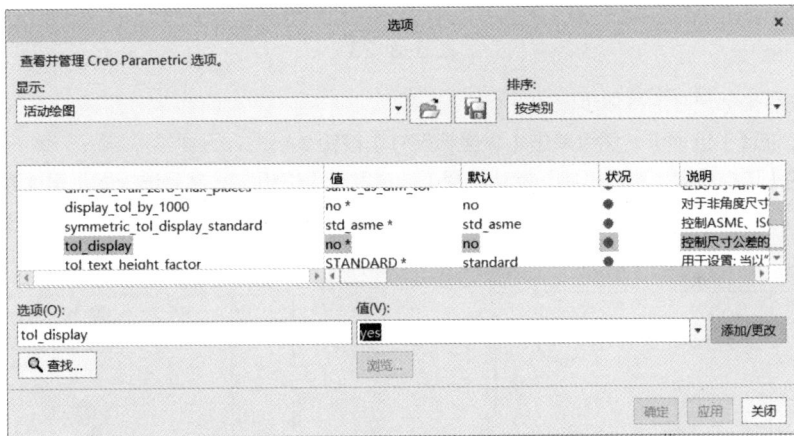

图 5-3-20

设置尺寸公差的具体步骤如下。

a. 双击需要显示尺寸公差的尺寸，弹出【尺寸】设计面板，如图 5-3-21 所示。

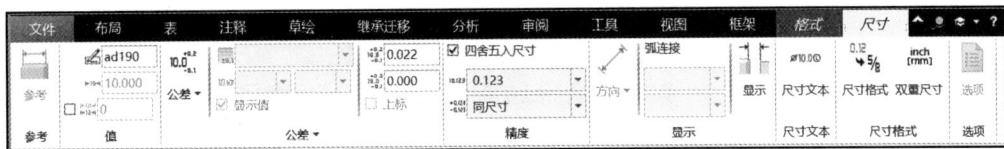

图 5-3-21

b. 在【公差】下拉列表中有【公称】、【基本】、【极限】、【正负】和【对称】选项，根据需要选择其中一种，本案例中选择【正负】，设置上极限偏差值为"+0.043"，设置下极限偏差值为"0"，在绘图区任意位置单击鼠标左键结束，显示效果如图 5-3-22 所示。

（2）创建纵坐标尺寸

创建纵坐标尺寸时可以手动标注也可以自动标注。纵坐标尺寸是参考相同的基线测量出的线性尺寸，纵坐标尺寸显示格式可以通过绘图属性详细信息选项【ord_dim_standard】进行设置，如图 5-3-23 所示。

纵坐标尺寸标注的关键是要选择一个基线，可以选择一条直线段或坐标系，可以向现有的纵坐标尺寸中添加新的纵坐标尺寸，也可以将普通标注的尺寸转化

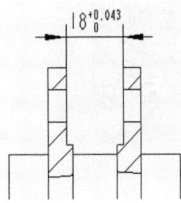

图 5-3-22

为纵坐标尺寸。纵坐标尺寸标注的示例如图 5-3-24 所示。

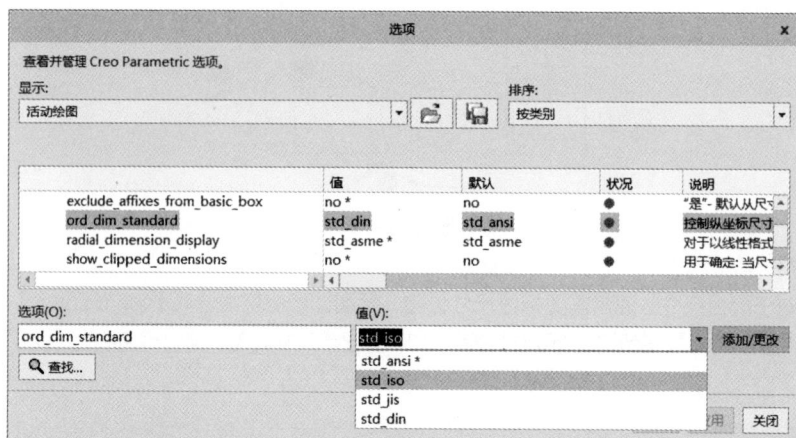

图 5-3-23

① 手动标注纵坐标尺寸的具体步骤如下。

a. 切换到【注释】选项卡，然后单击【纵坐标尺寸】按钮 二 。

b. 在弹出的【选择参考】对话框中，默认选择【选择图元】按钮 尺 ，然后选择图示第 1 条边界作为基线，接着按住 Ctrl 键，选择第 2～5 条边界，在适当位置单击鼠标中键放置纵坐标尺寸，如图 5-3-25 所示。

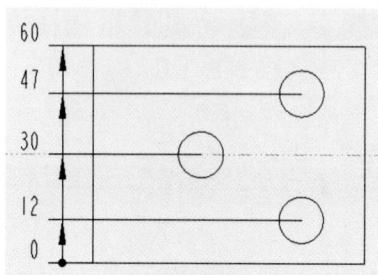

图 5-3-24

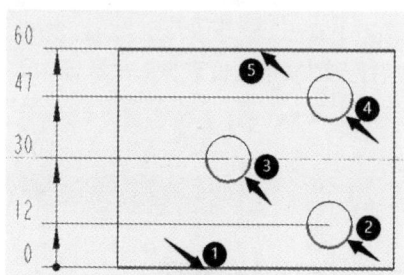

图 5-3-25

② 自动标注纵坐标尺寸的具体步骤如下。

a. 切换到【注释】选项卡，然后单击【自动标注纵坐标】按钮 二 。

b. 在弹出的【选择】对话框中，单击拾取要标注的曲面，该曲面变为绿色网格状，如图 5-3-26 所示，单击【确定】按钮。

c. 在弹出的【菜单管理器】对话框中，选择图 5-3-27 所示的基线，自动完成纵坐标尺寸的标注，可根据需要删除相关尺寸或移动尺寸位置。

彩图 5-3-26

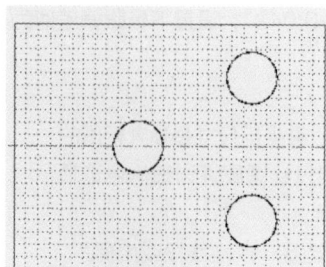

图 5-3-26

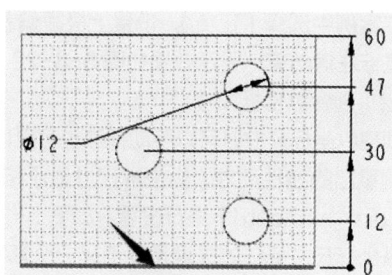

图 5-3-27

（3）创建参考尺寸

参考尺寸仅用于参考目的尺寸信息，通常无公差。其标注方法与上述的【创建尺寸】基本相同，参考尺寸创建后尺寸后方会有【参考】字样，如图 5-3-28 所示。

（4）创建 Z-半径尺寸

Z-半径尺寸是对于幅面有限的图标注大圆弧的半径，或者利用大圆弧的圆心来标注其他尺寸，如图 5-3-29 所示。

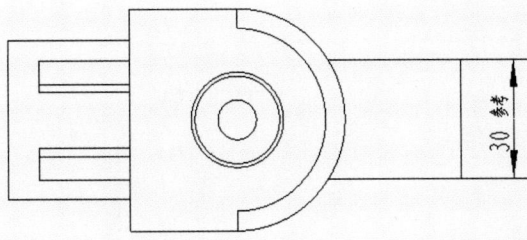

图 5-3-28

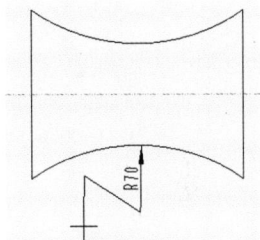

图 5-3-29

（5）标注几何公差

几何公差是零件上各要素的实际形状、方向和位置相对于理想形状、方向和位置偏离程度的控制要求。几何公差的标注方法如下。

① 切换到【注释】选项卡，然后单击【几何公差】按钮，单击要在其中添加几何公差的模型或图元，移动鼠标指针至欲放置的位置，单击鼠标中键在绘图中放置几何公差，弹出【几何公差】设计面板，如图 5-3-30 所示。

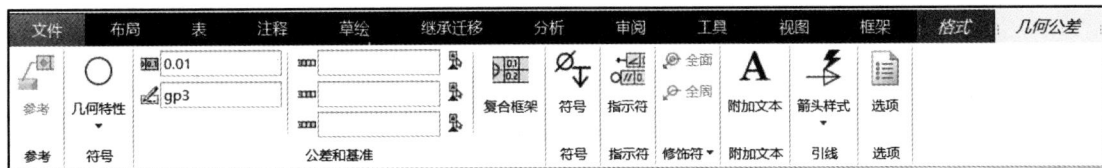

图 5-3-30

② 定义要标注的几何公差类型。【几何公差】设计面板中提供的几何公差类型有：直线度、平面度、圆度、圆柱度、线轮廓、曲面轮廓、倾斜度、垂直度、平行度、位置度、同轴度、对称、偏差度、总跳动等，如图 5-3-31 所示。

③ 根据设计要求设置几何公差值、设置主要基准参考和设置引线样式等。

（6）标注表面粗糙度

表面粗糙度是指加工表面具有的较小间距和微小峰谷的不平度。表面粗糙度的标注方法如下。

① 切换到【注释】选项卡，然后单击【表面粗糙度】按钮，弹出【表面粗糙度】对话框，如图 5-3-32 所示。

② 定义符号名。在【常规】选项卡下，单击【定义】中的【浏览】按钮，弹出【打开】对话框，系统提供三大类的表面粗糙度符号，即 generic、machined 和 unmachined，如图 5-3-33 所示。

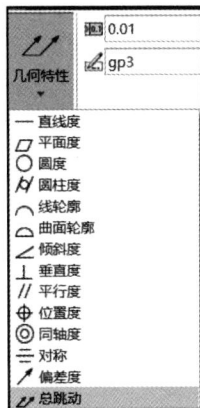

图 5-3-31

图 5-3-32

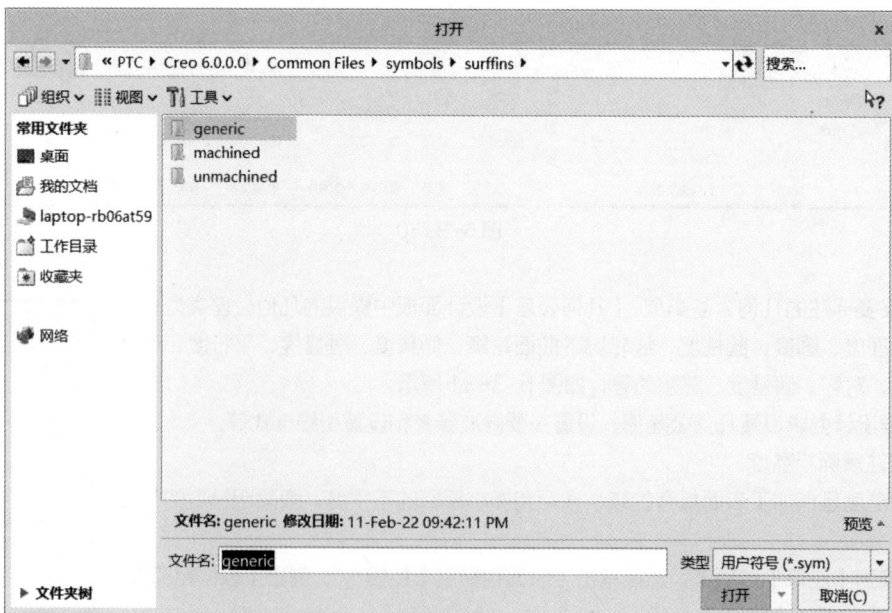

图 5-3-33

③ 双击打开"machined"文件夹，选择"standard1.sym"符号，可单击预览符号，单击对话框中的【打开】按钮，完成符号名定义，如图 5-3-34 所示。

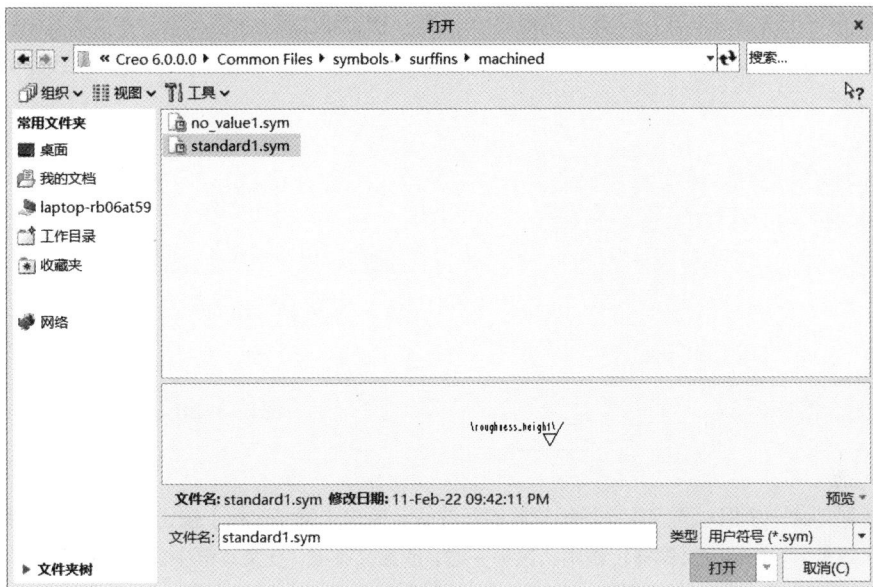

图 5-3-34

④ 单击【选择模型】按钮，选择要标注的视图。

⑤ 切换至【可变文本】选项卡，在表面粗糙度参数文本框中输入值。

⑥ 切换至【常规】选项卡，设置放置的类别，包括带引线、图元上、垂直于图元、自由等。如在【类型】下拉列表中选择【图元上】，在绘图视图中选择一条边放置表面粗糙度，如图 5-3-35 所示；还可以修改表面粗糙度的相关默认属性，如高度、角度和颜色等。

⑦ 单击鼠标中键可以继续创建其他同类的表面粗糙度符号。

⑧ 单击【表面粗糙度】对话框中的【确定】按钮，完成表面粗糙度的标注。

双击任意一个标注的表面粗糙度符号，可重新打开【表面粗糙度】对话框，此时仅可修改符号高度和表面粗糙度参数。

（7）注解

【注解】下拉列表中包括独立注解、偏移注解、项上注解和引线注解等选项，如图 5-3-36 所示。

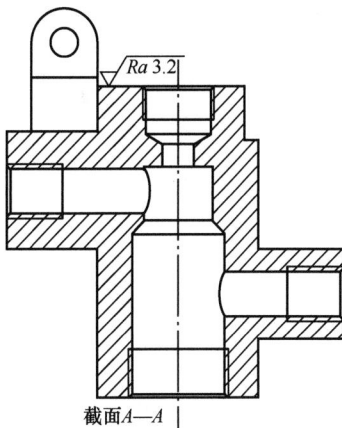

截面A—A

图 5-3-35

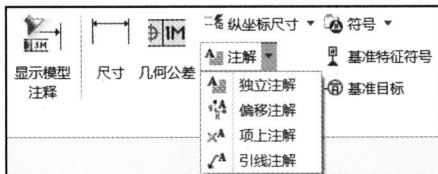

图 5-3-36

① 独立注解。

独立注解是创建未附加到任何参考的新注解，独立注解可放置到任意位置。单击【独立注解】按钮，弹出图 5-3-37 所示的【选择点】对话框，类型包括【在绘图上选择一个自由点】、【使用绝对坐标选择点】、

【在绘图对象或图元上选择一个点】和【选择顶点】。指定新注解的放置位置，在文本框中输入注解的内容，利用【格式】选项卡编辑注解的样式、文本和格式等，然后在文本框外其他位置单击即可结束，如图 5-3-38 所示。

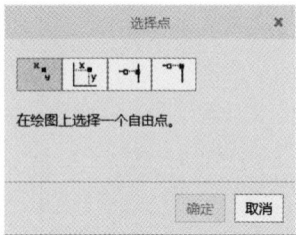

图 5-3-37

技术要求

1. 机盖铸成后，应清理并进行时效处理。
2. 轴承孔的椭圆度和锥度不大于直径公差之半。
3. 未注明铸造圆角半径 $R5$。

图 5-3-38

② 偏移注解。

偏移注解是创建一个相对选定参考偏移放置的新注解。单击【偏移注解】按钮，选择尺寸箭头、几何公差和轴等有效参考，在欲定义偏移位置单击鼠标中键，放置文本框，在文本框中输入注解内容，利用【格式】选项卡编辑注解的样式、文本和格式等，然后在文本框外其他位置单击即可结束。

③ 项上注解。

项上注解是创建一个放置在选定参考上的新注解。单击【项上注解】按钮，选择几何、点、坐标和线等有效参考，在所选参考处文本框中输入注解内容，利用【格式】选项卡编辑注解的样式、文本和格式等，然后在文本框外其他位置单击即可结束。

④ 引线注解。

引线注解是创建带引线的新注解。单击【引线注解】按钮，弹出【选择参考】对话框，类型包括【选择参考】、【选择边或图元的中点】和【选择由两个对象定义的相交】。选择尺寸界线、点、坐标系、轴或自由点等有效参考，在欲定义偏移位置单击鼠标中键，放置文本框，在文本框中输入注解内容，利用【格式】设计面板编辑注解的样式、文本和格式等，然后在文本框外其他位置单击即可结束。

拓展阅读

目前，数字化建模技术在我国各行各业广泛应用，不仅推动了自身业务的快速发展，也为行业的数字化转型和智能化升级提供了有力支持。例如，比亚迪股份有限公司（简称比亚迪）在新能源汽车的研发中，采用了先进的数字化建模技术。通过对电池、电机等核心部件进行数字化建模，比亚迪能够精确预测和优化车辆的性能表现。这不仅提高了车辆的设计效率，还为比亚迪在新能源汽车市场赢得了竞争优势。还有在无人机领域取得显著成绩的深圳大疆创新科技有限公司（简称大疆），其数字化建模技术在无人机设计制造中发挥了关键作用。通过对无人机进行数字化建模，大疆能够精确模拟无人机的飞行性能和稳定性，从而确保无人机的安全和可靠。数字化建模还帮助大疆实现了无人机的快速迭代和升级，满足了市场的多样化需求。随着技术的不断进步和应用领域的延伸，数字化建模技术将会在各领域取得卓越成就。

5.4 巩固与练习

1. 绘制图 5-4-1 所示的销钉工程图。

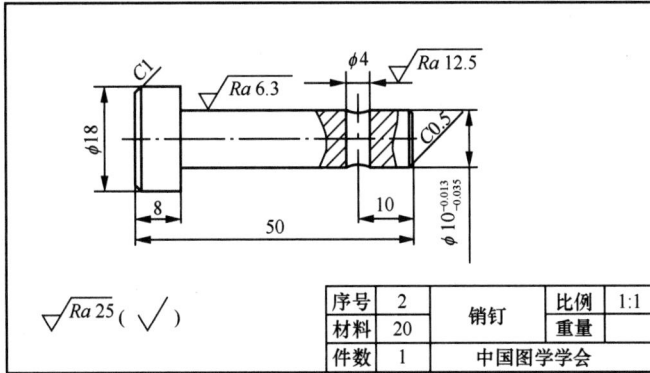

图 5-4-1

2. 绘制图 5-4-2 所示的螺套工程图。

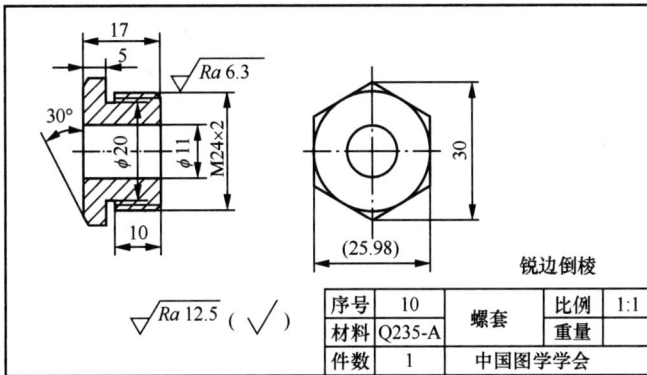

图 5-4-2

3. 绘制图 5-4-3 所示的调节螺钉工程图。

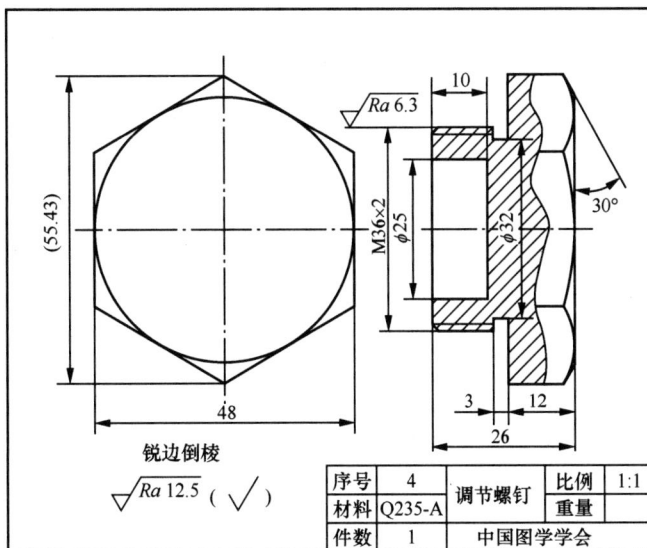

图 5-4-3

4. 绘制图 5-4-4 所示的阀体工程图。

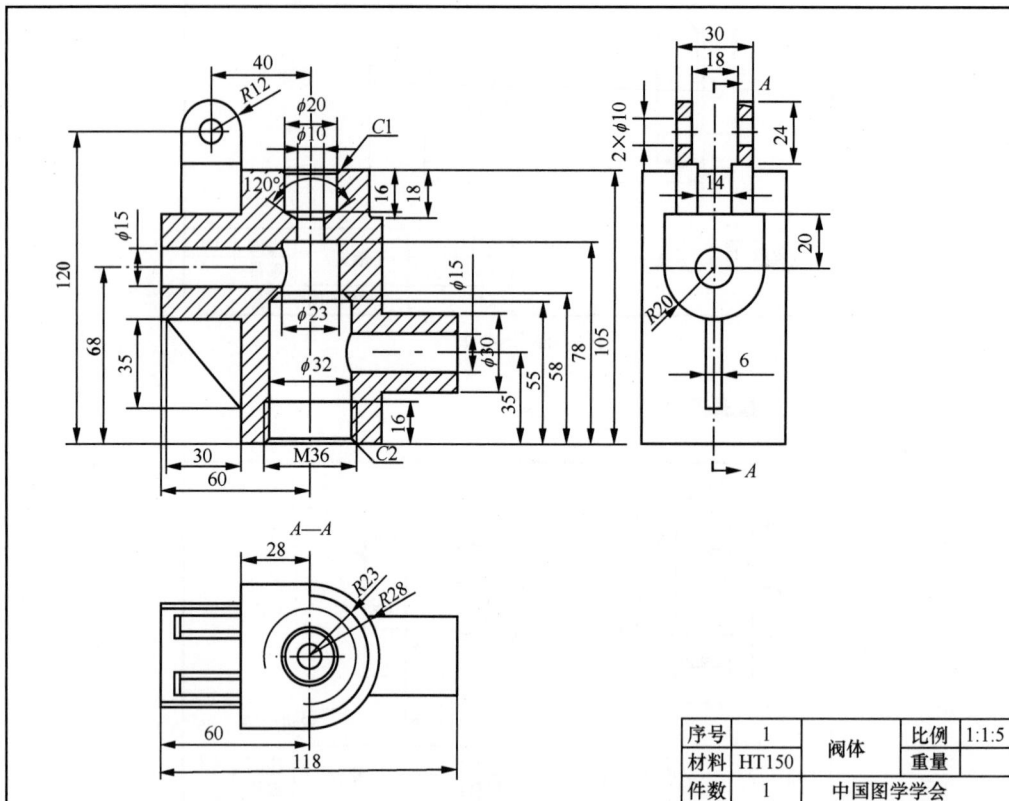

图 5-4-4